야생의
치유하는
소리

야생의
치유하는
Sounds Wild
and
Broken
소리

경이로운 소리들,
진화의 창조성, 감각의 멸종 위기

데이비드 조지 해스컬 지음
노승영 옮김

에이도스

*일러두기

본문의 각주는 모두 옮긴이가 단 것이다.

헌사

경이로운 소리를 들을 수 있게 나의 귀를 열어준
케이티 레먼에게 이 책을 바칩니다.

차례

브루클린 프로스펙트 공원 가장자리를 따라 죽 이어진 인도에서 여치와 귀뚜라미가 늦여름 노래로 공기에 양념을 친다. 해는 몇 시간 전에 저물었지만 열기는 남아서 나뭇가지에 숨은 곤충들의 찌르르르 뜨르르르 맥동하는 소리에 활기를 불어넣는다. 공원 담장을 따라 띄엄띄엄 늘어선 가로등의 규칙적 패턴은 보도의 빛에 제 나름의 장단을 부여한다. 곤충들은 빛에 이끌려 전구 주변 이파리들의 빛나는 구(球) 안에 모여든다. 나의 발걸음을 따라 소리와 빛이 주위로 솟아올랐다 내려앉으며 섬세하게 부푼다.

여치가 짧게 웅웅거리는 세 어절 **케이-티-디드**가 1초에 한 번씩 꾸준한 박자로 반복된다. 가수 몇몇이 노래를 두 어절로 줄이고 빠르기를 늦춘다. 밤마다 공원의 모든 연주자들이 일제히 힘찬 박자를 울려 내 가슴이 함께 울릴 정도이지만 오늘 밤 여치들은 엇박자를 내기로 마음먹은 듯 저마다 나름의 장단을 고집한다. 이 박자는 긴꼬리가 길게 뽑는 단음의 찍찍 소리와 대조적이다. 놈들은 자신의 노래를 감미롭고 단조로운 저음으로 엮어낸다.

공원 안 건물 뒤쪽의 보안등에서 빛이 쏟아져 나와 참나무 군락 속으로 파고든다. 찌르레기 백여 마리가 가지에 모여 있다. 하지만 앉아 있는 새들은 잠을 이루지 못한다. 환한 조명의 자극 때문에 서로 깩깩 찍찍 빽빽 울며 잔가지 사이로 파닥파닥 부스럭부스럭 움직인다.

커다란 비행기가 공원 서쪽 가장자리를 따라 머리 위로 낮게 날아 라과디아 공항에 착륙한다. 남쪽 지평선 위의 한 가닥 끈으로 시작된 소리는 묵직하고 질긴 밧줄만큼 굵어져 곤충의 노래를 짓누른 뒤에 올이 풀어진 꼬리로 가늘어진 채 우리를 떠난다. 낮의 가장 바쁜 착륙 시간에는 2분에 한 대씩 지나간다.

다른 탈것도 합세하는데, 자동차가 투정하듯 타이어를 아스팔트에 비벼대는 소리, 엔진이 가속되는 부르릉 소리, 그랜드아미플라자 광장의 성난 교차로에서 어렴풋이 들리는 경적 소리, 그리고 전기 자전거가 쌩 하고 달리는 소리가 어우러진다.

나는 공공 도서관 지하에서 열린 실내악 연주회를 들은 뒤 이곳으로 걸어왔다. 음악가들은 자신의 몸을 나무, 나일론, 금속과 합쳤다. 동물, 기름, 나무, 광석을 얼러붙인 키메라인 악기는 인쇄된 악보에 잠들어 있던 소리를 깨웠다. 연주회가 끝나고 친구들과 담소를 나눌 땐 떨리는 목청(성대)이 날숨에 찰나적 의미를 불어넣었다. 음악과 대화에서 신경은 공기를 신경전달물질로 활용하여, 소통하는 몸들 사이의 물리적 거리를 없앤다.

이 모든 소리는 태양에서 에너지를 얻는다. 조류(藻類)는 볕을 쬐며 생장하다가 땅속에 묻혀 검은 기름이 되었다. 오랫동안 묻혀 있던 햇빛의 이야기가 제트 엔진과 차량 엔진을 통해 발산되는 지금, 우리는 조류의 포효를 듣는 셈이다. 전기 자전거는 석탄 발전소에서 만든 전기로 달리는데, 이것은 늙은 숲에 갇혀 있던 빛이다. 단풍나무와 참나무 잎이 올해 거둬 저장한 햇빛은 여치와 귀뚜라미를 먹인다. 밀과 벼는 인간에게 같은 일을 한다. 여긴 밤이지만 태양은 여전히 빛난다. 광자(光子)가 음파로 바뀌었을 뿐.

예사로운 저녁이다. 몇몇 곤충 소리와 새소리. 제 갈 길을 가는 자동차와 비행기 소리. 인간의 음악과 목소리. 나는 이것을 당연하게 여긴다. 음악과 대화가 울려퍼지는 살아 있는 행성을.

하지만 늘 이랬던 것은 아니다. 지구를 울리는 경이로운 생명의 음성은 최근에 생겨났다. 그리고 연약하다.

지구 역사의 9할 동안 소통을 위한 소리는 전혀 존재하지 않았다. 바다가 맨 처음 동물로 북적였을 때나 산호초가 처음 솟아올랐을 때는 어떤 생물도 노래하지 않았다. 뭍의 원시림에는 부름소리를 내는 곤충이나 척추동물이 전혀 없었다. 그때 동물이 신호를 보내고 소통한 유일한 방법은 서로의 시선을 사로잡거나 촉각과 화학 물질을 이용하는 것이었다. 그런 탓에 수억 년에 이르는 동물 진화는 침묵의 소통 속에서 펼쳐졌다.

하지만 음성이 진화하자 동물은 음성의 그물망으로 엮인 채 거의 즉각적으로—때로는 마치 텔레파시처럼 먼 거리에서도—대화하고 소통할 수 있게 되었다. 소리는 안개, 흙먼지, 울창한 덤불, 밤의 어둠을 뚫고서 메시지를 나른다. 냄새와 빛을 가로막는 장벽을 거뜬히 통과한다. 귀는 방향에 구애받지 않으며 늘 열려 있다. 소리는 동물들을 연결하는 데 그치지 않는다. 음높이, 음색, 장단, 세기를 다채롭게 변화시키며 미묘한 메시지를 전달한다.

생물이 연결되면 새로운 가능성이 생겨난다. 동물의 음성은 혁신의 촉매다. 여기에 역설이 있다. 소리는 찰나적이지만, 그럼에도 자신의 길을 따라 생명을 연결하고 생물학적·문화적 진화의 잠재력을 깨운다. 수억 년 넘게 발휘된 이 생성의 힘은 살아 있는 지구 위에서 엄청나게 다양한 소리들을 만들어냈다. 인간의 말을 대신하는 이 페이지의 활자들은 소리, 진화, 문화의 풍성한 결합이 낳은 여러 산물 중 하나에 불과하다. 이 밖에도 수십만 가지의 경이로운 소리들이 온 세상에서 울려퍼진다. 음성을 가진 종마다 독특한 소리를 낸다. 지구상의 모든 장소는 이 다채로운 음성들이 유일무이하게 어우러진 음향적 특징을 저마다 지니고 있다.

세상의 온갖 소리가 지금 위기를 맞았다. 인류는 음향적 창조성의 정점인 동시에 세상의 풍성한 음향을 부수는 파괴자다. 서식처 파괴와 인공적 소음이 전 세계에서 소리의 다양성을 지우고 있다. 지구 역사상 소리가 이토록 풍요롭고 다양한 적은 일찍이 없었다. 한편 그 다양성이 이토록 위협받은 적도 일찍이 없었다. 우리는 풍요 속에서 살아가는 동시에 파괴 속에서 죽어간다.

'환경' 문제는 주로 대기 변화, 화학 물질 오염, 종의 절멸 같은 용어로 표현된다. 이것은 꼭 필요한 관점이자 판단 기준이다. 하지만 우리에게는 대안적 관점도 필요하다. 우리의 행동은 앙상해진 감각 세계를 미래 세대에게 물려주고 있다. 야생의 소리가 영영 사라지고 인간의 소음이 다른 음성들을 짓누르면 지구는 생기를 잃고 단조로워진다. 이 퇴보는 감각적 다채로움의 상실에 그치지 않는다. 소리에는 생성의 힘이 있기에, 소리의 다양성이 사라지면 세상은 창조력을 잃는다. 위기는 인류 내부에도 존재한다. 질병, 학업 부진, 사망률 증가에서 보듯 소음의 악영향은 고르게 퍼지지 않는다. 인종차별, 성차별, 권력 불균형은 심각한 소리 불평등을 낳는다.

귀를 열면 소통과 창조성의 경이로움을 실감할 수 있다. 우리가 쇠퇴의 시대를 살아가고 있다는 것도 알 수 있다. 따라서 감각 지각을 감상하고 사유하는 능력인 심미안이야말로 우리가 겪고 있는 변화와 불의(不義)의 아수라장에서 우리를 이끄는 주된 길잡이여야 한다.

하지만 우리는 생명 공동체의 감각적이고 다층적인 관계로부터 점점 분리되고 있다. 이 파열은 감각 위기의 일부다. 우리는 상당수 생명 세계의 아름다움으로부터도, 부서짐으로부터도 소외되어간다. 이 때문에 인간 윤리에 필수적인 감각 토대가 무너지고 있다. 그렇다면 우리가 겪고 있는 위기는 단순한 '환경적' 위기가 아니라 감각적 위기다. 지구에서 가장 막강한 종인 인류가 다른 종들의 음성에 귀를 닫으면 재난이 뒤따를 것이다. 세상의 생명력을 좌우하는 요건 중 하나는 살아 있는 지구에 우리가 다시금 귀를 기울이느냐다.

그렇기에 귀를 기울이는 것은 기쁨의 원천이요, 생명의 창조성을 들여다보는 창문이요, 정치적이고 도덕적인 실천이다.

PART 1

기원

태곳적 소리, 그리고 듣기의 옛 뿌리

맨 처음 지구에 울려퍼진 소리는 오직 돌, 물, 번개, 바람에서만 났다.

이것은 초대장이다. 오늘 귀를 기울여 이 원시 지구의 소리를 들으라. 생명의 음성이 잦아들거나 사라질 때마다 우리는 불타는 초기 상태의 지구가 40억여 년 전 식은 뒤로 거의 달라지지 않은 소리를 들을 수 있다. 바람은 산봉우리에 부딪히며 낮고 긴박한 함성을 지르기도 하고 때로는 채찍 휘두르는 소리와 함께 몸을 비틀어 소용돌이치기도 한다. 사막과 눈밭에서는 공기가 모래와 눈 위에서 쉭 하는 소리를 낸다. 바닷가에서는 파도가 자갈, 모래, 꿋꿋한 절벽을 때리고 그러당긴다. 비는 바위와 흙을 달가닥달가닥 때리고 물을 참방참방 두드린다. 강은 꾸르륵꾸르륵 흐른다. 뇌우가 포효하면 지표면이 메아리로 응답한다. 이따금 땅속의 진동과 분출이 지질학적 함성을 내뿜어 공기와 물의 음성에 마침표를 찍는다.

이 소리들의 동력원은 태양, 중력, 지열이다.

햇볕에 데워진 공기는 바람을 들쑤신다. 돌풍이 물을 매섭게 밀어붙이면 파도가 솟구친다. 햇살은 수증기를 끌어올리고 중력은 비를 땅으로 끌어내린다. 강물도 중력의 지령에 따라 흐른다. 바다는 달의 인력에 따라 밀물이 되었다 썰물이 되었다 한다. 지각은 지구의 뜨거운 액체 심장부 위를 떠다닌다.

약 35억 년 전 햇빛은 소리에 도달하는 새로운 길을 찾았다. 바로 생명이었다. 오늘날 모든 생명의 소리는 (일부 식암(食巖) 세균을 제외하면) 태양에게서 생기를 얻는다. 세포의 속삭임과 동물의 음성에서 우리가 듣는 것은 소리로 굴절된 태양 에너지다. 인간의 언어와 음악은 이 흐름의 일부다. 우리는 식물에 갇힌 빛이 공기 중으로 달아나는 음향 통로다. 기계의 굉음조차 오랫동안 묻혀 있던 햇빛을 태우는 소리다.

첫 생명의 소리

첫 생명의 소리는 세균이 주변의 물에 내보낸 미세한 중얼거림, 한숨, 가르랑거림이었다. 지금은 세균의 소리를 분간하려면 무척 민감한 현대식 장비를 써야 한다. 조용한 실험실에서 마이크를 들이대면 흙과 포유류 창자에서 흔히 발견되는 고초균(Bacillus subtilis) 집락의 소리를 감지할 수 있다. 이 진동을 증폭하면 빡빡한 밸브에서 김이 쉭 하고 빠져나오는 소리가 들린다. 이와 비슷한 소리를 스피커로 플라스크

속 세균에게 들려주면 세포의 생장 속도가 부쩍 빨라지는데, 어떤 생화학적 메커니즘 때문인지는 아직 밝혀지지 않았다.

세균을 작디작은 작대기의 끄트머리에 놓아 균형을 잡게 해도 소리를 들을 수 있다. 이 세균 코팅 작대기는 하도 작아서 세포 표면이 떨릴 때마다 덩달아 흔들린다. 우리는 작대기에 레이저 빔을 쏘아 이 움직임을 기록하고 측정한다. 이렇게 하면 세균이 끊임없이 흔들거리는 운동을 통해 떨리는 음파를 만들어내는 것을 알 수 있다. 파동의 마루와 골은 세포의 진동 범위를 나타내는데, 길이가 약 5나노미터밖에 안 되어 세균 세포 너비의 1000분의 1에 불과하며 내가 말할 때 목청이 휘는 길이보다는 50만 배나 작다.

세포가 소리를 내는 것은 끊임없이 움직이기 때문이다. 세포의 생명을 떠받치는 것은 수천 줄기에 이르는 내부의 흐름과 장단으로, 각각의 흐름과 장단은 화학적 반응과 관계의 연쇄에 의해 조율되고 형성된다. 이 역동성으로 보건대 세포 표면에서 진동을 내뿜는 것은 놀랄 일이 아니다. 우리가 이 소리에 무신경하다는 게 오히려 의아하다. 기술이 발전하여 인간 감각이 세균 영역까지 확장된 지금은 더더욱 어리둥절하다. 세균의 소리를 탐구한 학술 논문은 지금껏 스무 편 남짓에 불과하다. 이와 마찬가지로 우리는 자르기, 늘이기, 건드리기 같은 물리적 운동을 감지하는 단백질이 세균막에 부착되어 있다는 걸 알지만 이 감각기가 소리에 어떤 식으로 반응하는지는 알지 못한다.

어쩌면 여기엔 문화적 편견이 작용하고 있는지도 모르겠다. 우리

생물학자들은 시각적 도표에 치우쳐 있다. 나 또한 과학자로서 훈련받는 동안 실험에서 귀를 쓰라는 말을 들은 적이 한 번도 없었다. 세포의 소리는 우리의 지각에서뿐 아니라 상상력에서도 가장자리에 내몰려 있으며, 이 상상력은 습관과 선입견에 의해 빚어진다.

세균은 말을 할까? 화학 물질을 이용하여 세포에서 세포로 정보를 전달하듯 소리를 이용하여 서로 소통할까? 세포 간의 소통이 세균의 기본적 활동 중 하나임을 감안하면 소리는 언뜻 보기에 유력한 소통 수단 같다. 세균은 사회적 존재다. 세균이 모여 있는 막과 집락은 무척이나 촘촘하게 짜여 있기에, 독립 세포를 쉽게 죽일 수 있는 정도의 화학적·물리적 공격에도 거뜬할 때가 많다. 세균의 성공은 그물망을 이루는 팀워크에 달려 있으며 세균은 유전적·생화학적 수준에서 분자를 끊임없이 교환한다.

하지만 세균이 주고받는 소리 신호의 사례는 한 번도 기록된 적이 없다(같은 종의 소리를 들려주었을 때 생장 속도가 증가하는 현상이 일종의 엿듣기인지도 모르겠지만). 어쩌면 음향 소통은 세균 사회에 알맞지 않을 수도 있다. 세균은 생명 규모가 매우 작기 때문에 분자들이 이 세포에서 저 세포로 순식간에 이동할 수 있다. 세균이 세포 안에서 이용하는 수만 개의 분자는 방대하고 복잡하고 안성맞춤인 언어다. 세균에게는 화학적 소통이 음파에 비해 더 값싸고 빠르고 정교한 방법인지도 모르겠다.

세균은 생김새가 비슷한 사촌 고세균과 더불어 약 20억 년간 지구상의 유일한 생명체였다. 아메바, 섬모충, 그리고 이것들의 근연종 같은 더 큰 세포들은 약 15억 년 전에 진화했다. 진핵생물로 불리는 이 큰 세포들에서 훗날 식물, 균류, 동물이 탄생했다. 단세포 진핵생물은 마치 세균처럼 떨림운동으로 가득하다. 소리로 소통하는지 여부는 역시나 밝혀지지 않았다. 어떤 효모 세포도 짝에게 노래하지 않는다. 어떤 아메바도 이웃에게 경고를 발하지 않는다.

30억 년의 침묵

생명의 침묵은 최초의 동물에게도 이어졌다. 이 바다 생물들은 원반이나 주름진 리본처럼 생겼으며 세포들을 단백질 섬유 끈으로 엮어 형성되었다. 지금 만져볼 수만 있다면 하늘하늘한 바닷말처럼 얇고 미끌미끌할 것이다. 이 생물들의 화석은 약 5억 7500만 년 전 암석에서 발견되는데, 일부 화석이 발굴된 호주의 구릉지대 지명을 따서 에디아카라 동물군이라고 뭉뚱그려 부른다.

에디아카라 동물군은 몸 구조가 단순하여 계통이 불분명하며 오늘날 우리가 알고 있는 분류군에 포함시킬 만한 뚜렷한 흔적이 전혀 없다. 절지동물 같은 분절된 껍데기도 없고 어류 같은 뻣뻣한 등뼈도 없고 주둥이도 창자도 장기도 없다. 소리를 내는 기관도 틀림없이 없었을 것이다. 이 동물들의 어느 부위를 봐도 쓱싹쓱싹, 펑, 쿵, 윙 하는 소리를 예사로 낼 수 있었을 것 같진 않다. 해면, 해파리, 바다부채

산호처럼, 몸이 더 복잡하지만 겉보기엔 비슷하게 생긴 현생 동물도 소리를 못 내는 걸 보건대 최초의 동물 군집은 아마도 고요했을 것이다. 진화가 세균과 단세포 생물의 웅얼거림에 보탠 것은 원반과 부채처럼 생긴 흐물흐물한 동물 주변에서 물이 첨벙첨벙 윙윙 맴도는 소리뿐이었다.

생명은 30억 년 동안 침묵하다시피 했으며 소리라고는 세포벽의 떨림과 단순하게 생긴 동물 주변의 소용돌이가 전부였다. 하지만 그 길고 고요한 시기 동안 진화는 훗날 지구의 소리를 탈바꿈시킬 구조를 빚어냈다. 이 혁신은 세포막의 작고 꼬불꼬불한 털로, 그 덕에 세포는 헤엄치고 방향을 바꾸고 먹이를 얻을 수 있게 되었다. 섬모라고 불리는 이 털은 세포 주변의 액체에 뻗어 나와 있다. 많은 세포는 한데 모인 여러 가닥의 섬모를 일제히 꿈틀거려 헤엄에 힘을 보탠다.

섬모가 어떻게 진화했는지는 완전히 밝혀지지 않았지만, 어쩌면 세포 속의 단백질 뼈대가 늘어나 생겼을 수도 있다. 물의 움직임은 섬모 핵심부의 살아 있는 단백질 다발로 전달되었다가 다시 세포 속으로 전달된다. 이 전달은 생명이 음파를 지각하는 토대가 되었다. 섬모는 세포막과 세포 분자의 전하를 바꿈으로써 세포 밖의 움직임을 세포 내부의 화학 언어로 번역했다. 듣기에 특화된 기관을 이용하든 피부와 몸속에 흩어진 섬모를 이용하든, 오늘날 모든 동물은 섬모를 이용하여 주변의 소리 진동을 감지한다.

인간의 목소리를 비롯하여 우리가 오늘날 듣는 풍부한 동물 소리에는 15억 년 전 섬모에게서 물려받은 두 가지 유산이 남아 있다. 첫째, 진화는 섬모를 세포와 몸에서 활용하는 여러 방법을 통해 다양한 감각 경험을 만들어냈다. 인간의 귀는 수많은 듣기 방법 중 하나에 불과하다. 둘째, 물속 진동에 대한 민감성이 처음 생겨나고 오랜 시간이 흐른 뒤 일부 동물이 소리를 이용하여 서로 소통하는 법을 발견했다. 소리 감각과 소리 표현이라는 이 두 가지 유산은 서로 어우러져 진화의 창조성에 양분을 공급했다. 봄철 새소리, 아기의 옹알이, 여름날 저녁 곤충과 개구리의 요란한 합창에 우리가 경탄할 수 있는 것은 섬모가 남긴 경이로운 유산 덕이다.

통일성과 다양성

　우리는 태어나는 순간 4억 년의 진화사를 가로지른다. 수생 생물에서 공중과 육상의 거주자로 탈바꿈하는 것이다. 우리는 숨을 헐떡거리며, 따뜻하고 짭조름한 바닷물로 차 있던 허파에 낯선 공기를 빨아들인다. 우리의 눈은 심해의 희미하고 불그스름한 빛과 이별하고 날카로운 광채를 맞닥뜨린다. 증발의 냉기가 우리의 말라가는 피부를 후려친다.

　그러니 우리가 울음을 터뜨릴 만도 하다. 우리가 그 순간을 잊어버리고 그 기억을 무의식의 토양에 묻어버리는 것은 놀랄 일이 아니다.

　우리가 출생 전에 경험하는 최초의 유일한 소리는 고치 같은 자궁 속에서 물이 웅웅거리고 고동치는 소리다. 엄마의 목소리와 더불어 솟구치는 피, 허파에서 흐르는 숨결, 꾸르륵꾸르륵 음식 소화되는 소리가 우리에게 다가왔다. 엄마를 넘어선 곳에서, 거의 형성되지 않은 우리의 뇌로는 상상할 수 없는 장소들에서 들려오는 바깥세상의 소리들은 더 어렴풋했다. 날카로운 음들이 살과 체액의 벽에 막혀 먹먹해진 탓에 우리의 첫 소리 경험은 엄마의 몸이 맥동하고 움직이는 나직하고 율동적인 소리였다.

듣기 능력은 자궁 속에서 조금씩 발달한다. 20주가 되기 전까지만 해도 우리의 세상은 적막하다. 그러다 약 24주가 되면 털세포(유모세포)가 (부분적으로 발달한) 뇌간의 기초적 청각 중추까지 이어진 신경을 통해 신호를 보내기 시작한다. 저주파음에 맞춰진 세포가 먼저 성숙하기 때문에 우리의 청각은 베이스의 진동음과 웅웅거림으로 시작된다. 6주 뒤에는 조직이 격렬히 생장하고 분화하여 가청 주파수 범위가 성인과 비슷해진다. 소리는 엄마의 체액에서 우리의 체액으로 흐른 뒤 바깥귀길(외이도), 귀청(고막), 귓속뼈(이소골)를 거치지 않고 우리 귀의 가장 안쪽에 있는 신경세포를 직접 자극한다.

이 모든 것은 한순간에 사라진다.

우리는 출생과 동시에 수생 환경을 벗어나지만 우리의 청각이 공기로 옮아가려면 몇 시간이 지나야 한다. 출생시에 우리를 감싼 태지가 바깥귀길에 남아 공기 중의 소리를 몇 분간, 때로는 며칠까지도 차단하기 때문이다. 연조직과 체액도 이와 비슷하게 귓속뼈로부터 몇 시간에 걸쳐 천천히 물러난다. 이 태아기 흔적들이 마침내 사라지면 바깥귀길과 가운데귀는 마른 공기로 채워지는데, 이것은 우리가 육상 포유류로서 물려받은 유산이다.

하지만 속귀(내이)의 털세포는 우리가 성인이 되어도 체액에 싸여 있다. 우리는 태곳적 바다와 자궁의 기억을 속귀의 고리 속에 간직한다. 귓바퀴, 가운데귀방, 뼈 같은 나머지 귀 기관은 물이 담긴 이 핵심부에 소리를 전달한다. 그곳에서, 깊은 안쪽에서 우리는 수생 생물로서 듣는다.

육상 척추동물의 고향

나는 나무 잔교(棧橋)에 엎드린다. 깔쭉깔쭉한 널빤지가 조지아의 여름날 이글거리는 태양의 열을 머금고 있다가 나를 바싹 굽는다. 콧속에는 염습지(鹽濕地)*의 농익은 유황 냄새가 감돈다. 잔교 아래로 흐르는 물은 탁하다. 썰물에 얹혀 휩쓸려 가는 진흙 수프 같다. 이곳은 세인트캐서린스 섬이다. 이 평행사도(平行沙島)**의 동쪽 해안은 대서양과 맞닿아 있다. 내가 있는 서쪽 해안에서는 범람에 취약한 본토의 소나무 숲과 나 사이에 10킬로미터의 염습지가 뻗어 있다. 습한 공기 속에서 저 숲은 수평선의 실안개로만 보인다. 염습지를 덮은 풀 사이사이로 좁고 꼬불꼬불한 갯고랑이 지나간다. 풀들은 개펄 어디에서든 무릎이나 허리 높이로 자라는데, 무성한 어린 밀밭처럼 **빽빽하고 시**

---

* 조석에 따라 바닷물이 드나들어 소금기의 변화가 큰 축축하고 습한 땅
** 모래와 자갈로 이루어진 퇴적 지형의 하나로, 만조 때에도 수면 위에 노출되는데, 미국의 대서양 해안이나 멕시코만에서 흔히 볼 수 있다.

푸르다.

습지는 단색으로 보인다. 온통 푸른색 천지에, 점점이 박힌 것이라고는 갯고랑 기슭을 염탐하는 백설왜가리와 내 머리 위로 힘차게 날갯짓하는 매끈한 따오기뿐이다. 하지만 습지는 지구상에서 가장 생산성이 높다고 알려진 서식처로, 가장 울창한 숲보다도 많은 단위 면적당 햇빛을 포획하여 식물성 재료로 바꾼다. 습지의 풀, 조류(藻類), 플랑크톤은 기름진 진흙과 강렬한 햇빛이 어우러진 천혜의 조합 속에서 무럭무럭 자란다. 이런 풍요는 다양한 동물 집단, 특히 어류에 이롭다. 이 감조습지(感潮濕地)*에는 70종 이상의 어류가 서식한다. 바다에 서식하는 어류도 이곳에 찾아와 알을 낳는다. 치어들은 습지의 보호와 풍요 속에서 자란 뒤 썰물을 타고서 성어의 길을 떠난다.

이런 풍성한 짠물은 본디 모든 육상 척추동물의 고향이었다. 우리 조상의 약 90퍼센트는 물속에서 살았다(처음에는 단세포 생물로서, 다음에는 어류로서). 나는 헤드폰을 머리에 쓰고 수중청음기를 잔교 아래로 떨어뜨린다. 나의 귀를 원래 있던 곳으로 돌려보내고 있는 셈이다.

고무와 금속으로 만든 방수 공에 마이크를 넣은 무거운 캡슐이 빠르게 가라앉으며 케이블을 끌고 내려간다. 수중청음기를 뿌연 물속으로 3미터가량 내린 뒤 케이블 고리를 무릎으로 눌러 청음기가 갯고랑

• 달이나 태양 따위의 인력에 의해 해수면의 높이가 주기적으로 변화하여 물에 잠겼다 드러났다 하는 습지

바닥의 진흙과 침전물 위에 떠 있도록 고정한다.

수중청음기를 처음 내렸을 때는 물이 꾸르륵꾸르륵 흐르는 고음만 들린다. 하지만 청음기가 내려갈수록 꾸르륵 소리는 잦아든다. 그러다 갑자기 베이컨 기름이 자글거리는 프라이팬에 청음기가 떨어진다. 불꽃들이, 소리의 아지랑이가 나를 둘러싼다. 빛나는 조각 하나하나는 햇빛을 받아 따뜻하고 반짝거리는 구리 부스러기다. 나는 딱총새우의 음향권(音響圈)에 도달했다.

이 타다닥 소리는 전 세계 열대·아열대 짠물에서 흔히 들을 수 있다. 소리의 출처는 바다풀, 진흙, 산호초에서 사는 수백 종의 딱총새우다. 대부분 내 손가락 길이의 절반보다도 작은데, 딱총을 쏘는 큼지막한 집게발과 먹이를 움켜쥐는 작은 집게발이 달렸다. 나는 지금 집게발의 합창을 듣고 있다.

집게발을 와락 오므리면 변기뚫개처럼 생긴 부위가 구멍을 확 누르면서 물을 앞으로 뿜어낸다. 이 제트류가 지나간 자리에서는 수압이 낮아져 기포가 뿡 하고 생겼다가 빵 하고 터진다. 폭발의 충격파는 물속을 뚫고 퍼져 나가는데, 이것이 지금 내가 듣고 있는 딱총 소리다. 이 소리 펄스*는 10분의 1밀리초 이내에 사라지지만, 집게발 끝에서 3밀리미터 안에 있는 소형 갑각류, 벌레, 어류를 무엇이든 죽일 만큼 강력하다. 딱총새우는 이 소리를 영역 신호와 힘겨루기의 수단으로 쓴

---

* 매우 짧은 시간 동안에 큰 진폭을 내는 전압이나 전류 또는 파동

다. 적수와 1센티미터 거리를 유지하는 한 부상을 입지 않고 자웅을 겨룰 수 있다.

딱총새우가 일제히 딱총을 쏘면 일부 열대 바다에서는 군용 음파 탐지기를 교란할 정도로 요란한 소음이 난다. 제2차 세계대전 당시 미군 잠수함들은 일본 앞바다에서 딱총새우가 서식하는 해저에 잠복했다가 낭패를 겪었다. 이날까지도 해군 첩보 당국은 수중청음기를 쓸 때 딱총새우 집게발의 소리 아지랑이를 피해 다녀야 한다.

이렇게 소리에 둘러싸여 내가 처음으로 얻은 교훈은 물속 세상이 시끌벅적할 수도 있다는 것이다. 헤드폰을 쓰기 전까지만 해도 넓적꼬리그래클의 날카로운 휘파람 소리, 귀뚜라미와 매미의 맥동하는 소리, 이따금 들리는 고기잡이까마귀의 깍깍 콧소리, 멀리서 들리는 명금(鳴禽)의 가락이 공기 중으로 불쑥불쑥 들려올 뿐이었다. 하지만 물속에서는 딱총새우가 지칠 줄 모르는 소리 에너지로 주변을 끊임없이 들쑤신다. 악구(樂句)나 울음소리 사이에서는 침묵의 공간을 전혀 찾아볼 수 없다. 짠물에서는 소리가 공기 중에서보다 네 배 빨리 전달되어 더 밝은 느낌이 난다. 진흙 바닥의 반사면과 상층수(上層水)* 경계면 사이의 가까운 거리에서는 차이가 더욱 뚜렷한데, 소리가 물의 점성에 의해 약해지지 않기 때문이다.

딱총새우의 소리 구름을 뚫고 똑똑 노크 소리가 띄엄띄엄 들려온

---

* 수온약층 상부에 위치하면서 대기와 접촉하는 부분의 해수

다. 열 번 이상 두드리는 소리가 1~2초 동안 이어진다. 그런 다음 5초 가량 침묵한 뒤에 더 규칙적으로 두드리는데, 이따금 불규칙한 소리가 쭈뼛쭈뼛 끼어들기도 한다. 마치 양장본 표지를 손톱으로 초조하게 두드리듯 날카롭고 나직하고 여운을 남기는 소리다. 소리의 주인공은 근처의 실버퍼치다. 길이가 손가락만 한 이 물고기는 산란하러 염습지를 찾았다가 늦여름이 되면 하구와 앞바다의 깊은 물속으로 돌아간다. 흡사 가르랑거리듯 더 빠르게 두드리는 소리는 내 팔뚝만큼 길게 자라는 바닥고기 대서양조기가 내는 소리다.

　매! 양 우는 소리와 비슷하지만 더 조용하다. 이 투정하는 소리가 딱총새우, 실버퍼치, 대서양조기의 배경 속으로 문득문득 파고드는데, 소리의 출처인 굴두꺼비고기는 갯고랑 바닥의 은신처에 숨어 있을 것이다. 굴두꺼비고기는 이름에서 짐작할 수 있듯 비늘이 없고 피부가 우툴두툴하며 벌린 아가리 안쪽은 동굴만큼 넓다. 대가리는 주먹만 하고 몸통은 꽁무니로 갈수록 가늘어지며 가시가 뾰족뾰족 나 있다. 수컷은 암컷을 얕은 굴로 꾀려고 부름소리를 낸다. 짝짓기를 하고 나면 몇 주 동안 수정란 곁에 머물며 포식자를 쫓아내고 보금자리를 청소한다. 지금 들리는 소리는 먹먹하고 은은하다. 수중청음기로부터 꽤 떨어져 있는 게 분명하다. 잔교 말뚝 주변의 침전물에 굴을 파고 들어앉았는지도 모르겠다.

　수중청음기에서 들려오는 세 물고기의 소리는 모두 부레를 진동시켜 낸다. 부레는 물고기의 몸속에 들어 있는 공기주머니로, 척추 아래로 몸길이의 3분의 1가량 뻗어 있다. 부레의 얇은 벽을 근육으로 눌러 떨게 하면 안의 공기에서 끽끽거리거나 그르릉거리는 소리가 난다. 동물의 근육 중에서 가장 빠르다고 알려진 이 근육은 1초에 수백 번이나 수축한다. 부레에서 발생한 음파는 어류의 몸속 조직으로 흘러들었다가 물속으로 전파된다. 이 물고기들은 온몸이 수중 스피커인 셈이다.

딱총새우, 실버퍼치, 대서양조기, 굴두꺼비고기의 음향권은 내게 낯설게 느껴진다. 인간, 새, 곤충의 가락, 음색, 장단에 익숙해져 있기 때문이다. 그러나 이곳을 지배하는 것은 딱총새우 집게발의 무수한 망치 소리, 실버퍼치와 대서양조기의 노크 소리, 굴두꺼비고기의 불규칙한 양 울음 같은 타악기 소리다.

하지만 이런 차이의 밑바탕에는 통일성이 있다.

같은 발생학적 뿌리

딱총새우의 딱딱하고 분절된 외골격에는 가느다란 감각모가 촘촘하게 나 있다. 소리는 관절의 늘임 수용체(stretch receptor) 다발도 자극하는데, 그러면 섬모가 이 운동을 신경에 전달한다. 더듬이 밑동에는 젤리 같은 감각세포 공으로 둘러싸인 작은 모래 알갱이들이 소리에 자극받아 움직인다. 딱총새우는 온몸으로 듣는다. 귀청에서 압력파를 감지하는 인간의 귀와 달리 새우를 비롯한 갑각류는 물 분자의 이동, 특히 저주파 운동을 감지함으로써 듣는다. 이 동물들에게 도달하는 소리의 형태는 밀어붙이는 파동이 아니라 살랑거리며 간지럼 태우는 분자다.

물고기는 몸의 표면 전체에 퍼져 있는 감각기로도 듣는다. 젤리에 감싸인 섬모로 덮인 채 세포들이 피부와 피부 표면 바로 아래 도관을 따라 늘어서 있는데, 이 그물망을 옆줄계(측선계)라고 한다.

우리의 촉각 수용체가 건조한 케라틴질 피부에 깊이 파묻혀 있는 것과 달리, 물고기의 이 감각세포들은 몸 주변의 물과 밀접하게 접촉한 채 살아간다. 옆줄계는 저주파음과 물 흐르는 기미에 유난히 민감하다. 옆줄계의 초기 형태는 인간 태아의 피부에도 생기지만 성숙하면서 흔적도 없이 사라진다. 우리의 주변 감각 능력은 우리가 태어나기 오래전에 버려진다.

물고기는 속귀로도 듣는다. 이 구조는 우리 조상들이 뭍에 오를 때 가져온 것과 같다. 우리 인간은 개조된 물고기 귀로 듣는다.

물고기의 속귀는 옆줄계와 마찬가지로 소리 감각과 운동을 통합한다. 세반고리관은 털세포 표면의 도관에서 체액의 흐름을 감지하여 몸의 움직임을 탐지한다. 이 도관에는 불룩한 주머니가 두 개 연결되어 있고 주머니에는 소리를 감지하는 털세포가 줄지어 나 있다. 많은 어류 종에서는 주머니 속의 작고 납작한 뼈들이 이 털세포 일부와 겹쳐 있다. 물고기가 움직이면 뒤처진 뼈가 털세포를 잡아당겨 운동 감각을 증폭한다. 많은 종은 부레로도 음파를 수집하여 속귀로 보낸다.

육상 척추동물은 납작한 귓속뼈와 부레가 없다. 듣기 주머니가 길게 늘어나 도관이 된 덕에 더 넓은 주파수의 소리를 귀로 감지할 수 있다. 포유류는 도관이 너무 길어서 고리 모양으로 감겨 있는데, 이것이 달팽이관이다. '달팽이관'을 뜻하는 영어 '코클리어(cochlea)'는 '달팽이 껍데기'를 뜻하는 라틴어에서 왔다. 우리의 언어는 '소리', '신체 움직임', '균형'의 세 가지 감각을 구분하지만 이것들은 모두 속귀 안에서 서로 연결된 체액 도관의 털세포에서 비롯한다. 인류 문화에서 음악과 춤의 연결과 말과 몸짓의 연결은 우리 몸과 동물의 진화사에 깊이 뿌리 내리고 있다.

척추동물의 오래전 친족 관계는 발성 방법에서도 확인할 수 있다. 척추동물은 발성 방법이 매우 다양하지만 그 발생학적 기원은 모두 동일하다. 뒷뇌(후뇌)와 척주가 만나는 지점에 있는 작은 신경조직 부위가 신경 회로로 발달하는데, 이곳이 성체의 발성을 관장한다. 이 회로는 어류의 부레, 육상 동물의 후두, 조류 가슴에 있는 독특한 울음통, 그리고 울음주머니를 부풀리고 가슴지느러미를 떨고 앞다리를 두드리는 수천 가지 소리 진동에 이르기까지 온갖 방법으로 소리를 내는 동물들에서 발성을 위한 패턴 발생기 역할을 한다.

발성을 조율하는 척추 부위는 앞쪽 지느러미나 앞다리의 근육에 해당하는 가슴 부위의 근육도 조율한다. 이 연관성에서 알 수 있듯 발성을 위해서든 운동을 위해서든 타이밍을 섬세하게 조절해야 한다. 굴두꺼비고기의 일정한 허밍에서 새의 다층적으로 반복되는 노래에 이르기까지 모든 부름소리와 노랫소리에는 율동성이 있다. 지느러미, 다리, 날개의 일사불란한 움직임도 마찬가지다. 척추동물의 듣기가 운동 감각과 밀접하게 연관된 것과 마찬가지로 소리 내기는 몸의 움직임과 연관되어 있다. 감각과 행동의 율동성에는 같은 발생학적 뿌리가 있다.

말하고 몸짓할 때나 노래하고 악기를 연주할 때 우리는 고대의 연결을 다시 불러일으킨다. 내가 손으로 피아노 건반을 누르거나 기타 줄을 뜯을 때 목소리, 팔다리, 악기의 음 사이에는 신체적 관계가 작동하는데, 이것은 굴두꺼비고기의 울음소리나 숲속 명금의 가락에서도 마찬가지다. 헨리 워즈워스 롱펠로가 "음악은 인류의 보편적 언어다"라고 썼을 때 그는 사실 '인류'를 훌쩍 뛰어넘는 발생학적·진화적 사실을 천명한 것이다.

나는 물고기다

잔교에서 수중청음기를 내린 것은 계시적 사건이었다. 감각의 확장은 교차하는 두 방향으로 일어났다. 나는 인간 감각만 가지고는 습지의 풍요로움을 결코 온전히 느낄 수 없음을 깨달았다. 물의 표면은 인간의 이해를 가로막는 무지막지한 장벽이다. 뿌연 개흙이 떠 있으면 더욱 난망하다. 물속의 시끌벅적한 수다를 들었을 때 나는 잠시나마 감각의 장벽을 뚫고 들어간 셈이었다. 수면 아래에 귀를 기울이자 습지의 숨겨진 삶이 내게 드러났다. 이제 나는 습지에 가면 물 위 식물들의 획일적 겉모습에 현혹되지 않고 습지의 다양성과 다산성을 상상하고 느낀다.

이렇듯 어느 한 장소의 성질을 이해하면서 나의 자아 감각에도 변화가 생겼다. 잔교에 엎드리면서, 또한 나중에 동물의 소리와 귀에 대해 공부하면서 정체성에 대한 생각과 느낌이 달라졌다. 진화는 우리를 지느러미 달린 물짐승에서 네 발 달린 뭍짐승으로 탈바꿈시키며 포유류 몸을 극적으로 개조했다. 하지만 이 뭍짐승의 달라진 몸 아래에는 물속에 사는 먼 친척과의 동일성이, 혈통뿐 아니라 감각 경험의 동일성이 깔려 있다.

나는 물고기다. 공기 중에서 말하고 육지에서 걷고 숨쉬면서도 물이 담긴 귓속 고리관에서 떨리는 털세포를 통해 바다를 경험한다. 나의 수중청음기와 헤드폰은 신기한 연결 고리를 만들어냈다. 나는 반수생(半水生) 세계에 귀를 기울이면서 바닷물의 흔적을 머금은 채 나의 속귀에 묻힌 도관을 이용했다. 하지만 인간의 귀는 이곳에 존재하는 소리 감각기 중 하나에 불과하다. 지구의 소리 다양성은 동물의 다양한 음성에만 있는 것이 아니다. 세상의 풍요로움은 청각적 **경험**의 다양성에서도 찾아볼 수 있다.

우리는 포유류로서 세 개의 귓속뼈와 고리 모양의 길고 단단한 달팽이관을 물려받았다. 조류는 한 개의 귓속뼈와 쉼표 모양 달팽이관이 있다. 도마뱀과 뱀은 달팽이관이 짧은데, 소리를 감지하는 털세포가 우리 귀처럼 한 줄로 완만한 경사를 이루며 나 있는 게 아니라 다 발로 묶여 있다. 공기 중에서 소리를 듣기 위한 이 세 가지 메커니즘은 척추동물 분류군 안에서 독자적으로 진화했으며 약 3억 년 전으로 거슬러 올라간다. 각각의 계통은 제 나름의 소리 환경 안에서 살아 간다.

사육 동물의 행동에 대한 실험을 통해 우리는 이러한 차이가 어떤 지각의 차이를 낳는지 어렴풋하게나마 짐작할 수 있다. 조류는 포유 류만큼 높은 주파수의 소리를 듣지 못한다. 소리의 연쇄에는 비교적 둔감하지만 노랫소리의 각 음이 지닌 속사포 같은 음향 특성에 고도 로 적응되어 있기에 인간의 귀에는 전혀 들리지 않는 미묘한 특징을 잡아낸다. 또한 포유류의 귀와 뇌가 상대적 음높이에 주목하는 데 반 해 조류는 소리 에너지가 여러 주파수에 어떻게 층층이 쌓여 있는지 (소리의 전체 '형태')를 듣는 솜씨가 뛰어나다. 우리는 새나 인간의 노래에 서 가락(음과 음 사이의 주파수 변화)을 감지하지만 새들은 음 하나하나의 내적 성질이 지닌 풍부한 뉘앙스를 음미하는 듯하다.

어류와 새우는 물 분자의 움직임이 몸털을 직접 자극하며 음파가 방해받지 않은 채 몸속으로 흘러들고 몸을 통과한다. 말하자면 소리 에 잠겨 있는 셈이다. 세균과 독립생활 진핵생물도 막과 섬모에서 진 동 신호를 느낀다. 뭍에서는 곤충이 몸 표면에 난 털과 골격에 있는 기 관으로 공기 중의 소리를 듣는데, 이 기관은 곤충과 갑각류가 다리에 서 움직임과 진동을 느끼는 늘임 수용체가 변형된 것이다.

듣기에 특화된 기관들은 다양한 곤충 집단에서 적어도 스무 번 독자적으로 진화했다. 귀뚜라미는 앞다리에 북 비슷한 청각 기관이 있지만 메뚜기는 복부의 막을 통해 듣는다. 많은 파리는 더듬이에 있는 감각기로 듣는다. 나방은 청각 기관이 적어도 아홉 번 개별적으로 진화한 탓에 날개 밑동, 복부, (박각시의 경우) 구기(口器) 등 다양한 부위에 '귀'가 달렸다. 우리 인간은 피부와 살, 귀로 진동을 느낄 수 있지만, 이것은 다른 동물들이 온몸으로 경험하는 섬세한 청각에 비하면 투박하고 모호한 감각이다.

새우, 물고기, 세균, 새, 곤충과 내가 같은 소리를 '듣는다'고 말하는 것은 안이한 뭉뚱그리기다. **듣다**라는 동사는 우리의 소리 지각과 상상력이 얼마나 편협한가를 보여준다. 우리는 동물의 움직임을 묘사할 때는 이런 한계에 갇히지 않는다. 동물은 뒤뚱뒤뚱 성큼성큼 저벅저벅 걷고, 겅중겅중 껑충껑충 팔딱팔딱 뛰고, 팔락팔락 펄럭펄럭 훨훨 난다. 우리는 동물의 다양한 움직임을 어휘로 표현할 수 있다. 하지만 듣기를 묘사하는 어휘는 빈약하다. 듣다. 귀 기울이다. 경청하다. 이 낱말들만 가지고는 우리의 상상력을 확장하여 소리 경험의 다양성을 아우를 수 없다.

딱총새우가 앞다리 관절이나 집게발의 방향 감지 털에서 느끼는 감각을 어떤 동사로 표현할 수 있을까? 대서양조기의 귀에 있는 뼈판(골판)이 털세포로 덮인 막 위를 미끄러질 때 발생하는 경험에 무슨 이름을 붙여야 할까? 물고기의 옆줄에 있는 섬모는 주변의 물에 잠겨 있기에 우리의 가운데귀에 있는 귓속뼈 세 개의 움직임과는 분명히 다른 경험을 낳을 것이다. 우리는 박각시가 어떻게 구기 촉수로 박쥐의 접근을 감지하는지 표현할 낱말이 없다.

듣기를 일컫는 다양한 어휘가 없는 탓에 우리는 주의력이 결핍되고 상상력이 제한된다. 변변한 동사가 없으면 형용사, 부사, 비유를 끌어다 쓰는 수밖에 없다. 딱총새우의 집게발은 좁은 주파수에 맞게 조정된 털로 뾰족하게 듣는다. 물고기가 저주파 옆줄로 듣는 소리는 보드랍고 깊고 말랑말랑하다. 새는 체온이 높아서 청각 주의력이 예리하지만, 달팽이관이 뭉툭하고 밋밋해서 고음이 깎이는 탓에 음높이 지각 범위가 우리보다 좁다. 세균의 듣기는 떨리는 엄지손가락을 끈적끈적하고 물컹물컹한 젤리에 꽂아 넣는 것과 비슷하려나?

하지만 언어와 감각 기관에 제약이 있더라도 우리는 세계 경험을 통해 상상력을 자극받을 수 있다. 듣기는 다른 존재 방식을 이해할 수 있도록 우리의 마음을 열어준다. 지구의 어느 장소에서든 진화의 창조적 손길이 낳은 다양한 산물인 수천 가지의 감각 세계가 나란히 공존한다. 우리는 다른 동물의 귀로 들을 수는 없지만 귀를 기울이고 경탄할 수는 있다.

❀

잔교에서 헤드폰을 쓰고 있는데, 윙 하는 소리가 물고기와 새우의 소리에 끼어든다. 5초간 점차 커지더니 느닷없이 멈춘다. 부르릉. 이번에는 피시식. 선외기(船外機)* 엔진이 물속에 내려져 돌아가기 시작한다(윙 하는 소리는 전기 모터가 프로펠러를 아래로 내리는 소리였다). 시동 장치가 두 번 더 부르릉거리자 엔진이 살아난다.

엔진음에 물이 뿌예진다. 통통거리는 소리의 음높이는 사람 음성의 주파수와 비슷하다. 딱총새우의 소리가 내 귓속에서 엔진음과 합쳐져, 하나는 으르렁거리고 하나는 타다닥거리며 두 개의 음색이 꾸준히 이어진다. 엔진은 1분간 공회전하다가 갑자기 굉음을 내뱉는다. 프로펠러가 회전하면서 물을 저민다. 보트가 움직이면서 프로펠러가 내 수중청음기에 가까워졌다 멀어졌다 할 때마다 소리의 세기가 커졌다 작아졌다 한다. 다음 순간 수중청음기를 통해 소음 주파수가 높아지는 게 들린다. 엔진의 비명이 멀어지면서 처음보다 세 옥타브 올라간다. 대서양조기는 맥박 뛰듯 대략 10초마다 드르륵거린다. 실버퍼치와 굴두꺼비고기는 입을 다문다.

• 선박의 선체 외부에 붙일 수 있는 추진 기관으로서 간단한 조작으로 선박의 선체에서 쉽게 분리할 수 있는 기계 장치

감각적 타협과 편향

화가가 캔버스 위에서 섬세하게 붓을 놀리듯 청능사(聽能士)*가 팔을 뻗어 가느다란 발포수지 귀마개를 내 오른쪽 귀에 밀어넣는다. 귀마개는 가느다란 튜브를 통해 전자 조종탁과 노트북에 연결되어 있다. 꾸르륵 소리가 불쑥 귓속에 들어온다. 그러더니 진료실이 고요해진다. 정적 속에서 나의 감각이 깨어난다. 더께 앉은 진료실 창문 너머의 겨울 해. 바닥 세정제와 라텍스의 냄새. 복도 저 멀리서 금속제 카트가 덜덜거린다.

발포수지로 막은 귓속에 느닷없이 고음 하나가 꽂힌다. 아니, 내가 틀렸다. 음 하나가 아니라 두 음의 묘한 화음이다. 화음은 맥동하고 되풀이되고 다시 맥동하더니 잠잠해진다. 그다음 낮은 음높이로 또

• 손상된 청각의 재활과 관련된 일을 하는 전문가

다른 음이 들린다. 우리는 음렬(音列)을 따라가고 있다. 노트북 화면에서 그래프의 가로줄이 톱니처럼 떨리고 있는데, 소리가 내 귀를 때릴 때마다 스파이크*가 두 번 뛰어오른다.

지난달 청력 검사에서는 음을 들을 때마다 단추를 눌렀는데, 지금은 빈손으로 앉아 있다. 이번 검사는 내가 의식적으로 참여하지 않은 채 내 속귀의 섬모 함유 털세포를 직접 탐지한다. 소리가 터져 나올 때마다 화면에서 그래프가 씰룩거리는 게 보인다. 이따금 그래프는 치솟는데 소리는 전혀 안 들릴 때도 있다.

청능사가 튜브와 귀마개를 내 왼쪽 귀에 연결한다. 그녀가 다시 기계를 작동시킨다. 다시 꾸르륵 소리. 정적. 그런 다음 음들이 순서대로 흘러나온다. 이제 그래프를 읽는 법을 파악했으니 눈을 깜박이지 않은 채 선을 응시하며 기다린다. 저거다. 내 귀가 반응한다! 두 개의 커다란 스파이크 바로 옆으로, 소리가 내 귀를 채울 때마다 삐죽 올라오는 세 번째의 꼬맹이 스파이크가 보인다. 껑충한 동료들의 발목 높이에 불과하지만 언제나 그들과 나란히 일어선다. 거의 언제나. 소리에 따라서는 내가 분명히 들었는데도 꼬맹이 스파이크가 아예 없거나 기껏해야 들썩거리다 만다.

그래프의 작은 스파이크는 내 속귀의 털세포가 작동하고 있음을 보여준다. 두 음이 동시에 들어와 털세포를 때리면 털세포는 대답하

---

* 값이 급등했다가 급락하여 생긴 뾰족한 모양

듯 소리 펄스를 방출한다. 이 대답은 너무 조용해서 내겐 들리지 않지만 마이크를 쓰면 신호를 포착할 수 있다. 그렇다면 내 귀는 소리를 수동적으로 받아들이기만 하는 게 아니라 듣기 과정에 적극적으로 참여하여 제 나름의 진동을 일으키는 것이다. 이 능력은 속귀의 섬모 함유 세포에서 비롯한다. 옛 독립생활 세포의 막에는 노처럼 생긴 털이 있는데, 나의 세포는 이 털의 후손으로, 지금은 물이 담긴 고리에 자리 잡고는 내 머리 속에 들어 있다.

섬모라는 연금술사

사방이 흰색이고 구석구석 멸균된 검사실에 앉아서 이 작은 털들의 운동에 대해 생각하고 있자니 상상력이 연못 더껑이에 미친다. 내가 학생들과 즐겨 하는 활동 중 하나는 도랑이나 호수의 끈적끈적한 물을 퍼서 생기 넘치는 물속 생물들을 현미경으로 들여다보는 것이다. 맨눈에는 슬라임*밖에 안 보인다. 하지만 유리 렌즈를 현미경 슬라이드에 갖다 대면 물방울 하나에서 수십 종을 볼 수 있다.

어떤 종은, 특히 큰 조류(藻類)의 에메랄드빛 세포는 항구에 접안하는 화물선처럼 꼬물꼬물 움직인다. 또 어떤 종들은 가느다란 꼬리를 식물 조각에 붙인 채 동그란 머리를 앞뒤로 흔들며 컵처럼 생긴 주둥

• 배수관이나 저수탱크 안쪽에 쌓인 미생물로 인해 생기는 끈적끈적한 물질

이에 세균을 퍼 담는다. 초록색 방울들이 쌩하고 지나가며 소용돌이 항적(航跡)을 남긴다. 유리처럼 생긴 바늘들이 물속을 미끄러진다. 슬리퍼 모양 세포들은 나선형으로 움직이다가 멈췄다가 뒤로 돌아갔다가 방향을 바꿔 다시 출발한다.

현미경으로 보이는 움직임은 모두 섬모가 조종한다. 어떤 세포는 꿈틀거리는 털옷 조각이 수백 개씩 달려 있는가 하면 또 어떤 세포는 딱 한 가닥이 길게 늘어나 이른바 편모를 이룬다. 각 섬모를 꿈틀거리게 하는 동력원은 짝을 이룬 열 쌍의 단백질 막대다. 각각의 막대는 수천 개의 작은 하부 단위 코일로 이루어진다. 교차 연결된 단백질들이 막대를 연결한다. 단백질 사이의 연결에 급격한 변화가 일어나면 막대가 마치 미끄러지듯 서로 겹쳐 털을 움직이게 한다. 한편 셔틀 단백질은 막대를 왔다 갔다 하며, 활발하게 구부러지는 그물을 수선한다. 이 과정을 뭉뚱그려 '털'이라고 부르는 안이한 편법은 섬모 내부의 복잡성을 보여주지 못한다.

독립생활 세포의 섬모는 초당 1~100번 운동한다. 우리가 그 소리를 들을 수 있다면, 우리 귀로 포착할 수 있는 가장 낮은 음높이나 그 이하에서 웅웅거리는 것처럼 들릴 것이다. 하지만 이 움직임들은 세균의 떨림과 마찬가지로 각 세포 주변의 얇은 유체 층만을 건드리기에, 인간의 귀로 감지하기에는 너무 조용하다.

첫 진핵생물의 후손은 모든 계통이 섬모를 물려받았지만 그중에서 균류는 상당수가 섬모를 잃었다. 우리는 섬모가 남아 있는 후손에 속한다. 현미경 아래의 연못 더껑이에서 꿈틀거리는 털은 신기한 부속지(附屬肢)처럼 생겼으며 우리 몸과는 별 연관성이 없어 보인다. 하지만 이 낯선 움직임은 우리 몸의 은밀한 활동을 떠올리게 한다.

섬모는 우리의 목에서 폐로 이어지는 통로에 늘어서서 불순물을 내보낸다. 난자는 꿈틀거리는 섬모에 의해 나팔관을 따라 이동하며 정자 세포의 동력원은 구불텅구불텅 헤엄치는 편모다. 우리의 뇌와 척주를 씻는 체액은 섬모에 의해 순환하며 우리 장기의 배아 발달도 섬모에 의해 조율된다. 우리 눈의 빛 수용체는 섬모가 변형된 것으로, 이젠 털끝을 움직이지 않은 채 튀어나온 팔로 빛을 받아들인다. 냄새의 소식은 향 분자를 붙드는 섬모를 통해 신경에 전달된다. 우리의 신장은 섬모를 이용하여 우리가 모르는 사이에 소변 흐름을 감지하고 신장 내 관 그물망의 성장을 조절한다.

듣기에도 섬모가 동원된다. 우리 속귀에 있는 1만 5000개의 소리 감지 세포 하나하나의 꼭대기에는 작은 털 다발이 난 섬모가 왕관처럼 덮여 있다. 음파가 속귀를 통해 흘러들면 그 움직임으로 인해 다발이 구부러진다. 이 운동을 통해 세포는 신경계에 신호를 보낸다. 섬모는 물리적 움직임을 신체적 감각으로 바꾸는 연금술사다.

몸 밖을 보자면 복잡한 동물은 연못 더껑이와 바닷물에 우글거리는 세포와 공통점이 별로 없어 보인다. 하지만 우리 몸의 생명과 감각 경험의 풍부함을 떠받치는 것은 우리의 단세포 친척들에게 동력을 공급하는 바로 그 세포 구조다. 우리는 소리나 빛이나 냄새를 감지할 때마다 깊은 친족 관계를 경험하고 공통의 세포적 혈통을 경험한다.

털세포 꼭대기에 올라앉은 내 귀의 섬모는 (체액으로 가득한) 고리관 사이에 끼어 있는 막에 줄지어 나 있다. 이 고리들이 양쪽 귀에 하나씩 달팽이관을 형성한다. 달팽이관은 크기가 토실토실한 강낭콩만 하며 귀청 바로 너머 두개골 안에 들어 있다. 달팽이막(와우막)은 귀청에 가장 가까운 끝부분은 좁고 뻣뻣하지만 고리 꼭대기 쪽은 넓고 헐렁헐렁하다. 고주파음이 들어오면 좁은 끝부분이 진동하고 저주파음이 들어오면 넓은 꼭대기 부분이 자극된다.

이렇듯 인간 가청 범위 내의 모든 주파수는 마치 속귀에 피아노 건반이 말려 들어가 있는 듯 막의 기울기를 따라 소리 민감도가 달라진다. 음악이나 언어 같은 복잡한 소리 패턴은 막의 길이 방향으로 여러 군데서 파동을 자극한다. 진동을 포착하는 것은 달팽이막 중에서 달팽이관 고리 중앙에 가장 가까운 모서리에 있는 막 내부의 털세포다. 이런 식으로 달팽이관 신경을 통해 뇌로 신호가 전달된다.

거센 소리는 달팽이막을 펄럭이고 안털세포(내유모세포)를 자극할 만한 에너지가 있지만, 조용한 소리는 그러기엔 에너지가 너무 약하다. 혼자서는 신경 자극을 촉발하지 못한다. 그래서 막 바깥쪽에 있는 바깥털세포(외유모세포)가 이 여린 음파를 증폭하여 안털세포가 감지할 수 있도록 한다. 바깥털세포는 그 중요성에 걸맞게 개수가 안털세포의 세 배나 된다.

적당한 주파수의 음파가 바깥털세포를 때리면 단백질이 행동에 돌입하여 세포를 위아래로 펌프질한다. 이 일을 하는 단백질 프레스틴 (prestin)은 생물 세포에서 가장 빠르다고 알려진 힘 발생기다. 바깥털세포의 위아래 운동은 파동을 증폭하여 가냘픈 떨림을 사나운 너울로 바꾼다. 이렇게 커진 파동은 대기 중인 안털세포를 자극한다. 바깥털세포와 안털세포가 협력하는 덕에 우리는 고요한 숲에서 눈송이가 날리는 소리로부터 협곡에서 우레가 메아리치는 소리에 이르기까지 에너지 수준이 수백만 배나 차이 나는 소리들을 두루 감지할 수 있다.

❀

청능사의 화면에서 보이는 것은 내 바깥털세포의 활동이다. 정상적 상황에서는 세포가 유입 파동과 같은 주파수로 맥동한다. 하지만 내가 받고 있는 검사는 세포를 혼란에 빠뜨린다. 귓속에 들어오는 두 음은 막에서 서로 바싹 붙어 있는 두 부분을 때리도록 정확하게 보정되어 있는데, 바깥털세포들이 이렇게 활성화되면 막이 펄럭거릴 때 마치 두 사람이 담요를 약간 다른 속도로 흔들 때처럼 두 자극이 기이하게 충돌한다. 이런 파동의 왜곡은 내 귀에 해롭진 않지만, 이 펄럭거림의 일부가 달팽이관 밖으로 흘러나온다. 화면의 세 번째 스파이크는 나의 바깥털세포가 내지르는 비명이었다.

검사 끝무렵 청능사가 노트북 키를 누르자 삐쭉삐쭉한 선이 사라지고 내 털세포들이 얼마나 재깍재깍 반응했는지 보여주는 그래프가 나타난다. 저주파에서는 양쪽 귀에서 세포들이 모두 잘해냈다. 그런데 오른쪽 귀에서 고주파에 맞춰진 털세포들이 널뛰기를 하지 않거나 움직이는 속도가 느렸다. 왼쪽 귀에서는 중역(mid-range)에 치중하는 털세포들이 잠잠했다. 이 불활성 세포들은 쉬거나 잠든 게 아니다. 죽은 것이다. 새의 귓속 털세포가 손상되어도 다시 자랄 수 있는 것과 달리 인간의 속귀 세포는 목숨이 하나뿐이다.

청능사는 이 검사를 수정 구슬이라고 부른다. 50대에게는 내 검사 결과가 이례적인 게 아니다. 나이를 먹어가면서 털세포는 더 죽을 것이다. 이 현상은 고주파에서 특히 심하게 나타난다.

대부분의 사람들은 건강한 바깥털세포를 타고나며, 달팽이막 위에서 아래까지 두루 활기가 넘친다. 하지만 그때부터 내리막이 시작되는데, 이는 우리 몸에서 시간의 흐름을 보여주는 세포 사멸의 한 단면이다. 총소리, 전동 공구, 증폭된 음악, 기관실 소음 같은 시끄러운 소리를 듣거나 털세포에 유독한 약물(네오마이신과 고용량 아스피린처럼 흔한 약물도 있다)을 복용하면 청력 감퇴가 빨라질 수 있다. 하지만 고요한 환경에서 약물 없는 삶을 살더라도 세월의 침식으로부터 우리 귀를 완전히 보호할 수는 없다.

이것은 감각 기관을 풍성하게 갖춘 몸 속에서 살아가는 대가다. 우리의 모든 감각 경험은 세포에 의해 중개되는데, 노화는 세포 수준에서 일어나는 과정이다. 시간이 흐르면서 세포의 형태와 DNA에 결함이 쌓이며 결국에 가서는 세포의 활동이 느려지거나 아예 멈춘다. 그러니 동물의 몸에서 시간의 경과를 경험하는 것은 곧 감각 소실을 경험하는 것이다. 이것은 진화가 우리에게 물려준 계약이다. 이 계약 덕에 우리 몸은 감각 경험을 만끽하게 되었지만, 나이가 들어감에 따라 경험 규모의 축소를 감내할 수밖에 없다.

이 계약을 파기했다고 알려진 유일한 동물은 해파리의 민물 친척 히드라다. 히드라의 몸은 주머니로 되어 있고 꼭대기에 촉수가 달렸다. 신경이 그물처럼 몸을 누비고 있으며 뇌나 복잡한 감각 기관은 하나도 없다. 몇 종류의 세포로만 이루어진 단순한 설계 덕에 히드라는 결함이 생긴 세포를 대수롭지 않게 제거하고 교체할 수 있다. 히드라는 늙는 티가 전혀 나지 않는 채 살아간다. 하지만 마치 해파리가 물구나무선 듯한 모습으로 영원한 젊음을 누리는 히드라의 감각은 애석하게도 초보적인 수준에 머무른다. 피부에 박힌 단일 세포로부터 전달되는 소리와 빛을 어렴풋이 감지하는 것이 고작이다.

우리의 몸은 히드라처럼 스스로 재생하기엔 너무 복잡하다. 하지만, 그 대신 우리는 감각이 잘 발달해 있으며 복잡한 기관들이 감각을 중개한다. 청력 상실 같은 노화로 인한 감각 쇠퇴는 파우스트의 계약을 맺은 조상들 탓이다. 그들은 늙지 않는 몸을 포기하는 대신 풍성한 감각적 삶을 얻었다. 이 진화적 타협이 그들에게 강요된 것은 결코 깨뜨릴 수 없어 보이는 생명의 법칙 때문이다. 복잡한 세포와 몸은 모두 나이를 먹고 죽어야 한다는 법칙 말이다.

나는 점진적 청력 상실이 안타깝다. 사람, 새, 나무의 음성과 음악은 내게 유대감, 의미, 기쁨을 선사하기 때문이다. 하지만 나는 슬픔과 더불어 진화의 유산을 받아들이고 즐기려고 노력한다. 이렇게 다양한 음성이 존재하는 것은 우리 몸이 복잡하고, 따라서 필멸하기 때문이니까.

우리는 감각이 왜곡된 채 살아간다

우리의 청각 세포와 기관은 우리를 노화의 궤적에만 붙들어두는 것이 아니다. 감각 경험을 편향시키기도 한다. 나는 젊을 때 청력이 완벽했다가 이제 와서 세상과의 투명한 연결 중 일부를 상실한 것이 아니다. 털세포가 죽기 전에도 내가 듣는 소리는 많은 중재를 거친 소리였다. 내가 듣는 모든 것은 불완전한 번역이다. 나의 귓속에서는 내면의 세계와 외면의 세계가 대화하고 서로 얽힌다.

내 마음은 반발한다. 소리는 소리일 뿐 아닌가? 나는 뚫린 귀로 세상과 연결되어 주변의 소리를 있는 그대로 듣고 있지 않나? 아니다. 그것은 착각이다. 우리가 지각하는 것은 세상의 번역이며 모든 번역가에게는 나름의 재능, 오류, 견해가 있다. 진료실에 앉아 그래프의 스파이크를 응시하면서 달팽이관 털세포의 재잘거림을 본다. 해석의 숨겨진 사슬을 일부나마 대면한다. 외부의 소리에서 내부의 지각에 이르는 경로의 단계 하나하나에서 우리 몸은 편집하고 왜곡한다.

머리 양쪽으로 바깥귓길을 따라 돋은 귓바퀴는 일종의 보청기로, 소리를 15~20데시벨 증폭한다. 이 정도 증폭은 넓은 방을 가로질러 걸어가 반대편에서 이야기 중인 사람 옆에 다가서는 것과 맞먹는다. 음파는 증폭될 뿐 아니라 귓바퀴의 고랑과 이랑에서 반사되기도 한다. 이렇게 파동이 부딪히면 일부 고주파가 상쇄된다. 귀를 앞쪽으로 접어보라. 소리의 밝기가 달라질 것이다. 머리를 움직이면 소리 반사가 달라져 조금씩 다른 주파수가 제거된다. 우리 뇌는 이 미묘한 변화로부터 수직면에서의 소리 위치 정보를 추출한다. 소리가 바깥귓길에 들어서는 순간부터 편집이 이루어지는 것이다.

귀청과 세 개의 귓속뼈로 이루어진 가운데귀의 임무는 공기 중의 소리 진동을 달팽이관 내의 체액 진동으로 변환하는 것이다. 이러한 공기에서 물로의 전환에는 물리적 난점이 있다. 공기의 파동이 물을 만나면 에너지가 대부분 반사된다. 이것은 우리가 잠수해서 헤엄치는 동안 물 밖에서 친구들이 나누는 잡담이 들리지 않는 한 가지 이유다. 이 문제를 해결하기 위해 가운데귀의 작은 뼈들은 비교적 큰 귀청에서 진동을 모아들이며, 긴 망치뼈가 짧은 모루뼈와 등자뼈 위에서 지렛대처럼 회전하면서 진동을 달팽이관에 연결된 훨씬 작은 면적에 집중시킨다. 이 변환은 음파의 압력을 스무 배가량 증가시켜 소리를 증폭하는 동시에 약한 필터로 극고주파와 극저주파를 깎아낸다.

그런 다음 달팽이관에서는 더 강력한 필터를 적용한다. 가청 범위의 위쪽 끝과 아래쪽 끝을 정하는 것은 달팽이관의 민감도다. 달팽이

막의 뻣뻣한 정도, 바깥털세포의 반응성, 신경 민감도 조절 등은 음높이 지각의 위아래 경계뿐 아니라 소리 주파수를 구별하는 능력도 좌우한다. 일반적으로 우리는 피아노 건반에서 반음의 20분의 1에 해당하는 음높이 차이를 구별할 수 있다. 집중해서 들으면 나 음과 다 음 사이에서 20개의 미분음(微分音)*을 들을 수도 있는 것이다. 하지만 이것은 조용한 소리에만 해당한다. 우리 귀는 속삭이는 소리나 말소리의 미묘한 음높이 차이는 분간할 수 있지만 고함 소리의 음높이는 잘 구별하지 못한다. 거센 소리는 달팽이막을 뒤흔들어 청각 신경을 얼떨떨하게 만든다. 우리는 고주파보다는 저주파에서 음높이 차이를 더 섬세하게 구별한다. 이를테면 곤충의 새된 울음소리는 우리 귀에 전부 같은 음높이로 들린다. 객관적인 소리 주파수 그래프로 보면 음높이가 사뭇 다른데도 그렇다. 하지만 낮은 말소리에서는 소리 주파수의 미묘한 차이도 감지할 수 있다.

신경 신호와 뇌의 처리 과정도 나름의 해석을 더한다. 안털세포가 자극되면 달팽이관의 신경이 활성화된다. 각각의 세포는 달팽이막 경사면에서의 위치에 따라 특정 범위의 소리 주파수에 반응한다. 이 범위들의 개별적 너비와 서로 겹치는 너비는 주파수 구별에 또 다른 제약을 가한다. 그러고 나면 달팽이관에서 발생한 신경 자극이 뇌줄기(뇌간)에 있는 일련의 처리 중추를 통해 청각 신경으로 흘러갔다가 대

---

* 반음보다 더 작은 음정으로, 3분음, 4분음, 6분음, 8분음, 16분음 따위가 있다

뇌겉질(대뇌피질)로 간다. 그곳에서 뇌는 유입된 신호를 예상, 기억, 믿음의 맥락에 비추어 해석한다. 우리가 의식적으로 지각하는 것은 녹취가 아니라 해석이다.

이것을 가장 똑똑히 보여주는 것이 청각 착각이다. 선구적 음향심리학자 다이애나 도이치는 양쪽 귀에 서로 다른 소리를 들려주거나 같은 소리를 반복적으로 들려주면 뇌가 속아 헛말이나 헛가락을 들을 수 있음을 밝혀냈다. 이 착각은 우리가 '듣는다'는 것이 실은 유입되는 신호에서 질서를 뽑아내려고 시도하는 뇌의 활동임을 보여준다. 그런 질서가 없을 때조차 뇌는 질서를 찾는다. 우리가 듣는 말과 가락은 부분적으로 보자면 우리가 처한 배경의 산물이며 각 사람은 자신의 문화에 비추어 언어와 음악을 듣는다.

우리의 뇌는 귀에서 들어오는 소리를 단순히 받아들이는 게 아니라 귀에 신호를 보내어 국지적 조건에 맞게 달팽이관을 조정한다. 주변이 시끄러우면 뇌는 바깥털세포의 민감도를 억누르는데, 이것은 손을 뻗어 스피커 음량을 낮추는 것과 같다. 이렇게 하면 잡음의 마스킹 효과*가 감소하여 유의미한 소리를 더 뚜렷이 분간할 수 있다. 이를테면 우리 귀의 털세포는 시끄러운 식당에 있을 때는 조용한 숲에 있을 때보다 움직임이 둔해진다.

---

* 어떤 음을 듣고 있을 때, 다른 음이 어느 정도 크게 들리면 원음이 감도가 줄어들거나 들리지 아니하는 현상

이런 해석 층위 때문에 소리크기(loudness)의 지각에 편향이 생긴다. 이를테면 인도를 걸을 때의 발소리는 연한 풀을 밟을 때보다 약 두 배 크게 지각된다. 이것은 귀청을 때리는 에너지양을 일컫는 음의 세기(sound intensity)의 증가량과 일치한다. 하지만 목공소에서는 귀가 우리를 오도한다. 원형톱의 소리는 전기 드릴보다 두세 배 크게 들린다. 그러나 에너지가 우리 귀를 때리는 속도인 실제 음의 세기는 약 100배에 이른다.

한편 지각이 편향되는 정도는 소리 주파수에도 영향을 받는다. 우렛소리처럼 시끄럽고 주파수가 낮은 소리가 나면 근육이 귓속뼈를 잡아당겨 달팽이관으로 흐르는 소리의 세기를 줄인다. 하지만 전동 공구처럼 시끄럽고 주파수가 높은 소리가 날 때는 귀를 보호하기 위한 이 반사 작용의 세기가 약해진다.

우리의 뇌가 주관적 경험의 척도를 왜곡하는 정도는 산업 시대 이전 사회에서 들리던 고요한 소리의 미묘한 차이에 맞춰져 있다. 인간 음성의 의미, 특히 감정적 뉘앙스는 음의 세기의 작은 변화를 통해 전달된다. 바람, 비, 식물, 인간 아닌 동물의 소리에서 얻는 정보도 마찬가지다. 우리 귀는 조용한 소리에 주의를 기울이도록 진화했기에, 주변이 지속적으로 시끄러우면 불쾌감을 느낀다. 엔진, 전동 공구, 스피커 음악에 둘러싸인 산업사회에서는 소리크기 척도의 상단부에서 더 섬세한 경험이 가능하다면 유익할 것이다. 그렇다면 이 새로운 세상에서 소리의 다양성을 향유하되 속귀를 영구 손상으로부터 보호할 수단을 갖추는 편이 낫다.

소리 주파수의 지각에도 편향이 존재한다. 우리의 민감도는 단봉낙타와 같아서 중역의 민감도가 가장 크고 초저역과 초고역에서는 무딘데, 이것은 먹잇감과 포식자의 소리, 물 흐르는 소리, 바람이 식물을 스치는 소리 등 인간의 생존에 가장 밀접한 주변 소리에 귀가 적응한 결과다. 나이를 먹으면서 민감도의 혹은 고주파 말단에서 주저앉기도 하고 갈라져 쌍봉낙타가 되기도 한다. 우리 귀가 중간 주파수에 특화된 것은 다른 인간의 음성과 일부 인간 아닌 동물의 소리를 듣는 데 유리하다. 하지만 우리는 낮은 소리와 높은 소리를 많이 들을 수 있는 대신 소리의 활력을 엉터리로 감지한다. 우리가 곤충의 어렴풋하고 새된 울음소리나 바닷가에 부딪히는 파도의 나직하고 둔중한 소리를 들을 때 이 소리들은 사실 누군가가 우리 곁에서 크게 말하는 소리만큼 격렬하다. 이런 착각은 우리의 귀와 신경이 고주파와 저주파의 소리크기 지각을 낮춘 편향 탓이다. 우리는 감각이 단단히 왜곡된 채 살아간다.

지각의 상자에 갇힌 인간

소리 중에는 우리 달팽이관의 범위를 벗어난 것도 많다. 우리가 들을 수 있는 소리는 기껏해야 약 20~2만 헤르츠(음파가 1초 동안 진동하는 횟수)에 불과하다. 일부 고래와 코끼리는 최저 14헤르츠까지 들을 수 있으며 비둘기는 최저 0.5헤르츠까지도 듣는다. 쇠돌고래는 최고 14만 헤르츠까지 들으며 일부 박쥐는 최고 20만 헤르츠까지도 듣는다. 개는 최고 4만 헤르츠, 고양이는 최고 8만 헤르츠까지 듣는다. 생쥐와 쥐는 최고 9만 헤르츠로 재잘대고 노래한다. 동물이 듣는 가장 낮은 소리가 내 발이고 가장 높은 소리가 내 정수리라면 우리 인간이 듣는 소리는 내 발바닥 피부 바로 위에서 등산화 맨 위까지에 불과하다. 대부분의 포유류와 비교하자면 인간과 우리의 영장류 사촌들은 좁디좁은 청각 세계에 갇힌 채 살아가는 셈이다.

뇌운(雷雲), 바다 폭풍, 지향(地響)*, 화산이 노래하고 신음할 때는 한결같이 최저 10분의 1헤르츠의 음파가 발생하는데, 이것은 너무 낮아서 우리 귀로는 감지할 수 없다. 이렇게 낮은 소리는 수백 킬로미터를 이동하며 바다, 하늘, 땅의 움직임을 알려준다. 하지만 우리는 이 소리들을 들을 수 없기에 지평선 너머에서 무엇이 요동치는지 알지 못하는 소리 세계에서 살아간다.

주파수 범위의 반대쪽 끝에서도 비슷한 제약이 작용한다. 고주파는 공기 중에서 금세 약해지며 짧은 거리밖에 이동하지 못한다. 곤충의 새된 노랫소리, 박쥐의 울음소리, 나무가 삐걱거리는 소리, 식물의 잎맥을 따라 물이 졸졸거리는 소리는 우리의 귀에 미치지 못한다. 이런 한계에는 뼈아픈 구석이 있다. 세상이 말을 건네고 있는데도 우리

---

* 지진, 분화 따위가 일어날 때 지반이 흔들리며 소리가 나는 일

의 몸은 주변의 소리를 대부분 듣지 못하니 말이다.

우리 문화가 사람을 '청인(聽人)'과 '농인(聾人)'으로 구분하는 것은 잘못이다. 듣는 것과 귀먹는 것은 생물학적으로 명쾌하게 구분되지 않는다. 모든 사람은 세상의 진동과 에너지 중 대부분에 대해 무감각하다. 모든 인체는 귀와 무관하게 몸의 조직과 피부에서 소리를 어느 정도 느낄 수 있다. 그럼에도 평균적 인간이 들을 수 있는 좁은 범위의 음파를 기준으로 우리는 높은 문화적 장벽을 세웠다. '청인' 인구는 구어만 대상으로 하기에 시각과 몸짓으로 소통하는 사람들을 배제하기 일쑤다. 점차 세를 얻고 있는 농문화(聾文化)*가 이 배제에 따르는 편견과 비난을 거부하고 풍부한 시각·몸짓 언어를 아우르는 공동체를 꾸린 것은 지극히 정당하다.

인간 청각의 한계에서는 역설을 찾아볼 수 있다. 생물학적 진화는 생물에게 청각을 부여하여 서로 연결하는 동시에 지각의 벽을 세웠다. 청각의 신체 메커니즘이 작동하려면 특정 과제에 치중해야만 한다. 세포가 세상의 진동에 민감해지려면 능력의 범위를 좁히는 수밖에 없다.

귓속뼈는 소리를 증폭하고 매질을 공기에서 물로 전환하지만 이것은 특정 주파수 범위에 국한된다. 털세포 속 단백질은 위아래로 펌프질을 하지만 그 속도는 세포막의 반복 구조에 의해 정해진다. 털세포

---

* 청각 장애인의 언어, 행동 양식 따위를 바탕으로 한 고유의 문화

는 조용한 소리를 끌어올리지만 시끄러운 소리에 대해서는 솜씨를 한 껏 발휘하지 못한다. 달팽이막은 매우 낮은 음과 높은 음을 포착하기 엔 너무 짧고 주파수를 더 세세하게 구별하기에는 너무 뻣뻣하다.

진화의 탁월한 업적이 으레 그렇듯 통달하려면 전문화해야 하고 전 문화하면 위력이 약해진다. 청각은 여느 감각과 마찬가지로 드러내는 동시에 왜곡한다. 청각은 우리로 하여금 세상의 다채로운 음파를 듣 게 해주지만 이를 통해 전달되는 소리 에너지 지각은 왜곡되고 편집 된 것일 수밖에 없다.

그리하여 진화는 각 종이 성공하는 데 가장 적절한 주파수와 소리 크기의 범위에 맞게 청각 기관을 다듬었다. 따라서 인간의 가청 범위 를 들여다보면 우리 조상들에게 가장 요긴했던 소리가 무엇인지 알 수 있다. 우리 조상들이 생쥐와 나방을 잡아먹었다면 (생쥐와 나방 둘 다 초음파로 소통하므로) 우리는 고양이 같은 소형 육식 포유류처럼 훨씬 높 은 주파수를 듣도록 진화했을 것이다. 반면에 우리 조상들이 물속에 서 해분(basin) 너머를 향해 노래했다면 물에 적응한 우리의 귀는 고래 처럼 낮은 주파수에 맞게 조정되었을 것이다.

감각 경험이 풍부해질수록 지각의 환각을 더 절실히 깨닫게 된다. 나는 청력이 약해지는 일을 겪기 전까지만 해도 그 환각 속에서 살았 으며 내 감각에 한계가 있다는 생각을 거의 하지 못했다. 내 귀가 소리 에너지를 그대로 받아들이는 게 아니라 적극적으로 해석하여 전달한 다는 사실을 일깨울 신체 경험을 한 번도 못 해봤기 때문이다. 하지만 청능사 진료실에서 내 털세포의 생생한 모습을 보면서 새로운 사실을 알게 되었다. 감각 경험의 대가로 우리는 탄생 이후 줄곧 지각의 상자에 갇힌 채 살아가야 한다는 것을 깨달았다. 그 상자는 세상의 다양한 에너지 흐름보다 훨씬 비좁은 곳이다. 상자의 벽은 들어오는 소리를 구부리고 걸러 내가 경험하는 소리 지각의 형태와 질감을 만들어낸다.

청능사의 그래프에서 나의 털세포가 죽었거나 죽어가고 있다는 증거를 보면서 쓰라린 슬픔을 경험했으며, 그 덕에 나는 내 감각들의 한계와 귀중한 가치를 둘 다 더 잘 이해하게 되었다. 왜곡과 범위 축소는 섬세하고 풍성한 감각의 대가. 나의 청각은 나를 소리와 맺어주지만, 섬모로 덮인 원시 바닷속 세포에서 동물 속귀의 청각적 경이로움에 이르는 기나긴 여정을 거치며 진화가 이뤄낸 변화와도 맺어준다.

PART 2

동물
소리의
번성

포식, 침묵, 날개

시골길 가장자리를 걷는데 메뚜기들이 내게서 파드닥 달아난다. 귀뚜라미들은 부스스한 풀 더미 속 은신처에서 귀뚤귀뚤 운다. 표범나비가 날개를 팔락거리며 지나간다. 1~2분마다 옅은 깔따구 구름을 통과하며 손을 내저어 티끌 같은 몸뚱이들을 쓸어낸다. 어제 오후에 요란하고 끈질기던 매미들은 서늘한 오늘 오전엔 이따금씩만 맴맴 울고 떠듬떠듬 낑낑거린다.

도로 한쪽에서는 생간 색깔의 노암(露巖)이 계곡 비탈 위쪽으로 기울어져 있다. 이 바위 안에는 내 주위에서 날고 노래하는 곤충들의 조상이 매장되어 있다. 이 화석화된 무리 중 하나에는 동물을 통틀어 (알려진) 최초의 소리 내는 구조가 들어 있다. 그것은 고대 귀뚜라미의 날개 이랑이다. 이 화석은 음향 소통의 직접적 물증 중 가장 오래된 것이다.

이곳엔 성소(聖所)를 지어야 한다. (알려진) 지상 최초의 음성을 기리는 기념물을 세워야 한다. 하지만 순례자들은 프랑스 남부의 이 산악지대를 외면한 채 저지대의 예배당과 성당으로 향한다. 카미노데산티아고 순례길이 옆으로 지나간다. 순례자들은 모든 노래와 언어의 가장 깊은 뿌리로 알려진 것이 발밑의 바위 속에 누워 있다는 걸 모르는 채 발길을 재촉한다.

노래와 언어의 가장 깊은 뿌리

나는 마시프상트랄의 남쪽 끝에 와 있다. 이곳은 산과 가파른 강기슭 계곡이 어우러진 지대로, 지중해 해안을 따라 내륙으로 접어들었다가 북쪽으로 뻗어 프랑스 육지 면적의 6분의 1 가까이를 덮는다. 이곳 지형은 해안평야와 달리 울퉁불퉁하며 인구가 희박하다. 화산 활동, 알프스산맥과 피레네산맥의 충돌, 대륙판의 미는 힘이 어우러져 마시프 전역에 복잡한 암석 혼합체를 형성했다. 내가 걷는 길에 나란히 서 있는 양홍색(洋紅色) 바위들은 수억 년 전 뜨겁고 건조한 대륙 내부에서 탄생했다. 붉은색은 토양에 침출된 철분이 바람을 맞으면서 산화된 흔적이다.

현지 강의 이름을 따 살라구층(Salagou Formation)으로 불리는 이 암석들은 반건조(半乾燥) 분지에 쌓인 퇴적물로 이루어졌다. 이따금 폭우가 분지를 깎아 호수와 개울을 만들었다. 이 습지대 옆으로 무성한 양치식물과 소나무, 잣나무 같은 구과수(毬果樹)가 자라 황량할 뻔한 풍경에 초록색 조각과 통로를 덧붙였다. 이 지층은 2억 7000만 년 전 페름기로 거슬러 올라가는데, 당시엔 지구의 모든 땅덩이가 판게아라는 하나의 초대륙으로 뭉쳐 있었다.

1990년대에 현지 의사 장 라페리는 집 근처에 있는 색색의 노두(露頭) 곳곳에 곤충 화석이 점점이 박혀 있는 것을 발견했다. 그는 화석을 채집했으며 전 세계 연구자들과 협력하여 현생 곤충 집단의 최초 구성원들이 멸종 곤충들과 공존하던 시대를 들여다볼 수 있는 귀한 창문을 열었다. 하루살이, 풀잠자리, 총채벌레, 잠자리가 고대 곤충과 나란히 날아다녔으며 현생 귀뚜라미와 메뚜기의 친척도 몇 종 있었다.

이 곤충 화석들은 대부분 날개가 있다. 곤충의 몸은 금세 분해되지만, 건조하고 질긴 단백질로 이루어진 날개는 오래 보존된다. 바람에 날리거나 물에 휩쓸려 수로나 건열(乾裂)*에 들어간 날개는 미사(微沙) 연니(軟泥)**에 파묻혔다. 이 날개가 훗날 지질학자의 망치질에 의해 무덤에서 발굴되었을 때 날개맥(翅脈)과 윤곽은 암석의 자국으로서 나타났다. 곤충의 종류마다 날개 모양과 날개맥 배열이 다르기에 날개 화석을 보면 오래전 죽은 곤충의 분류군을 동정(同定)할 수 있다.

• 진흙 따위의 퇴적층이 말라서 거북 등처럼 갈라진 틈으로, 지층 속에 그대로 남기도 하며, 퇴적 당시의 환경의 변화를 밝혀 준다.

•• 미사는 알갱이의 지름이 0.002~0.02mm인 가는 모래를 말한다. 연니는 바다에서 나는 플랑크톤의 유해가 대양 바닥에 퇴적하여 있는 무른 흙으로, 규질 연니와 석회질 연니로 나뉜다.

살라구층의 페름기 암석에서는 날개 하나가 남다른 특징을 지니고 있다. 일반적으로 날개맥은 그물처럼 배열되어 얇은 막을 지탱한다. 그런데 한 화석 표본에서는 날개 부착점 근처의 맥 다발이 굵어지고 솟아오른 것을 볼 수 있다. 약간 휘어져 눈에 띄는 중앙 날개맥을 측면 날개맥이 떠받치고 있다. 이렇게 모여 있는 돋을새김 날개맥 다발은 길이가 고작 몇 밀리미터로, 이 페이지의 글자 하나만 하다(날개는 내 엄지손가락 길이의 절반가량이다). 이랑이 솟은 이런 구조는 날개막을 떠받치는 역할을 전혀 하지 않았다. 아마도 곤충의 노래 도구였을 것이다. 두 날개를 비비면 솟은 중앙 날개맥이 다른 날개 밑동을 긁어 마찰음이 난다. 어쩌면 날개의 넓고 평평한 표면이 스피커처럼 동작하여 소리를 퍼뜨렸는지도 모른다.

현생 귀뚜라미는 비슷한 날개 구조로 소리를 내지만 디자인이 더 정교하다. 피크로 줄을 퉁기듯 오른쪽 날개의 물결 모양 이랑을 왼쪽 날개의 돌기로 비빈다. 피크 옆에는 얇은 막처럼 생긴 날개의 경판(鏡板)이 있어서 이 소리를 증폭하고 퍼뜨린다. 줄과 경판의 모양은 종마다 독특하며 줄을 퉁기는 장단도 마찬가지여서 현생 귀뚜라미들은 그윽한 쨱쨱 소리에서 길게 끄는 지저귐, 인간의 귀로는 감지할 수 없는 높은 끽끽 소리까지 온갖 다채로운 소리를 낸다. 이에 반해 화석 곤충의 솟아오른 이랑은 일정하게 늘어선 융기부가 없으며, 소리를 증폭하는 경판의 증거도 찾아볼 수 없다. 그렇다면 이 곤충이 낸 소리는 현생 귀뚜라미의 정교한 구조에서 만들어지는 순수한 음이 아니라 조잡한 쓰르륵쓰르륵 소리였을 것이다.

2003년 올리비에 베투가 이끄는 프랑스 고생물학자들이 최초 발견자 장 라페리와 협력하여 화석을 기재했는데, 그들은 이 종을 페르모스트리둘루스(*Permostridulus*)로 명명했다. 이것은 화석의 지질 시대인 '페름기(Permian)'와 신체 부위를 비벼 소리를 내는 것을 일컫는 동물학 용어 '마찰하다(stridulate)'의 합성어다. 페르모스트리둘루스의 이랑은 현생 귀뚜라미의 날개맥과는 다른 날개맥 집단이 합쳐져 만들어졌다. 현생 귀뚜라미의 먼 초기 친척이긴 하지만 지금은 멸종한 독자적 과에 속한다.

페르모스트리둘루스가 살았을 무렵 절지류 이웃으로는 다른 곤충, 거미, 전갈 등이 있었으며 일시적으로 생긴 웅덩이에는 소형 갑각류가 우글거렸다. 우리의 먼 조상들과 그들의 친척들도 거기 있었다. 도마뱀처럼 생긴 그들의 몸은 진흙에 발자국을 남겼는데, 이것은 화석화된 자취로 보존되었다. 수궁류(therapsid)라고 불리는 이 파충류는 크기가 이구아나만 한 것에서 크로커다일만 한 것까지 다양했으며 오늘날의 대다수 파충류와 양서류처럼 다리를 옆으로 휘둘러 걷는 것이 아니라 수직으로 뻗은 다리로 땅을 활보했다. 그중 몇 종류는 이후 5000만 년에 걸쳐 크기가 작아지고 북슬북슬한 털가죽을 얻어 우리가 현재 포유류라고 부르는 종류로 진화했다. 하지만 페름기의 수궁류는 파충류 피부를 한 목본초식동물과 육식동물이었으며 많은 육지 환경을 지배하는 대형 동물이었다.

포유류의 이 선조들은 곤충의 소리를 듣지 못했을 가능성이 크다. 포유류의 귀에 고주파음을 전달하는 귀청과 세 개의 귓속뼈가 그때는 아직 진화하기 않았기 때문이다. 수궁류의 소리 세계는 바깥귓구멍과 뼈를 통해 속귀에 전달되는 저주파음으로만 이루어졌다. 쿵쿵거리는 발자국 소리와 우르릉거리는 우렛소리가 그들이 들을 수 있는 전부였을 것이다. 어쩌면 다른 파충류들이 중얼거리는 소리를 들었을지도 모르지만, 이 동물들이 소리를 냈다는 화석 증거는 전혀 없다.

더 높은 소리를 들을 수 있는 귀는 이 동물의 진화 과정에서 나중에야 등장했다. 그땐 숲과 들판이 노래하는 먹이 곤충으로 가득하고 수궁류의 몸이 초기 포유류의 작달막한 곤충 사냥꾼 몸으로 바뀐 뒤였다.

하지만 당시의 절지동물은 페르모스트리둘루스의 노래를 들을 수 있었다. 그들의 오밀조밀한 세상에서는 고주파음에 대한 민감성이 요긴했다. 숨어서 먹잇감을 기다리는 거미나 전갈은 흙을 또닥또닥 밟는 작은 발자국 소리, 곤충 다리의 긁는 소리, 날개 팔락이는 소리, 심지어 작은 몸뚱이가 식물을 스치는 소리를 감지함으로써 다음 먹이가 어디 있는지 알 수 있었다. 먹잇감 입장에서도 공기나 땅으로 전해지는 진동은 임박한 위험을 경고하는 유용한 정보였다. 다른 동물의 존재를 소리로 지각하면 짝짓기의 친밀한 사회적 협상에도 도움이 된다. 쉿, 휭, 바스락 등 곤충의 몸과 동작에서 나는 소리들은 조용해서 몇 센티미터밖에 이동하지 않으며 가장 큰 곤충이 부스럭거리는 묵직한 소리도 1미터가 고작이다.

고대 귀뚜라미는 잘 발달한 청각 기관이 다리에 달렸는데, 이 섬모 함유 세포들을 이용하여 땅의 미세한 진동과 공기 중의 압력파를 감지했다. 페르모스트리둘루스의 시대 이후에는 진화가 이 능력을 더욱 확장하여 얇은 막의 귀청을 귀뚜라미 앞다리에 덧붙였다. 약 2억 년 전으로 거슬러 올라가는 이 혁신은 소리 내는 날개의 진화에 의해 촉발된 것이 분명하다. 일단 음향 소통이 시작되자 자연선택은 정교한 청각을 선호했다.

이유가 뭘까

우리는 페르모스트리둘루스가 왜 소리를 냈는지 알지 못한다. 현생 귀뚜라미는 짝을 유인하고 영역을 방어하려고 노래한다. 고대 귀뚜라미의 날갯소리는 오늘날 귀뚜라미와 마찬가지로 주의를 끌거나 경쟁자를 을러 물리치거나 짝을 찾는 상대에게 위치를 알리는 등 번식에 유리하게 작용했을지도 모른다. 번식상의 이점이 잡아먹힐 위험 증가분보다 크다면 자연선택은 노래를 선호했을 것이다.

하지만 소리를 내는 날개 이랑이 방어 목적에 동원되었을 가능성도 있다. 갑자기 소리를 내면 자신을 공격하는 포식자를 놀라게 해 달아날 시간을 벌 수 있다. 이 소리 방어는 이런 소리가 드문 곳에서는 특히나 효과적이었다. 거미가 먹잇감을 덮치다가 제 주둥이 쪽에서

윙 하는 소리를 듣거나 가까운 곳에서 예상치 못한 쓰르륵쓰르륵 소리를 들었을 때 얼마나 어리둥절할지 상상해보라. 진동으로 인한 놀람 반응은 오늘날에도 흔한 현상이다. 절지동물을 보금자리에서 뽑아내면 종종 짧은 괴성을 들을 수 있으며 바닷가재, 거미, 노래기, 귀뚜라미, 딱정벌레, 공벌레 등 다양한 동물이 방어적 진동을 활용한다. 말벌, 거미, 생쥐로 실험했더니 이렇게 진동으로 놀래는 동작은 실제로 방어 효과가 있었다. 먹잇감은 공격자를 놀라게 하고는 달아날 수 있었다.

이렇듯 소리의 역할이 불분명한 것에서 보듯 인간 언어에는 난점이 하나 있다. 우리는 다른 종의 소리를 묘사하면서 인간의 명사를 인간 아닌 존재에게 투사한다. **노랫소리**(song)는 심미적 뿌리가 있다고 판단되는 것, 즉 쾌감을 주거나 꾀려고 내는 모든 소리를 일컬으며 대체로 우리 귀에 즐거운 음색이나 가락이 여러 번 거듭되는 소리를 가리킨다. 이보다 짧은 소리는 **부름소리**(call)라고 부른다. 먹이를 달라고 보채는 새끼 새의 짹짹거림, 무리짓는 새들의 날카로운 고음, 번식철 개구리의 우렁찬 함성, 원숭이들이 먹이를 발견하여 나누며 끽끽거리는 소리가 이에 해당한다. 부름소리는 무리를 결집하거나 새끼와 부모가 소통하거나 경고 신호를 발동하거나 영역을 표시하는 데 쓰인다.

하지만 동물 소리의 역할은 우리의 단순한 분류로 포괄할 수 있는 것보다 더 다양하다. 노랫소리와 부름소리의 구분은 자의적일 때가 많으며 대개는 인간 아닌 동물에게서 무슨 역할을 하느냐보다는 인간에게 어떤 심미적 영향을 미치는가를 보여줄 뿐이다. 나는 통상적

용법을 따르겠지만, 사회적 역할이 (페르모스트리둘루스처럼) 알려지지 않았거나 (대다수 인간 아닌 동물처럼) 부분적으로만 알려진 경우 이 용어는 간략한 스케치에 불과하다.

그 역할이 무엇이었든, 페르모스트리둘루스의 날개 이랑을 더욱 발전시킨 곤충 무리는 훗날 전 세계 노래 챔피언이 되었다. 페르모스트리둘루스는 메뚜기목(目)의 가까운 친척인데, '곧은 날개'를 뜻하는 이 분류군은 오늘날 2만여 종을 망라하며 대부분 노래한다. 귀뚜라미와 여치 등 일부는 날개의 피크와 줄을 서로 비벼 소리를 낸다. 메뚜기와 날지 못하는 대형 곱등이 웨타(weta) 등은 뒷다리로 배의 이랑을 긁는다. 일부 종은 소리 내는 날개와 다리를 보완하기 위해 쓰르륵거리는 구기, 쌕쌕거리는 기관(氣管), 둥둥거리는 배, 탁탁거리는 날개를 동원하기도 한다.

페르모스트리둘루스는 화석 기록 중에서는 아직까지 최초의 소리꾼으로 알려져 있다. 하지만 소리로 소통한 최초의 동물이었을 리는 없다. 화석 기록은 불완전하며 진화적 혁신의 시기를 매우 보수적으로 추정하는 것이 고작이다. 곤충 날개의 작은 이랑처럼 암석에서 잘 보존되지 않는 혁신은 더더욱 그렇다.

화석의 증언 이전의 과거에 귀를 기울이면 현생종의 유전 분석으로 재구성한 진화적 계통수를 이용하여 과거를 간접적으로 추론할 수 있다. 이 계통수를 기존 화석의 연대로 보정하면 종이 언제 갈라져 나왔는지 추정할 수 있다. 귀뚜라미류는 약 3억 년 전에 등장한 것으로 보인다. 이 첫 귀뚜라미의 현생종 후손은 거의 모두가 노래한다. 그렇다면 이들의 공통 조상도 노래했을 가능성이 있다.

초기 소리꾼의 또 다른 후보로는 뽈매미와 매미 같은 노린재목 곤충의 조상이 있다. 그들의 공통 조상은 몸의 진동 기관에서 발생시킨 음파를 나무나 잎으로 전달하여 소통했을지도 모르며 귀뚜라미와 마찬가지로 약 3억 년 전으로 거슬러 올라간다. 수로에 많이 서식하며 성체가 되면 물가 식물에 알을 낳는 흔한 곤충 강도래는 초목 위에서 타악 이중주로 소통하는데, 종마다 독특한 북장단을 맞춘다. 기원은 거의 2억 7000만 년 전으로 거슬러 올라가며 그들의 은은한 타악기 소리는 초창기에 동물이 소통하던 또 다른 소리였을 것이다.

3억 년의 시간 여행

훗날 메뚜기목의 또 다른 구성원들은 근사한 화석을 남겼다. 페름기 다음의 지질 시대인 트라이아스기의 화석에는 귀뚜라미를 닮은 날개에 마찰음 줄과 초보적 '경판'으로 보이는 것이 있다. 막 조직의 평평한 판으로 이루어진 이 경판은 비행에서의 역할이 전혀 알려진 바 없으며, 현생 여치 날개 경판의 축소판으로서 소리를 집중하고 증폭하여 찍찍 소리에 선명한 음색을 부여한 듯하다. 이 트라이아스기 귀뚜라미는 페르모스트리둘루스의 투박한 줄에서 나는 거칠고 쓰르륵거리는 소리가 아니라 감미로운 소리를 냈을 것이다.

메뚜기목 화석의 발성 기관 중에서 가장 잘 보존된 것은 내몽골의 1억 6500만 년 전 쥐라기 암석에서 발견된 여치 날개다. 어찌나 고스란히 보존되었던지 앞날개를 가로지르는 넓은 검은색 띠가 아직도 보일 정도다. 소리 내는 이랑은 각 날개의 부착점 근처에 가로로 놓여 있으며 100여 개의 작은 이빨이 줄지어 있다. 이빨과 이빨 사이는 많은 현생 여치처럼 점차 넓어진다. 날개는 가위처럼 접히면서 속도가 점차 빨라진다. 이빨이 일정한 간격으로 나 있으면 손톱으로 빗살을 점점 빨리 긁을 때처럼 음높이가 높아져 '디리리이이이이!' 하는 소리가 난다. 하지만 이빨 간격이 점차 넓어져 이 가속 효과를 정확히 상쇄하면 '이이이이!' 하는 순음이 난다. 멸종 여치의 넓어지는 이빨 간격도 같은 역할을 했을 것이다.

구준지와 페르난도 몬테알레그레가 이끄는 연구진이 이 화석을 기재했는데, 그들은 날개의 형태를 묘사하고 소리를 추측으로 재구성했다. 연구진은 화석의 치수를 소리가 알려진 현생종과 비교하여, 이 여치가 6킬로헤르츠를 약간 웃도는 소리를 16밀리초마다 되풀이했으리라 추정했다. 인간의 귀에는 종소리 같은 높은 음색으로 짧게 두드리는 순음처럼 들린다. 쥐라기 귀뚜라미와 같은 암석에 들어 있던 식물 화석으로 보건대 이 소리꾼의 보금자리는 고대 구과수와 거대 양치식물이 자라는 탁 트인 소림(疏林)*이었을 것이다. 쥐라기 여치의 소

• 나무가 듬성듬성 들어서 있는 숲

리 주파수는 이 서식처에서 유난히 순조롭게 전파되었을 것이며, 따라서 그들의 노래는 자신의 생태 환경에 안성맞춤이었을 것이다. 이 여치의 소리는 페르모스트리둘루스와 달리 척추동물에게도 들렸을 것이다. 이즈음 양서류, 공룡, 초기 포유류는 더 높은 주파수를 들을 수 있었다. 쥐라기 여치는 많은 현생 여치와 마찬가지로 포식자에게 잡아먹힐 위험을 줄이려고 밤에만 노래했을지도 모른다.

곤충 날개는 처음에는 겉뼈대(외골격)가 뭉뚝하게 늘어난 형태로 진화했다. 현생종의 날개 발달을 조사했더니 이 진화적 위업은 갑옷을 통제하는 유전자와 다리를 만드는 유전자의 작용이 조합된 것으로 보인다. 최초의 팔락거리는 날개 화석은 남아 있지 않지만, 현생종의 유전자를 이용하여 계통수를 그려보니 최초의 날개는 4억~3억 5000만 년 전에 진화했을 가능성이 매우 크다. 이 최초의 날개 덕분에, 식물 사이를 뛰어다니는 곤충은 낙하 속도를 늦출 수 있었을 것이다. 이 행동은 오늘날에도 현생 곤충의 사촌 돌좀(bristletail)에서 관찰된다.*

당시의 많은 곤충은 나뭇가지 끝의 꼬투리에 들어 있는 씨앗을 먹었다. 양치식물과 구과수를 닮은 식물로 이루어진 이 숲에서는 활강이 요긴한 기술이었을 것이다. 날개는 먹이에 쉽게 접근하고 새 서식처에 빨리 퍼지고 짝을 더 효율적으로 찾는 수단이기도 하다. 날개맥이 있고 날개 앞쪽 가장자리인 전연(前緣)과 뒤쪽 가장자리인 후연(後

---

* 돌좀목은 여느 곤충과 달리 날개가 없고 몸이 두 부분으로 이루어졌다

緣)을 갖추고 비행을 감당할 만큼 커다란 완전한 날개의 첫 화석은 3억 2400만 년 전으로 거슬러 올라간다. 약 3억 년 전 화석 기록에서는 날개 달린 곤충 수십 종을 찾아볼 수 있다.

곤충 날개는 쉽게 소리를 낼 수 있는 재료로 이루어졌다. 진동을 퍼뜨리는 납작하고 가벼운 표면은 스피커의 진동판에 해당한다. 비행 근육은 빠르고 반복적으로 움직이며, 운동을 지속할 수 있도록 산소가 풍족하게 공급된다. 날지 않고 날개를 반복적으로 비비는 성향을 발달시킨 곤충이라면 아마도 전부 소리를 냈을 것이다. 날개맥이 두꺼워지거나 물결 모양이 되면서 소리는 더 커지고 더 조성적(調聲的)으로 바뀌었다.

원시 귀뚜라미처럼 울창한 숲이나 땅 위 부스러기 잡동사니에서 사는 동물에게는 발성이 유난히 요긴했을 것이다. 소리를 내면 식물이 뒤엉켜 시야를 가리는 축소판 밀림에서도 상대를 찾을 수 있기 때문이다.

지구의 첫 35억 년간 오랜 침묵이 이어진 뒤, 세포의 떨림운동에 이어 곤충이 육상 세계에 최초의 노래를 선사했다. 양치식물, 소철, 석송, 구과수로 이루어진 고대 숲을 환하게 밝힌 것은 우리 귀에도 친숙한 소리였다. 도심 공원의 뿌리덮개*나 산의 풀밭, 시골길에서 귀뚜라

• 교목의 뿌리목 둘레에 있는 포장도로에 설치하는 금속 격자판으로서, 물, 공기, 영양분 따위가 들어가 토양이 단단해지는 것을 예방하는 시설물. 흔히 가로수 공원 등에 설치한다.

미 우는 소리를 들으면 우리는 지구에서 처음으로 노래가 울려퍼지던 시절로 시간 여행을 한다.

그러다 혁명이 일어났다

소통을 위한 소리가 진화하는 데 왜 이렇게 오랜 시간이 걸렸을까? 세균과 단세포 생물은 30억 년간 존재하면서 (우리가 알기로) 어떤 소리 신호도 주고받지 않았다. 이 세포들은 모두 물의 움직임과 진동을 감지할 수 있었지만 그 무엇도 소리를 통해 서로 연결되려 하지 않았다. 동물 진화의 첫 3억 년 동안에도 소통 신호는 전혀 없었던 듯하다. 이 시기의 화석 중에서 쓰르륵쓰르륵 소리든 뭐든 소리를 내는 구조는 하나도 알려져 있지 않다.

고생물학 전문가들에게 자문을 구했더니 그들은 귀뚜라미와 매미를 닮은 최초의 곤충이 진화하기 전에 동물이 발성 구조를 가졌다는 물리적 증거에 대해서는 전혀 아는 바 없다고 말했다. 물론 화석 기록은 불완전하며 발성 구조 중에서도 물고기의 부레 같은 일부는 암석에 흔적을 거의 또는 전혀 남기지 않으므로, 우리는 이 오랜 기간의 소리를 온전히 듣지 못한다.

이 오랜 침묵은 수수께끼다. 소리는 신호를 전달하는 효과적이고 값싼 방법이기 때문이다. 원반과 리본 모양 동물이 처음으로 진화한 에디아카라기 직후 동물의 몸에서는 뼈대를 비롯하여 쉽게 소리를 낼 수 있는 구조가 진화했다. 이 동물의 몸은 바다 밑바닥을 기어다니고 헤엄치고 먹이를 씹으면서 틀림없이 우연한 소음을 냈을 것이다. 그럼에도 우리가 알기로 초기 바다에는 소통을 위한 소리가 하나도 울려퍼지지 않았다. 어쩌면 알맞은 돌연변이가 일어나지 않아 진화가 원재료를 손에 넣지 못한 것일까? 그럴 가능성은 희박하다. 동물이 분화하던 초기에 진화는 정교한 눈, 관절이 달린 다리, 복잡한 신경계를 갖춘 동물계의 모든 가지를 만들어내기에 충분한 창조력을 발휘했으니 말이다.

확실히 알 순 없지만, 포식자의 쫑긋 세운 귀가 진화의 음향적 창조성에 브레이크를 걸었을 수도 있다. 이 압박은 귀 기울이는 적의 주둥이를 피할 수 있을 만큼 동물이 날렵해진 뒤에야 사그라들었을 것이다.

에디아카라기 이후 캄브리아기라 불리는 지질 시대에는 화석 동물의 개체수와 다양성이 폭발적으로 늘었다. 약 5억 4000만 년 전을 시작으로 캄브리아기 바다는 절지동물, 연체동물, 환형동물, (훗날 척추동물로 진화한) 올챙이 닮은 동물 등 오늘날 알려진 주요 분류군의 조상을 비롯하여 다양한 동물 형태로 가득했다. 최초의 뼈대, 관절 달린 다리, 복잡한 구기, 신경계, 눈, 머리, 뇌는 모두 약 3000만 년에 걸친 화석 기록에서 나타난다.

캄브리아기 바다는 귀를 쫑긋 세운 동물로 가득했다. 동물들이 단세포 조상에게서 물려받은 섬모는 이제 피부와 가시에 달라붙고 겉뼈대 속에 들어가고 몸속 장기 표면에 부착되었다. 이렇듯 동물계는 소리를 비롯한 물의 움직임을 감지하는 민감성을 갖춘 채 등장했다.

바다의 모든 초기 동물들은 물의 압력파와 진동을 감지했다. 갑각류와 (지금은 멸종한) 삼엽충 같은 절지동물은 몸 겉에 감각기들이 늘어서 있었다. 최초의 포식 두족류와 이후에 등장한 유악어류(有顎魚類)도 위험한 존재였다. 초기 두족류는 피부의 감각기와 머리 속의 평형낭(平衡囊)*으로 물의 진동과 움직임을 감지했으며 고대 어류는 옆줄계와 초기 형태의 속귀를 통해 진동을 감지했다.

화석 기록에서 보듯 바닷속은 갈수록 위험해졌다. 캄브리아기 이후의 지질 시대인 오르도비스기, 실루리아기, 데본기에는 더더욱 위험했다. 조개껍데기를 비롯한 먹잇감의 화석 중 상당수에는 포식자에게 공격받은 흔적이 남아 있다. 시간이 지나면서 먹이사슬 아래쪽에 있는 동물들은 가시와 두꺼운 껍데기처럼 더 정교한 방어 수단을 진화시켰으며 심지어 탈피할 때가 되면 진흙에 굴을 파기도 했다. 이 행동은 겉뼈대를 벗은 상태에서 죽어 파묻힌 동물의 화석에 기록되어 있다.

그렇다면 초기 바다에서 소리를 내는 것은 절지동물, 어류, 연체동물 같은 포식자에게 자신의 위치를 알려주는 꼴이었다. 하지만 수생동물이 움직이고 먹이를 먹으면서 소리를 전혀 내지 않을 수는 없는

---

* 무척추동물의 평형 기관으로, 주머니 모양이며 안에는 감각모와 평형석이 있다.

노릇이다. 바닷속을 첨벙첨벙 돌아다니고 먹이를 먹다가 위치가 발각되어 죽은 동물이 한두 마리가 아니었을 것이다. 음향으로 소통하려는 초기 시도의 대가는 죽음이었으리라.

발성은 최초의 육상 동물에게도 위험했을 것이다. 뭍을 걸어다닌 소형 절지동물의 발자국 화석은 4억 8800만 년 전으로 거슬러 올라간다. 이 개척자들은 뭍의 조류(藻類)와 벌레를 잡아먹거나 (오늘날 투구게처럼) 알을 낳을 모래를 찾기 위해 육지에 진출했을지도 모른다. 포식성 전갈과 거미는 4억 3000만 년 전 뭍에 서식했다. 4000만 년 전이 되었을 때 육지에는 진드기, 노래기, 지네류, 유령거미류, 전갈, 거미의 친척, 곤충의 조상이 살고 있었다. 이 모든 동물은 다리의 감각기를 통해 흙이나 식물의 진동을 감지할 수 있었다.

그렇다면 바다와 육지의 초기 동물 집단은 발성에 적대적인 환경에서 살았을 것이다. 물에서는 소리로 인한 분자 운동이 빠르고 멀리 퍼지기에 특히나 위험이 컸다. 하지만 뭍에서도 많은 초기 개척자들이 포식성 전갈과 거미였으므로 소리를 내려면 큰 비용을 치러야 했을 것이다. 바다와 육지의 첫 동물들이 전부 초식성이었다면 세상의 소리 다양성이 훨씬 일찍 꽃피었을지도 모르겠다.

하지만 이것은 오래전 얘기만은 아니다. 현생 동물을 조사했더니 포식의 강력한 침묵 유발 효과가 드러났다. 이날까지도, 정주성(定住性)이거나 동작이 느리고 몸에 무기를 갖추지 못해 잡아먹힐 위험이 큰 동물은 소리를 내지 않는다. 이를테면 벌레와 달팽이 중에서 소리를 내는 것은 두어 종에 불과하다. 일본 앞바다의 심해에서 육방해면 (六放海綿)˙에 둘러싸여 사는 바다벌레는 서로 겨룰 때면 주둥이 안에 물을 머금었다가 왈칵 내뿜어 펑 소리를 낸다. 유리 보금자리의 날카로운 그물이 서로 겨루는 벌레들을 주변의 포식자로부터 보호해주기 때문이다. 브라질 열대림의 육상달팽이는 포식자에게 공격받으면 선명하고 (아마도) 유독한 점액을 분비하면서 조용히 찍찍 소리를 낸다. 이것은 벌을 성가시게 했을 때 경고성으로 붕붕거리는 것과 비슷할 것이다. 나머지 8만 5000종의 연체동물과 1만 8000종의 환형동물은 우리가 아는 한 몸을 미끄러뜨리거나 거품을 만들 때 말고는 소리를 내지 않는다.

선형동물, 편형동물, 해면, 해파리도 마찬가지다. 이 침묵은 해부학적 결함 때문이 아니다. 판처럼 생긴 달팽이 껍데기의 입구라면 쓰르륵쓰르륵 소리를 내기에 제격일 것이다. 꿈틀거리는 벌레, 물고기의 부레, 우리의 목청에서 보듯 말랑말랑한 근육질의 살도 소리를 낼 수 있다.

지금 세상의 거의 모든 음성과 노래를 담당하는 것은 동물군 중에서 단 두 가닥의 가지다. 하나는 어류와 (우리를 비롯한) 뭍에 올라온 후손인 척추동물, 다른 하나는 갑각류, 곤충, 그들의 친척으로 이루어진

• 해면동물문의 한 강으로, 바늘 모양의 규산 성분이 많이 함유된 골격을 가진다. 진흙 속에 사는데 주로 깊은 바다에 분포한다.

절지동물이다. 둘 다 재빠르고 무장한 경우가 많다. 최초로 소리를 낸 동물에게는 틀림없이 두려움을 모르는 기백이 있었을 것이다.

지구의 소리 역사에서 첫 5억여 년은 바람, 물, 바위의 음성으로 이루어졌다. 그러고는 세균의 웅얼거림과 초기 동물의 첨벙첨벙, 휙휙, 쿵쿵 소리가 30억 년간 이어졌다. 생명은 여러 우발적인 소리를 냈지만, 소통을 위한 음성을 냈다는 증거는 전혀 없다. 생명 세계는 오래도록 침묵했다.

그러다 혁명이 일어났다. 육상 곤충에게서 날개가 진화한 것이다. 이것이 포식의 침묵 유발 효과를 무력화했을 것이다. 날개가 생긴 덕에 작은 곤충은 포식자에게서 달아날 수 있었다. 발성의 비용이 급락하자 음향 소통은 이를 발판으로 삼을 수 있었다.

하지만 곤충이 비행 능력을 얻은 뒤에야 발성이 진화했다는 사실은 포식으로부터 해방된 덕에 동물이 처음으로 부름소리와 노랫소리를 진화시킬 수 있었다는 증거가 되지 못한다. 시간 간격이 너무 넓어서 원인과 결과를 추론하기 힘들기 때문이다. 그러나 포식에 정말로 침묵 유발 효과가 있었다면 추론을 해볼 수는 있다. 페르모스트리둘루스보다 오래된 생물의 화석 기록에서 발성의 사례를 찾을 수 있다면 그것은 사납거나 빠르거나 철갑을 두른 동물일 것이다. 메뚜기의 고대 원형처럼 억센 뒷다리나 날개를 갖춘 초기 곤충일지도 모르겠다. 물속에서는 포식성 삼엽충이나 갑각류, 잽싸게 달아날 수 있거나 방어용 가시를 빽빽하게 두른 어류에게서 소리를 기대할 수 있다.

감각 다양성의 사멸

프랑스 남부의 길가를 걷다 보니 주변 곤충들의 생기가 느껴진다. 도로의 어느 지점에서든 메뚜기 여남은 마리가 쓰르륵거리는 소리가 들린다. 공기는 무수한 귀뚜라미의 귀뚤귀뚤 소리가 뒤섞여 자욱하다. 프랑스의 위대한 과학자이자 곤충시인 장 앙리 파브르는 19세기 후반과 20세기 초반 이 지역 귀뚜라미들이 "단조로운 교향악"으로 공기를 채웠다고 썼다.

이 소리경관(soundscape)은 산간 도로의 어수선한 소림과 길가로부터 멀리 떨어진 저지대 개발지와 대조적이다. 산업적 영농이 실시되고 있는 밭과 시골길에서는 곤충의 노랫소리가 잠잠하다. 제초제와 밭갈이로 단정하게 만든 밭에는 자연 식생이 별로 남지 않았다. 다채롭던 토종 풀밭과 숲은 한해살이 작물의 단작 경작지로 바뀌었다. 살충제는 농약 분무기 노즐에서만 나오는 것이 아니다. 바람과 비가 수증기와 먼지를 들쑤시면 수십 년 전 금지된 화학 물질이 배어 나온다.

곤충생물학 전문가 60명의 연구 성과를 종합한 2016년 보고서에 따르면 유럽의 메뚜기, 귀뚜라미, 그들의 친척이 위기를 맞았다. 약 30퍼센트의 종이 멸종 위험에 처했으며 개체군 데이터가 탄탄하게 확보된 종의 대부분에서 개체수가 감소하고 있다. 북아메리카에서는 밭갈이와 살충제 연무로부터 떨어진 지역에서도 메뚜기 개체수가 줄고 있다. 캔자스주 콘자프레리 평원에서는 20년 만에 메뚜기가 30퍼센트 감소했다. 이것은 프레리 식물의 질소 및 무기질 양분 함량이 훨씬 낮아진 것과 관계가 있다. 대기 중 이산화탄소가 증가하면서 프레리 식물의 생장이 20년 만에 두 배로 증가했지만 이 무성한 식생의 영양소는 오히려 희박해졌다. 이제 메뚜기는 영양 만점 샐러드보다는 양 많고 맛없는 지푸라기를 먹을 수밖에 없다.

곤경에 처한 곤충은 귀뚜라미와 메뚜기만이 아니다. 벌, 개미, 딱정벌레, 메뚜기, 파리, 귀뚜라미, 나비, 날도래, 잠자리 등 온갖 종류의 곤충에 대한 장기적 연구 160건을 취합한 최근 보고서에 따르면 육상 곤충이 10년마다 감소하는 평균 비율은 10퍼센트를 초과한다(다만 민물에 서식하는 일부 곤충에서는 정반대 추세가 나타난다). 이 곤충들은 대다수 뭍 생태계의 토대다. 생물량으로 따지면 곤충의 무게는 포유류와 조류를 전부 합친 것보다 스무 배 넘게 나간다. 종수로는 최소 400배 이상이다. 뭍에서 수억 년의 진화가 빚어낸 소리 다양성이 급감하고 있다. 숲과 풀밭에서 커져만 가는 곤충의 침묵은 모든 육상 생태계의 생명력을 떠받치는 동물들이 감소하는 소리인 셈이다.

이렇듯 감각 다양성이 사멸하고 있는 데는 독을 퍼뜨리는 기술, 이산화탄소 농도 증가, 생산 비용을 다른 사람과 다른 종에 떠넘기는 산업의 '외부 효과', 나날이 팽창하면서 다른 종을 밀어내는 인류의 입맛 변화와 인구 증가 등 여러 원인이 있다. 이 모든 사회·경제적 요인의 배경은 둔감함과 무관심의 문화다.

생명의 진화 서사시를 통틀어 가장 거대한 이정표 중 하나인 프랑스 남부의 이 화석 지대가 이름을 갖지 못한 것과 주변 환경에서 생명의 음성이 침묵당하는 것 사이에는 연관성이 있다. 우리 귀는 안쪽을, 우리 종의 재잘거림을 향하고 있다. 주변에 서식하는 수천 종의 소리를 소개하는 수업은 대부분의 학교 교과과정에서 찾아볼 수 없다. 우리는 대체로 인간의 언어와 음악이 자연 바깥에 존재하며 다른 존재의 음성과 무관하다고 간주한다. 음악회가 시작되면, 우리는 바깥세상으로 통하는 문을 닫는다. '외'국어를 가르치는 책과 소프트웨어에는 다른 인간의 목소리만 실려 있다. 소리를 기리는 공공 기념물은 드물며, 그마저도 살아 있는 지구의 소리 역사가 아니라 거장의 반열에 오른 한 줌의 인간 작곡가만을 드높인다. 페르모스트리둘루스의 발견은 언론에 보도되지 않은 채 지나갔다.

심지어 환경주의 운동 진영 내에서도 기체 농도와 멸종률 추정치 같은 화학과 통계학의 언어로 위기를 이야기한다. 이것은 세상을 이해하고 (그럼으로써) 치유하는 필수적 방법이지만 동물의 감각에 대한 생생한 경험이 빠져 있다. 생명은 분자와 수치화된 종으로만 이루어지는 게 아니라 살아 있는 존재들 간의 관계로도 이루어진다. 이 관계, '나'와 '남'이 생명을 주고받는 상호 연결은 감각을 통해 매개된다. 감각 경험의 다양성은 생성의 힘이다. 진화의 창조성이 낳은 산물일 뿐 아니라 미래의 생물학적 혁신과 확장을 위한 촉매이기도 하다.

페름기는 2억 5200만 년 전 멸종의 발작과 함께 끝났다. 바다에서는 90퍼센트 넘는 종이 사멸했다. 육지에서는 살라구층에 가득한 곤충과 척추동물 대부분이 멸종한 것을 비롯하여 동식물 다양성이 절반 넘게 감소했다. 이 지구적 대변동의 원인을 두고 열띤 논란이 벌어지고 있지만, 대규모 화산 활동, 전 세계 바닷물의 가열 및 탈산소, 바다 퇴적층에서 유독한 농도의 황화수소가 방출된 현상 등이 어우러진 결과일 가능성이 있다. 페름기 말 대멸종보다 (지금까지는) 훨씬 약하긴 해도 우리는 스스로 자초한 다양성 급감을 겪고 있다. 이 빠른 감소에 대처하는 필수적 방안 중 하나는 생명 공동체를 감지할 수 있도록 우리의 감각을 다시 깨우고 이를 통해 인류 문화를 변화시키는 것이어야 한다.

소리에 주의를 기울이는 것은 이러한 각성을 향한 유쾌하고 교훈적인 초대장을 받아 드는 것이다. 인간 소통의 상당 부분이 청각적 소통이기에 우리의 귀와 마음은 소리를 들어서 이해하는 일에 능하다. 물론 소리는 흙과 나무의 내음, 새와 물고기와 절지동물의 색깔, 동식물의 다채로운 형태와 움직임, 손으로 느끼는 식물의 질감과 입으로 느끼는 맛을 비롯한 생명 공동체의 나머지 풍요로움을 보완하는 역할을 한다. 이 모든 감각은 우리에게 호기심, 책임감, 애정을 일깨운다. 하지만 소리는 빛과 달리 장벽을 통과하고 후각이나 촉각과 달리 멀리까지 이동하는 특징이 있기에, 귀 기울이기는 이 위기의 시대에 유난히 중요하고 즐겁고 때로는 가슴 아픈 실천이다.

핏빛 돌판에 앉아 눈을 감는다. 귀뚜라미의 음악이 주변 공기를 물들인다. 나는 놀람의 미소를 짓는다.

꽃, 바다, 젖

　우리는 꽃의 여러 선물에 둘러싸여 살아간다. 물론 꽃의 향기, 색깔, 다양한 형태는 감각에 즐거움을 선사한다. 하지만 그 열매, 뿌리, 잎도 우리가 아는 생명 세계의 활력과 다양성에 한몫한다(뚜렷이 드러나지는 않지만). 해산물을 제외하면 인류의 식량은 거의 모두 꽃식물에서 나온다. 밀과 쌀은 풍매화의 녹말 산물이다. 열매를 압착하면 올리브유, 카놀라유, 팜유를 얻을 수 있다. 가축의 고기는 풀과 옥수수를 비롯한 꽃식물로 이루어졌다. 잎채소, 설탕, 양념, 커피, 차도 모두 꽃식물에서 왔다.

　인류의 식단만 그런 게 아니다. 농작물 이외의 생태계에서도 마찬가지다. 프레리, 열대림, 사막, 염습지, 낙엽림에는 꽃식물이 주로 서식한다. 추운 북방림(北方林)이나 아열대 소나무숲의 건조한 토양만이 꽃식물의 사촌인 소나무와 그 친척들 차지다. 툰드라와 산봉우리에서는 지의류와 이끼가 우세하지만, 심지어 그곳에서도 꽃식물이 흔하게 자라 꽃꿀 먹는 곤충과 씨앗 먹는 척추동물의 주요 먹이 공급원이 되기도 한다.

어쩌면 꽃도 지구의 다양한 소리 중 일부를 우리에게 선사했으려나? 그랬을 가능성은 희박해 보인다. 하지만 동물이 들려주는 풍성한 소리의 상당 부분은 말 없는 초록의 산물이다. 지구의 소리 진화에서 진행된 초기 단계들은 느릿느릿 타는 불이었다. 10억 년 동안은 바람 소리와 물소리만 들렸으며 그 뒤로 30억 년 동안 세균의 웅얼거림과 동물의 조용한 움직임이, 그 뒤로 1억 년 동안 귀뚜라미의 귀뚤귀뚤 울음소리가 가세했다. 그러다 1억 5000만 년 전에서 1억 년 전 사이에 지구의 육지 소리가 오늘날과 같은 모습으로 활활 타올랐다. 이 폭발의 불심지는 꽃의 진화였을 것이다. 말 그대로 소리가 꽃핀 것이다.

꽃의 진화

식물이 세상의 음향적 활력을 북돋운 것은 이번만이 아니다. 줄기와 가지를 뻗은 최초의 식물들은—대부분 양치식물과 석송의 고대 친척이었다—곤충의 비행과 (훗날) 날개의 발성이 진화하는 계기가 되었다. 따라서 최초의 숲은 소리의 발판이 되어준 셈이다. 이에 더해 최초의 꽃은 구조적 뒷받침뿐 아니라 에너지와 생태적 풍성함도 선사했다. 양치식물 포자의 고운 먼지나 구과식물의 씨앗에 만족해야 했던 동물들에게 당과 기름, 단백질이 풍부한 꽃과 열매는 그야말로 노다지였다.

이 풍요 덕에 식물은 꽃가루받이 동물이나 씨앗 배달부 동물과 새로운 생태적 관계를 맺게 되었다. 동물과 꽃식물의 공진화는 두 집단의 다양화를 촉진한 창조적 상생이었다. 여기에는 새로운 땅속 공생도 한몫했다. 꽃식물은 자신의 뿌리를 토양 세균과 결합시켰으며 이는 서로에게 유익했다. 뿌리는 뿌리혹 안에 있는 세균을 보호하고 양분을 공급했다. 세균은 모든 단백질과 DNA의 화학적 토대인 질소를 식물이 이용할 수 있는 형태로 공급하여 보답했다. 질소는 대부분의 생태계에서 공급이 달리기 때문에, 뿌리와 세균의 결합 덕에 꽃식물은 경쟁자들에 비해 우위를 차지할 수 있었다. 동물은 이 땅속 혁명의 간접적 수혜자였다. 거름을 듬뿍 머금은 식물이 잎과 열매를 무성하게 냈기 때문이다.

꽃, 열매, 새로운 생태적 연결, 기름진 흙 같은 꽃식물의 기원은 육상 세계를 탈바꿈하고 동물 진화에 박차를 가했다.

현생 식물의 DNA를 연구했더니 최초의 꽃식물은 2억 년 전 트라이아스기에 출현했다. 그런 다음 쥐라기 내내 느릿느릿 분화하다 약 1억 3000만 년 전 백악기에 다양성이 폭발했다. 질소고정세균과의 땅속 제휴는 약 1억 년 전에 시작되어 더 큰 다양성 증가의 디딤돌이 되었다. 두말할 것 없는 최초의 꽃 화석은 백악기에 이렇게 갈라져 나온 식물 계통에서 등장했다.

1억 4500만 년에서 6600만 년 전 백악기에 뭍의 생명들은 생태계가 재구성되는 광경을 보았다. 구과식물, 양치식물, 그 친척만 자라던 서식처에 꽃식물이 자리 잡아 금세 우점종이 되었다. 대형 양치식물이 여전히 무성한 상층 식생을 이루는 숲에서도 꽃식물의 약진은 두드러졌다. 또한 지구의 생명 시간표를 통틀어 고작 3퍼센트에 불과한 이 기간에 현생 생태계에서 노래하는 대부분의 동물을 비롯한 많은 동물군이 탄생하거나 분화했다. 생물학자들은 이 기간을 '육지 혁명(terrestrial revolution)'이라고 부른다. 이것은 에디아카라기와 캄브리아기 초기 바다에서 일어난 진화적 대폭발 이후 유례를 찾을 수 없는 창조성의 분출이었다. 이때는 발성이 혁명적으로 팽창한 시기이기도 하다.

무엇보다 꽃식물의 번성에 발맞춰 곤충의 다양성이 급속히 증가했다. 여치, 메뚜기, 나방, 파리, 딱정벌레, 개미, 벌, 말벌의 계통수를 화석과 DNA로 재구성했더니 곤충이 풍성해진 시기는 꽃식물이 등장하여 승승장구한 시기와 일치했다. 이 번성은 지구의 소리를 바꿨다. 옛 음성을 더 잘 들리도록 부각했으며 노래하는 곤충의 새로운 집단이 탄생하는 데 촉매 역할을 했다. 이 소리꾼 중 상당수에게 진화의 역사는 강물이 삼각주를 이루는 것과 비슷하다. 기다란 한 가닥 물길이 난데없이 무성한 개울로 갈라지고 거기서 또 갈라진다. 물길이 동물 조상들의 계통이라면 개울은 꽃식물이 지구를 정복한 뒤 동물 다양성이 폭발한 사건이다.

전 세계에서 야간의 곤충 합창을 지배하는 것은 7000여 종을 망라

하는 여치과다. 여치는 한쪽 날개 밑동의 피크로 다른 쪽 날개의 이랑 줄을 뜯어 노래한다. 여치과가 등장한 시기는 논란의 여지가 있지만 일부 DNA 연구에서는 1억 5500만 년 전이라고 하며 다른 연구에서는 1억 년 전에 가깝다고 주장한다. 이 최초의 현생 여치는 거의 3억 년 전 귀뚜라미 진화의 여명기인 페르모스트리둘루스 시기의 고대 귀뚜라미 계통으로 거슬러 올라간다. 이 오랜 족보에서 새로운 형태가 터져 나오기 시작한 것은 1억 년 뒤의 일로, 6600만 년 전의 소행성 충돌과 대멸종 이후 다양성이 다시 한번 폭발했다. 여치는 대부분 잎을 먹는다. 에메랄드빛 몸통과 잎을 닮은 우아한 날개에서 보듯 상당수 여치는 먹잇감인 꽃식물의 잎을 빼닮았다. 몇몇은 구과를 먹고 일부 종은 다른 곤충을 잡아먹지만 대부분은 꽃식물만 먹고 산다.

귀뚜라미와 그 친척들은 꽃식물이 등장하기 오래전부터 노래했으며 그들의 소리는 3억 년에서 1억 5000만 년 전 동물 소리경관의 주된 요소였을 것이다. 이 고대의 소리도 꽃의 진화와 더불어 활짝 꽃을 피웠다. 전 세계 풀밭, 숲, 잔디밭에서 노래하는 귀뚜라미 과(科)는 꽃식물이 한창 분화하던 1억 년 전 등장했다.

메뚜기가 지구의 소리경관에 들어온 것은 훨씬 이후다. 날개를 비비는 여치나 귀뚜라미와 달리 메뚜기는 뒷다리로 배의 이랑을 긁어 노래한다. 이 발성 재능은 메뚜기 집단 안에서 적어도 열 번 독자적으로 진화했는데, 이것은 배에 바짝 붙도록 구부릴 수 있는 긴 뒷다리가 노래의 전적응(前適應)＊으로서 진화한 결과일 것이다. 곤충 계통수에서 메뚜기 가지가 귀뚜라미 사촌으로부터 갈라져 나온 것은 3억 5000만 년 전이지만, 노래하기 시작한 것은 꽃식물이 풍부해진 백악기 들어서였다. 그러자 메뚜기는 꽃식물의 팽창과 때를 같이하여 계속 분화하면서 새로운 소리꾼을 배출했다.

현생 매미 3000여 종의 깽깽 맴맴 쓰름쓰름 소리는 배 옆면의 진동막에서 난다. 진동막 안에서 근육(발음근)이 가느다란 주름을 앞뒤로 (때로는 1초에 100번씩) 흔들어 타다닥 소리를 내면 배 속의 공명실에서 이 소리를 정제하고 증폭한다. 전 세계 온대 기후에서 진동막의 독특한 구조는 더운 오후의 소리경관을 규정한다. 우리가 오늘날 듣는 매미 집단은 1억 년 전에 시작된 꽃식물의 번성 이후 분화했다. 하지만 소리를 내는 매미 조상들의 계통은 훨씬 오래되어서 적어도 3억 년 전으로 거슬러 올라간다.

오스트레일리아 퀸즐랜드의 남극너도밤나무 숲에 가면 이끼로 덮인 가지 사이사이에서 이 조상 집단의 후손이 여전히 살고 있다. 살아 있는 소리 화석인 이 '이끼벌레(moss bug)'는 거듭거듭 낮게 웅웅거리는 소리를 자신의 다리를 통해 식물에 전달하는데, 이 소리는 식물을 통해 진동으로 전파된다. 원래의 조상 계통은 현생 매미와 이끼벌레

• 이전에는 그다지 중요하지 않았던 기관이나 성질이 어떠한 원인 때문에 부득이하게 생활 양식의 변경이 필요하여 적응하는 가치를 보이는 현상

뿐 아니라 거품벌레, 선녀벌레, 뿔매미로도 이어졌는데, 총 4만여 종의 이 집단은 진드기처럼 구기를 식물에 찔러 넣어 영양가 많은 즙을 빨아 먹는다. 거의 모든 종은 자신이 사는 잎이나 잔가지에 진동을 전달하여 우리에게는 들리지 않는 소리를 낸다. 이 집단을 대표하는 현생종들이 고대의 뿌리에서 지금처럼 다양하게 분화한 것은 꽃식물이 번성한 뒤다.

많은 서식처에서 인간의 가청 범위를 지배하는 곤충 종인 귀뚜라미, 여치, 메뚜기, 매미의 소리를 듣는 것은 곤충에 의해 소리로 전환된 식물의 에너지를 받아들이는 것이다. 이 관계는 식물의 당과 아미노산을 연료로 쓰는 찰나적 관계이기도 하고, 꽃식물의 자극에 의해 이 곤충 집단이 진화적으로 분화한 역사적 관계이기도 하다.

다른 주요 곤충 집단의 다양성도 꽃식물의 번성에 의해 꽃을 피웠다. 나방과 나비의 조상은 3억 년 전 민꽃식물을 먹으며 살았다. 꽃꿀을 홀짝거리기 위한 빨대주둥이(proboscis)는 트라이아스기에 등장했는데, 꽃이 흔해지면서 다양성이 급증했다. 이때는 애벌레에게 영양 많은 잎을 공급하고 성체에게 꽃꿀이 풍부한 꽃을 공급하는 먹이 식물이 번성한 것과 대체로 비슷한 시기였다.

북처럼 생긴 나방의 작은 귀는 대체로 약 1억 년 전 적어도 아홉 번 개별적으로 진화했다. 이 기관은 나방의 종류에 따라 배, 가슴, 빨대주둥이 등 여러 부위에 달려 있다. 이 귀는 초음파를 들으며, 처음에는 포식성 곤충과 새의 공격을 피하기 위해 진화했을 것이다. 이렇게 빼어난 청력은 새로운 구애 행태를 낳았으니, 많은 나방은 날개를 살며시 비벼 속삭이듯 쉬쉬거리는 노랫소리를 내는데, 너무 높아서 인간의 귀로는 감지할 수 없다.

하지만 나방의 귀는 우리 귀와 달리 이 소리를 감지할 수 있다. 나방의 귀에 연결된 신경에 전극을 꽂았더니 나방은 인간이 들을 수 있는 최대치인 20킬로헤르츠를 훌쩍 뛰어넘는 60킬로헤르츠까지도 들을 수 있었다. 5000만 년 전 반향정위(反響定位)를 이용하는 박쥐가 진화했을 때, 나방이 박쥐가 발사하는 소나(sonar)를 감지하고 회피할 수 있었던 것은 초음파를 감지하는 귀 덕분이었다. 불나방은 한발 더 나아가 겉뼈대에 혹을 진화시켜 딸깍 하고 초음파를 발생시킨다. 이 소리는 사냥 중인 박쥐를 놀래주고 반향정위 신호를 교란하며, 마치 고약한 맛이 나는 유독한 불나방 종인 것처럼 거짓 신호를 보낸다. 이 음향 공중전의 토대는 오늘날 나방의 먹이이자 오래전 이 종의 다양성 폭발을 자극한 꽃식물이다.

마침내 지구는 노래에 감싸였다

꽃식물이 진화하기 전 육상 세계의 소리경관을 이룬 것은 귀뚜라미, 강도래, 그리고 (아마도) 매미와 뿔매미의 조상 같은 몇몇 곤충의 소리뿐이었다. 하지만 백악기 후기가 되었을 때 곤충의 합창은 우리 시대와 마찬가지로 여치, 귀뚜라미, 메뚜기, 매미의 소리가 다채롭게 어우러졌다. 백악기 기후는 높은 이산화탄소 농도로 인해 지질학자들이 '온실 세계'라고 부를 만큼 더웠으며, 땅은 (심지어 극지방까지도) 무성한 숲으로 덮여 있었다. 지구의 오랜 역사에서 생명이 소통하는 소리가 전 세계 공기 속에 울려퍼진 것은 그때가 처음이었을 것이다. 백악기 후기의 숲은 지금의 우림과 마찬가지로 노래하는 곤충의 타닥타닥 웅웅 윙윙 앵앵 맴맴 낑낑 소리로 밤낮없이 시끌벅적했다. 마침내 지구는 노래에 감싸였다.

새들은 이 합창의 일원이었지만 오늘날과는 다른 소리를 냈다. 현생 조류는 울음관(명관)이라는 독특한 기관으로 소리를 낸다. 기관지와 기도가 Y자 모양으로 만나는 가슴 깊숙한 곳에 변형된 물렁뼈 고리가 있는데, 여기에 달라붙은 막과 입술이 흐르는 공기에 소리를 싣는다. 많은 종은 쌀알보다 작은 여남은 개의 근육으로 울음관에서 나오는 소리를 다듬는다. 화석 기록은 불완전하지만, 울음관은 조류의 역사에서 비교적 후대에 진화한 것으로 보인다.

최초의 새는 쥐라기에 하늘로 날아올랐다. DNA 증거에 따르면 꽃식물의 주요 계통이 갈라지고 있던 바로 그때다. 이 새들은 대부분 포식성으로, 다양해진 곤충을 먹잇감으로 삼았다. 식탁이 풍성해진 데는 꽃식물의 생태적 생산성도 한몫했다. 그런 다음 새들은 백악기에 번성하여 고대의 숲에 퍼져 나갔으며 자맥질하여 물고기를 잡아먹는 종들은 물을 점령했다.

당시에 숲을 장악한 조류는 에난티오르니테스(enantiornithes)였다(어깨 관절 구조가 현생 조류의 '반대(enantios)'여서 이런 이름이 붙었다). 대부분은 작고 날쌨으며 현생 어치나 참새와 비슷하게 생겼다. 깃털과 날개는 현생 조류와 닮았으며 발은 나무에 앉기에 알맞았다. 비행 솜씨가 뛰어났으며 부리로 보건대 곤충, 소형 척추동물, 열매 등 다양한 먹이를 먹었던 것 같다. 어떤 종들은 딱따구리처럼 행동했고 또 어떤 종들은 개펄에서 소형 무척추동물을 찾아다녔다.

하지만 자세히 들여다보면 현생 조류와 비슷한 점은 이게 전부다. 놈들은 부리에 이빨이 나 있고 날개에 발톱이 달렸다. 조류 진화의 평행우주였으되 지금은 완전히 멸종했다. 이 종에게 울음관이 있었다는 화석 증거는 전혀 없다. 그런 연약한 구조가 남아 있기엔 알려진 화석들이 너무 손상되고 불완전한 탓일까? 아니면 현생 조류의 자매 격인 이 다양한 계통의 새들은 울음관이 생기기 전에 떨어져 나가 제 갈 길을 갔을까? 그랬다면 놈들은 여느 파충류처럼 목으로 쉿 소리와 그르렁 소리를 냈을지는 몰라도, 오늘날 새소리 하면 떠오르는 복잡하고 조성적이고 화성적인 소리는 결코 낼 수 없었을 것이다.

이러한 초기의 조류 다양성은 6600만 년 전 백악기 말 소행성 충돌로 인해 모조리 지워지다시피 했다. 조류 아닌 공룡이 전멸했을 뿐 아니라 조류도 떼죽음했다. 소행성은 지금의 멕시코 유카탄반도 북단을 강타하여 깊이 20킬로미터, 너비 150킬로미터의 구덩이(충돌구)를 남겼다. 이 구덩이는 이후의 퇴적물에 파묻혀 지금은 보이지 않지만, 지질학자들은 암석 표본과 자성(磁性) 비교를 이용하여 그 규모를 추측했다.

충돌로 인한 대형 쓰나미로 세찬 압력파가 방출되자 수백 킬로미터 떨어진 암석까지 변형되었으며 전 세계에서 화재가 일어났다. 분출한 수증기와 암석이 화염의 연기와 어우러지자 대기는 먼지, 황, 그을음으로 자욱했으며 캄캄하고 추운 '충돌 겨울'이 2년 이상 이어졌다. 전 세계의 숲은 대부분 파괴되었다. 숲이 사라진 자리에는 양치식물, 이끼, 잡초 꽃식물이 돌아왔다. 숲에 서식하는 조류, 특히 대형 조류는 몰살했다. 백악기 조류 다양성의 무성한 나무(계통수)는 이제 잔가지 몇 개밖에 남지 않았다.

울음관의 화석 증거가 처음으로 나타나는 시기는 소행성 재앙 직후였다. 이 화석은 현생종 오리와 기러기의 친척으로, 남극 베가섬에서 발굴되어 베가비스 이아아이(*Vegavis iaai*)로 명명되었다. 베가비스의 울음관은 현생 물새를 닮았지만 명금만큼 복잡하지는 않다. 끼루룩거리긴 했어도 지저귀진 못했다. 베가비스가 현생 조류와 가까운 친척임을 감안하면 현생 조류의 조상에게도 울음관이 있었을 가능성이 매우 크다. 백악기 말 조류 종말에서 살아남은 소수의 종은 노래하는 솜씨를 갖춘 채 소행성 이후 세상에 들어섰다. 오늘날 전 세계에서 새소리가 빚어내는 다양한 소리경관의 바탕은 생존자들이 서식 범위를 넓히고 새로운 종으로 갈라지면서 남긴 이 유산이다.

따라서 우리가 아는 새소리는 백악기 말 재앙 이후에 숲이 복원되고 나서야 등장했을 것이다. 새소리에서 우리는 거대한 손실 이후의 재생이 남긴 진화적 유산을 듣는다.

백악기의 소리경관

개구리, 파충류, 초기 포유류 등 조류 이외의 육상 척추동물이 밟은 발성의 길에는 꽃식물의 번성이 부분적으로만 영향을 미쳤다. 모든 현생 척추동물은 후두가 있는데, 이것은 물렁뼈로 둘러싸인 기관 꼭대기의 두툼한 밸브다. 후두는 폐어(肺魚)에서 처음 진화했으며, 그 목적은 공기로 가득 찬 폐에 물이 들어가지 못하도록 하기 위해서였다.

오늘날 육상 척추동물에서도 후두의 이 역할은 남아서, 먹이와 물이 기도가 아니라 식도로 내려가도록 한다. 기관 꼭대기의 근육 조직도 소리를 낼 수 있으며 오늘날 많은 육상 척추동물에서 후두는 질식 방지 밸브와 발성 기관 역할을 겸하고 있다. 후두 양옆으로 커튼처럼 늘어난 목청은 공기가 흘러나갈 때 진동한다. 이 살의 진동 덕에 개구리에서 인간에 이르는 동물은 음성을 얻었다.

목청은 화석으로 보존되지 않기 때문에, 이 동물들에서 소리가 진화한 시기를 정확히 재구성할 수는 없다. 하지만 이 동물들을 현생종과 비교하고 DNA와 연대가 밝혀진 화석을 이용한 계통수와 접목하면 과거로 통하는 도관에 귀를 갖다 댈 수 있다.

모든 노래하는 개구리(과거에 소리를 내던 계통의 후손 중에서 일부 현생종은 음성을 잃었다)의 공통 조상은 약 2억 년 전으로 거슬러 올라간다. 그 뒤로 지구의 습지에서는 개구리의 개굴개굴 소리가 울려퍼졌다. 이즈음

파충류의 소리도 더 풍성해졌다. 약 2억 년 전까지만 해도 고대 파충류는 귀청이 없었기에 주로 턱뼈와 다리뼈를 통해 속귀에 전달되는 저주파음밖에 듣지 못했다. 하지만 고주파음을 듣는 능력이 진화하자 음향 소통의 가능성이 열렸다. 현생 거북은 번식기에 가락을 뽑거나 쌕쌕 소리를 거듭하고, 새끼 크로커다일은 어미에게 찍찍거리고, 짝을 찾는 수컷 크로커다일은 우렁차게 포효하고, 도마뱀붙이는 풍부하게 쌓인 배음의 부름소리를 내고, 그 밖의 많은 파충류는 위협받았을 때 쉭쉭거린다. 초기 파충류는 이 발성 방법의 일부 또는 전부를 이용했을 것이며, 여기에 비비기, 턱 딱딱거리기, 긴 꼬리를 채찍처럼 내리치기 같은 비음성 소리를 곁들였을 것이다.

백악기에 등장한 일부 대형 공룡에 대해서는 더 정확한 재구성이 가능하다. 길이 9미터의 초식공룡 파라사우롤로푸스는 뒤로 길게 뻗은 볏이 머리에 달려 있었다. 코안(비강)의 대롱이 이 볏 안에서 고리 모양으로 구부러져 있기에 성도(聲道) 길이가 3미터를 넘는다. 마치 튜바를 머리에 장착한 듯, 볏은 후두에서 발생한 저주파음을 증폭하고 퍼뜨렸다. 파라사우롤로푸스의 친척 하드로사우루스의 두개골에도 빈 곳(腔)이 있는 걸 보면, 낮고 우렁찬 소리를 이 괴수들에게서 흔히 들을 수 있었는지도 모르겠다.

현생 앨리게이터와 대형 조류는 목의 기관과 공기주머니를 마치 부풀릴 수 있는 호른처럼 이용하여 저주파음을 퍼뜨린다. 이 발성 기법이 널리 쓰이는 것으로 보건대 조류의 가까운 사촌인 멸종 공룡도 비숫한 소리를 냈을 법하다. 구구거리는 비둘기, 바소 프로푼도*처럼 웅웅거리는 알락해오라기, 목 막힌 듯 캑캑거리는 붉은꼬리물오리 같은 일부 현생 조류는 공기주머니를 부분적으로 활용하여 노래하는데, 하드로사우루스의 서브우퍼뿐 아니라 다른 공룡 종들도 비슷한 소리를 냈을 가능성이 있다.

영화에서 우리가 듣는 공룡 소리는 고대의 소리를 있는 그대로 재현한 것이 아니다. 그 소리들은 사람들에게서 정서적 반응을 이끌어내려고 현생 동물의 음성을 변형한 것이다. 티라노사우루스 렉스의 괴성은 새끼 코끼리의 우렁찬 울음소리를 저속으로 재생하여 스튜디오에서 사자의 포효, 고래의 분수공 피리 소리, 크로커다일의 으르렁거리는 소리를 합친 것이다. 젠투펭귄은 벨로키랍토르 목소리의 주인공이다.

이 시대에 포유류는 어떤 소리를 냈을까? 예전에는 쥐라기와 백악기의 포유류가 공룡의 그늘에서 살아가는 생쥐 같은 생물이었고 날지 못하는 공룡이 멸종한 뒤에야 포유류 다양성이 꽃피었다는 것이 통념이었다. 하지만 중국을 비롯한 여러 곳에서 새 화석이 발견되면서 이 통념이 뒤집혔다. 새로운 증거에 따르면 초기 포유류 진화에서 생태적 형태가 폭발적으로 증가하여 현생 땃쥐, 쥐, 물밭쥐, 두더지, 족제비, 마멋, 오소리, 심지어 날다람쥐와 비슷한 종이 등장했다. 꽃

---

* 성악에서 가장 낮은 음역의 베이스 가수

식물은 이 폭발에 (간접적으로나마) 부분적 영향을 미쳤을 것이다. 몇몇 초기 포유류는 수액, 씨앗, 열매를 먹었지만 상당수는 곤충을 잡아먹었다. 새로 풍부해지고 다양해진 곤충상(昆蟲相)은 그들을 잡을 만큼 날쌘 척추동물에겐 좋은 먹잇감이었다.

청력도 한몫했다. 약 1억 6000만 년 전 초기 포유류에서 귓속뼈가 진화하고 뒤이어 달팽이관이 길어지자 새로운 감각 세계가 열렸다. 먹잇감 곤충이 바스락거리고 노래하는 고주파음을 들을 수 있게 된 것이다. 이 초기 포유류들이 어떤 소리를 냈는지는 알려져 있지 않다. 어쩌면 현생 포유류처럼 꽥꽥 가르랑 으르렁 컹컹 음매 하고 울었을지도 모른다. 포유류는 여느 육상 척추동물과 달리 가로막(횡격막)이 있어서 호흡을 미세하게 조절하고 강제할 수 있으며 목청 속에 근육 띠가 있어서 진동을 더 정확히 조율할 수 있다.

백악기 숲에 귀를 기울일 수 있다면 낯익은 소리와 낯선 소리가 어우러져 얼떨떨할 것이다. 내가 이 세계에 발을 디디는 상상을 한다. 현생 우림에서와 같은 곤충 합창이 울려퍼진다. 이 소리경관은 매미와 여치 같은 곤충으로 가득하다. 개구리는 연못가와 커다란 나무의 물웅덩이에서 삑삑 개굴개굴 노래한다. 다람쥐를 닮은 포유류는 찍찍 꽥꽥 소리를 낸다. 대형 초식 공룡은 서브우퍼처럼 웅웅거린다. 현생 영장류처럼 깍깍 깽깽 우는 동물도 있다. 새들은 오늘날처럼 나무 사이로 경중거리며 곤충과 열매를 쪼아 먹는다. 새 한 마리가 부리를 벌려 뾰족뾰족한 이빨을 드러낸다. 이 동물은 깃털이 달렸지만 감미로운 휘파람 소리나 화려한 지저귐이 아니라 쉿 소리나 거센 쇳소리를 낸다. 새벽이 되어도 뜨는 해를 맞이하는 새들의 합창은 들리지 않는다. 오늘날 새들이 공기 속에 엮어내는 가락은 백악기 소리경관에서는 찾아볼 수 없다.

백악기에 소리 표현이 대폭발을 일으킨 근원은 꽃식물로 인한 생태·진화 혁명이다. 많은 동물은 꽃식물의 촉매 효과를 직접 겪었다. 꽃식물은 동물에게 영양을 공급했으며, 동물은 꽃가루받이로서, 초식동물로서, 열매 배달부로서 꽃식물과 공진화했다. 꽃식물 덕에 먹잇감 곤충이 다양하고 풍부해진 간접적 효과를 누린 동물도 있었다. 꽃식물이 진화하지 않았다면, 뭍의 먹이그물을 떠받치는 것이 여전히 양치식물과 구과식물뿐이었다면 세상의 소리는 훨씬 획일적이고 앙상했을 것이다. 여치, 매미, 새를 비롯하여 우리에게 가장 친숙한 소리꾼들은 노래하지 않거나 침묵하거나 단조로운 소리만 냈을 것이다.

지금의 생물 다양성 위기에서 이 역사는 우리에게 경고를 발한다. 식물 다양성을 파괴하는 것은 살아 있는 지구에 목소리를 부여하는 동물들을 침묵시키는 것이다. 지구에 서식하는 50만 종의 식물 중에서 90퍼센트가 꽃식물이다. 개체수 데이터가 확보된 종이 별로 없긴 하지만, 현재 가장 믿을 만한 추정치에 따르면 전 세계 식물 종의 최소 20퍼센트가 멸종 위협을 받고 있다.

바다는 적막하지 않다

이렇듯 꽃식물 다양성은 소리 표현의 확장과 밀접하게 연관되어 있지만 여기에는 두 가지 중요한 예외가 있다. 하나는 바다의 소리이고 다른 하나는 당신이 지금 읽고 있는 글, 즉 잉크에 담긴 인간 음성이다.

1956년 프랑스의 탐험가이자 영화 제작자 자크 이브 쿠스토는 바다에 대한 최초의 컬러 다큐멘터리 중 하나를 발표했다. 칸 국제영화제 황금종려상과 미국 아카데미상을 수상한 이 작품에 그가 붙인 제목은 '르 몽드 뒤 실랑스(Le Monde du Silence)', 즉 '적막한 세계'였다. 하지만 바다는 적막하지 않다. 우리가 바다의 소리를 듣지 못하게 가로막은 첫 번째 걸림돌은 인간 생리였고 두 번째는 무관심이었다.

우리의 귀는 물이 아니라 공기에 적응되어 있다. 물속에서 우리는 음량이 큰 일부 소리밖에 듣지 못한다. 그래서 맨 귀로는 물속 세계의 수많은 소리 질감과 뉘앙스를 대부분 놓칠 수밖에 없다.

20세기 초에 수중청음 기술이 개발되긴 했지만, 대개는 선박과 잠수함을 탐지하는 군사 용도였다. 설상가상으로 1960년대 이전에 생물학자들이 바다를 연구한 방식은 대부분 연구 대상을 죽이거나 침묵시키는 것이었다.

당시의 과학적 수단이 조잡했음을 보여주듯 쿠스토의 영화에서는 바닷가재를 제 구멍에서 끄집어내고 물고기를 갑판에 끌어올리고 상어를 도살하고 산호초에 다이너마이트를 터뜨린다. 초기 스쿠버 탐사를 통해 과학자들은 더 친밀하고 덜 파괴적인 방식으로 바다의 생명을 접할 수 있었지만, 보트의 끊임없는 모터 소음과 다이버의 귀 위로 솟아오르는 거품의 굉음 때문에 소리를 제대로 들을 수는 없었다.

이제 우리는 바다가 소리로 가득하다는 것을 안다. 생물학자와 (쿠스토와 그의 촬영팀을 비롯한) 음향 녹음 전문가들은 북극에서 열대 산호초에 이르는 바닷속에 수중청음기를 내렸는데, 그들이 발견한 사실은 바다가 늘 시끌벅적하다는 것이었다. 이 작업의 선구자는 로드아일랜드 대학교의 생물학자 마리 폴란드 피시다. 그녀는 1940년대부터 해군의 지원으로 수중 음향을 연구하여 "바다의 소리"와 어류와 갑각류의 "언어"를 밝혀냈다. 그녀는 쿠스토가 영화를 발표한 해에 이렇게 썼다. "우리의 숲, 시골, 도시와 마찬가지로 물속 세계도 동물의 소리로 가득하다."

이제 우리는 바닷속이 적막하기는커녕 딱총새우를 비롯한 갑각류의 합창으로 반짝이고 빛난다는 것을 안다. 물고기는 이따금 수만 마리가 산란지에 모여 둥둥 윙윙 소리를 낸다. 물범, 바다사자, 바다코끼리, 돌고래, 고래 같은 바다 포유류는 딱딱 퐁퐁 끙끙 딸랑거린다. 이 생명의 소리들은 거품이 바람에 지글거리는 소리, 파도가 쾅쾅 부딪히는 소리, 빙상이 기우뚱하고 갈라지는 소리와 어우러진다. 물속에서는 소리가 빠르고 멀리까지 이동한다. 뭍에서와 달리 소리 에너지는 간섭받지 않은 채 동물의 몸속으로 흘러든다. 바닷속의 소리는 속속들이 퍼져 있으며 바닷속 생물들은 이 소리를 속속들이 느낀다.

뭍에서와 마찬가지로 바닷속 동물들의 이 경이로운 소리가 진화한 것은 나중 일이다. 삼엽충, 어류, 그 밖의 복잡한 동물이 진화한 뒤에도 소통을 위한 소리는 존재하지 않았다(화석 기록으로 보자면 아직까지는 그렇다). 물론 이빨 달린 턱이 딱딱거리고 지느러미가 퍼덕거리고 갑옷이 철컹거리긴 했다. 대부분의 바다 동물은 소리를 들을 수 있었으며 다른 동물의 움직임으로 인한 음향 단서를 엿들어 먹잇감을 찾거나 포식자를 피했다. 하지만 알려진 동물 중에서 고대 바다에서 짝을 부르거나 포식자에게 경고를 보내거나 새끼에게 속삭인 동물은 하나도 없다.

동물 진화의 첫 3억 년간 이어진 오랜 침묵을 깨뜨린 첫 바다 동물은 닭새우였을 것이다. 바닷가재의 먼 친척뻘인 현생 닭새우는 더듬이가 길고 표면이 까끌까끌하며 커다란 앞발이 없는 것으로 알아볼 수 있는데, 전 세계 따뜻한 바다에서 서식한다. 닭새우는 길이가 1미터 넘게 자랄 수 있으며, 해마다 8만 미터톤 넘게 잡히는 중요한 식량 공급원이다.

이다음에 슈퍼마켓 갔을 때 얼음 조각들 사이에서 닭새우가 보이거든 얼굴을 자세히 들여다보라. 바닷속에서 처음으로 소통을 위한 소리를 낸 얼굴이니까. 닭새우는 더듬이 밑동의 혹을 눈 아래로 지나가는 매끄러운 이랑에 문지른다. 이 꽉꽉 소리는 실제로 들으면 무척 요란해서 포식성 어류나 갑각류를 을러 쫓아내기에 충분했다. 오늘날 일본이나 서유럽의 연안 같은 황금 어장에 수중청음기를 내리면 시간당 수십 마리의 닭새우를 탐지할 수 있다. 가장 큰 개체의 소리는 3킬로미터까지 퍼지기도 한다.

닭새우는 방어용 비명을 지르기 위해 독특한 발성 메커니즘을 동원한다. 혹과 이랑은 매끄러워 보이지만 현미경으로 들여다보면 그렇지 않아서, 고무 같은 혹이 이랑의 미세한 빨래판 표면을 문지르면 '고정-미끄럼 현상'(stick-and-slip)*이 일어난다. 더듬이가 눈 쪽으로 미끄러지면서 혹은 구부러졌다 펴졌다를 거듭하며 요동쳐 음파를 발생시킨다. 바이올린 활로 줄을 켜는 것도 같은 원리다. 활은 매끄럽게 움직이는 것처럼 보이지만, 실은 송진으로 덮인 말총이 줄 위를 움직이면서 빠른 고정-미끄럼 운동을 거듭하는데, 이 급격한 움직임이 줄을 진동시킨다.

혹과 빨래판 이랑은 닭새우의 겉뼈대가 말랑말랑한 때인 허물벗기 직후(갑각류의 한살이에서 가장 취약한 시기)에도 꽉꽉 소리를 낼 수 있다. 따라서 소리는 잠재적 포식자를 놀래주는 방어 메커니즘일 뿐 아니라 다른 방어 수단이 없을 때에도 동물을 보호해준다.

DNA 서열로 재구성한 진화 계통수에 따르면 닭새우는 약 2억 2000만 년 전 쥐라기에 처음 진화했으며 2억~1억 6000만 년 전에 분화했다. 최초의 온전한 화석 표본은 1억 년 전 것이다.

---

* 막대를 당기면 크고 날카로운 소리가 만들어지는 현상

화석 증거로 보건대 다른 발성 갑각류는 닭새우보다 늦은 약 9500만~7000만 년 전에 진화한 듯하다. 가슴과 집게발에 이랑이 돋은 게와 바닷가재가 이 시기에 처음 나타났는데, 이 구조는 현생 동물이 가르랑가르랑 와글와글 소리를 낼 때 이용하는 구조와 비슷하게 생겼다. 이 소리는 닭새우의 경우와 마찬가지로 공격에 맞선 방어용으로 쓰이지만, 일부 종에서는 짝짓기나 영역 과시에 쓰이기도 한다.

바닷속에서 가장 시끄럽고 가장 널리 퍼진 동물 소리 중 하나인 딱총새우의 소리가 언제 처음 생겼는지는 불확실하다. 유전적 증거로 보건대 이 분류군은 1억 4800만 년 전 쥐라기에 다른 갑각류에서 갈라져 나온 듯하다. 하지만 딱딱거리는 집게발의 첫 화석 증거는 3000만 년 전 이후의 것이며 현재 분류군은 대부분 1000만 년 전 이후에 등장했다. 그렇다면 이 동물이나 그들의 조상들이 쥐라기에 살았을지는 몰라도 탁탁거리는 소리 구름은 훨씬 뒤에 나타났을 것이다.

거대 기업과 스타트업

현생 어류 중 1000종이 소리를 내는 것으로 알려져 있다. 하지만 대부분의 어류 종이 아직 면밀히 연구되지 않았음을 감안하면 이것은 턱없이 낮잡은 것일 수도 있다. 알려진 발성 메커니즘은 여러 종류가 있는데, 이것은 어류 계통수에서 적어도 서른 번의 진화적 발명이 일어났기 때문이다. 메기, 피라냐, 얼게돔, 민어는 부레나 그 근처에 붙은 고속의 근육을 이용하여 가스로 가득한 방으로부터 가르릉 탁탁 삑삑 소리를 낸다. 나비돔과 시클리드는 갈비뼈와 지지띠(肢帶)*를 흔들어 부레를 진동시킨다. 해마는 머리뼈와 목뼈를 딸깍거린다. 점자돔은 이빨을 세게 맞부딪혀 부레에서 꺽꺽 소리를 낸다. 그리고 여기에 이빨 가는 소리를 곁들인다. 메기는 가슴지느러미를 퉁긴다.

이것들은 지난 1억 년 안에 진화한 현생 어류다. 물고기들이 이보다 전에 부레로 서로를 불렀을 가능성도 있긴 하지만, 얇은 벽으로 된 부레와 그 근육은 화석화되지 않기 때문에 증거를 남기지 않는다. 3억 5000만 년 전 다른 어류로부터 갈라져 나온 계통의 현생 후손인 비치허파고기와 철갑상어는 동료가 가까이 있거나 알을 낳을 때 똑똑 끌끌 꾸르륵 소리를 낸다. 그들의 조상도 아마 같은 소리를 냈을 테지만, 계통이 갈라진 뒤 수억 년 동안에 발성 방법이 진화했을 가능성도 있다. 머나먼 과거의 물고기 소리는 분간하기 힘들다. 하지만 현재 전 세계의 바닷물 속에 울려퍼지는 많은 물고기 음성의 대부분은 최근에 출현한 집단에서 생겨났으리라 결론 내려도 무방하다.

수억 년이 지나도록 어류, 갑각류, 그 밖의 바다 동물은 소통을 위한 소리를 거의 또는 전혀 내지 않은 듯하다. 그러다 약 2억 년 전부터 바닷속의 소리 대부분이 나타났으며 약 1억 년부터는 분화 속도가 점차 빨라졌다.

---

* 척추동물의 사지를 몸통에 결합·지지하는 뼈대의 일부

바닷속의 소리 다양성을 키운 세 가지 요인은 초대륙 분리, 온실 기후, 생식 혁명인 듯하다.

1억 8000만 년 전부터 초대륙 판게아가 쪼개지기 시작했는데, 이 과정은 1억 2000만 년간 이어졌다. 이 분리로 인해 오늘날 우리가 아는 주요 대륙과 대양이 탄생했다. 전 세계에서 해안선과 연안 환경이 새로 생겨나 해양 서식처의 범위와 다양성이 증가했으며 서식처를 차지하고 적응할 새로운 기회가 열렸다. 새로운 해양 서식처가 확대되던 이 시기에 바닷속의 발성 동물도 다양해졌다.

오랫동안 지속된 온실 기후도 소리 다양성에 한몫했다. 백악기는 대부분의 기간 동안 온도가 매우 높아서 북극에서 남극까지 거의 모든 바다가 열대성이었다. 영구 빙상은 하나도 없었으며 해수면은 오늘날보다 200미터 이상 높았다. 이 때문에, 판게아가 분리되었을 때 해양 서식처가 더더욱 넓어졌다. 북아메리카는 넓은 바다를 가운데 놓고 양분되었다. 유럽 북부와 북아프리카는 대부분 물에 잠겨 있었다.

이 널찍하고 쾌적한 물속에서 생명이 번성했다. 바다 먹이사슬의 토대인 광합성 플랑크톤은 풍부하게 번식했으며 온갖 새로운 형태로 진화했다. 어류, 갑각류, 복족류, 극피동물도 급증했다. 이 시기에 진화하고 분화한 발성 동물은 거의 모두 포식자였으며, 딱새우, 바닷가재, 딱총새우, 어류 등 대부분은 딱딱한 뼈대나 날렵한 몸으로 막강한 방어 수단을 갖췄다.

발성은 풍성한 먹이사슬의 꼭대기에 있는 동물만 누릴 수 있는 사치였다. 먹잇감 동물들은 침묵한 채 더 두꺼운 껍데기를 진화시켰으며 상당수는 진흙과 모래에 파묻혀 살아야 했다.

짝짓기 행동도 바닷속 발성 동물의 기원과 분화를 촉진한 듯하다. 많은 바다 동물은 육상 동물과 달리 같은 종 구성원의 근처에도 가지 않은 채 물속에 정자와 알을 뿌린다. 백합, 많은 복족류, 산호 등의 동물은 직접 접촉하지 않고서 번식한다. 또한 이 종들은 대체로 조용하다. 짝이 근처에 없는데 뭐하러 노래하겠는가? 판게아가 쪼개지는 동안 이런 식으로 번식한 종들은 다양성이 전혀 커지지 않았다.

하지만 몸을 비비거나 서로를 붙잡아 신체적 접촉을 통해 번식하는 동물들은 이 시기에 다양성이 세 배로 증가했다. 이 동물들은 짝을 유인하거나 성적 경쟁자를 쫓아내려고 종종 소리를 낸다. 게와 바닷가재도 겉뼈대를 마찰하여 배우자를 유혹하고 경쟁자와 맞붙는다. 어류의 쿵쿵, 끽끽, 으르렁 소리와 맥동하는 소리는 대부분 번식 신호다.

친밀한 짝짓기 행동이 종 다양성을 증가시키는 이유는 무엇일까? 교미를 통해 번식하는 동물은 짝이 근처에 있어야만 번식할 수 있다. 이 때문에 유전자 교환이 국지적으로 이루어져 종이 지역적 변이에 따라 갈라지고 결국 새 종이 생겨난다. 하지만 물속에 알과 정자를 퍼뜨리는 종은 유전자 풀이 광범위하고 균일하다. 이 동물들은 거대 기업과 같아서, 자신이 하는 일은 잘할지 몰라도 전문화되고 혁신적인 하위 집단으로 나뉘지는 못한다. 반면에 국지적 짝짓기를 해야만 하는 종은 스타트업 기업 집단과 비슷해서, 먼 곳의 유전자 흐름에 휩쓸리지 않은 채 현지의 기회를 노릴 수 있다. 판게아가 분리되어 새 서식처가 생겨나던 시기에 새로운 종이 많이 탄생한 것은 이 때문일 것이다.

✿

바다에서 소리가 만개하는 데 일조한 중요한 후발 주자 무리가 하나 있다. 그것은 고래, 물범, 그 밖의 해양 포유류다. 진화의 경로에 생긴 뜻밖의 반전으로 인해, 폐어와 첫 육상 동물의 폐에 물이 흘러들지 못하게 하려고 생긴 구조인 후두는 물로 돌아가 노래에 쓰이게 되었다. 이 해양 포유류들은 분수공이나 콧구멍을 막아 후두의 목청 진동에서 발생한 소리를 몸의 조직들을 통해 물속으로 내보낸다. 이빨고래는 후두 말고도 휘파람 소리를 내는 공기주머니와 소리를 집중시키는 '멜론'(melon)*이 이마에 들어 있어서, 집중된 소리를 마치 헤드램프에서 광선을 쏘듯 내보낸다. 이 소리가 고체에 부딪혀 반사되면 고래는 메아리를 이용하여 먹잇감을 찾고 장애물을 피하고 동료를 '본다.' 소리는 조직을 뚫고 들어가기 때문에, 이 반향정위 시각으로 다른 생물의 내부 형태를 알 수도 있다. 이빨고래는 소리를 통해 주변 세상을 MRI처럼 스캔한다.

• 이빨고래의 머리에 들어 있는 지방 조직 덩어리로, 색깔과 질감이 과일 멜론과 비슷하다.

고래는 돼지나 사슴을 닮은 유제류의 후손으로, 5000만 년 전부터 1000만 년에 걸쳐 뭍에서 물로 돌아갔다. 물범과 그 친척들은 육식동물이며 그보다 뒤인 2000만 년 전에 물로 돌아갔다. 과도기 조상들의 이빨과 다리에서 보듯 고래와 물범 둘 다 연안 서식처의 풍부한 먹이를 찾아 물에 이끌린 듯하다. 오늘날 북극곰과 해달이 물속이나 물가에서 대부분의 시간을 보내는 것처럼 말이다.

그렇다면 우리는 어류와 갑각류에게 소리를 가져다준 창조적 힘인 기후, 생물지리, 짝짓기에 하나를 더할 수 있다. 그것은 훗날 먹이를 찾아 바다로 돌아간 굶주린 포유류다. 더운 피, 커다란 뇌, 전문화한 이빨, 음성 소통망—이 개척자들이 뭍에서 처음 진화시킨 이 모든 특징은 이후 바다에 눈길을 돌렸을 때 유리하게 작용했다. 해분(basin)을 통째로 가로지를 만큼 우렁찬 고래의 울음소리나 먹이가 풍부한 연안 서식처에서 물범이 끽끽거리는 소리를 들으면 그 특징들이 얼마나 유리했는지 알 수 있다.

오늘날 바닷물은 엔진 소음, 음파탐지기, 탄성파(彈性波)˙로 소란하다. 인간이 뭍에서 벌이는 활동에서 발생한 퇴적물이 물을 뿌옇게 흐린다. 공업 화학 물질은 수생 동물의 후각을 혼란시킨다. 우리는 세상에 동물 다양성을 선사한 감각적 연결 고리를 끊고 있다. 고래는 먹잇감의 위치를 알려주는 반향정위 펄스를 듣지 못하고, 번식기 물고기

˙ 지층으로부터 반사해 돌아온 파동 신호로, 석유와 천연가스 탐사에 쓰인다.

는 소음과 혼탁의 와중에 짝을 찾지 못하고, 갑각류는 인간 오염 물질의 안개 속에서 화학적 메시지와 음향적 실타래를 놓쳐 사회적 유대가 약해진다. 여기에 남획과 기후 변화가 더해지면 생물학자들이 '동물상 감소(defaunation)'라고 부르는 현상이 벌어진다. 대형 어류의 90퍼센트가 감소하고 산호초가 재앙적으로 유실되고 (많은 종에 대한 데이터가 부족하기는 하지만) 바다에 서식하는 많은 동물의 개체수와 서식 범위가 급격히 쪼그라들고 있다. 현재 최상의 예측에 따르면 해양 생물종의 약 4분의 1이 멸종 위험에 직면했으며 훨씬 많은 종이 감소하고 있다.

소리는 동물계의 유서 깊은 창조적 과정 중 하나다. 자크 쿠스토의 다큐멘터리 제목 '적막한 세계'는 우리가 바닷속 소리에 무지하다는 사실을 보여주었다. 또한 우리의 행동이 다른 종들에게 미칠 영향을 본의 아니게 경고했다. 우리의 소리와 탐욕이 커질수록 우리는 다른 살아 있는 음성들을 침묵케 하고 바다의 다양성과 진화적 창조성을 훼손한다.

젖과 언어

장기적으로 보자면 우리가 지금의 인간 목소리를 가지게 된 것은 젖 덕분이다. 구체적으로 말하자면 고대 원포유류(原哺乳類) 어미가 새끼에게 먹이던 젖 말이다. 젖먹이기가 진화하기 전 원포유류 새끼들은 주변에서 얻을 수 있는 것이면 무엇이든 양분으로 삼았다. 부모가 가져다줄 때도 있었지만 대개는 스스로 찾아야 했다. 씨앗, 식물성 먹이, 소형 먹잇감 동물을 먹으려면 복합적이고 때로는 단단한 먹이를 장에서 소화할 수 있어야 했다. 에너지와 양분은 종종 공급이 부족하여 새끼의 성장 속도를 제약했다. 그러다 영양피부분비물(nutritive skin secretion)이 발명되면서 이 제약이 깨져 새끼는 족쇄에서 풀려났다.

어미는 먹잇감을 잡아 소화하는 고된 일을 도맡은 채 영양이 풍부하고 소화가 잘되는 먹이를 새끼에게 공급했다. 새끼에게 젖을 먹이려면 어미에게는 힘과 너그러움이 둘 다 필요했다. 젖먹이기 진화의 최초 단계는 아직 불분명하지만, 현생 동물의 DNA를 연구했더니 2억 년 전 즈음 암컷 포유류에게 젖샘(유선)과 특수 유단백질이 생긴 것으로 밝혀졌다. 이 새로운 새끼 먹이기 방법이 진화하려면 어미의 생리와 행동이 달라지는 것과 더불어 새끼의 목도 재설계되어야 했다. 오랜 세월이 지난 뒤, 이 혁신들 덕에 인간은 언어 능력을 얻게 된다. 우리의 언어는 이 고대의 어미들에게 물려받은 유산이다.

파충류는 빨지 못한다. 파충류의 주둥이, 혀, 목은 구조가 약하며 복잡한 근육을 지탱할 뼈대가 없다. 변화는 포유류의 진화 초기에 일어났다. 포유류의 목에 있던 가느다란 V꼴 목뿔뼈(설골)가 네 개의 가지가 돋은 튼튼한 안장으로 바뀐 것이다. 근육들은 이 가지에 붙은 채 혀, 입, 후두, 식도를 강화하고 안정시켰다. 화석 증거로 판단컨대 1억 6500만 년 전 포유류의 목뿔뼈와 근육은 파충류의 헐겁고 개방된 구멍을 힘세고 일사불란한 빨기 수단으로 탈바꿈시켰다.

포유류 집단이 분화한 비결은 어미와 새끼 사이의 독특한 영양 공급 관계였으며, 이 연결이 가능해진 것은 젖샘과 목의 해부적 구조 덕분이었다. 이날까지도 새끼 포유류는 (다른 뼈가 여전히 덜 자랐을 때조차) 목뿔뼈만은 완전히 발달된 상태로 태어난다. 성체 포유류 또한 파충류에게는 불가능한 방식으로 주둥이를 놀려 먹이를 씹고 짓이길 수 있게 되었다.

목뿔뼈의 주된 기능은 먹이 섭취를 뒷받침하는 것이었지만, 진화는 이 뼈를 발성에도 활용했다. 후두는 폐에서 기관까지 흘러 올라온 공기에 소리를 주입한다. 그러면 이 음향 진동은 기관 위쪽, 입, 코안까지 전달되었다가 듣는 이를 찾아 자유롭게 퍼져 나간다. 포유류는 목뿔뼈와 근육 덕에 목과 입의 형태와 공명을 변화시켜 소리에 음색과 뉘앙스를 부여할 수 있으며 어떤 주파수는 억제하고 다른 주파수는 강조할 수 있다. 목뿔뼈는 입과 혀를 지탱하고 후두를 고정하는 역할도 한다.

목안의 울룩불룩한 후두를 영어로 '목소리 상자(voice box)'라고 부르는 것은 윗목과 머리 안에 들어 있으면서 목소리에 형태와 특징을 부여하는 이 복잡한 구조를 정당하게 표현한 것이 아니다. 입을 활짝 벌리고 혀를 평평하게 펴고 머리를 움직이지 않은 채 말해보라. 발성 능력을 거의 발휘할 수 없을 것이다. 포유류의 발성 체계는 여느 악기처럼 동작하는데, 후두는 오보에의 서(리드)와 같으며 성도 위쪽은 오보에의 몸통과 키와 같다.

진화는 포유류의 성도에 많은 변이를 일으켰는데, 각 변이는 해당 종의 생태적 맥락이나 사회적 맥락에 맞춰져 있다. 반향정위를 활용하는 박쥐는 목뿔뼈의 일부가 후두에 연결되어 가운데귀 밑동의 뼈판으로 이어진다. 그 덕에 신경계가 후두에서 나가는 소리 펄스를 귀에 돌아오는 메아리와 비교할 수 있다. 이빨고래는 거대한 목청을 이용하여 휘파람 소리를 내지만, 반향정위 펄스는 분수공 아래의 콧속 공기주머니에서 나온다. 이 고래들의 식사법 중에는 물어뜯고 앙다무는 것만이 아니라 오징어 같은 대형 먹잇감을 빨아들여 통째로 삼키는 것도 있다. 이 포식 흡입을 지탱하기 위해 이빨고래의 목뿔뼈는 크기가 거대하며 근육이 부착될 수 있도록 표면이 평평하다.

일부 설치류는 후두로 초음파를 내는데, 후두의 날카로운 조직 이랑에서 소리가 좁게 흐르도록 하는 것은 파이프 오르간이나 플루트에서 공기가 취구의 가장자리에 부딪혀 소리를 내는 것과 비슷하다. 붉은사슴, 몽골가젤, 사자와 그 친척들처럼 으르렁거리는 포유류 중 일부는 후두를 기관(氣管) 속으로 내려 성도를 늘임으로써 깊은 소리를 낸다. 이렇게 후두가 내려가는 현상은 계절적으로는 번식기에 일어나는데, 으르렁거리는 동안에도 내려가지만 그러고 나면 다시 튀어오른다. 목뿔뼈와 근육, 인대가 트롬본의 슬라이드(slide)*처럼 생긴 이 부분을 지탱한다. 낮은 소리는 몸집이 크다는 것을 암시하므로, 후두

---

* 트롬본에서 관의 일부를 미끄러지게 하여 음높이를 조절하는 부분

의 움직임은 소리를 듣는 대상에게 어떤 인상을 심어주는 데 일조하는지도 모른다. 오토바이 타는 사람들이 강력한 대형 엔진의 음향적 인상을 주려고 배기관을 개조하는 것처럼 말이다.

영장류의 성도는 진화의 창조성을 유난히 고분고분하게 받아들였다. 이를테면 영장류의 후두는 육식동물에 비해 크고, 더 빠르게 진화했으며, 몸 크기와의 편차가 더 다양하다. 많은 영장류는 후두에 연결된 커다란 공기주머니를 바람통과 울림통으로 쓴다. 가장 극단적인 변경 사례는 낮고 멀리 퍼지는 포효와 으르렁 소리로 아메리카 열대에서 유명한 고함원숭이다. 고함원숭이는 목에 커다란 한 쌍의 공기주머니가 달렸을 뿐 아니라 목뿔뼈가 공기주머니를 담은 커다란 컵으로 확장되어 확성기 역할을 한다.

신기하게도 우리 인간은 발성 수단에서 특출나게 정교한 부분이 하나도 없다. 후두와 목뿔뼈의 크기는 몸무게가 우리만 한 동물에서 예상되는 크기와 비슷하다. 비결을 알 순 없지만, 우리는 포유류의 기본 장비를 조정하는 것만으로 엄청나게 복잡하고 미묘한 언어를 탄생시켰다. 후두실주머니(후두소낭)가 없어진 것이 핵심적인 초기 단계였을 것이다. 우리와 가까운 사촌인 나머지 유인원의 불룩한 주머니는 숲을 뚫고 울려퍼지는 괴성과 신음 소리를 내는 데는 제격이지만 섬세한 발성에는 알맞지 않다.

최초의 포유류가 물려준 유산

우리는 조상들이 왜 목의 풍선을 잃어버렸는지 알지 못한다. 어쩌면 초기 사람족(hominin)에게는 더 조용하고 섬세한 발성이 유리했기 때문일 수도 있고 그들이 사바나에서 두 발로 걷고 달리게 되었을 때 주머니가 거추장스러워졌기 때문일 수도 있다. 이유야 어떻든 이 걸림돌이 없어진 덕에 목과 입이 현생 인류의 형태를 갖출 길이 활짝 열렸을 것이다.

아래턱뼈 뒤쪽의 말랑말랑한 부분을 손끝으로 살며시 눌러보라. 이제 턱을 살짝 내밀고 손가락을 뒤로 더 가져가보라. 목과 턱 아래가 만나는 곳에서 손끝이 (목을 감싼) 목뿔뼈 앞부분에 닿을 것이다. 사람의 목뿔뼈에는 고대 포유류처럼 네 가닥의 가지가 남아 있지만, 두 가닥이 유난히 커서 편자처럼 생겼다. 목뿔뼈는 우리 몸에서 다른 뼈에 붙어 있지 않은 유일한 뼈다. 그 대신 질긴 끈 조직을 통해 두개골과 턱에 매달려 있다. 손끝을 뒤와 아래로 계속 움직여보라. 다음으로 만져지는 단단한 혹은 기관이 굵어져 만들어진 후두다. 손가락으로 만져볼 순 없지만, 후두 안에는 목청이 있다. 후두는 목뿔뼈에 매달려 있다.

우리가 태어날 때 목뿔뼈와 후두는 여느 포유류와 마찬가지로 입천장 뒤쪽에 밀려나 있다. 하지만 자라면서 둘 다 아래로 내려간다. 성인이 되면 목뿔뼈는 아래턱 바로 아래에 자리 잡고 후두는 더 내려가

목 안에 매달린다. 많은 남성에게서 볼 수 있는 '아담의 사과'는 후두와 물렁뼈가 사춘기에 급속히 커져서 생긴 것으로, 이 때문에 음높이가 낮아진다.

사람의 후두 속 목청에서 생겨난 음파는 세로로 늘어난 기관 속으로 흘러 올라가 입안 뒤쪽에 도달한다. 그곳에서 목 뒤쪽을 거쳐 입술까지 앞으로 이동한다. 거울을 보면서 "아"라고 말해보라. 입안의 가로 윤곽이 편도샘(편도선) 뒤에서 뚝 떨어지는 곳을 볼 수 있다. 목과 입의 각 공간에서는 나름대로 공명이 일어나는데, 이것은 근육 동작으로 조절된다. 혀는 두 공명 통로 사이에서 항상 활동하는 중개자다. 혀의 개입 없이 목에서 입으로 이동하는 소리는 하나도 없다.

분절적인, 즉 자음과 모음으로 나눌 수 있는 특징을 가진 인간 언어의 출발점은 폐에서 나오는 숨을 미세하게 조절하는 것이다. 숨이 후두 속을 흐르면 마치 풍선에서 바람이 빠질 때 주둥이가 진동하듯 목청이 진동하기 시작한다. 대부분의 포유류는 공기 흐름에 의해 목청이 끌어당겨지는데, 탄력이 있어서 앞뒤로 움직이며 공기 중에 음파를 만들어낸다. (고양이가 가르랑거릴 때는 빠르게 맥동하는 근육이 이 진동을 강화하지만 다른 포유류는 이런 능력이 없다.) 후두에서 나온 소리는 이제 목의 윗부분과 입안으로 이동한다. 거기서 기도와 입의 형태에 따라 어떤 주파수는 강화되고 어떤 주파수는 억제된다. 혀는 입안을 흐르는 소리를 더 걸러내며, 뺨, 턱, 치아도 입안에서 소리를 빚어내는 일을 거든다. 소리가 입안을 떠나는 순간 입술이 파열음이나 마찰음을 보태고 나면 마침내 소리가 공기 중으로 자유롭게 날아간다.

근육, 뼈, 연조직이 서로 작용하는 이 그물망에서는 부분 하나하나가 필수적 역할을 한다. 폐에서 공기를 내뿜지 않거나 혀를 꼼지락거리지 않거나 입술을 옴쭉거리지 않는 채 말을 해보라. 불가능할 것이다. 이 모든 체계의 주춧돌인 목뿔뼈는 어미가 젖을 만들고 새끼가 그 젖을 빨았던 최초의 포유류가 우리에게 물려준 유산이다.

자음과 모음의 차이를 눈여겨보면 성도의 각 부분이 얼마나 중요한지 실감할 수 있다. 우리는 'ㅅ', 'ㅂ', 'ㄱ', 'ㅋ' 같은 자음을 발성할 때 목, 입술, 치아로 공기 흐름을 조인다. '이', '우', '아' 같은 모음을 발성할 땐 후두에서 나온 공기가 혀의 영향만 받은 채 자유롭게 흐르도록 한다. 어느 경우든 후두가 원재료 소리를 공급하면 입이 그 소리를 빚는다.

서양에서 '튜바 목소리꾼(Tuvan throat singer)'이라고 불리는 몽골의 '흐미(Khoomei)' 소리꾼은 목놀림을 극단으로 밀어붙이는데, 후두를 조여 저음을 내면서 혀로는 공기 흐름을 억눌러 배음 몇 개만 나도록 한다. 그들의 기법은 우리가 말하거나 노래할 때 쓰는 바로 그 후두와 입의 상호작용을 활용한 정교한 발성법이다. 다른 포유류도 마찬가지다. 개나 늑대가 고개를 젖히고 짖거나 다람쥐가 턱을 내리고 뺨을 꺼들여 찍찍거리는 것은 성도로 소리를 빚는 것이다.

우리가 말할 때 동원하는 구조 중에서 인간만이 가진 것은 아무것도 없다. 우리의 가슴은 숨을 섬세하게 조절하기 위해 대부분의 영장류보다 신경이 더 풍부하게 분포해 있지만 이것은 혁신이 아니라 개선이다. 우리의 친척 침팬지도 발성할 때 목뿔뼈와 후두가 내려간다. 하지만 인간은 더 많이 내려가 목에서 소리가 공명할 공간을 더 널찍하게 열어준다. 게다가 침팬지는 얼굴이 튀어나온 탓에 성도가 입 쪽에 치우쳐 있으며 목에서는 공명이 거의 일어나지 않는다. 인간은 입과 목의 공명 공간 크기가 엇비슷하다. 인간의 혀는 모양은 침팬지와 비슷하지만 더 봉긋하며 입 크기에 비해 상대적으로 넓다.

해부학적으로 볼 때 인간 언어의 비결은 (새로운 구조가 생긴 것이 아니라) 다른 종에도 있는 구조들의 비율을 미묘하게 바꾼 것이다. 이것을 현생 조류의 고유한 특징인 울음관에서 흘러나오는 새소리와 비교해보라. 새소리와 인간 언어의 진화는 둘 다 세상의 음향 다양성을 경이롭고도 참신하게 확장한 결과다. 하지만 새소리가 극적인 해부학적 혁신의 산물이라면 우리의 말은 땜질의 결과물이다.

발성, 학습, 문화의 결합

진화는 언어 발달을 위한 새로운 연결 고리를 만들어내면서 우리의 몸속보다는 머릿속에 더 심혈을 기울였다. 이 또한 우리의 가까운 친척에게 있는 재능과 성향이 토대가 되었다. 유인원은 모두 배움에 진심이다. 새끼들이 사회적·생태적 환경에서 성공하는 데 필요한 모든 것을 배우기까지는 여러 해가 걸린다. 이렇듯 사회적으로 전수되는 행동과 전통이 문화를 이룬다. 하지만 인간의 문화와 달리 유인원의 문화는 오로지 직접적인 시각적 관찰과 촉각적 참여만을 토대로 삼는다. 유인원에게 음성이 있는 것은 사실이지만, 우리가 아는 한 그들은 소리를 통해 복잡한 지식을 전달하지 않는다.

우리의 인간 조상들은 음성 표현을 문화에 접목했다. 유인원이 가지고 있던 두 능력인 발성과 사회적 학습의 조합이 인간 언어의 토대다. 이 혁명이 언제 일어났는지는 분명하지 않다. 목뿔뼈의 형태와 위치는 약 50만 년 전 네안데르탈인을 비롯한 고인류에게서도 지금과 같았다. 하지만 목뿔뼈의 정확한 형태와 위치에는 어떤 마법도 숨어 있지 않다. 목뿔뼈와 후두가 더 높이 달렸던 조상들이 우리만큼 명확한 소리를 내지는 못했을지 몰라도, 그들에게는 여느 유인원과 마찬가지로 복잡한 소리를 내는 데 필요한 해부학적 바탕이 갖춰져 있었다.

발성, 학습, 문화의 결합은 우리의 뇌와 유전자에 흔적을 남겼다. 다른 영장류와 달리 인간의 후두를 통제하는 신경은 맘대로운동(수의운동)을 통제하는 뇌 부위인 '운동겉질'(운동피질)에 직접 연결된다. 이 연결 덕에 우리는 발성을 더 미세하게 통제할 수 있으며 더 중요하게는 발성을 학습의 영역에 들여올 수 있었다. 또한 우리에게는 발성 해석, 음향 기억, (혀와 얼굴 등 언어와 관련된) 신체 운동 조절에 관여하는 신경을 후두 신경과 잇는 방대하고 복잡한 뇌 연결망이 있다.

이 풍성한 연결망은 *FOXP2*라는 유전자가 (적어도 부분적으로) 통제하는 듯한데, 인류의 *FOXP2* 서열은 다른 영장류와 판이하게 다르다. 이 유전자는 조절 중추의 역할을 하여, 근육 작용, 감각 입력, 기억, 해석을 조율하는 신경세포의 성장 및 상호 연결을 유도하는 다른 유전자들의 활동을 자극하고 억제한다. 목뿔뼈와 마찬가지로 인간이 가진 것과 같은 형태의 *FOXP2* 유전자는 적어도 50만 년 전으로 거슬러 올라가며, 사람속에 속한 우리의 친척 네안데르탈인과 데니소바인도 가지고 있었다. 네안데르탈인의 귀는 현생 인류와 비슷했다. 그들의 귀를 재구성했더니 가운데귀와 속귀가 우리처럼 인간 언어의 주파수에 맞춰져 있는 듯했다. 그렇다면 지금은 멸종한 이 사촌들도 말할 수 있었을 가능성이 있다.

인간은 뇌 연결망이 다른 영장류에 비해 무척 정교하기 때문에, 발성, 해석, 기억을 다른 종은 하지 못하는 방식으로 종합할 수 있다. 우리는 말할 때 인간만이 가진 이해 능력을 발휘한다. ('이해한다(comprehend)'는 '함께(com) 손에 쥔다(prehendere)'는 뜻이다.) 인간 언어는 땜질의 결과물일 뿐 아니라 통합과 상호 연결의 위업이기도 하다. 이 재능은 우리만 가진 것이 아니다. 많은 조류, 어쩌면 고래와 박쥐처럼 음성으로 학습하는 다른 동물들도 발성 기관과 뇌의 운동 부위가 직접 연결되며 기억, 지각, 분석, 발성을 담당하는 뇌 부위들이 정교하게 연결되어 있다.

당신이 이 글을 읽는 것은 인간의 통합 능력을 한 걸음 더 확장하는 셈이다. 흑백의 기호는 (문자가 발명되기 전까지만 해도) 찰나적이던 것을 굳힌 결정(結晶)이다. 우리가 내뱉는 숨은 잉크가 되었고 공기 중의 진동은 페이지 위에 얼어붙었다. 당신이 낱말을 응시하면 300밀리초 뒤에 전기 에너지가 뇌의 시각겉질을 통해 이동한다. 그로부터 400밀리초 뒤에는 청각겉질이 발화하고 이내 소리와 언어를 해석하는 뇌 부위가 활성화된다. 글자에 주의를 기울인지 1초도 채 지나지 않았는데, 목독(默讀)은 뇌의 '듣기' 부위에서 떠들썩한 활동을 일으킨다. 이렇듯 묵독은 우리를 허깨비에게, 저자의 목소리라는 유령에게 인도한다. 펜을 쥐거나 자판을 두드리는 손의 움직임은 이 소리의 넋을 몸에서 페이지로 옮긴다.

당신의 눈이 글자 위를 이동할 때 소리는 더는 공기를 뚫고 이동하는 게 아니라 포유류 뇌의 축축하고 기름진 세포막을 따라 전기 활성 파동으로서 전달된다. 이제 이 낱말들을 소리 내어 읽어보라. 파동이 육신에서 공기로 도약한다. 언제나 그랬듯 소리는 한 존재에서 다른 존재로, 한 매질에서 다른 매질로 옮아가며 연결하고 변형한다.

PART 3

**진화의
창조성**

공기, 물, 나무

귀 기울여보라! 우리는 주변의 동물 소리에서 세상의 다양한 물질성을 듣는다. 새들의 노래 속에는 식물의 음향적 특성과 바람의 목소리가 담겨 있다. 포유류의 부름소리는 숲과 들판의 다채로운 지형에서 포식자와 먹잇감이 어떻게 서로의 소리를 듣는지 보여준다. 물속의 많은 감정들은 고래와 물고기의 노래라는 형태로 표현된다. 식물의 내부 구조는 곤충의 진동 신호로 드러난다. 당신이 침묵 속에서 읽는 이 페이지의 낱말들조차 인간 언어가 만개한 계기인 공기와 식물의 흔적을 품고 있다.

나는 콜로라도주 로키산맥 동쪽 비탈의 소나무와 가문비나무 숲에 서 있다. 이곳은 로키산맥 분수령에서 흘러내리는 노스볼더크리크 계곡의 상류다. 봄이지만 고도가 높아서 아직 눈에 덮여 있다. 사방이 고요하다. 들리는 것은 솔잣새의 풍성한 음성뿐. 솔잣새의 노래는 가느다란 수채화 붓을 종이에 휙휙 긋는 것 같다. 따뜻한 색깔의 붓질이 매끈하고 탁 트인 표면을 질주하고 휘젓는다. 각각의 음은 눈밭의 고요하고 잔잔한 공기 속에서 유난히 또렷하게 울린다.

허리에 찬 가방을 뒤져 녹음기와 마이크를 꺼내는데, 지퍼와 천 부스럭거리는 소리가 얄밉도록 요란하다. 그러다 가만히 서서 솔잣새가 앉아 있는 폰데로사소나무 끄트머리를 마이크로 가리킨다. 몇 분간 솔잣새 노래에 감싸인 채 휴식을 취한다.

그러다 쉭쉭 하는 소리와 웅웅거리는 소리가 들린다. 북동쪽에서 불어온 돌풍이 산과 산 사이의 넓은 골짜기를 막힘없이 통과한다. 나무의 소리는 공기에 감춰진 생명을 드러낸다. 억센 흐름의 밧줄이 숲 지붕에서 포효하는 물결을, 구불거리고 도약하는 소리의 띠를 끌어당긴다. 소용돌이가 공기 중에서 나무 속으로 돌진한 뒤에 흩어진다. 고요의 웅덩이가 마치 호수 표면에서 바람에 날리는 이파리처럼 이 소란을 뚫고 나아가는데, 떠다니다 멈췄다가 방향을 바꾼다. 녹음기의 음량계가 빨간색으로 솟구치자 나는 게인(gain) 손잡이를 낮춘다. 별안간 숲이 아우성치고 있다.

하지만 새들은 어찌 된 일인지 소음의 안개를 뚫고 계속 노래한다. 섬세한 붓질이 또렷이 들린다. 노랫소리의 안료가 잿빛의 바람 파도를 배경으로 빛난다.

장소에 맞게 빚어진 노래

산의 성격은 이 노래 속에 서려 있다. 이 수컷 솔잣새가 봄철 가락을 뽑아내면 수많은 조상들의 경험이 어우러져 공기 중으로 흘러든다. 나무들 속에서 바람의 방해를 이겨내고 노랫소리를 퍼뜨린 조상들만이 자신의 유전자를 후대에 전달했다. 진화는 노래를 장소에 맞게 빚어냈다.

솔잣새는 언제나 늘푸른나무에서 살며 소나무, 가문비나무, 미송, 솔송나무의 씨앗으로 가득한 솔방울을 찾아 헤맨다. 솔잣새와 나무의 관계가 어찌나 오래됐던지 진화는 새의 부리를 구과에 맞도록 깎았다. 야무지고 구부러진 부리는 끄트머리가 엇갈려 있다. 아랫부리의 뾰족한 끝이 한쪽으로 휘어지고 윗부리의 끝은 반대쪽으로 휘어졌다. 솔잣새는 부리 끄트머리로 솔방울 비늘을 훑으며 아랫부리를 가로로 밀고 고개를 틀어 솔방울을 벌리고는 긴 혀를 내밀어 비늘 밑동에 숨겨진 씨앗을 끄집어낸다.

솔잣새의 구과수 사랑은 노래에도 흔적을 남겼다. 이 나무들은 바람에 흔들리면 괴성을 지르는데, 대수롭지 않은 돌풍에도 호들갑을 떤다. 그리고 지금보다 잔잔한 여름날을 제외하면 바람은 뻔질나게 불어온다. 북아메리카의 지상 10미터(키 큰 나무의 높이) 평균 풍속을 지도로 나타내면 세찬 바람의 띠가 로키산맥 등줄기를 타고 내려가는 것을 알 수 있다. 이곳 주택들은 바람의 위력에 여러 날 동안 흔들린다.

탐방로 걷기는 지칠 줄 모르는 적과 씨름하는 것처럼 느껴질 때가 많다. 솔잣새가 노래하는 늦겨울과 봄, 강풍이 부는 철에는 더욱 힘겹다. 유럽과 북아메리카 동부에서 이것과 가장 비슷한 현상을 꼽자면 해안 절벽에서 솟아오르는 돌풍의 무지막지한 힘을 들 수 있다. 사람들은 처음에는 신나게 활보하다가 이내 기진맥진한다.

내 몸은 불편하지만 나무들은 편안하다. 낭창낭창한 가지는 흐름에 순응하여, 휘어지면서 바람의 힘을 분산한다. 저지대 소나무와 달리, 고지대 구과수의 바늘잎은 철사나 가시처럼 질겨서 바람의 짓뭉개고 잡아 뜯는 힘에 저항한다. 이곳에 참나무나 단풍나무가 있었다면 가지가 꺾이고 잎이 너덜너덜해졌을 것이다. 산지(山地) 구과수의 억센 바늘잎과 유연한 가지는 이 숲 특유의 바람발(發) 소음을 일으킨다. 아마도 이 소리가 솔잣새의 노래를 빚었을 것이다. 바람에서 나무로, 나무에서 새소리로.

나중에 노트북에서 녹음 파일을 연다. 소리가 재생되자 그래프가 스크롤되면서 시간에 따른 주파수 변화를 보여준다. 말끔한 배경에 휘갈겨 쓴 듯한 가느다란 선은 솔잣새 악구의 구조를 나타낸다. **티-텁-텁**. 감탄사가 날카롭게 솟았다가 짧은 음 두 개가 이어진다. 이어서 낮고 걸걸하게 **브리-브리** 하고 내지른다. 1분 뒤 짧고 감미로운 **텁** 음을 연쇄적으로 낸 뒤에 매우 높은 **시**로 마무리한다. 그러고는 소리를 바꿔 급하게 서너 번 되풀이한다. **치-커-이** 하고 툭 내뱉는데, 산박새의 노래 한 대목과 무척 비슷하다. 솔잣새의 노래는 도합 여남은 개의 요소로 이루어졌으며 이것들을 모으고 재배열하고 자잘한 장식과 변화를 덧붙여 리믹스하는 듯하다. 이렇게 만들어진 노래는 빠르고 명랑하며 밝은 움직임으로 가득하다.

난데없이 화면이 온통 어두워진다. 바람이 들이닥쳤다. 저주파를 나타내는 그래프 아래쪽 절반이 나무 소리로 뿌옇다. 솔잣새의 노래는 이 구름 위에서 춤춘다. 모든 음이 소나무와 미송의 우렁찬 쉭쉭 소리보다 높다.

바람이 이 숲을 때리는 소리는 거의 전부 1~2킬로헤르츠 이하다. 다른 숲의 바람 소리와는 사뭇 다르다. 세찬 돌풍이 참나무와 단풍나무를 때리거나 열대림 숲지붕을 통과할 때 나는 쉭쉭 소리는 주파수가 5~6킬로헤르츠로 훨씬 높다. 그런데 이 산에서는 바람이 낮게 웅웅거리는 소리가 몇 시간이나 며칠씩 계속되기도 한다. 하지만 대부분의 다른 숲에서는 바람이 이만큼 잦지 않으며, 설령 불더라도 높은 쉭쉭 소리가 난다. 이곳 구과수의 음성에는 사람을 닮은 구석이 있다. 이 숲에서 바람은 다른 나무의 높은 한숨 소리나 바스락 소리와 달리 인간 언어의 주파수 범위에 해당하는 소리를 낸다.

솔잣새의 노래는 몸집에서 예상되는 것보다 음높이가 높다. 악기와 마찬가지로 동물이 노래하는 음높이는 대체로 크기에 비례한다. 도래까마귀는 낮게 깍깍거리고 벌새는 높게 짹짹거린다. 하지만 솔잣새는 이 법칙을 무시하고 몸집이 자기만 한 종들보다 높은 소리로 노래한다.

솔잣새의 노래를 빚어낸 것은 바람만이 아니다. 구과도 솔잣새 부리의 진화에 영향을 미침으로써 한몫했다. 로키산맥의 솔잣새는 폰데로사소나무와 로지폴소나무에 적합하게 부리가 큼지막하다. 반면에 퍼시픽노스웨스트 지역에 서식하는 솔잣새는 싯카가문비나무와 미국솔송나무 구과를 벌리는 데 알맞도록 부리가 작다. 작은 부리는 날렵하기 때문에 더 빠르고 높게 지저귀며 노래할 수 있다. 따라서 솔잣새의 노래가 부리가 가느다란 사촌 흰죽지솔잣새와 다른 데는 현지 나무들의 구과 모양이 다양한 탓도 있다.

구과수 산에서 높은 음을 내는 것은 솔잣새만이 아니다. 가을이면 말코손바닥사슴이 짝짓기 부름소리로 계곡을 채우는데, 그들의 소리는 비탈과 절벽에 메아리치며 수 킬로미터를 퍼져 나간다. 동물학자들은 말코손바닥사슴의 노래를 뷰글링*이라고 부르지만, 실제 음색은 플루트의 특이한 배음에 더 가깝다. 말코손바닥사슴은 고개를 젖혀 순음에 가까운 음을 미끄러뜨리듯 상승시켜 1~2초간 그대로 있다가 음을 낮추는데, 종종 거친 꿀꿀 소리로 끝내기도 한다. 로키산맥 가문비나무 숲에서 이 소리를 처음 들었을 땐 이렇게 높은 소리가 저렇게 우람한 동물에게서 나올 수 있다는 걸 믿을 수 없었다. 수컷 말코손바닥사슴은 몸무게가 300킬로그램을 넘는다. 말코손바닥사슴 뷰

---

* '뷰글(bugle)'은 컵 모양의 마우스피스에 입술을 대고 공기의 진동을 일으켜 소리를 내는 목관악기를 일컫는다.

글의 일정한 중심음은 1000~2000헤르츠로, 토끼가 찍찍거리는 소리보다 약간 높다.

이에 반해 유럽 북부의 근연종 붉은사슴은 이만한 크기의 동물에서 기대할 법한 주파수인 200헤르츠의 훨씬 깊은 소리로 무무 하고 운다. 사냥꾼이 잡은 사체에서 목청을 추출하여 연구해봐도 말코손바닥사슴 소리의 수수께끼는 풀리지 않았다. 대형 동물에서 예상되듯 말코손바닥사슴은 목청이 길어서 인간의 세 배나 되는데도 이 커다란 악기로 고음을 짜낸다. 반면에 목뼈와 인대가 붉은사슴보다 짧은데, 이것이 목청 일부를 조여 목청 길이가 줄어들면 빠른 진동을 통해 말코손바닥사슴 특유의 노랫소리가 나오는 건지도 모르겠다.

가을 발정기가 되면 수컷 말코손바닥사슴은 이따금 서로에게 달려들어 머리를 부딪치며 가지뿔을 달그락거린다. 하지만 대부분의 힘겨루기는 멀찍이서 소리를 통해 진행된다. 나는 수목한계선 위의 산비탈에 앉아 서로 5킬로미터 떨어진 수컷들이 목청을 겨루는 소리를 들었다. 이 고지대에서 그보다 멀리 퍼져 나가는 소리는 비행기 소음뿐이다.

수컷 말코손바닥사슴은 대체로 구불구불한 개울 옆 탁 트인 풀밭이나 인근 구과수 숲에서 울부짖는다. 뷰글링이 효과를 발휘하려면 구과수를 뚫고 수백 미터를 뻗어 나가야 한다. 수컷들이 보내는 신호는 서로를 겨냥한 것일 뿐 아니라 1년 내내 모계 무리와 함께 살아가는 암컷을 향한 것이기도 하다. 암컷 말코손바닥사슴들의 친밀한 무리가 가을에 계곡으로 모여들면 발정기 수컷들은 무리를 차지할 특권을 놓고 다툰다. 이 무리들은 서로의 시야에서 완전히 벗어나 있을 때가 많지만, 수컷의 뷰글링 소리로 연결되어 있다.

솔잣새의 노래와 마찬가지로 말코손바닥사슴의 뷰글도 로키산맥 숲 특유의 소리와 잘 맞아떨어진다. 낮고 우렁찬 울음소리는 바람에 짓눌릴 것이다. 이것은 특이한 상황이다. 대부분의 서식처에서는 낮은 소리가 높은 소리에 비해 장거리 소통에 효과적이다. 저음은 파장이 길어서 장애물을 에돌 수 있으며 대기 난류(亂流)에 의한 손상을 고음에 비해 덜 겪기 때문이다. 하지만 거센 바람이 뻔질나게 불고 뻣뻣한 바늘잎 나무가 있는 구과수 숲에서는 나무의 소음으로 인한 마스킹 효과가 저음의 이점보다 크기 때문에 말코손바닥사슴은 자신의 신호를 고주파 쪽으로 끌어올렸다.

음성을 빚어내는 것들

산에서 본 두 사례만 가지고 환경 소음이 이곳 동물의 음성을 빚어냈다는 사실이 입증되지는 않는다. 솔잣새와 말코손바닥사슴의 고음은 화려한 깃털과 터무니없이 큰 가지뿔의 음향 버전이라 할 짝짓기 경쟁과 성선택에서 비롯했는지도 모른다. 그게 아니라면 두 종은 포식자, 경쟁자, 친족의 소리에서 바람의 포효에 묻히지 않는 정보를 얻을 수 있도록 귀가 고음에 유난히 민감한 것인지도 모른다. 그렇다면 이렇게 서식처에 적합한 청력 때문에 고주파를 통한 사회적 소통이 선호되었을 것이다. 이 가설은 각 종의 내력과 교류에 대한 정보를 더 입수하지 못하면 판단이 불가능하다. 하지만 나는 로키산맥에 올 때마다 이제껏 만난 것 중에서 가장 요란한 나무들이 있는 숲에는 바람의 포효를 뛰어넘을 정도로 음성이 유난히 높은 동물들이 살고 있다는 인상을 받는다.

동물의 음성 소통을 더 폭넓게 조사하면 물리적 환경이 소리에 미치는 영향을 알 수 있다. 암석해안에 서식하는 새들의 울음소리는 떠들썩한 파도와 매서운 바람을 뚫고 들을 수 있을 만큼 요란하고 귀에 거슬린다. 갈매기, 검은머리물떼새, 물떼새는 나직한 속삭임이나 섬세한 변화를 추구하지 않는다. 그들은 억센 고함 소리로 바람의 소음과 휘몰아치는 파도의 소리를 가른다. 세찬 물살 근처에 사는 새와 개구리는 요란한 고주파음을 내어 물의 마스킹 효과를 상쇄한다.

숲에서는 식물이 동물 음성을 약화하고 손상한다. 잎, 가지, 줄기는 소리를 흡수하고 반사하여 잔향을 먹먹하게 하거나 더한다. 멀리 떨어져서 들으면 음 하나하나가 섞이고 뭉개진다. 따라서 숲에 사는 새들은 대부분 탁 트인 지대에 사는 사촌들보다 느리고 소박한 휘파람 소리와 깽깽이 소리로 노래한다. 이를테면 북아메리카의 붉은풍금새가 높고 낮은 음을 풍성하게 내면서 **치루-치리-치루-치리** 노래하는 것은 단풍나무 잎, 참나무 잎, 히코리 잎이 무성한 번식처에 잘 들어맞는다. 유라시아의 지빠귀, 오스트레일리아의 때까치딱새, 그리고 전 세계 빽빽한 열대림에 서식하는 명금들의 노랫가락과 화려한 변주도 마찬가지다.

이에 반해 탁 트인 프레리와 평원에서는 식물이 소리를 약화시키는 게 아니라 바람이 소리를 갈기갈기 찢고 뒤섞는다. 여기서는 음높이에 미묘한 변화를 줘봐야 바람 때문에 무용지물이다. 따라서 초원과 탁 트인 암석 지대의 많은 새들은 윙윙거리고 짹짹거리면서 바람을 뚫고 나아가는 스타카토 음을 되풀이한다. 오스트레일리아의 잿빛등줄솔새, 북아메리카 초원의 메뚜기참새, 지중해와 아시아 서부의 목도리종다리가 짹짹거리며 노래하는 것은 탁 트인 지대의 새들이 빠른 음으로 재잘거리는 예다.

조류와 달리, 울창한 식생에 서식하는 포유류는 탁 트인 지대에 서식하는 포유류보다 음성이 높다. 이것은 청각의 차이 때문인 듯하다. 50종을 조사했더니 숲에 서식하는 포유류의 평균 가청 주파수 최댓값은 9.5킬로헤르츠로, 탁 트인 지대에 서식하는 종보다 3킬로헤르츠 높았다. 이런 차이는 다른 동물이 잎을 스칠 때 나는 높고 조용한 바스락 소리와 부드러운 쉿 소리를 반드시 들어야 하기 때문인 듯하다. 먹잇감이든 포식자이든 숲에 서식하는 포유류는 포식자에게서 재빨리 달아나거나 먹잇감을 덮칠 날개가 없기 때문에 다가오는 위험과 기회를 귀로 감지하는 수밖에 없다. 동물이 초목 사이를 움직이는 소리는 대부분 고주파이기 때문에, 귀가 이 범위에 맞춰진 동물에게 유리하다. 이에 따라 소통을 위한 소리도 고음일수록 유리하다. 짝과 경쟁자의 귀에 가장 잘 들리는 소리 범위를 이용하는 것이니 말이다.

따라서 숲에 서식하는 포유류의 소리는 들판과 사바나에 서식하는 사촌보다 높은 경향이 있다. 예를 들어 아시아황금고양이나 스라소니처럼 숲에 사는 고양이가 으르렁 가르랑 야옹 하는 소리는 아프리카와 아시아의 카라칼이나 아시아의 마늘처럼 탁 트인 지대에 사는 고양이와 비교할 때 몸집에 비해 음높이가 상대적으로 높다. 숲에 서식하는 다람쥐와 줄무늬다람쥐의 컹컹 찍찍 쯧쯧 소리도 탁 트인 초원과 사막에 사는 친척인 땅다람쥐와 그 밖의 포유류에 비해 높다.

인간의 발성과 청력을 보면 우리의 성질이 탁 트인 초원과 사바나의 대형 동물과 비슷함을 알 수 있다. 우리의 가청 주파수 최댓값은 2~4킬로헤르츠이며, 발성 주파수는 80~500헤르츠로 낮되 치찰음은 5킬로헤르츠까지 올라간다. 우리와 가장 가까운 친척인 침팬지의 가청 주파수 최댓값은 8킬로헤르츠이며 우리보다 훨씬 높은 약 30킬로헤르츠까지도 들을 수 있다. 침팬지는 발성 범위가 다양한데, 대부분 높은 음이다. 침팬지의 장거리 부름소리인 팬트후트(pant hoot)는 조용하고 낮은 그런트(grunt)로 시작해 인간 아이의 날카로운 비명과 비슷한 꺅꺅 소리로 절정에 이른다. 이 소리는 1500헤르츠로, 성인의 비명소리가 약 400헤르츠인 것에 비하면 훨씬 높다. 이렇게 일대일로 비교하다 보면 몸 크기 차이와—우리는 침팬지보다 조금 무겁다—각 종의 생태적 특이점 때문에 혼란스러울 때가 있다. 하지만 이 경우에 인간이 친척 침팬지와 다른 점은 포유류의 청력과 발성에 대한 폭넓은 조사에서 나타나는 추세에 들어맞는다.

따라서 우리의 음성은 숲에서의 장거리 소통에 알맞지 않다. 말은 금세 뭉개진다. 그 대신 인류 문화는 숲에서 소통하기 위해 북이나 휘파람을 이용한다. 전 세계에 수십 가지 휘파람 언어가 있는데, 대부분 울창한 숲 지대에서 생겨났다. 휘파람은 초목 사이사이로 잘 전달될 뿐 아니라, 연습하면 어떤 인간 발성보다 훨씬 우렁차서 1킬로미터 넘게 메시지를 보낼 수 있다.

식단도 동물 소리의 다양성에 큰 영향을 미쳤다. 부리가 큰 조류는 노래의 빠르기가 느리고 주파수 범위가 좁은 경향이 있는데, 이는 큰 부리가 발성에 물리적 제약으로 작용하기 때문이다. 이 경향은 중앙 아메리카와 남아메리카 열대림에 서식하는 숲발발이에서 잘 볼 수 있다. 숲발발이과의 부리는 점박이목숲발발이처럼 뭉툭한 것에서 긴부리숲발발이처럼 매우 기다란 것까지 다양하다. 부리가 길수록 노래의 빠르기가 느리고 주파수 범위가 좁다. 짧은 부리는 짹짹거리고 긴 부리는 길게 휘파람을 분다. 갈라파고스 제도에 서식하는 많은 종의 다윈 핀치도 비슷한 패턴을 나타내며 솔잣새의 여러 지리적 변이형도 마찬가지다.

전 세계의 6000~7000개 인간 언어를 비교한 결과, 식단은 인간 언어의 음향적 형태에 영향을 미치는 듯하다. 수렵채집인의 언어에서는 순치음(脣齒音, 입술을 치아에 대고 내는 'F'와 'V' 소리)을 찾아보기 힘들다. 이에 반해 농경인의 언어에서는 순치음이 세 배 많은데, 이들은 연한 음식을 먹기 때문에 유년기의 가위교합*이 성인기까지 지속된다. 수렵채집인과 (우리의 조상인) 구석기인은 질긴 음식을 먹어서 확실한 절단교합**이 발달하므로 가위교합이 사라진다. **폼**(form), **비비드**(vivid), **펄버스**(fulvous), **페이버릿**(favorite) 같은 영어 단어의 소리를 들으면 익힌 음식이 우리의 입을 빚고 이를 통해 우리의 언어를 빚어냈음을 알 수 있다.

기후와 식생도 인간 언어의 다양성에 영향을 미쳤을 것이다. 열대림처럼 따뜻하고 습하고 식생이 울창한 지역의 언어는 서늘하고 탁트인 거주지의 언어보다 자음을 적게 쓰는 경향이 있다(일부 언어학자들은 통계적 근거를 내세워 이 관계에 이의를 제기하기도 하지만). 자음을 알아들으려면 주파수가 높고 진폭 변화가 급격해야 하는데, 이런 특징은 빽빽한 식생에서 손상되기 때문이다. 낭랑하게 퍼지는 **우**와 **아**는 ㅍㄹ(pr)와 ㅅㅋ(sk) 같은 자음군에 비해 숲에서 알아듣기 쉬울 것이다.

또한 고저가 있는 모음은 건조한 공기에서는 후두에 부담이 되므로, 건조 기후의 언어는 자음을 많이 쓰는 쪽으로 기울어진다. 나는 이 글을 영어로 쓰고 있는데, 이 언어는 비교적 탁 트인 지대와 건조한 공기에서 생겨난 언어의 후손이다. 유라시아에는 건조한 평야와 사바나가 많으며 심지어 비교적 습한 기후에서도 겨울이 추워서 습도가 낮게 유지되기 때문이다. 나의 영어에 자음이 풍부하고 모음이 드문

---

* 윗니가 아랫니보다 지나치게 많이 돌출되어 이가 맞물리지 않는 교합
** 아래턱이 중심 위치에 있을 때 윗니와 아랫니의 앞쪽 부분이 절단면을 따라 위치하여 음식을 자르기 좋은 상태의 교합

것과 달리 열대림에서 발달한 언어는 모음이 풍부하다.

환경은 지역적 규모에서도 인간의 언어 다양성에 영향을 미치는 듯하다. 식물의 생산성이 1년 내내 안정적으로 유지되는 울창한 환경에서는 계절적 편차나 변동성이 큰 지역에 비해 인간 언어의 밀도가 높다. 생산성이 높은 지역에서는 지리적 범위가 좁은 문화 집단이 유지될 수 있으므로 언어의 분화와 높은 지역적 다양성이 선호된다. 어절에서 대규모 다양성 패턴에 이르기까지 인간의 발성은 여느 동물종과 마찬가지로 우리가 먹고사는 거주지에 의해 부분적으로 빚어진다.

물과 고체를 이용해 소통하는 존재들

공기뿐 아니라 물과 고체도 소리에 영향을 미친다. 매질마다 나름의 음향 특성이 있다. 물속에서 사는 동물이나 나무나 흙 사이사이로 소통하는 동물은 보금자리의 물질적 성질에 맞는 음성을 가진다.

연안수에서 생의 대부분을 보내는 해양 동물은 해수면과 해저의 반사 때문에 저음이 줄어들거나 묻힌다. 따라서 혹등고래, 북극고래, 참고래처럼 연안수에서 먹이를 찾는 해양 포유류는 대왕고래와 수염고래보다 높은 음을 낸다.

산호초 위, 파도가 몰아치는 해안가, 생기 넘치는 민물 개울에서는 물속이 시끌벅적할 수도 있다. 바람에 이는 물결, 부서지는 파도, 출렁이는 물살은 소음을 일으켜 음향 공간의 대부분을 차단한다. 이런 서식처의 어류는 딱딱, 윙윙, 낑낑거리는 펄스를 여러 번 거듭하며 서로에게 노래하는데, 이렇게 높은 주파수의 음은 쉭쉭 쏴 하는 물의 소음에 덜 가려진다. 펄스마다 여러 주파수가 들어 있으며 시작과 끝이 독특하다. 부름소리의 스펙트럼이 넓고 시작과 끝이 거듭되면 혹독한 음향 환경에서도 짝과 경쟁자가 소리를 감지할 수 있다. 이런 종들의 음향 소통은 종종 짝이나 경쟁자가 시야에 들어온 뒤 매우 가까운 거리에서만 일어난다.

배경 잡음의 크기도 어류의 청력에 영향을 미친 듯하다. 모든 어종은 옆줄계와 속귀를 이용하여 물 분자의 저주파 운동을 감지한다. 몇몇 어류는 가청 범위를 고주파로 확장하고 더 정교한 주파수 구별 능력을 진화시켰다. 메기, 잉어, 코끼리고기처럼 청력이 뛰어난 종들은 유속이 느린 강과 연못 같은 조용한 물에서 주로 발견된다. 이 물고기들의 청력이 발달한 것은 보금자리의 물이 천천히 움직이는 덕에 배경 잡음이 발생하지 않기 때문일 것이다. 연어, 송어, 퍼치, 화살고기처럼 개울과 연안의 소란한 물속에서 사는 종은 청력이 좋아봐야 얻을 게 별로 없기에 조상에게서 물려받은 저주파 청력만 간직하고 있다.

인간의 눈에 난바다(외해)는 균일해 보인다. 우리는 이런 한결같은 모습이 해저까지 이어질 거라고 상상한다. 하지만 소리만 놓고 보자면 바다에는 눈에 보이지 않는 도관이 있는데, 이 통로를 통해 소리가 수천 킬로미터를 이동할 수도 있다. 이 심해음파통로(deep sound channel)

는 해수면 아래 약 800미터 지점에 있다. 물의 온도와 밀도 차이 때문에—깊을수록 수온이 낮고 밀도가 높다—소리가 통로에 갇히는데, 음파가 위나 아래로 휘어지더라도 위의 따뜻한 물이나 아래의 조밀한 물에 부딪혀 다시 통로로 돌아온다. 이 바닷물 렌즈는 해분을 완전히 가로질러 소리를 전달하며, 물의 점성에 의해 이동을 방해받지 않는 저음은 더더욱 효과적으로 전달한다. 고래는 이 통로를 활용하는데, 고래가 웅웅 끙끙 두근두근 하는 소리는 인류가 전신을 발명하기 전까지만 해도 대양을 건널 수 있는 유일한 동물 신호였다.

소리는 고체를 통해서도 이동하는데, 공기 중에서보다 열 배 이상 빠르게 나무나 암석을 통과한다. 모든 악기가 이 파동을 이용하지만, 나무, 가죽, 금속으로 만들어져 진동하는 모든 판과 현은 소리를 (자신이 직접 전달하는 것이 아니라) 공기 중으로 내보내기 위해 설계되었다. 하지만 고체를 주요하거나 유일한 음향 매질로 삼는 종도 많다.

곤충과 거미 같은 모든 육상 무척추동물은 겉뼈대의 신경, 특히 다리 관절의 연조직을 통해 진동을 감지한다. 모든 사람의 발가락, 발바닥, 손가락이 귀라고 상상해보라. 그것이 곤충의 세상이다. 곤충은 몸 표면과 부속지 안에 있는 수용체를 통해 주변의 진동 에너지를 듣는다. 대부분은 이 능력을 소통에도 활용한다. 거미는 발로 땅을 두드려 짝과 경쟁자에게 신호를 보낸다. 뿔매미와 그 친척 등 많은 노린재목 곤충은 배의 발성 기관에서 복잡한 음파 연쇄를 발생시켜 다리를 통해 나뭇잎이나 잔가지에 전달한다. 이 신호는 대체로 공기 중에서는 들을 수 없지만 빠르게 전달되며 동료가 발과 다리 관절로 명료하게 들을 수 있다. 이 종의 다리는 발성 기관이자 청각 기관이다.

곤충은 우리 인간이 듣는 공중의 소리와 나란히 존재하는 소리의 평행 세계에서 살아간다. 이 고체의 소리경관이 얼마나 크고 다양한지 알려진 것은 최근 일이다. 과학자들은 식물에 전자 센서를 부착하여 최대 90퍼센트의 곤충이 식물이나 땅을 통과하는 진동의 형태로 소통한다는 사실을 발견했다.

내가 윙윙 끽끽 딱딱거리는 곤충의 낯선 세계에 처음 발을 디던 것은 나무 소리 전시회를 위해 녹음을 채집하던 때였다. 나는 미루나무 가지에 작은 센서를 달아 나무가 바람에 흔들릴 때 내부에서 흐르는 떨림과 울림을 포착하고 있었다. 그런데 나무의 달그락달그락 소리 사이사이에 그보다는 짧지만 웅웅거리는 고음이 들렸다. 소리의 간격은 진동 모드 휴대폰이 울릴 때처럼 규칙적이었다.

곤충 소통의 탐사와 연구를 개척한 인물인 미주리 대학교의 렉스 코크로프트에게 음성 파일을 보냈더니 그는 그것이 곤충의 소리라고, 아마도 매미충일 거라고 확인해주었다. 더 정확하게 동정할 수는 없었는데, 그것은 새들의 노래가 잘 알려진 것과 달리 곤충 소리의 다양성에 대한 우리의 지식은 너무 초보적이어서 소리로 동정할 만큼 포괄적인 목록이 없기 때문이다. 탐험가 정신이 있는 자연 애호가에게 곤충의 '진동경관(vibroscape)'은 풍성한 발견이 기다리는 옥토다.

식물은 종마다 부위마다 물리적 성질이 다르다. 어린잎은 연하고 폭신폭신하나 성숙한 잔가지는 바슬바슬하고 뻣뻣하다. 껍질은 넓은 판이지만, 잎을 지탱하는 가는 꼭지인 잎자루는 치밀한 물질이 성긴 중심부를 둘러싼 대롱 모양이다. 물질마다 진동이 전달되는 방식이 다르기에, 선호되는 주파수도 다르다.

우리는 아파트에서 이웃들의 소리를 들을 때 이것을 어렴풋하게나마 감지한다. 윗집의 나무 바닥은 고주파를 거의 모두 걸러내지만 중역의 발소리는 고스란히 전달한다. 우리 이웃들이 부엌 바닥에 코르크(나무껍질의 일종)를 깔면 가장 낮은 쿵쿵거리는 소리만 통과할 것이다. 식물의 이런 다양한 성질은 곤충이 살아가는 음향 세계이며, 이런 차이들은 곤충 소리의 음향 다양성을 낳았다. 식물의 차이들이 조류와 포유류의 음향 다양성을 낳은 것처럼 말이다.

북아메리카 동부의 뿔매미는 식물의 물리적 차이가 어떻게 진동음을 빚어내는지 똑똑히 보여준다. 자그마한 뿔매미는 매미의 친척으로, 나뭇잎과 줄기에 구기를 꽂아 수액을 빨아 먹는다. 머리에 난 볏이 작은 뿔처럼 생겼다. 번식기에 수컷 뿔매미가 우우 딱딱 소리를 내면 암컷은 낮은 끌끌 소리로 화답한다. 이 이중창은 오로지 나뭇잎과 줄기를 통해 전달되는 진동으로만 연주된다.

등에 노란 점이 두 개 있는 두점박이뿔매미는 저마다 다른 식물종에 특화된 근연종들의 집단이다. 이 다양성이 생겨난 것은 조상 종들이 서식 범위를 새로운 숙주 식물로 확장했을 때였다. 개척자 뿔매미 종은 새로운 숙주로 옮아갔을 때 새로운 먹이만 발견한 것이 아니었다. 음향 환경도 달라졌다.

숲 가장자리의 흔한 수종인 캐나다박태기의 두점박이뿔매미는 사람이 목을 울려 허밍하는 음높이인 약 150헤르츠로 낮게 웅웅거린다. 숲의 또 다른 작은 수종 홉트리(wafer ash)에 서식하는 뿔매미는 훨씬 높은 약 350헤르츠의 소리를 낸다. 두 뿔매미 변이형은 크기가 같으며, 다른 종의 나무에 갖다놔도 자신의 노래 방식을 고집한다. 수종마다 고유한 음향 특성이 있어서 특정 소리를 다른 소리보다 잘 전달하며, 각각의 뿔매미 종은 자신이 좋아하는 식물종에 가장 효과적인 주파수로 노래한다. 나무의 미묘한 차이를 알고 활용하는 현악기 장인처럼 이 곤충들은 보금자리의 물질적 성질에 맞게 자신의 노래를 다양화했다.

여러 숙주 식물을 이용하는 곤충은 뿔매미보다 더 광범위하게 전달될 수 있는 노래를 부른다. 이를테면 50종 넘는 식물을 먹는 미국홍비단노린재는 주파수의 붕붕거리는 소리를 내는데, 이 소리는 식물종과 무관하게 잎과 줄기를 통과하여 전달된다. 미국홍비단노린재는 방랑 음유시인으로, 그들의 노래는 한 식물종에 특화된 두점박이뿔매미와 달리 어디서나 잘 들린다.

늑대거미와 깡충거미가 짝을 유혹할 때 내는 진동의 주파수는 사냥터인 낙엽층의 소리 전달 특성과 맞아떨어진다. 코끼리는 우르릉 소리로 먼 거리를 가로질러 서로를 부르는데, 이 소리는 땅을 통과하여 흐른다. 그들은 발에 있는 촘촘한 감각세포 다발을 이용하여 이 소리를 들으며, 다리뼈를 통해 목을 거쳐 속귀에 전달되는 소리로 이를 보완한다. 이 우르릉 소리는 매우 낮아서 사람은 들을 수 없는 저음으로, 이 주파수는 흙에서 유난히 멀리까지 전달된다.

동물계의 소리 표현이 무척 다양한 데는 지구의 물리적 성질이 다양한 탓도 있다. 우리가 노랫소리나 울음소리를 듣는 것은 그 소리가 진화한 물질적 맥락을 듣는 것이다. 또한 우리는 맨귀로는 들을 수 없는 소리로 둘러싸여 있는데, 각각의 소리는 그 자신의 환경에 맞춰져 있다. 우리의 감각은 전체의 작은 부분에 국한되어 살아간다. 그럼에도 우리는 강물의 수면 아래서 물고기들이 서로에게 북소리를 내는 광경을 상상할 수 있다. 연안에서는 고래가 심해음파통로로 노래를 보낸 뒤 지구 반대편에서 돌아오는 응답에 귀를 기울인다. 나무에서, 풀과 꽃의 줄기에서 곤충들은 이중창을 부른다. 능동적으로 발성되든 페이지를 통해 전달되든, 인간 언어에서 우리는 서식처, 식단, 공기와 식물의 물리적 성질이 우리 조상의 말에 남겨준 유산을 듣는다.

아우성

새벽 두 시에 누운 채 깨어 우림에 귀를 기울인다. 작은 공터에 지은 오두막의 벽 위쪽 절반은 모기장을 제외하면 숲을 향해 뻥 뚫려 있다. 나의 일행들(에콰도르 아마존의 티푸티니생물다양성연구소에서 일하는 과학자들)은 진창길을 걷느라 기진맥진한 채 잠들었다. 나는 깊은 잠에서 깨어 소리의 영광에 발을 디뎠다. 그것은 수백 종의 음성 속에서 탄생한 환희였다.

흰볏올빼미의 그윽한 **우우** 소리가 5초마다 거듭된다. 오늘 밤 숲에서 가장 깊은 소리다. 나른한 베이스음이 가장 느린 빠르기로 울려퍼진다. 크기가 까마귀만 한 이 올빼미 한 쌍은 낮에는 우리 오두막 근처의 낮은 가지에 새끼들과 함께 앉아 있다. 성체의 머리에 흰 볏이 두 개 나 있어서 초콜릿색 깃털과 대비된다. 새끼는 새하얗다. 우림에서는 우리를 소리로 둘러싸는 동물을 실제로 보는 일이 드물기 때문에,

이 올빼미 가족은 방문객들의 단골 사진 모델이다.

간밤에 내린 비로 나무들이 푹 젖었다. 오두막 위로 뻗은 가지에서 떨어지는 물방울이 양철 지붕을 두드리며 퐁퐁 탁탁 소리를 낸다. 숲속에서는 청개구리가 낮은 초목 사이에서 개굴거린다. 그들의 부름소리는 **이프! 이프!** 하는 팽팽한 콧소리인데, 몸 크기가 달라서인지 소리꾼마다 음높이가 조금씩 다르다. 서로 부르고 대답하는 소리가 오두막 사방에서 들린다. 개구리 대여섯 마리에게 둘러싸여 있을 뿐인데, 마치 야구장 한가운데 있는 듯하다. 왼쪽에서 매긴 부름소리가 낭창낭창한 궤적을 그리며 숲속에 떨어지자 오른쪽에서 다른 개구리가 방향을 바꿔 내 머리 근처에 있는 소리꾼에게 소리를 넘긴다. 내 머리 위에 지붕을 두른 듯 개구리들이 소리를 주거니받거니 한다.

곤충의 노래는 올빼미와 개구리의 소리와 달리 내 귀로는 위치가 쉽게 파악되지 않는다. 귀뚜라미와 여치 몇 마리의 방향만 정확히 파악할 수 있을 뿐, 대부분의 곤충은 소리의 안개로 나를 에워싼다. 하지만 소리의 구름은 균일하지 않다. 수십 가지, 어쩌면 그 이상의 음높이, 음색, 장단이 공존한다.

내 귀는 로키산맥이나 메인의 여름 숲에서 조용히 외따로 들리는 고독한 매미 소리, 풀밭에서 들리는 쌍별귀뚜라미들의 활기찬 소리, 기껏해야 한 줌의 종이 부르는 합창 같은 온대 기후의 비교적 균일한 소리에 익숙해져 있다. 심지어 늦여름 테네시와 조지아의 숲에서 사정없이 귀청을 찢는 여치들의 괴성조차 한 종이 주도하고 대여섯 종이 이따금 양념처럼 끼어들 뿐이다. 하지만 이곳 아마존은 종 다양성이 열 배 이상 크기 때문에 어마어마하게 많은 소리들이 어우러진다.

가장 낮은 지대에서 여치 한 마리가 가늘게 떨리는 소리를 불쑥불쑥 내뱉는다. 여기에 마치 쌀알을 쇠 그릇에 쏟아붓듯 더 높은 음으로 후드득거리는 노랫소리가 겹쳐진다. 이와 더불어 쇠톱이 규칙적으로 쓱싹거린다. 톱니가 금속을 자르는 소리가 귀에 거슬린다. 감미로운 **쨱쨱** 소리가 1초에 한 번씩 공중을 떠돈다. 더 높고 더 메마른 또 다른 **쨱쨱** 소리가 더 빠른 템포로 들려온다. 그뿐 아니라 음높이가 엇비슷한 세 종이 끊임없이 붕붕거리는데, 하나는 맑고 밝게, 또 하나는 약간 어렴풋하게, 세 번째 것은 막대기로 모래에 줄을 긋듯 매우 건조하게 울려퍼진다. 금속 대팻밥이 짤랑거리는 듯한 불규칙한 소리가 붕붕 윙윙 소리 위를 스치고 지나가는데, 어찌나 청명한지 반짝이는 은빛이 눈에 보이는 듯하다. 또 다른 펄스는 음높이가 더 높다. 어떤 것들은 1초에 한 번씩 거듭되고 어떤 것들은 죽 이어진다.

더 높은 주파수의 소리도 있지만 사람의 귀로는 들을 수 없다. 우리가 초음파라고 부르긴 해도 이 소리는 '소리 너머'에 있는 것이 아니라 단지 우리의 지각 능력 너머에 있을 뿐이다. 선녀벌레, 뿔매미, 노린재 같은 많은 노린재목 곤충도 내 귀를 피해 간다. 끽끽 소리, 찍찍 소리, 순음으로 이루어진 노래는 고체인 잎과 줄기를 통해 전파되기 때문이다. 이곳에는 적어도 서른 속의 뿔매미가 서식하는데, 종수는 알려져 있지 않다. 선녀벌레도 400종이 넘는다.

가청 범위에 속하는 곤충 소리는 두 음역대에 걸쳐 있는 듯하다. 하나는 높은 새소리의 주파수와 비슷하다. 이것은 대부분의 곤충이 노래하는 음역대로, 공원이나 열대 지방 이외의 숲에서 귀뚜라미와 여치가 우는 소리를 들어본 사람에게는 친숙할 것이다. 다른 하나는 훨씬 높고 가늘고 투명하게 번득이는 소리다. 가장 낮은 곤충 소리, 올빼미 소리, 청개구리 소리를 제외하면 초저역과 중역은 드문 듯하다.

많은 미적 기준과 이야기가 공존한다

습한 오두막 공기 속에 누워 있는데 얼굴과 목에서 흘러내린 땀방울이 빗장뼈 사이에 고인다. 나는 듣기의 경험에 정신이 팔려 있다. 곤충 소리는 두 가지 방법으로만 들을 수 있다. 하나는 모든 소리가 통째로 나를 적시게 하는 것이고 다른 하나는 종 하나를 골라 그 형태와 성질에 집중하는 것이다. 이곳은 종이 너무 풍부하기 때문에, 온대림에서와 달리 여러 종에 한꺼번에 주목할 수 없다. 유럽 북부의 숲이나 북아메리카 산지에서는 서너 가지 양념을 음식에 섞어 뿌리듯 여러 종이 어우러진 노랫소리를 음미할 수 있지만, 수백 가지 양념이 뒤섞인 열대림에서는 극단적인 감각 다양성이 분출하여 나의 청각적 혀를 얼얼하게 한다.

이 놀라우면서도 어리둥절한 경험은 인간의 음악을 들을 때와도 사뭇 다르다. 포크송이나 재즈 즉흥 연주, 관현악곡을 들을 때 인간의 마음은 소리의 층을 만들어낸다. 각 층은 서로 밀접하게 연관되며, 모든 악기들은 서로를 보완하도록 설계되어 있다. 음악의 작곡자는 한 명이거나 (때로는) 소수다. 인간의 음악에는 복잡하고 이질적이고 때로는 서로 어울리지 않는 이야기들이 담겨 있지만, 작곡가의 정신과 사람 귀의 성향이라는 좁은 발생원(發生源)에서 탄생한다.

반면에 우림에는 한 명의 작곡가가 있는 것이 아니며 음색이나 선율의 규칙에 대한 합의도 없다. 이곳에서는 많은 미적 기준과 이야기가 공존한다. 우림에 귀를 기울이는 것이 힘들면서도 즐거운 이유는 많은 소리가 한꺼번에 들리기 때문이다. 각각의 소리는 종의 심미적 기준에 걸맞은 음성으로 표현된다. 이 이야기는 생태와 진화적 친족 관계의 끈으로 연결되어 있지만, 각각의 이야기를 이끌고 빚어내는 것은 제 나름의 역사, 조건, 맥락이다. 진화는 중앙 지휘부가 없는 무정부주의적 과정인데도 여기서 만들어지는 소리는 그 풍성함으로 내 귀를 즐겁게 한다. 소리의 내적 패턴을 찾으려 할 때마다 나는 스스로의 한계를 절감한다. 여기서 귀를 기울이는 것은 우리 인간이 소리의 흐름에 부여하고 싶어하는 단단한 통제력으로부터 해방되는 것이다.

오두막에서 들을 수 있는 숲의 소리는 단 한 지점의 소리, 계절과 밤낮 순환의 율동을 통틀어 단 한 순간의 소리에 불과하다.

어젯밤 연구자 몇 명과 강가로 걸어가서 습한 숲속을 탐방했다. 대략 10분마다 소리의 구름이 변하며 새로운 곤충이 존재를 드러냈다. 물이 가까워지자 개구리들의 다채로운 타닥타닥 팅팅 트레몰로가 울려퍼졌다. 새벽이 가까워지면서 밤을 맡은 종들이 하나씩 물러나고 미명(未明)의 음성이, 다음으로 낮의 음성이 찾아왔다. 청회색이 하늘의 검은색에 번지고 고함원숭이들이 낮게 웅웅거리고 으르렁거리는 소리가 숲을 물들였다. 첫 빛살이 내려오자 새 몇 마리가 합류했는데, 그들의 합창은 새벽 직후에 절정에 이르렀다. 빛이 우림의 숲지붕에 퍼져 하층을 적시는 동안, 머리 위로 날아다니는 큰앵무 쌍들의 **끄락** 울음소리와 솔딱새의 재채기 외침이 소리경관을 가득 채웠다. 곤충들은 밤에 그랬듯 수십 가지 빠르기와 음높이로 새 아침을 호령했다.

종마다 자기가 좋아하는 시간을 알린다. 이 소리의 조합들이 교대하는 것으로 낮과 밤의 순환을 알 수 있다. 하지만 비와 해는 이 음향적 순환의 모양을 변형한다. 폭우는 새, 숲지붕에 서식하는 곤충, 영장류의 소리 중 상당수를 묻어버리지만 개구리와 땅에 서식하는 곤충들은 비가 와도 꿋꿋이 노래하거나 빠르기를 앞당긴다. 호우가 지나가고 햇빛 가득한 시간이 되면 노래가 터져 나온다. 음성의 활기를 새벽에만 보여주던 종들까지 노래에 동참한다. 화창한 날 오후 중턱은 척추동물과 심지어 많은 귀뚜라미에게도 가장 조용한 순간이지만, 매미에게는 각성의 시간이다.

소리경관은 우림의 지형에 따라 천변만화한다. 길을 따라 걷거나 사다리를 타고 땅에서 숲지붕으로 올라가노라면 숲의 조각들과 층들을 지나게 된다. 소리가 똑같은 장소는 하나도 없다. 온대림이나 북방림은 이곳과 사뭇 다르다. 여름 로키산맥에서는 가문비나무와 전나무의 숲을 몇 시간 동안 걸어도 새 대여섯 종, 다람쥐 두 종, 매미 두 종의 소리 조합이 고작이다. 이에 반해 티푸티니 인근 숲에 서식하는 곤충 종이 얼마나 되는지 정확히 아는 사람은 아무도 없지만 10만을 헤아릴 것으로 추정되는데, 그중 상당수가 소리를 낸다. 개구리와 새는 그나마 잘 알려져 있다. 600종 가까운 조류와 140종의 개구리가 이곳에 서식한다. 북아메리카의 다양한 지형에 서식하는 것과 같은 수의 종이 이곳에서는 고작 몇 제곱킬로미터의 면적에서 북적거린다. 이 때문에 소리 공동체는 무척 붐비며 풍성하게 다채롭다.

우림의 동물 음성들에서 볼 수 있는 힘과 다양성은 소리의 소통 능력을 보여준다. 이곳의 종은 저마다 존재감을 과시하여 자신이 누구인지 알리며, 들킬 위험 없이 먼 곳의 상대에게 의사를 전달한다. 밤에는 어둠이 몸을 숨겨주고 낮에는 우림의 빽빽한 잎들이 망토 못지않게 효과를 발휘한다. 이곳은 지구상에서 시야가 가장 많이 차단되는 장소 중 하나로, 젊은 북방림의 빈틈없이 치밀한 수풀과 강어귀의 탁한 바닷물을 제외하면 무엇에도 뒤지지 않을 것이다. 이곳에서 소리가 만개하는 것은 놀랄 일이 아니다. 동물들은 시각으로 사냥하는 포식자들에게 들키지 않은 채 무성한 잎들을 뚫고 소통할 수 있다. 매 헥타르마다 수백 가지 식물이 이끼와 조류(藻類)에 짓눌린 채 시각적으로 어마어마하게 복잡한 서식처를 조성한다. 여기에 많은 곤충과 동물의 위장색 패턴이 어우러지면 우림에서 동물을 보는 것은 경험 많은 전문 자연 애호가에게도 여간 힘들지 않다. 하지만 소리는 들을 수 있다.

2억 7000만 년 전이나 그 이전 고생대 후반의 건조한 평원에서 페르모스트리둘루스와 그 친척들의 앙상한 쓰르륵쓰르륵 소리로 시작된 동물의 음성은 하나의 장소에서 수천 가지 소리가 풍성하게 엮일 정도로 다양해졌다. 하지만 이 숲의 음향적 장엄함에는 난관이 따른다. 요란한 발성의 대가는 소리꾼 하나하나에게 부담이 될 뿐 아니라 전체 공동체의 음향 소통에도 위협이 된다. 이 위험은 우림의 소리 분화를 촉진하여 진화의 창조성에 박차를 가한다.

노래의 첫 번째 대가는 고대 동물을 침묵시켰을 바로 그 대가다. 소리를 내면 자신의 존재와 위치를 포식자에게 들킬 위험이 있다. 귀뚜라미가 몇 시간이고 귀뚤귀뚤 울거나 명금이 거듭거듭 가락을 뽑을 때처럼 소리가 지속되면 위험이 더욱 커진다. 페르모스트리둘루스의 시대에 이 문제를 해결한 방법은 재빨리 달아나는 능력을 갖추는 것이었는데, 지금도 마찬가지다. 움직이지 못하거나 느린 동물은 소리를 내는 일이 드물다. 새, 개구리, 원숭이, 귀뚜라미, 여치, 매미충, 매미 등 우림에서 소리를 내는 동물은 대부분 날개, 펄쩍 뛰어오를 수 있는 다리, 또는 둘 다가 있다. 하지만 포식자와 기생충은 이에 맞서 고생대 이래로 사냥 솜씨를 갈고닦았다. 펄쩍 뛰어 도망치는 것만으로는 역부족일 때가 있다.

이를테면 열대 지방의 노래곤충은 기생파리에 감염된다. 이 사냥꾼들은 머리 바로 뒤 아랫면에 한 쌍의 귀청이 있는데, 이 덕분에 어미 기생파리는 숙주를 쉽게 찾아낼 수 있다. 기생파리의 귀는 자신이 좋아하는 노래곤충 숙주의 독특한 주파수와 빠르기에 맞춰져 있다. 이 귀의 안내를 받아 목표물에 착지하여 배에서 작은 애벌레들을 뿜어낸다. 꿈틀거리는 애벌레들은 숙주 위에서 바글거리며 겉뼈대에 구멍을 뚫는다. 애벌레가 안에 들어앉아 두어 주 자란 뒤 빠져나오면 숙주는 목숨을 잃는다.

기생파리는 종마다 좋아하는 소리가 다른데, 어떤 것은 짧게 **짹짹**거리는 소리를 좋아하고 어떤 것은 빠르게 지저귀는 소리를 좋아한다. 또한 종마다 특정 주파수 범위에 민감하다. 그러니 숙주 입장에서 보자면 딴 종들과 다른 소리를 내는 게 유리하다. 따라서 자연선택은 소리 다양성을 선호한다. 무리와 다른 소리를 냄으로써 소리꾼은 기생 구더기 군단의 공격을 피하는데, 이것은 강력한 진화적 유인이다.

경고음

기생충의 청각이 특화되면 숙주의 노래와 기생충의 청각 선호도 둘 다에서 지역적 변이가 일어날 수 있다. 이곳 우림 나무들의 다양성도 부분적으로는 비슷한 과정으로 설명된다. 어느 한 수종이 너무 흔해지면 균류, 초식성 곤충, 바이러스에 의해 억제된다. 희귀함은 안전의 방편이다. 이 때문에 시간이 지날수록 공동체는 더욱 다양해진다.

기생파리는 소수의 종이 지닌 소리 특징을 찾아다닌다. 하지만 귀로 사냥하는 대부분의 포식자는 더 보편적인 귓맛과 입맛을 가지고 있다. 이곳에서 밤에 노래하는 대형 곤충은 귀를 쫑긋 세운 흰볏올빼미에게 자신의 위치를 광고하는 셈이다. 개굴거리는 개구리는 개울가 풀숲에 숨어 있는 석판색매(slate-colored hawk)에게 잡힌다. 늑대거미는 노래곤충의 떨림을 공기를 통해서 또 다리 진동을 통해서 느낀다. 숲지붕 위로 솟아오른 붉은목뿔매는 비둘기에서 큰앵무, 다람쥐원숭이, 가시숲쥐에 이르는 포유류와 조류를 귀, 눈, 발톱으로 찾아다닌다.

이런 전방위 포식자도 먹잇감의 소리에 영향을 미친다. 노래하는 청개구리나 여치에게 몰래 다가가본 적이 있다면, 그림자가 지나가거나 초목이 바스락거릴 때 갑작스러운 정적을 경험했을 것이다. 그러나 먹잇감은 위험이 닥칠 때 침묵만 하는 것이 아니라 종종 경고음을 내는데, 이것은 겉보기에는 역설적 대응 같다. 하지만 먹잇감의 소리는 자신이 포식자를 발견했다는 신호다. 은밀하고 예기치 못한 공격이 불가능해졌음을 알게 된 포식자는 경계심이 덜한 먹잇감을 찾아 딴 곳으로 가는 게 상책이다. 경고음은 동물 사회를 묶어주는 협력적 그물망의 일부이기도 하다. 동물은 서로에게 경고해줌으로써 자식과 친척을 보호하고 이웃에 대해 사회적 자본을 축적하고 자신의 집단이 다른 집단보다 번성하도록 돕는다.

경고음의 역할은 음향 구조에 새겨져 있다. 새잡이 매가 숲을 가로지르면 소형 명금들은 종종 높고 가느다란 **시이이** 경고음을 낸다. 그러면 다른 새들은 10분의 1초 안에 반응하여 몸을 숨긴다. 매는 최대

초속 50미터로 먹잇감을 덮치기 때문에, 먹잇감이 공격을 피하려면 민첩한 발성과 순간적 반응이 필수적이다. **시이이** 부름소리의 구조는 다른 새들에게 경고를 보내는 한편 자신의 위험은 최소화한다. 처음 과 끝이 가늘어지는 높은 순음은 소리의 보호색인 양 알쏭달쏭하여 사냥꾼에게 위치 정보를 거의 노출하지 않는다. 어디서 소리가 나는 지 알기 힘든 것은 갑작스러운 시작음(두 귀의 차이로 위치를 파악하기 위한 단서)이 없고 매의 청각 범위 가장자리에 겨우 걸칠 만큼 날카롭기 때 문이다. 또한 높은 소리는 초목 사이에서 금세 약해진다.

포식자가 떠나지 않으면 명금은 경고음 대신 낮고 거듭되는 **프슛! 프 슛!** 음을 낸다. 이 거칠고 격렬한 소리는 멀리까지 전달되며 자신의 위 치를 뚜렷이 드러낸다. 이 소리는 청야(聽野)에 들어 있는 다른 명금을 이종(異種) 부대로 끌어모아 포식자를 공격하게 한다. 새들은 종종 매 나 올빼미의 뒤에서 급강하 공격을 한다. 가지 사이로 포식자를 덮친 뒤 날렵한 날개로 내빼는 것이다. 이런 공격 행위를 받으면 포식자는 종종 단념한다.

경고음은 천편일률적이지 않다. 위험의 존재를 단순히 전달하기만 하는 것이 아니다. 어떤 새들은 짝과 친척의 음성을 알아들어 낯선 새 보다는 낯익은 새의 경고음에 더 격하게 반응한다. 사람의 귀에는 똑 같이 들리는데도 말이다. 조류와 포유류의 경고음에는 포식자의 종 과 거리에 대한 정보가 담기기도 한다. 먹잇감은 뱀, 소형 올빼미, 소 형 새잡이 매, 대형 매나 독수리에 대해 저마다 다른 경고음을 내보낸다. 멀리 떨어진 포식자에 대한 신호는 금방이라도 공격할 수 있는 포식자에 대한 신호와 다르다.

까마귀, 도래까마귀, 프레리도그, 원숭이처럼 사회적 연결망이 잘 발달한 동물은 경고음을 이용하여 포식자의 정체와 위험의 종류를 알리기도 한다. 포식자의 정체를 소리로 나타내는 것은 정교한 인지 능력을 보여준다. 이 동물들은 개체를 인식하고 각 개체 특유의 성격을 기억한 다음 이 지식을 동료들에게 전달하는데, 여기에 이용되는 소리는 형태 속에 정보를 담고 있다.

데카르트는 인간을 나머지 모든 동물과 구분하여 **논 로퀴투르 에르고 논 코기타트**(non loquitur ergo non cogitat)("그는 말하지 않는다. 따라서 그는 생각하지 않는다")라고 믿었다. 데카르트가 자신의 창밖에 있는 새들의 경고음에 귀와 상상력을 열었다면 앞의 논리가 **로퀴투르 에르고 코기타트**("그는 말한다. 따라서 그는 생각한다")로 뒤집혔으려나.

경고음 안에 부호화된 정보는 종 경계를 뛰어넘는 언어다. 조류와 포유류는 다른 종이 보내는 신호에 귀를 기울여 포식자의 존재와 정체를 파악한다. 먹잇감이 되는 종은 소통의 그물망으로 묶여 있는데, 이 그물망에는 위험의 종류와 포식자의 정체에 대한 미묘한 정보가 풍부하게 들어 있다. 다른 종의 경고음에 관심을 기울이면 우리 인간도 이 그물망에 참여할 수 있다.

새의 **시이이** 울음소리가 허공을 찌르면 고개를 들어보라. 매가 먹잇감을 노리고 나무 사이로 낮게 나는 광경을 볼 수 있을 것이다. 명금들이 모여 혼쭐을 내고 있으면 아마도 한가운데 소형 올빼미가 있을 것이다. 크고 거듭되는 경고음은 한 번으로 그치는 경고음에 비해 더 급박한 위험을 나타낸다. 연신 거칠게 투덜거리며 낮은 가지 사이를 천천히 이동하는 다람쥐나 새는 여우나 다른 포유류를 따라다니고 있을 가능성이 크다. 귀를 열기 위해 오랫동안 노력하면서 알게 된 사실은 소리 그물망에 주목하면 전에 못 보던 동물을 볼 수 있다는 것이다. 공원 가장자리 덤불 속 코요테, 전나무 가지 깊숙이 숨은 난쟁이올빼미, 숲 하층 틈새로 내다보는 매는 한순간에 스쳐 지나가지만 소리에 귀를 기울이면 포착할 수 있다.

경고음을 내는 행동은 속임수의 기회가 되기도 한다. 위험이 전혀 없는데도 경고음을 내면 경쟁자나 포식자를 혼란시켜 엉뚱한 곳으로 유도할 수 있다. 수컷 제비는 짝이 이웃과 밀회한다는 의심이 들면 짹짹 지저귀어 산통을 깬다. 오스트레일리아의 수컷 금조(琴鳥)는 이따금 다른 새들의 경고음을 흉내 낸다. 이렇게 하면 암컷들이 영역을 살펴보려고 멈추기 때문에 수컷들이 잠재적 짝의 시선을 좀 더 오래 붙잡아둘 수 있다.

일부 털애벌레는 부리에 쪼였을 때 새와 비슷한 **시이이** 경고음을 내어 공격자를 놀래고는 그 틈에 달아난다. 영장류와 수십 종의 조류는 먹이 경쟁이 치열할 때 거짓 경고음을 낸다. 끽끽 비명을 질러 경쟁자들이 달아난 틈에 먹이를 차지한다. 이 술책의 최고 명수는 제비꼬리바람까마귀로, 45종의 경고음을 흉내 낸다. 제비꼬리바람까마귀의 소리는 먹잇감의 전형적인 경고음과 같지만, 이 수법은 처음 한 번만 통한다. 그래서 같은 종을 두 번째로 공격할 때는 먹잇감이 수법을 간파하지 못하도록 다른 경고음으로 바꾼다.

경고음은 인간 아닌 동물의 소리가 얼마나 복잡한지 들여다보는 창문이다. 동물이 먹이를 먹고 번식하고 새끼와 소통할 때 내는 많은 소리와 달리 경고음은 비교적 단순한 맥락에서 나기 때문에 연구하기 쉽다. 박제된 올빼미를 숲에 가져가 시트로 덮어두었다가 시트를 홱 벗겨보라. 다람쥐들이 깜짝 놀라 소리칠 것이다. 들판에 철사를 두르고 박제된 매를 달아놓으라. 가짜 포식자가 덮치면 명금들은 후다닥 몸을 숨기며 **시이이** 경고음을 낼 것이다. 스피커를 나무에 설치하고 미리 녹음한 경고음을 틀고서 새와 원숭이를 관찰하라. 먹이 먹기와 짝짓기에는 사회적·공간적으로 여러 미묘한 특징이 있는 데 반해 포식자와의 만남은 단순하여 실험에서 쉽게 써먹을 수 있다.

하지만 20세기의 몇몇 선구적 연구를 제외하면 경고음의 내적 복잡성이 학술 문헌에 기록된 시기는 지난 20년에 불과하다. 경고음 안에 그토록 방대한 의미가 담겨 있다면 다른 사회적 신호에 들어 있는 훨씬 풍성한 소리에 대해서는 앞으로 무엇이 밝혀질까? 조류와 포유류의 노래에 몸 크기, 건강, 신원에 대한 정보가 들어 있다는 증거는 얼마든지 있다. 이 소리에 자신의 몸을 넘어서서 경고음처럼 몸 바깥의 물체를 가리키는 정보가 담겨 있는지는 아직 알려지지 않았다. 소리의 미묘한 의미에 대한 연구의 폭을 확장하여 곤충, 물고기, 개구리까지 포함할 수도 있을까? 우리는 이런 종들이 개체마다 구별되는 소리를 낸다는 사실을 알지만, 이 변이에 더 많은 정보가 담겨 있는지는 거의 알지 못한다.

음향 경쟁

내가 우림에서 듣는 소리의 다양성은 부분적으로 포식자와 기생충이 호시탐탐 눈독을 들이는 결과다. 그런 위험이 없다면 곤충은 더 단조롭게 울 것이고 조류와 포유류는 넓은 범위의 섬세한 발성을 하지 않을 것이다. 노래하는 동물에게 또 다른 위협은 음향 경쟁이다. 시끄럽고 북적거리는 장소에서는 서로 목청을 겨루는 다른 종들의 소리가 심각한 문제를 일으킬 수 있다. 이 음향 경쟁자들이 꿈틀거리는 기생충 애벌레를 쏟아놓거나 구부러진 부리로 당신의 대가리를 찢어발기지는 않을지 몰라도, 당신의 소리가 그들의 소음을 뚫고서 퍼져나가지 못한다면 당신은 유전자를 남기지 못할 것이다.

수백, 아니 수천 종이 소리를 내는 우림에서는 소음의 마스킹 효과가 심각한 결과를 초래할 수 있다. 이곳에서 동물이 맞닥뜨리는 고충은 어떤 기후와도 다르다. 로키산맥에서는 곤충이 1년 대부분의 기간 동안 잠잠하다가 한여름에만 조용히 운다. 곤충을 비롯한 산지의 동물들은 음성으로 서로를 압도하는 일이 거의 없다. 산지에서의 주된 음향 적수는 바람이다.

미국 남동부의 울창한 숲에서도, 전 세계에서 생물 다양성이 가장 큰 온대림에서도, 대부분의 시기는 격렬한 음향 경쟁 없이 지나간다. 봄철에 새들이 수다를 떨기도 하지만, 다른 새들의 소리를 덮을 만큼 아우성치지는 않는다. 공기를 가득 메우고 내 귀청을 울리는 매미 소리가 (공장에서라면) 귀마개를 착용해야 하는 법적 기준을 초과하는 기간은 한여름의 더운 며칠에 불과하다. 늦여름 밤이면 같은 숲에서 여치들이 낮은 펄스로 일제히 노래하는데, 그럴 때면 대화하던 사람들은 목소리를 높여야 한다. 이 합창은 새와 개구리의 번식기 이후에 울려퍼지지만 다른 곤충의 소리를 막는 일은 결코 없다. 하지만 온대 지역에서는 기껏해야 몇 주간 이어질 뿐인 난국이 우림에서는 1년 내내 계속된다. 진화는 이 어려움에 여러 형태로 응답하는데, 대부분은 소리의 분화를 촉진한다.

더 크게 소리 지르는 것은 시끄러운 곳에서 소통하기 위한 한 가지 해결책이다. 이 방법은 순간적으로 동원될 수도 있고 진화적 시간에 걸쳐 길게 이어질 수도 있다. 조류, 포유류, 개구리는 소란한 곳에서는 모두 더 크게 노래하며 자신의 음량을 배경 음량에 맞춘다. 이렇게 하는 곤충이 있는지는 아직 알려지지 않았다. 늘 시끄러운 장소에 서식하는 동물은 언제나 더 큰 소리를 내도록 진화했다.

콜로라도주 소나무 숲의 한적하고 고요한 곳에서 홀로 앉아 노래하는 퍼트넘매미의 부드러운 딱딱 소리를 테네시주 소림에서 수천 마리가 빽빽하게 모여 울어대는 주기매미(*Magicicada*)의 함성과 비교해보라.

전자는 마른 잔가지를 손톱으로 두드리듯 부드러운 반면에 후자는 가까이서 들으면 도무지 참지 못할 지경이다. 록 콘서트에 갔다 온 뒤처럼 귀가 웅웅거리고 막힌 느낌이다. 우림이 그토록 시끄러운 한 가지 이유는 동물들이 서로 압도하려고 목소리를 높이기 때문이다. 그러다 음량의 생리적 한계까지 밀어붙이는 일도 비일비재하다.

조용한 식당을 찾는 사람들이라면 알겠지만, 시간대를 바꾸면 소란을 피할 수 있다. 저녁 식사를 5시나 10시에 예약하면 7시보다 조용한 분위기에서 식사할 수 있다. 하루는 24시간에 불과한데 수백 종이 자리다툼을 벌이는 생태 공동체에서는 이 전략에 한계가 있지만, 소음을 피해 스케줄을 조정하는 종이 알려져 있긴 하다. 파나마의 갈색 여치는 평소에는 밤에 노래하지만, 비슷한 노래를 부르는 다른 종이 자리를 차지하면 공연 시간을 낮으로 바꾼다. 그런데 실험적으로 경쟁자를 없앴더니 다시 밤에 노래했다.

하지만 이것은 흔치 않은 사례다. 대부분의 곤충 공동체는 하루하루 노래 부르는 시점이 상당히 겹친다. 그렇더라도 시간을 더 촘촘히 나누는 것은—심지어 동물들이 같은 시간에 노래하더라도—가능하다. 일부 새와 개구리는 겹치지 않도록 노래에 간격을 둔다. 자신의 악구가 다른 종의 악구 사이에 오도록 타이밍을 조절하여 마스킹을 피하는 것이다. 하지만 이 전략은 모든 소리꾼이 거의 비슷한 빠르기로 노래할 때만 통한다. 따라서 비슷한 소리를 내는 새들은 이따금 서로의 빠르기에 귀를 기울여 자신의 빠르기를 조절하지만 시끌벅적한 우림의 다른 동물, 특히 해거름의 곤충은 번갈아 가며 노래하는 게 아니라 서로 겹치는 합창이나 거의 끊이지 않는 트릴로 노래한다.

시간은 음향 파이를 자르는 한 가지 방법이다. 또 다른 방법으로는 주파수가 있다. 흰볏올빼미의 낮은 부엉부엉 소리는 청개구리의 높은 개굴개굴 소리나 곤충의 날카로운 끽끽 소리와 구별된다. 하긴 다른 주파수로 노래하면 음향 경쟁을 피할 수 있을지도 모른다.

아마존의 밤 소리에 귀를 기울이고 있으면 처음에는 동물들이 정말로 주파수 스펙트럼을 나눠 각 종의 음성에 자리를 배정했으리라는 생각이 든다. 올빼미에서 개구리, 여치, 귀뚜라미에 이르기까지 내게 들리는 소리는 넓은 스펙트럼에 걸쳐 배열되어 있다. 이것은 진화가 경쟁이 최소화되도록 질서 정연한 전체를 만들었다는 증거처럼 보인다. 하지만 음향 녹음의 선구자 버니 크라우스가 제시한 이 가설은 검증하기 힘들다.

동물의 노래 주파수가 다른 데는 여러 이유가 있을 수 있는데, 이것은 경쟁이 분화로 이어졌기 때문만이 아니라 많은 경우에 종들이 실제로 서로 겹치기 때문이다. 이를테면 동물 소리의 주파수는 몸 크기에 대체로 좌우된다. 숲의 부름소리가 넓은 스펙트럼을 가지는 것은 음향 경쟁 때문이 아니라 저마다 다른 생태적 역할에 맞게 다른 몸 크기가 진화했기 때문인지도 모른다. 올빼미가 벌새보다 낮은 소리를 내는 이유는 발음막이 더 넓기 때문이다. 이 두 집단의 소리 차이는 생태 차이에서 비롯한 것이지 ― 올빼미는 큰 곤충을 사냥하고 벌새는 꽃꿀을 빨아 먹는다—경쟁을 통해 소리 스펙트럼을 나눠 가졌기 때문이 아니다.

새벽에 나무 꼭대기에 앉아 깊은 함성을 지르는 붉은고함원숭이는 무게가 6킬로그램가량이다. 놈의 몸은 우림 숲지붕에서 잎과 열매를 따 먹는 식습관에 적응했다. 그런가 하면 강가의 습한 숲에서는 피그미마모셋이 높은 음성으로 서로에게 깍깍거린다. 놈들은 세상에서 가장 작은 원숭이로, 몸무게가 100그램밖에 안 나간다. 나무껍질에 작은 구멍을 뚫어 흘러나오는 수액을 핥아 먹으며 나무에 달라붙은 채 찍찍 가르랑 소리를 주고받는다. 바이올린이 베이스만큼 낮은 소리를 내지 못하듯 피그미마모셋이 고함원숭이만큼 깊은 소리를 내는 것은 물리적으로 불가능하다.

따라서 우림처럼 종이 풍부한 장소가 다양한 소리로 가득하다는 사실은 음향 경쟁이 이 다양성의 원인이라는 가설의 증거가 되지 못한다. 더 엄밀한 검증 방법은 같은 장소에서 노래하는 종들이 우연에 의한 것보다 더 다양한 노래 주파수를 가지는지 알아보는 것이다.

아마존 새들의 새벽 합창을 연구하여 이 검증을 시도했더니 경쟁이 노래의 음향적 차이를 일으켰다는 가설은 논박되었다. 연구자들은 90곳 이상에서 녹음한 300종 이상의 새벽 합창 표본에서 소리를 분석했다. 연구에 따르면 아마존의 새들은 빽빽한 초목을 뚫고 노래를 전달하기에 가장 알맞은 주파수와 속도로 노래하는 경향이 있으며 온대의 새들보다는 조금 낮은 주파수와 느린 속도로 노래한다. 이

비좁은 소리 범위 안에서 수많은 종이 노래하고 있으므로 음향 공간을 놓고 치열한 경쟁이 벌어지고 어쩌면 함께 노래하는 종들의 주파수가 어긋날 거라 예상할 수 있다. 그렇다면 같은 시간과 장소에서 노래하는 새들은 연구자들이 데이터베이스에서 임의로 고른 모의 '공동체'보다 노래가 덜 겹쳐야 한다. 하지만 결과는 정반대였다. 함께 노래하는 종들은 우연에 의한 것보다 **더** 비슷하게 노래했다. 전달 속도, 부름소리의 최고 주파수, 각 부름소리의 주파수 대역 등 모든 음향 구조 수치도 마찬가지였다.

아마존에서 노래하는 새 한 마리 한 마리는 노래가 겹치지 않도록 이따금 타이밍을 초 단위로 조절하지만, 더 큰 규모에서 보자면 경쟁으로 인해 종들의 소리 구조가 분화했다는 증거는 전혀 없다. 오히려 노래의 형태들은 서로 뭉쳐 무리 짓는 것처럼 보인다. 이 소리 무리 짓기에는 두 가지 요인이 작용하는 듯하다.

첫째, 밀접하게 연관된 종들은 서식처 선호도와 노래 구조가 대체로 같다. 작은 솔딱새는 날벌레가 많은 숲 지대에 이끌린다. 몸집이 큰 앵무는 열매가 풍성한 숲에 모이며 개미굴뚝새는 곤충이 풍부한 곳에서 먹이를 찾는다. 밀접하게 연관된 벌새들은 같은 나무의 꽃에서 꿀을 빨아 먹는다. 계통을 공유하면 입맛과 서식처를 공유하게 되어 밀접하게 연관된 종의 소리들이 한 장소에 모인다.

둘째, 종이 다르더라도 소통의 그물망으로 연결될 수 있다. 경쟁하는 종들이 서로의 소리를 공유하고 이해하면 빠르고 정확하게 소통할 수 있다. 그러면 먹이와 공간을 차지하려는 다툼을 효율적으로 해결할 수 있으며 외부인의 침입을 재빨리 경고할 수 있다. 이렇듯 노래의 특징을 공유하면 역설적으로 경쟁자들끼리 협력적 연결망으로 묶일 수 있다.

아마존에서는 조류의 종들 간에 영역 경쟁이 더 치열할수록 음향 신호의 구조와 타이밍이 더 비슷한 듯하다. 경쟁자들 사이에 서로 공유하는 소통 채널이 필요한 것은 새들만이 아니다. 모스크바와 워싱턴은 핫라인으로 연결되어 있고, 민간 경쟁사들은 브랜딩과 소매 매장 형태에 대한 미적 규약에 대해 합의하며, 직군 내의 경쟁은 공통의 어휘 사용을 통해 매개된다.

아마존의 새들이 아닌 다른 동물 종의 발성 경쟁을 연구했을 때는 상반된 결과들이 나왔다. 파나마의 한 숲에 가장 풍부하게 서식하는 귀뚜라미 18종은 정말로 소리가 겹치지 않도록 주파수를 나눈 것처럼 보인다. 개구리 11종의 합창을 연구했더니 세 종에서는 경쟁이 주파수 분화로 이어진 듯한 반면에 나머지에서는 그런 증거를 찾아볼 수 없었다. 온대림의 새들은 노래 주파수가 상당히 겹치지만 타이밍과 간격을 통해 노래를 분리한다. 그렇다면 음향 경쟁은 우리가 자연적 환경에서 듣는 소리 주파수 다양성의 우발적 요인에 불과한 것으로 보인다. 지구상에서 (논란의 여지가 있지만) 음향적으로 가장 북적거리는 장소인 아마존 우림에서 함께 새벽 합창을 노래하는 새들의 소리는 갈라지지 않고 뭉쳤다.

소리의 미시지리

하지만 노래는 소통의 한 부분에 불과하다. 또 다른 부분으로는 듣기가 있다. 진화는 시끄러운 환경의 난관에 대처하는 방법으로서 듣는 동물의 귀와 뇌를 연마했다. 시끄러운 곳에 사는 동물은 동족의 소리에 집중하고 다른 소리를 무시하는 일에 매우 능숙하다. 이 동물의 귀는 음향적 아수라장에서도 자신에게 필요한 소리를 찾아낸다.

페루 아마존 숲의 독개구리를 연구했더니 각 종의 청각적 구분 능력은 얼마나 많은 개구리 종이 비슷한 소리를 내는가와 상관관계가 있었다. 이 작은 개구리들은 낙엽층 틈새의 번식처에서 **삑삑** 음을 되풀이한다. 알이 부화하면 수컷은 올챙이를 등에 업어 가까운 물에 나른다. 종마다 노래의 장단과 주파수가 다르지만 소리가 상당히 많이 겹친다. 노래가 서로 매우 비슷한 종들은 고유한 **삑삑** 소리를 내는 종들에 비해 귀가 훨씬 예민하다.

우림의 일부 귀뚜라미도 마찬가지다. 이 귀뚜라미의 청각 신경은 자기 종 노래의 정확한 주파수에 맞춰져 있다. 이 신경은 수십 가지의 비슷한 곤충 소리로 가득한 우림에서 자기 종의 노래에 반응한다. 이에 반해 서유럽의 한산한 초원에 서식하는 귀뚜라미 종의 신경은 민감도가 넓어서 다양한 주파수에 반응하여 발화한다. 그렇다면 음향 경쟁은 부름소리가 아니라 듣는 동물의 신경과 행동에 영향을 미친 듯하다.

이와 마찬가지로 시끄럽고 빽빽한 무리 속에서 살아가는 새들은 북새통에서도 음향적 세부 사항을 뽑아낼 수 있다. 유럽찌르레기는 무리 구성원 하나하나의 음성을 구별할 수 있다. 실험실에서는 네 마리 이상이 동시에 노래하는 와중에도 동료의 소리를 골라낼 수 있다. 새끼 펭귄도 비슷한 능력이 있어서 다른 성체들의 소리가 훨씬 클 때조차 부모의 부름소리를 알아듣는데, 이 솜씨 덕에 새끼는 수천 마리로 이루어진 무리 안에서 살아남을 수 있다.

여기서 진화는 두 가지 위업을 달성했다. 첫째, 각 개체에게 음향적 특징을 부여했으며 둘째, 마스킹 효과를 일으키고 정신을 산란시키는 소음의 폭풍 속에서 소리를 듣는 동물로 하여금 미묘한 패턴을 추출할 수 있게 했다. 음성이 개체마다 다르고 이것이 청각적으로 구별되는 것은 사회적 조류와 포유류에게 흔하며, 물론 여기에는 인간이 포함된다. 유아는 군중 속에서 부모의 목소리를 가려내며 성인은 어수선한 칵테일파티에서도 대화에 집중할 수 있다. 인간의 뇌를 스캔했더니 주변이 소란할 때 목소리를 듣는 것은 만만한 일이 아니었다. 시끄러운 곳에서 목소리를 들을 때는 여러 통제·주의 중추가 활성화되는데, 이 뇌 그물망은 조용한 환경에서 목소리를 들을 때는 사소한 역할에 머무른다.

동물은 숲의 복잡한 구조를 활용한다. 높은 잔가지와 가지에서 내는 소리는 땅에서보다 더 멀리 이동한다. 우듬지는 방송하기에 좋은 장소다. 고요한 새벽에는 더할 나위 없다. 숲의 구조는 비슷한 노래를 하는 소리꾼들의 사회적 경쟁을 중재하는 데도 한몫한다. 숲의 복잡한 구조 속에서 거리를 띄움으로써 동물들은 음량과 경쟁을 줄일 수 있다.

이런 해법은 인도 남부 서고츠산맥의 열대림에서 귀뚜라미와 여치가 부르는 어스름 합창에서 찾아볼 수 있다. 그곳에서는 연간 번식 주기가 겹치는 열네 종이 일제히 노래하는데, 매일같이 해거름에 목소리를 높인다. 하지만 그들의 노래 간격과 청력을 면밀히 연구했더니 (심지어 노래의 주파수와 빠르기가 비슷한 종의 경우에도) 개체들이 음향적으로 겹치는 일은 드물었다. 서로 멀찍이 떨어져 노래함으로서 개체마다 음향 공간을 확보한 것이다. 합창은 처음에는 무지막지한 소리 덩어리처럼 들리지만 그 안에는 공간적 구조, 소리의 미시지리(microgeography)가 담겨 있다.

대부분의 인간 음악은 음높이와 소리크기가 시간적으로는 달라져도 공간적으로는 좀처럼 달라지지 않는 단일한 경험으로 소리를 뭉뚱그리지만, 숲을 비롯한 서식처에서의 소리는 풍성한 공간적 패턴 속에서 살아간다. 그런 소리를 받아적고 음표로 표시하려면 주파수, 소리크기, 시간, 그리고 공간의 세 축을 기록할 6차원 악보가 필요할 것이다.

❀

티푸티니의 오두막에서 야간의 각성이 선잠으로 희미해졌다가 동트기 한 시간 전 요란한 자명종 소리에 잠에서 깬다. 밖에 나갈 시간이다. 울쑥불쑥한 나무뿌리 때문에 구불구불한 길은 질척질척한 진흙과 웅덩이가 깔린 진창길이다. 헤드램프 불빛이 발 앞으로 어른거린다. 매끈한 잎의 축축한 표면이 번득 나타났다 사라지고 수십 개의 형체가 내게 비치적비치적 다가왔다 미끄러지듯 물러난다. 습한 공기에서는 알싸한 뿌리와 낙엽, 미끌미끌한 진흙, 지의류에 덮인 젖은 잎의 조류(藻類) 냄새가 진하게 풍긴다. **애크 애크** 하고 부름소리를 내는 개구리 무리를 지나쳐 곤충 소리의 구름 속에 발을 디딘다. 귀뚜라미의 순음 수십 개가 겹쳐 들린다. 나는 마치 금속 종 안에 들어앉은 듯 귀뚜라미 소리에 감싸인다. 몇 분 뒤 곤충 소리의 음색이 달라져 순음에 거친 쓱싹쓱싹 윙윙 소리가 덧붙는다.

　헤드램프 불빛이 흔들리고 휘청거리면 내 주먹만 한 털북숭이 거미들이 길 위에서 내 시야로 뛰어든다. 습한 공기 속에서 주황색 복부를 반들거리는 여치가 귀뚤거리며 내 가죽장화에 뛰어올랐다가 짙은 초목 속으로 뛰어든다. 사방에는 굵은 넝쿨 밧줄과 달랑거리는 공기뿌리(aerial root)*의 고운 창살 무늬가 어두운 배경에서 인공 조명을 받아 선명하게 빛난다. 넝쿨 하나가 똬리를 틀고 몸을 비튼다. 내 집게손가락보다 가늘고 길이가 1미터 가까운 통방울눈뱀이 헝클어진 넝쿨 사이를 비집고 들어간다. 볼록한 머리가 커다란 두 눈을 반짝이다 그늘

---

* 식물의 땅위줄기 및 땅속에 있는 뿌리에서 나와 공기 가운데 노출되어 있는 뿌리

속으로 미끄러진다.

길을 따라 더 나아가자 검은 웅덩이 같은 커다란 두 눈이 낮은 가지에서 나를 마주한다. 도마뱀붙이가 나를 쳐다보며 침을 꿀꺽 삼키더니 고개를 까딱거린다. 나는 우람한 나무의 버팀벽을 지나친다. 아치처럼 솟아오른 벽은 어둠속으로 사라진다. 두 버팀벽 틈새에서 채찍거미 다섯 마리가 가만히 앉아 볕을 쬐고 있다. 컵 받침만 한 껍질에서 실 같은 다리가 뛰어나왔는데, 집게가 달린 것도 있다. 내게 해를 끼치지 않는다는 걸 알지만 놈들이 헤드램프 불빛에 불쑥 나타나자 몸에서 아드레날린이 치솟는다.

위에서 외로운 비명 소리가 나를 놀랜다. 큰앵무가 첫 여명을 바라보는 걸까? 그 뒤로 30분간, 잿빛 미명이 가장 높은 가지에 배어드는 동안 숲 위층에서 소리의 그물이 짜인다. 나는 어둑한 아래쪽에 서서 햇빛에 점화된 고함원숭이의 고함과 앵무의 요란한 외침, 매미의 첫 톱질 소리, 솔딱새의 끊임없는 피리 소리에 귀를 기울인다.

어둠 속을 걸어가면서 마치 뒤엉킨 낙엽을 통과하는 생쥐 크기로 쪼그라든 기분을 느낀다. 밤의 숲은 소리와 냄새의 인파로 나를 에워싼다. 환희와 불안이 똑같이 피어오른다. 난데없는 생물들이 나의 청야와 시야에 뛰어들 때마다 시끌벅적한 감각적 다양성에 대한 기쁨이 느껴지지만 간간이 작은 두려움의 화살이 날아와 박힌다.

이것이 우림의 경외감이다.

초연한 개념이 아니라 몸으로 느끼는 감각적 경험으로서의 존경과 두려움. 숲이 내 몸을 흔들어 깨운다. 나는 생명의 다양성의 현현뿐 아니라 생명의 지속적 창조력의 경험에 몰입한다. 이곳에서 소리를 비롯한 감각들이 자아내는 압도적 무게는 진화가 만들어낸 가장 강력한 힘 중 하나다.

성과 아름다움

　1킬로미터 떨어진 곳에서 마치 수천 개의 작은 놋쇠 종이 울리는 듯한 소리가 겨울 낙엽림을 통과하여 은은하게 들린다. 종소리는 시내 우회로의 차량 소음과 소형 항공기의 털털거리는 엔진음을 뚫고 들려온다. 나는 뉴욕 북부 소도시 이시카의 교외에 서 있다. 3월 하순인 지금 봄의 첫 소리 중 하나가 들린다. 미국봄청개구리의 합창이다.

　30년 전 이 숲을 처음 찾았을 때 나는 유럽 북부에서 갓 이주한 이민자였으며 겨울은 울적할 만큼 길게 느껴졌다. 그전까지만 해도 나는 1월에 새소리가 되살아나고 정원 개화의 첫 조짐이 나타난 다음 5월까지 그 추세가 점점 확대되는 것에 익숙해 있었다. 그런데 이곳에서는 3월이 훌쩍 지나도록 쌀쌀한 잿빛 나날들이 바깥의 생명을 꽉 붙들고 놓아주지 않는다. 철새와 봄 들꽃의 계절이 본격적으로 시작되려면 4월 하순이 되어야 한다. 끝없이 울려퍼지는 엔진 소음만 아니었다면 이곳의 늦겨울 소음 수준은 지구상에서 가장 조용한 축에 들지도 모르겠다. 바람이 불지 않는 날에는 미국박새의 잔잔한 수다나 딱따구리의 아련한 북소리만이 공기에 생동감을 불어넣는다.

3월 하순의 미지근한 비가 내리고 나자 미국봄청개구리들이 소리의 환희 속에서 자신의 욕정을 공기 속으로 발산한다. 숲에 다가가자 멀찍이 뭉뚱그려져 있던 소리가 수천 개의 개별적 음성으로 또렷해진다. 개구리 한 마리 한 마리가 날카로운 **개굴** 소리를 내는데, 이 순음은 살짝 높아져 4분의 1초가량 지속된다. 여기에 더 길고 거친 **래굴** 소리가 어우러진다.

나는 판잣길을 따라 숲속 습지를 통과한다. 소리꾼들을 놀래서 입을 닫게 하지 않으려고 살금살금 움직인다. 합창 안에 들어가 있으면 라디오를 크게 틀어놓은 것마냥 음압이 세다. 봄철 양서류의 합창을 들으러 오는 것은 겨울의 울적한 기분을 떨치는 나만의 의례가 되었다. 개구리들이 나를 소리로 적신다. 이 음성들의 힘이 내 몸의 세포 하나하나를 흔들어 깨우는 느낌이 든다. 나는 다시 깨어나는 지구의 에너지로 내 몸을 채우며 감사한다. 우리는 이겨냈습니다. 또 한 번의 겨울이 끝났습니다. 고맙습니다.

왜 이렇게 애쓰는 걸까?

개구리들이 이따금 내게서 안도와 감사의 눈물을 자아내는 것은 나의 감각이 북아메리카의 생태적 리듬과 얼마나 어긋나 있는지를 보여주는 척도인지도 모르겠다. 내 안의 무언가는 이토록 오랜 잿빛 겨울이 끝나리라는 것을 믿을 수 없었다. 지리적 이동이 불안감을 더했다. 이 대륙에서 서른 번의 봄철을 보낸 지금도 해마다 개구리의 울음소리를 들으면 안도감과 함께 미소가 떠오른다.

　나는 양서류 합창에서 더 많은 뉘앙스를 듣는 법을 배웠다. 북아메리카 동부의 풍성한 소림은 35종 이상의 개구리와 두꺼비가 서식하는 보금자리다. 이곳은 생산성이 높은 숲으로, 개구리에게 안성맞춤인 곤충 먹잇감이 가득하다. 이 먹잇감은 떠들썩한 번식 과시의 연료다. 종마다 서식처와 리듬이 다르다. 얼음장 연못에서 나무숲산개구리가 개굴거리는 소리로부터 여름비 이후 회색청개구리의 귀청을 찢는 소음에 이르기까지, 많은 계절이 이 소리들 속에서 모습을 드러낸다. 개구리의 합창은 정밀도가 낮은 인간 크로노미터(chronometer)*보다 더 세밀하게 '봄'과 '여름'을 구분하여 시간을 표시하며 다른 종에게 한 해를 실감케 하는 관문 역할을 한다. 감미로운 휘파람 트릴을 타고 난 미국두꺼비는 미국봄청개구리보다 조금 늦게 시작하여 때로는 여름내 노래한다. 동부쟁기발두꺼비는 여름 폭풍우가 지나간 뒤 두어 밤 동안만 폭발적인 **와아** 합창을 내지른다.

---

* 천문 관측·경위도선 관측·항해 따위에 쓰던, 정밀도가 높은 휴대용 태엽 시계로, 온도, 기압, 습도 따위의 영향을 거의 받지 않는다.

다른 종들의 음성에 귀 기울일 때 달라지는 것은 시간 감각만이 아니다. 개구리와 두꺼비, 새들과 노래곤충의 다채로운 소리를 통해 여행은 생명의 복잡한 지리학을 배우는 학습의 장이 된다. 우리 인간은 땅에 획일성을 부여하려고 안간힘을 쓰지만, 정작 주차장이나 길모퉁이에서 우는 청개구리와 노래참새는 우리가 짓누르는 복잡성에 대해 이야기한다. 숲이나 습지에는 저마다 독특한 조합의 종들이 서식한다. 게다가 각 종 안에서도 개체의 음성이 장소마다 다른 경우가 많은데, 이는 장소의 성격에 미세한 차이가 있음을 보여준다.

물론 양서류의 소리가 인간에게 기쁨이나 가르침을 주려고 진화한 것은 아니다. 우리 귀에 즐겁게 들리는 것은 실은 각 종의 사회적·성적 성격이 표출된 것이다. 발성은 짝짓기, 영역 지키기, 그리고 동물 사회 연결망의 협력과 긴장을 매개한다. 종마다 나름의 생태와 역사가 있으며, 이는 각 종 특유의 행동과 음성을 낳는다. 그렇다면 세상의 소리 다양성 중 상당 부분은 동물의 다양한 사회적 삶에 뿌리를 둔다.

판잣길에 선 채 빨간색의 반투명 플라스틱 물컵에 넣은 작은 손전등을 켠다. 개구리들은 야간 시력이 좋으며, 어스름한 빛에서 우리 눈에는 회색으로 보이는 초록색과 파란색을 구별할 수 있다. 하지만 빨간색에는 덜 민감하기에, 내가 주변에 뒤엉킨 축축한 초목에 희미한 불빛을 비춰도 계속해서 소리를 낸다.

반경 2미터 안에서 우는 개구리가 적어도 열 마리에 이르지만 한 마리밖에 안 보인다. 반쯤 잠긴 막대기에 앉은 채 앙상한 앞다리를 뻗어 머리를 쳐들었다. 턱 아래로 반투명한 풍선 피부가 보인다. 제 몸만 한 울음주머니다. 내가 지켜보고 귀 기울이는 동안 옆구리가 홀쭉해졌다가 찰나 뒤에 주머니가 부풀며 **개굴** 소리가 난다. 몸 길이는 내 엄지손가락만 하지만 가까이서 들으면 귀가 먹먹하다. 미국봄청개구리의 소리는 50센티미터 거리에서 94데시벨로 측정되는데, 이 정도면 요란한 새의 울음소리에 맞먹는다. 옆구리가 다시 움푹 들어가더니 또 소리가 난다. 2초마다 이 동작을 거듭한다.

미국봄청개구리는 허파에서 나온 공기 덩어리로 기관의 목청을 때려 소리를 낸다. 목의 주머니는 소리의 충격파와 공기의 확장을 받아들인다. 주머니의 늘어난 피부는 울음소리를 사방으로 전파한다. 그런 다음 공기주머니는 신축성을 이용하여 공기를 다시 허파로 밀어내는데, 이 덕분에 개구리는 호흡을 위해 콧구멍을 열지 않고서도 다시 울음소리를 낼 수 있다. 양서류는 갈비뼈와 가로막이 없어서 몸통 근육 다발로 공기를 밀어낸다. 이 근육은 수컷 개구리 전체 무게의 최대 15퍼센트를 차지한다.

왜 이렇게 애쓰는 걸까? 미국봄청개구리 한 마리의 울음소리는 줄잡아 50미터 떨어진 곳에서도 들을 수 있는데, 면적으로 따지면 약 7800제곱미터에 이른다. 반면에 몸길이는 2.5센티미터에 불과하여 4제곱**센티**미터를 차지할 뿐이다. 미국봄청개구리는 울음소리를 통해 숲에서 자신의 존재를 2000만 배 가까이 확대한다. 게다가 소리는 나무에서 듣고 있는 상대에게 수직으로도 도달한다. 복잡한 환경에서 동물들이 서로를 찾을 수 있도록 함으로써 소리는 고달픈 상황에서도 종이 번성할 수 있도록 한다. 뭍의 개구리, 곤충, 조류에서 물의 어류, 갑각류, 해양 포유류에 이르는 발성 동물의 많은 생태적 역할을 간접적으로 가능케 하는 것은 음향 소통의 유익이다.

미국봄청개구리는 자신의 존재와 위치만 퍼뜨리는 것이 아니라 크기, 건강, 아마도 개별적 정체성까지 드러낸다. 이 정보는 원거리에서의 사회적 교류를 매개한다. 맞수 수컷 개구리들은 늪에서 거리를 두어 직접적 대결의 위험을 줄인다. 암컷은 부상이나 질병 감염을 무릅쓰고 가까이 다가가지 않고도 짝을 발견하고 평가한다. 따라서 소리는 동물 행동에서 물리적 범위와 의미의 섬세함을 증가시켜 영역과 관계된 직접 대결을 대체하며, 살을 맞대어 견주기보다 더 폭넓고 미묘하게 짝을 평가할 수 있게 해준다.

암컷 미국봄청개구리는 낙엽층 밑의 겨울 은신처에서 빠져나와 겨우내 뻣뻣해진 몸을 부동액 당으로 녹이면서 짝짓기용 늪을 알려주는 종소리에 귀를 기울인다. 한편 번식 가능한 성체로 성숙하기 전 2년 이상 거미와 곤충을 잡아먹으며 숲에서 살았기에 땅의 윤곽과 냄새도 기억할 것이다. 다른 종들을 실험했더니 개구리들은 공간 기억과 길 찾기 능력이 뛰어났으며 번식지에 대해서는 더더욱 뛰어났다. 미국봄청개구리도 마찬가지일 것이다. 암컷 미국봄청개구리는 (아마도) 기억과 (분명히) 소리에 안내되어 습지를 향해 출발한다. 이 단계에서 소리는 잠재적 짝의 위치를 알려주는 길잡이다.

넓은 지역에서 짝을 찾는 것은 짝짓기용 소리의 원래 기능일 것이다. 숲의 작은 동물들에게 소리는 짝을 찾는 기간을 몇 분으로 줄여준다. 숲을 헤매며 눈으로 상대를 찾아야 했다면 몇 주가 걸렸을 것이다. 종에 따라서는 코가 예민한 구혼자들이 따라올 수 있도록 남기는 냄새 흔적이 한몫하기도 하지만, 소리는 훨씬 범위가 넓고 추적하기 쉽다. 또한 종 특유의 소리는 짝 찾기의 정확도를 높이고 잡아먹힐 위험을 낮춘다. 짝에게 너무 가까이 다가가려다가는 포식자에게 잡아먹히기 십상이기 때문이다. 소리는 멀리서 종 정체성을 드러내어 짝 찾기의 위험을 줄인다. 반면에 짝 찾기 신호를 악용하는 동물은 오인의 위험성을 더욱 키운다. 오스트레일리아의 포식성 여치는 암컷 매미의 짝 찾기 소리를 흉내 내어 몸이 단 수컷들을 죽음으로 유혹한다.

미국봄청개구리가 숲바닥 길을 따라 습지에 도달하면 소리의 역할이 달라진다. 이제 그녀는 개별적 음성에 담긴 정보에 귀 기울인다. 수컷들이 10~100센티미터 간격으로 늘어서 있으므로 그녀는 우렁찬 소리와 부푼 목 주머니들 앞을 어슬렁거리고 헤엄친다. 대부분의 울음소리는 **개굴**이지만 너무 가까워진 수컷들은 거친 **래굴**로 목청을 겨루며 소리로 영역 다툼을 벌인다.

여느 개구리와 마찬가지로 암컷의 속귀는 (우리 귀의 막이 하나인 것에 반해) 소리 감지 털세포 다발이 세 개 있다. 한 다발은 수컷 소리의 주파수에 맞춰져 있다. 두 번째 다발은 범위가 더 넓은데, 아마도 숲의 다양한 소리를 감지하기 위한 것인 듯하다. 세 번째 다발은 저주파 진동만 감지한다.

수컷의 귀는 흥미롭게도 자신의 울음소리보다 더 높은 소리에 맞춰져 있는데, 이것은 아우성 속에서 여러 밤을 버티기 위해서일 수도 있고 다가오는 위험의 바스락거리는 고음을 듣기 위해서일 수도 있다. 어쩌면 이웃의 정체를 밝혀줄 음향 구조의 미묘한 차이를 감지하려는 것일 수도 있다. 황소개구리는 친숙한 울음소리를 알아들으며 불청객에게는 더 격렬하게 반응한다. 수컷 미국봄청개구리는 이웃이 얼마나 공격적이었는지 기억하여 불쑥 언성을 높이는 상대에게 **래굴** 소리를 낸다. 이웃과 번갈아가며 울음소리를 내기도 하는데, 타이밍을 동조화하여 한 마리가 매기면 상대가 즉시 받아 **개굴-개굴 개굴-개굴** 하고 운다. 이 동기화된 이중창은 최대 다섯 마리의 수컷까지 확대되며, 이들은 템포를 긴밀히 맞춘다. 미국봄청개구리가 개별적 음성을 인식하는지는 알려지지 않았다.

암컷 미국봄청개구리는 크고 빠르게 거듭되는 울음소리를 선호한다. **개굴** 소리의 박력과 짧은 간격이 선호되는 데는 진화적 기원이 있다. 요란한 수컷은 암컷에게 쉽게 탐지되고 위치를 알릴 수 있다. 그리하여 진화는 강낭콩만 한 허파에서 짜낼 수 있는 최대한 큰 소리를 빚어냈다. 어는점을 살짝 웃도는 온도에서 수컷들은 1분에 스무 번가량 울음소리를 낸다. 훈훈한 밤에는 반복 속도가 분당 80회까지 증가한다. 하지만 밤이 서늘하든 따뜻하든 일부 수컷은 다른 수컷의 두 배에 이르는 속도로 발성한다. 암컷은 이 차이를 감지하여 가장 빠르게 우는 수컷에게 헤엄치거나 뛰어간다. 그럼으로써 늪에서 가장 튼튼한 수컷을 선택하는 것이다.

울음소리의 비용

울음소리에는 대가가 따른다. 일부 수컷은 하룻밤에 1만 3000번 이상 울음소리를 내는데, 그때마다 근육을 힘차게 수축시켜야 한다. 이 근육에 저장된 지방은 울음소리에 필요한 에너지의 90퍼센트를 공급한다. 충분한 지방을 근육에 공급하지 못하는 수컷은 체력이 바닥난다. 빠른 울음소리를 내는 수컷은 굼뜬 이웃에 비해 평균적으로 더 건강하고 나이가 많고 심장이 크고 혈액 세포에 헤모글로빈이 더 많고 근육에 지방 연소 효소가 더 풍부하게 저장되어 있다. 또한 봄내 띄엄띄엄 나타나는 게 아니라 밤마다 모습을 드러내는 경향이 있다.

암컷이 결정을 내린 뒤 수컷에게 다가가 두드리면 수컷은 다리를 마구 흔들며 암컷의 등에 올라타 앞다리로 그녀의 목을 붙든다. 암컷은 노 젓듯 물을 헤치며 후추알만 한 알을 물속 식물에 붙이고 등에 매달린 수컷의 정자로 수정시킨다. 알을 덩어리로 낳는 여느 개구리와 달리 미국봄청개구리는 대부분의 알을 하나씩 낳는데, 이것은 포식자가 알을 발견하여 모조리 먹어치우지 못하게 하려는 것인 듯하다. 알을 다 낳으면 부모는 뒷일을 운명에 맡긴 채 떠난다. 노른자에 든 어미의 영양분과 부모의 DNA가 올챙이가 물려받는 전부다. 극단적으로 빠른 울음소리에 대한 암컷의 음향적 선호는 자신의 유전 물질을 튼튼한 수컷과 결합하여 새끼에게 실질적 유익을 준다. 단기적으로는, 아픈 수컷을 등에 태웠다가 병이 옮을 위험을 피하려는지도 모른다.

번식기 동안 암컷 미국봄청개구리는 최대 1000개의 알을 낳는다. 알 하나하나에 노른자를 넣어줄 때마다 그녀가 힘겹게 모은 지방과 영양분이 빠져나간다. 이른 봄은 궁핍한 시기이므로, 따뜻하고 곤충이 가득한 가을철에 저장고를 채워둬야 한다. 노른자는 배아 발달과 부화를 위한 에너지를 공급한다. 한편 수컷의 노래도 비축량을 소진하고 자신을 포식자에게 노출한다는 점에서 고단하기는 마찬가지다. 그의 투자는 새끼에게 먹이나 생리적 이점을 전혀 가져다주지 않는다. 그 대신 암컷과의 솔직한 소통을 강제한다. 건강한 수컷만이 크고 빠르고 오래 노래할 수 있다. 비용이 들지 않는 울음소리는 아무 수컷이나 낼 수 있으므로 몸 크기와 상태에 대해 신뢰할 만한 정보를 전혀 전달하지 못한다.

그렇다면 미국봄청개구리의 울음소리에 귀중한 정보가 담긴 것은 울음소리의 비용이 크기 때문이다. 암컷은 소리를 이용하여 짝을 선택함으로써 유전적 성질이 새끼에게 가장 유리할 만한 수컷을 고른다. 노래의 비용은 암컷의 선호와 수컷의 노래를 번식 행위의 중심에 놓았다.

이것은 비용이 진화에 영향을 미치는 일반적 방식이 아니다. 나무

위로 올라갈 수 있도록 점착성 돌기가 달린 발가락에서 곤충을 붙잡는 끈끈한 혀에 이르기까지 미국봄청개구리의 몸은 에너지와 물질을 허비하지 않도록 만들어졌다. 하지만 봄청개구리의 울음소리에서는 비용이 신호 효과의 필수적 부분이다. 비용이 없으면 소통 체계는 무너져버릴 것이다.

그렇다면 노래의 비용에는 두 가지 상반된 효과가 있다. 느리고 방어 수단이 없는 동물 종은 큰 소리를 내다가 목숨을 잃기 십상이다. 소리가 건강에 대해 아무리 많은 정보를 제공할지라도, 이것은 어떤 소리 신호 체계에서든 너무 큰 비용이다. 하지만 뛰거나 날아 위험을 피할 수 있는 종은 소리의 비용이 곧 소리의 의미가 되어 진화에 의해 선호된다. 진화는 죽음을 가져올 뿐인 극단적인 신호를 미국봄청개구리에게 강제하지 않을 것이지만 소리꾼의 활력을 드러낼 만큼의 비용은 부과할 것이다.

비용은 동물계를 통틀어 소통 신호에서 기본적 역할을 한다. 새 깃털과 도마뱀 목의 화려한 색깔, 사슴의 무거운 가지뿔은 건강과 활력을 드러낸다. 이 구조를 유지하는 비용은 연약한 동물이 감당하기에는 너무 혹독하다. 상당수 신호는 동물의 몸 크기와 밀접하게 연관되어 있다. 이를테면 개구리와 사슴의 허파와 목 용적은 부름소리의 깊이와 활력에 의해 드러난다. 작은 개체가 큰 개체의 부름소리를 흉내내려면 어마어마한 비용을 치러야 한다. 가젤은 포식자에게서 달아날 때 이따금 달리다 말고 위아래로 펄쩍펄쩍 뛴다. 이 껑충거리기는 빠름을 과시하며, 추적자에게 자신을 따라와봐야 헛수고일 것이라고 말하는 셈이다. 식물은 색소로 가득한 큰 꽃잎과 색색의 영양소가 담긴 열매를 통해 꽃가루받이 동물과 씨앗 배달부 동물에게 자신의 상태를 고스란히 드러낸다. 심지어 비용이 많이 드는 가을의 붉은색 잎도 나무의 상태에 대한 신호를 전달한다. 진딧물은 짙붉은 색깔을 과시하는 나무에서는 애를 먹으며 가급적 그런 나무를 피한다.

음성 신호의 비용은 여러 형태로 나타난다. 울음소리를 내는 미국봄청개구리는 저장된 에너지를 소진하고 근육과 허파를 극한까지 밀어붙이고 자신의 위치를 포식자에게 드러낸다. 캐롤라이나굴뚝새는 노래하는 데 하루 에너지 소비량의 10~25퍼센트를 쓰는데, 하루를 통틀어 노래보다 더 많은 에너지가 필요한 활동은 날기뿐이다. 노래하는 박새는 기회비용도 치르는 셈이다. 먹이를 먹거나 깃털을 고를 시간에 노래를 하는 것이니 말이다. 가는다리새매 같은 포식자는 박새의 노래에서 단서를 얻어 마치 기생파리가 여치를 찾듯 뒤얽힌 초목에 숨은 소리꾼을 찾아낸다. 둥지에서 부모에게 아우성치는 새끼들은 포식자의 관심을 끈다. 매미충이 다리를 통해 식물 줄기에 진동 신호를 발산할 때는 에너지 사용량이 열두 배까지 치솟는다. 자신을 공격하는 쇠황조롱이로부터 달아나면서 노래하는 종다리는 귀중한 호흡과 시간을 쓰고 있는 것이다.

이런 경우에 노래를 듣는 동물은 상대방에 대한 정보를 얻는다. 암컷 미국봄청개구리는 잠재적 짝의 지방 저장량과 근육 상태를 평가한다. 박새는 서로의 건강을 가늠한다. 부모 새는 새끼의 활력과 굶주림을 짐작한다. 매미충은 몸 상태를 소통한다. 쇠황조롱이는 종다리의 빠름을 파악하여 먹잇감이 노래를 그치지 않으면 사냥을 포기한다.

우리 시대의 눈가리개

동네를 거닐며 주변의 다양한 동물 소리를 듣는 것은 정보 흐름의 그물망에 참여하는 것이다. 조금만 관심을 기울이면 이 소리에서 조금이나마 의미를 간파할 수도 있다. 곤충이나 개구리의 합창에서는 가장 건강한 동물이 가장 크거나 가장 꾸준한 음성으로 노래한다. 번식기의 새들 중에서는 레퍼토리가 가장 다양한 개체가 생존 가능성이 가장 큰 새끼를 낳을지도 모른다. 이를테면 북아메리카에 흔한 노래참새의 경우 휘파람과 트릴의 범위가 넓은 수컷은 단순한 노래를 부르는 수컷에 비해 커다란 새끼를 낳는다.

자연 애호가는 귀로 동물 종을 알아맞히는 훈련을 받는데, 이것은 주변 생물의 다양성에 마음을 여는 연습이다. 집 주변 개구리와 새들의 소리를 처음으로 배웠을 때 나의 감각적 테두리가 확장되는 느낌을 받았다. 갑자기 수십 종의 대화를 알아듣게 된 것 같았다. 하지만 처음에는 종의 이름을 넘어서 각각의 소리에 담긴 음향적 뉘앙스에 주목하는 데까지 나아가진 않았다. 이름에 도달하고서 멈췄다. 그러나 모든 음성에는 의미가 담겨 있다. 노래참새가 가락과 장단을 변화시키는 등의 일부 개별적 차이는 몇 분만 들어보면 쉽게 가려낼 수 있다. 까마귀와 도래까마귀 소리의 끝 모를 복잡성이나 개구리 울음소리의 미묘한 차이 같은 것들은 구별하기가 힘들다. 집 주변 동물 하나하나에게 관심이라는 선물을 줌으로써 우리는 그들 소리의 의미에 대해 훨씬 많은 것을 배울 수 있다.

앞으로 연구할 드넓은 미답의 영역은 발성과 동물의 성별 다양성이 어떤 관계인가다. 현장의 소리 연구에서는 개체에게 성별을 부여할 때 대부분 이분법적이고 이성애적인 가정을 무턱대고 적용한다. 그것은 모든 동물이 암컷이나 수컷의 몸으로서 존재하고 모든 쌍이 암컷과 수컷으로 이루어졌다는 가정이다. 두 가정 다 참이 아니다.

많은 종은 비(非)이분법적 성별을 가지는데, 종 내에 세 번째나 네 번째 '성별'이 존재할 수도 있고 한 동물의 몸 안에 수컷과 암컷의 성세포와 신체 형태, 행동이 결합되어 있을 수도 있다. 이 간성(間性)* 개체의 빈도는 대부분의 척추동물에서 1~50퍼센트에 이른다. 이를테면 많은 '수컷' 개구리는 정소에 난원세포(卵原細胞)**가 있다. 내가 보았던 목 주머니 달린 미국봄청개구리는 수컷이었을 것 같지만, 그 개구리 몸 호르몬과 세포는 암수의 혼합이었을지도 모른다.

많은 개구리 종은 소리꾼과 조용한 '곁다리'라는 두 종류의 수컷이

• 암수딴몸이나 암수딴그루인 생물의 개체에 암수 두 가지 형질이 혼합되어 나타나는 일
•• 알과 그것을 만드는 세포의 근원이 되는 세포

있다. 조용한 수컷은 대개 덩치가 작으며 소리꾼 가까이에 앉아 있다. 내가 판잣길에서 미국봄청개구리에게 귀를 기울이는 동안 발성 수컷의 10퍼센트는 곁다리를 곁에 두고 있었을 것이다. 곁다리 수컷들은 울음소리를 내려는 노력을 전혀 하지 않는다. 인간의 관점에서 보자면 이런 꼼수는 엉큼하고 교활해 보인다. 하지만 미국봄청개구리 암컷은 나름의 성적 심미안이 있어서 이따금 이 약삭빠르고 조용한 유형을 짝으로 선택하기도 한다. 미국봄청개구리에서 소리꾼과 곁다리의 역할은 유동적이어서 상황이 달라지면 역할을 맞바꾸기도 한다. 반면에 다른 개구리 종과 일부 곤충 및 조류는 여러 간성 정체성 중 하나를 번식기 내내 또는 평생 고수한다.

더 나아가 많은 종은 암컷도 노래한다. 하지만 번식기 노래를 탐구하는 학술 연구의 절대다수는 수컷에 초점을 맞춘다. 암컷의 소리에 대한 주목과 연구를 가로막는 편견에는 문화적·지리적 뿌리가 있다. 우리는 '자연'에 우리의 선입견을 투사한다. 빅토리아 시대 자연 애호가들은 암컷에서 조용한 다소곳함을, 수컷에서 요란하고 정복욕 넘치는 활력을 보았다. 1980년대 레이건주의와 대처주의 시대에 생물학자들은 노래를 성별 간 경제 전투의 결과로 묘사했다. 경쟁하는 개체들의 자유시장에서 조용한 암컷들이 어느 요란한 수컷이 자신의 이익에 가장 부합할지 평가한다는 것이었다. 하지만 이젠 암컷이 천성적으로 조용하다는 통념이 뒤집혔다.

최근까지도 동물 행동을 연구하는 과학자들은 대부분 유럽 북부와 북아메리카 북동부에 살았는데, 이곳 온대 기후 특유의 동물 행동도 암컷의 발성 과시 연구를 가로막는 편견에 일조했다. 온대 기후에서는 수컷 조류와 개구리가 정원과 숲의 소리경관을 지배한다. 하지만 남반구 열대 지방과 난대 지방의 암새는 종종 수새 못지않게 시끌벅적하다. 따지고 보면 온대 유럽과 북아메리카의 조류가 특이한 것이다. 전 세계 조류를 조사했더니 명금 과의 70퍼센트 이상에서 암컷이 노래했으며, 명금 과 계통수를 재구성한 결과 암컷의 노래는 모든 현생종의 공통 조상에 존재했음이 밝혀졌다. 배아를 살펴보았더니 조류 뇌의 노래 중추는 양성 모두에서 발달했다. 그러니 노래의 진화적·발생학적 뿌리는 모든 성체 조류에게 들어 있는 셈이다.

개구리의 노래는 압도적으로 수컷에 치우쳐 있지만 암컷도 사회적 상호작용을 하는 동안 소리를 내며 일부 소리는 각 암컷을 개별적으로 구분하는 듯하다. 초목에서 소통하는 곤충의 진동 세계에서는 암컷과 수컷이 종종 이중창을 부르며 가지나 잎을 따라 떨림을 주고받는다. 생쥐는 번식 상호작용을 하는 동안 암수 둘 다 초음파를 내는데, 사회적 연결망 내에서의 소리 소통은 훨씬 넓은 범위에서 이루어진다.

『종의 기원』에서 찰스 다윈은 암새가 "마치 방관자처럼 구경하다가 가장 매력적인 수컷을 파트너로 선택"했기에 진화가 수컷의 노래와 깃털을 정교하게 다듬었다고 말했다. 진화가 성적 과시를 빚어낸다는 말은 옳았지만 그는 문화적 맥락 때문에 성적인 다양성과 가능성을 온전히 보지 못했다.

우리 시대의 눈가리개 또한 오늘날 우리의 시야를 좁히고 있으며, 이는 성역할 가정에 의문을 던질 필요성을 잘 보여준다. 다윈의 시각을 확장하면 우리는 암컷, 수컷, 비(非)이분법적 성별 등 발성 종의 모든 성별이 소리를 이용하여 사회적 상호작용을 매개한다는 사실을 알 수 있다. 더 폭넓은 이 관점은 초대장이자 도전장이다.

우리는 집 주변 동물의 음성에 귀 기울이면서 선입견을 내려놓고 자연의 다채로운 성적 형태를 들을 수 있을까? 미국봄청개구리의 장엄하게 울려퍼지는 꾀음을 듣는 내 주위에는 암컷과 수컷만 있는 것이 아니다. 수컷이 암컷 방관자에게 과시한다는 단순한 이야기를 들려주는 것도 아니다. 각 개체는 나름의 성적 본성—많은 경우 '암컷'과 '수컷'의 혼합—이 있으며 독자적으로 행동한다. 겨우내 가라앉은 나의 정신을 고양하는 소리는 이 복잡한 성적 그물망에서 풍성한 정보로 행동을 매개한다.

이토록 엄청난 다양성

번식기 동물의 노래에는 대단히 신비로운 수수께끼가 두 가지 있다. 첫 번째 수수께끼는 왜 동물이 요란하고 꾸준히 소리를 내면서 에너지를 소비하고 자신의 위치를 포식자에게 광고하느냐다. 겉보기에 낭비적이고 위험한 이 행동 덕에 소리꾼은 드넓은 서식처에서 잠재적 짝에게 접근할 수 있으며 경우에 따라서는 건강에 대한 정보를 신뢰성 있게 전달할 수 있다. 두 번째 수수께끼는 번식 과시에서 나타나는 소리 형태가 무척 다양하다는 것이다. 자신의 위치와 활력을 광고하려면 크고 거듭되는 함성으로 충분할 것이다. 하지만 밀접하게 연관된 종들에서도 소리마다 음색, 빠르기, 가락 패턴이 다른데, 이 경이로운 다양성은 소리꾼이 자신의 위치와 체력을 드러내는 데 필요한 수준을 훌쩍 웃돈다.

이를테면 미국봄청개구리의 친척 고지합창개구리는 손톱으로 플라스틱 빗살을 긁듯 드르륵 소리를 낸다. 또 다른 친척 북태평양청개구리는 두 부분으로 이루어진 채 솟아오르는 **크레크-에크!** 소리를 낸다. 더 먼 친척 청개구리들의 소리로는 북부귀뚜라미개구리의 부싯돌을 빠르게 두드리는 소리, 유럽청개구리의 모스 부호 기계처럼 더듬더듬 삑삑거리는 소리, 지중해청개구리의 **와아르** 하는 신음 소리가 있다. 이 종들의 울음소리가 활력과 지방 저장량을 과시해야 할 필요성에서만 비롯했다면 청개구리는 모두 비슷한 소리를 낼 것이고 **개굴** 소리는 몸 크기에 따라 음높이만 다를 것이다. 개구리는 모두 비슷한 서식처에 살기 때문에, 소리 전달 조건의 차이 때문에 이토록 다양한 울음소리가 생겼을 리는 없다.

로키산맥의 솔잣새와 아마존 우림의 동물들에 대해서도 생각해보라. 솔잣새의 노래는 복잡하고 변형된 가락에 윙윙 소리와 장식음을 곁들이는데, 이 노래는 단지 바람이 가문비나무를 스치는 마스킹 소음을 뚫는 데 필요한 것보다 훨씬 정교하다. 아마존 곤충의 밤 합창, 새와 원숭이의 새벽 아우성은 놀랄 만큼 다채롭다. 이 종들은 자기네 숲의 소리 전달 특성에 적응했다. 그들의 소리는 포식자와 생태적 경쟁자를 물리치려는 끊임없는 투쟁의 결과이기도 하다. 그럼에도 그들이 내는 소리의 다양성에는 국지적 식생 및 생물학적 조건에 대한 적응이나 허파, 혈액, 근육의 활력을 전달해야 할 필요성만으로는 설명할 수 없는 무언가가 있다.

동물의 성적 역동성은 소리를 다양화하는 창조력이다. 이 생성의 힘은 주로 세 가지 방법으로 작동하는데, 그 무엇도 배타적이지 않다. 첫 번째 힘은 각 종의 감각 편향이다. 두 번째 힘은 근연종과의 짝짓기를 피해야 할 필요성이다. 가장 창조적인 세 번째 힘은 미적 선호다.

모든 청각 기관은 특정 소리 주파수에 맞춰져 있다. 이 주파수는 대체로 위험이나 먹이의 존재를 가장 신뢰성 있게 전달하는 범위에 있다. 이 최적 범위와 일치하는 성적 과시는 주목받고 효과를 발휘할 가능성이 가장 크다. 이를테면 물진드기 다리의 청각 기관은 소형 갑각류가 헤엄치는 동작의 주파수에 맞춰져 있다. 물진드기는 이 독특한 윙윙 소리를 감지하여 먹잇감을 잡는다. 수컷은 같은 소리 주파수를 이용하여 암컷에게 신호를 보내는데, 이것은 감각계의 기존 편향을 구애에 활용한 것이다.

소형 포유류와 곤충은 곧잘 빽빽한 초목에서 서로에게 가까이 서식한다. 그들의 가청 범위가 초음파까지 확대되는 이유는 이 높은 소리를 통해 가까운 주변에 대한 유용한 정보를 알 수 있기 때문이다. 따라서 이 동물들은 사회적·번식 신호에도 초음파를 이용한다. 예를 들어 인간의 귀에 생쥐와 쥐는 거의 아무 소리도 내지 않는 것처럼 들리지만, 이 동물들에게는 노는 소리, 새끼가 어미를 부르는 소리, 경고음, 짝짓기용 노래 등 풍부한 발성 레퍼토리가 있다. 이런 고주파음은 공기 중에서 전파되기가 매우 힘들기 때문에, 설치류들은 자신의 위치를 드러내지 않은 채 효과적으로 근거리 소통을 할 수 있다. 반면에 인간이나 조류처럼 더 큰 척도에서 상호작용하는 동물은 장거리 소통을 위한 저주파가 더 효과적이다. 그들의 귀는—따라서 짝짓기용 노래와 부름소리는— 더 낮은 주파수에 맞춰져 있다. 이렇듯 소리 표현의 다양성은 각 종의 다양한 생태에서 비롯한다.

다른 종과의 교잡을 피해야 하는 진화적 필요성도 강력한 다양화 요인으로 작용할 수 있다. 밀접하게 연관된 두 종이나 개체군의 서식처가 겹칠 경우 교잡으로 인해 태어난 잡종은 이따금 기형이며 종종 부모의 서식처 어느 곳에도 제대로 적응하지 못한다. 이 경우 진화는 각 종을 뚜렷이 구별하여 해로운 짝짓기의 가능성을 줄이는 번식 과시를 선호할 것이다.

뉴욕 북부의 늪에서 노래하는 미국봄청개구리는 이 종의 동부 개체군에 속한다. 서부인 오하이오와 인디애나에 서식하는 미국봄청개구리는 몸집이 크고 울음소리가 낮으며 더 빠르게 반복된다. 그 밖의 네 개체군—중서부에 하나, 걸프만(멕시코만의 미국 지역)에 셋—도 몸 크기와 울음소리 양식이 다르다. 이 여섯 가지 미국봄청개구리 변이형들은 적어도 300만 년 전에 계통이 갈라졌으며 그 뒤로 교잡과 유전자 혼합을 일부 겪었다. 분류학자들은 이들을 한 종으로 여겨 '미국봄청개구리'라는 하나의 이름을 붙였지만, 이 변이형들은 사실 여섯 개의 서로 다른 유전적 계통이며 짝짓기용 울음소리도 미묘하게 다르다. 미국봄청개구리 무리가 만나 부대끼는 지역에서 진화는 개구리의 소리와 선호를 더욱 뚜렷이 구별하여 개체군 간의 유전자 혼합을 지연시켰다.

그렇다면 번식기 동물의 소리는 개체군 간의 경계선을 뚜렷이 나눌 수 있으며, 이를 통해 갈라진 개체군이 더 온전한 가지를 이루도록 한다. 이런 식으로 한 종이 둘로 갈라지는 분리 현상은 종 다양성의 토대 중 하나다.

하지만 이 사례들은 결코 서로 다른 인종간의 결혼이나 동거, 즉 잡혼(雜婚)에 반대하는 인종주의적 법률과 문화적 편견을 뒷받침하는 것으로 해석해서는 안 된다. 청개구리 계통은 적어도 300만 년간 저마다 다른 진화 경로를 밟았다. 반면에 인류는 종 안에서 그렇게 깊고 넓은 유전적 간극을 나타내지 않는다. 모든 현생 인구 집단의 공통 조상은 기껏해야 20만 년 전으로 거슬러 올라간다. 다른 동물과 비교하면 인구 집단 사이에 존재하는 유전적인 지리상 변이는 사소한 수준이다. 게다가 지역이 서로 다른 부모에게서 태어난 자녀는 유전병 증가 성향을 전혀 나타내지 않는다. 오히려 가까운 친척끼리 동족결혼을 하면 숨겨진 유전 문제가 드러난다는 점에서 종종 그 반대가 참이다. 마지막으로, 우리는 모든 인간의 평등과 존엄성을 추구하므로 모든 차별은—설령 타고난 생물학적 패턴을 토대로 하더라도—잘못이다. 다른 종의 행동을 인간 도덕성의 길잡이로 삼을 수는 없다.

일부 종에서는 교잡을 회피하는 과정에서 짝짓기용 노래가 분화하기도 한다. 하지만 이 과정은 보편적인 것과는 거리가 멀다. 많은 종에서는 잡종 새끼가 건강이 나쁘다거나 근연종들이 같은 지역에서 서식할 때 짝짓기용 노래가 유난히 다르다는 증거가 전혀 나타나지 않는다. 진화는 또 다른 묘책을 준비해두었는데, 그것은 성적 심미안에 의한 경이로운 아름다움이다.

미적 선호와 번식 과시의 진화

1915년 통계학자 로널드 피셔는 번식기 동물의 미적 취향이 어떻게 달라지는지 궁금증이 들었다. 다윈은 성적 장식이 짝의 선호를 충족하기 위해 진화했다고 주장했다. 하지만 피셔는 의아했다. 왜 동물은 "겉보기에 쓸모없는 장식"을 강렬하게 욕망할까? 그의 대답은 동물의 진화적 성공이 새끼의 생존 여부에 달렸을 뿐 아니라 새끼가 성숙하여 짝짓기를 시도할 때 얼마나 매력적인가에도 달렸다는 착안에서 출발한다.

피셔는 미적 취향의 토대가 건강한 짝과 건강하지 않은 짝을 구별해야 할 필요성이라고 추론했다. 이 선호는 각 종의 생태에 의해 빚어진다. 그는 송장파리가 썩어가는 살의 냄새를 좋아하지만 포유류의 숨에서 나는 같은 냄새는 치아 농양의 징후라고 썼다. 그리하여 진화는 종 특유의 미적 취향을 발달시키는 쪽을 선호하여 잠재적 짝의 "일반적 활력과 적합도"에 대한 대략적 기준을 제시한다는 것이다. 그런 다음 피셔는 자신의 핵심적 통찰을 제시했다.

일단 확립된 선호는 짝짓기 과시의 "화려함과 완벽함"을 더 정교하게 다듬는 쪽을 선호할 것이다. 매력은 독자적인 진화적 요인이 된다. 동물의 과시가 자기 종의 미적 기준에 부합하거나 뛰어넘으면 그 동물은 다수의 또는 질적으로 우수한 짝에게 매력적이기 때문에 많은 자식을 낳을 것이다. 미적 선호와 번식 과시에서의 과장은 진화를 통해 연결되어 서로를 북돋우며 점점 강화된다.

과장의 과정은 과시가 "더는 활력의 잣대가 아니"더라도 계속된다. 그러면 번식 과시는 건강을 나타내기 때문이 아니라 단지 매력적이기 때문에 진화에 의해 선호된다. 피셔는 포식이나 생리적 한계 때문에 더는 지속할 수 없을 때까지 번식 과시가 점점 화려해질 것이라고 예측했다.

다윈의 손자 찰스 골턴 다윈에게 보낸 편지에서 피셔는 자신의 개념을 수학적으로 간략히 입증했다. 또한 이 과정이 인간에서 어떻게 전개될지 추측했는데, 이를 뒷받침하는 증거는 전혀 내놓지 않았다. 그는 인류의 성선택을 인종주의적이고 우생학적인 렌즈를 통해 바라보았다. 그는 "더 우월한 인종"만이 "도덕적 품성"을 반영하는 미적 기준을 발전시킨다고 주장했다. 20세기 초의 여러 과학자와 마찬가지로 피셔는 (인종주의적 이념을 털끝만큼도 뒷받침하지 않는) 건전한 진화론적 통찰을 자신의 백인우월주의에 맞게 비틀었다.

현대 이론가들은 피셔의 주장 중에서 인종주의는 버리고 거부했으며 성적 선호와 과시의 공진화에 대한 수학적 발견은 확증했다. 그중에서도 1980년대 러셀 랜드와 마크 커크패트릭에 이어 1990년대 앤드루 포미안코프스키와 요 이와사의 연구가 주목된다. 이 생물학자들은 피셔가 개괄한 공진화와 정교화 과정에 탄탄한 수학적·논리적 토대가 있다고 결론 내렸다. 미적 선호와 번식 과시의 진화는 정말로 소박한 짝짓기 신호를 극단적 과시로 부풀린다는 것이 그들의 결론이었다. 생물학자 리처드 프럼은 이 과정를 뒷받침하는 이론이 "극도로 탄탄하여" 성적 진화의 "지적으로 적합한 영가설", 즉 다른 개념을 검증하는 기본 가설로 간주되어야 한다고 주장하기까지 했다.

피셔와 많은 동시대 생물학자들은 이 과정을 암컷의 선호가 수컷의 과시를 추동한다는 식으로 제시한다. 하지만 진화는 성역할에 대한 그런 제한적 시각을 뛰어넘는다. 물려받은 모든 과시는 물려받은 모든 선호와 (성별과 상관없이) 공진화할 수 있다. 곤충과 척추동물에 대해 기록되었듯 동물이 나이 든 세대에게서 선호를 학습하는 문화적 유전이 일어날 때에도 피셔의 과장 과정이 진행될 수 있다. 모든 경우에 이 과정을 시작하고 인도하는 것은 선호다. 동물의 음향 다양성은 소리를 듣는 상대의 감각 지각과 선호에 뿌리를 두며, 선호와 과시의 공진화를 통해 정교해진다.

생물학자 조피아 프로콥은 동료들과 함께 동물의 번식 과시에 대한 현대의 현장 연구를 검토하여 피셔의 가정을 뒷받침하는 증거를 찾아냈다. 귀뚜라미, 나방, 대구, 밭쥐, 두꺼비, 제비 등 다양한 동물을 대상으로 진행된 90여 건의 연구에서 연구자들은 매력의 유전이 신체적 활력의 유전보다 더 흔하다는 사실을 발견했다. 이 결과가 동물계 전체에 적용된다면 부모의 짝짓기 선호는 매력적인 새끼를 낳을 수 있다(설령 매력이 짝짓기 성공률을 증가시키는 것 말고는 어떤 목적에도 부합하지 않을지라도).

피셔는 자신의 과정이 번식기 동물의 건강을 나타내는 선호에서 출발한다고 가정했다. 하지만 어떤 짝짓기 선호라도 이 과정의 씨앗 역할을 할 수 있다. 먹잇감을 찾는 데 유리한 특정 소리 주파수나 빠르기에 감각계가 맞춰져 있다면 이 범위에 해당하는 노래는 유난히 매력적으로 들릴 것이다.

작은 개체군에서는 우연한 변화로 인해 취향과 과시의 공진화적 정교화가 시작될 수도 있다. 이를테면 한 종에서 단 몇몇 개체가 섬을 개척하거나 종의 범위 가장자리에 서식하여 격리되는 경우에도 해당 종에서 전형적으로 나타나지 않는 짝짓기 선호를 보일 수 있다. 비전형적 짝짓기 선호를 가진 이 작은 무리는 개체군의 작은 부분집합을 골라내는 과정의 무작위성을 통해 생겨난다.

이것을 강화하는 요인은 한 세대와 다음 세대의 유전자 빈도가 무작위로 오르내리는 유전적 부동(遺傳的浮動)*으로, 이러한 변동은 소규모 개체군에서 특히 두드러진다. 부동은 일부 조류의 노래 같은 행동에도 영향을 미치는데, 이 노래의 형식은 유전자가 아니라 사회적 학습을 통해 세대에서 세대로 전달된다. 어떤 변칙이 일어나든 짝짓기 선호의 최초 특징에 기반한 방향으로 피셔의 과정이 시작될 수 있다.

소규모 개체군에서 일어나는 부동은 희귀하던 짝짓기 선호를 단 몇 세대 만에 지배적 위치로 끌어올릴 수 있다. 이를테면 핀치 소집단이 갈라파고스 제도의 섬 하나를 차지한 뒤 그들의 노래는 주파수를 약간 끌어내리는 단순한 형식에서 더 뚜렷한 두 부분의 피리 소리로 금세 달라졌다. 10년이 채 지나지 않아 개척자들의 노래는 다른 섬에 서식하는 조상 개체군으로부터 거의 완전히 갈라졌다.

마찬가지로 오스트레일리아 서해안 로트네스트 섬에 흔한 붉은머리울새, 서부제리고니, 노래꿀빨기새 같은 새들의 노래는 본토의 새들과 뚜렷이 다르다. 본토의 많은 조류 개체군이 수천 킬로미터의 영역에 걸쳐 획일적인 노래를 부르는 것에 반해 이 섬의 새들은 저마다 나름의 가락과 리듬을 구사한다. 섬에 서식하는 울새와 꿀빨기새의 노래는 본토의 새들보다 단순하지만 섬의 제리고니는 본토에서는 들

---

* 개체군 내에서 자연선택 이외의 요인에 의해 대립 유전자의 빈도가 매 세대마다 기회에 따라 변동하는 현상으로, 주로 집단의 크기가 작고 격리된 집단에서 일어난다.

을 수 없는 리듬을 구사하여 더 다양한 방식으로 노래한다.

이 작은 주변부 개체군은 본토로부터 격리된 덕분에 획일성을 강요하는 유전적·문화적 교환에서 벗어날 수 있었다. 인간 사회에서의 문화적 변화에서도 비슷한 현상을 볼 수 있다. 수필가이자 언론인 레베카 솔닛의 말을 빌리자면 주변부는 "권위가 약해지고 정통성이 힘을 잃는 곳"이다. 그렇다면 섬을 비롯한 주변부 서식처는 참신함과 변화의 부화장이다.

취향과 과시의 공진화는 소리의 다양화 과정과 종 분화 과정을 둘 다 가속화할 수 있다. 작은 차이가 증폭되어 동물 짝짓기 과시의 막대한 다양성을 낳는다. 하지만 번식 과시의 차이가 다양하기는 해도 아무렇게나 생겨나는 것은 아니다. 여기에는 각 종 특유의 (시간이 지남에 따라 확대된) 역사와 생태가 반영된다.

피셔의 과정에는 즉흥적 성격이 있다. 음악가들은 즉흥 연주를 할 때 음악적 요소인 악상을 취해 주고받으며 듣고 반응하는 과정에서 점차 다듬고 탐구한다. 진화도 비슷한 방식으로 작동한다. 차이점이라면 동물의 DNA 대본과 학습된 경험을 빚어냄으로써 음악을 만든다는 것이다. 각 종은 저마다의 성향과 기벽을 가지고서 선호와 과시의 상호적 공진화를 통해 이것을 정교하게 다듬는다.

소리 진화에 대한 이런 관점은 참신함과 예측 불가능성을 환영하는 신선한 태도이며, 소리가 왜 다양한지에 대한 법칙 기반의 실용주의적 설명과 대조적이다. 물론 숲이나 바닷가의 소리에는 질서가 있으며 이 질서는 세상의 물리적, 생태적 법칙을 드러낸다. 하지만 진화의 작업에는 예측 불가능한 창조성도 있다.

나는 새의 다양한 노래나 개구리와 곤충의 다채로운 울음소리에 귀를 기울이면서 활기찬 무정부주의를, 제 나름의 미적 에너지에 취한 진화를 듣는다. 하지만 다른 인간 청자는 야생의 소리가 가진 질서와 통일성에 더 감명받으며, 조율되고 위계적인 관계를 통해 아름다움과 창조성이 생겨나는 음악 형식인 관현악과 관현악단에 비유한다. 이렇듯 예측 가능한 질서와 변화무쌍한 과정은 서로 어우러져 우리 세상의 음향적 경이를 만들어낸다. 우리가 언어와 음악을 발달시킨 진화 경로에서 탄생한 인간의 미감은 질서와 소란, 통일성과 다양성의 이러한 긴장을 사랑하는 듯하다.

❀

물리 법칙이 동물의 소리에 미치는 영향은 각 종 고유의 즉흥적 역사에 비해 수월하게 측정하고 기록할 수 있다. 피셔의 과정은 유령과 같아서 그 창조적 작용은 우리가 발견할 수 있는 소리 화석을 전혀 남기지 않았다. 하지만 그 유령은 근연종의 미묘한 유전자 배열과 소리 패턴에 자신이 지나간 자국을 남겼다.

피셔의 과정에서 미적 취향과 소리 과시 형식은 공진화한다. 취향의 변화는 과시의 발달을 촉진하고 이는 다시 취향의 확장을 자극한다. 이로 인해 미적 선호와 번식 과시 형태 사이에 유전적 상관관계가 나타난다.

극단적 과시를 위한 유전자를 가진 동물은 극단적 선호를 위한 유전자도 가지고 있다. 지금껏 50종 미만에 대한 연구에서 도출한 제한적 유전자 증거는 대부분의 종에서 과시와 짝짓기 선호를 위한 유전자가 정말로 서로 관계가 있음을 보여준다. 이 연구는 대부분 짝짓기용 소리를 비교적 간단하게 측정할 수 있는 동물인 곤충과 어류를 대상으로 했다.

갈색지빠귀의 느리고 풍성한 도입부 음과 곧이어 변조되는 음들의 음색, 혹등고래 노래의 가락 형태, 생쥐의 초음파 울음소리의 억양과 속도의 세부 정보처럼 더 복잡한 소리의 미적 선호에 대한 유전적 관련성은 밝혀지지 않았다. 우리에 갇히지 않은 동물이 살아가는 미적 영역에서는 행동의 유전적 특징이 아직 탐구되지 않았다. 지금으로서는 일부 종에서 현재까지 발견된 제한적 유전 증거가 피셔의 개념과 일치한다고 결론 내릴 수 있다.

피셔의 과정이 남긴 또 다른 증거는 유전자 사이의 통계적 상관관계보다 우리의 일상적 감각에 더 친근하다. 주변의 동물에게 귀를 기울여보라. 미국봄청개구리, 합창개구리, 나무숲산개구리, 두꺼비는 모두 똑같은 미국의 봄철 연못에서 울지만, 종소리 같은 개굴개굴 소리, 율동적인 끽끽 소리, 캑캑거리는 듯한 꽥꽥 소리, 감미로운 찍찍 소리의 범위는 서로에게 말하거나 초목 사이로 소리를 전달하는 데 필요한 것보다 훨씬 넓다. 아마존 숲의 여치는 많은 템포를 구사하여 탁탁거리고 귀뚤거리고 쓰르륵거리고 윙윙거리고 휘휘거리는데, 이 과시의 다양성에는 미적 사치의 흔적이 스며 있다. 새소리가 지닌 놀라운 다양성은 활력 신호를 전달하는 단순한 실용주의적 필요성을 뛰어넘는다.

이러한 매일매일의 경험은 DNA에서 도출한 진화 계통수를 이용하여 더 본격적으로 분석할 수 있다. 각각의 나무는 동물 종이 기원하여 갈라진 역사, 해당 종의 가문 혈통을 나타낸다. 노래를 비롯한 번식 과시의 형식을 나무에 대입하면 시간이 지나면서 소리가 어떻게 달라졌는지 추적할 수 있다. 이 나무들에서 우리는 물리적 제약과 역사의 변덕이 남긴 예측 가능한 흔적을 읽어낸다. 새 부리의 길이에서 곤충 날개의 크기에 이르는 동물 몸 크기는 노래의 주파수와 속도에 큰 영향을 미친다. 몸집이 큰 종은 작은 친척에 비해 평균적으로 낮은 음높이로 노래하며 느린 트릴과 가락을 뽑아낸다. 이와 마찬가지로 주변 식생의 밀도, 포식자와 경쟁자의 존재 같은 환경적·생물학적 맥락은 노래의 형태를 좌우하고 각 종을 환경에 맞게 빚어낸다. 하지만 이 요인들과 나란하게, (우리가 인간적 맥락에서 음악적 형식이나 양식이라고 부르는 요소인) 장단, 가락, 변화, 음색, 크기, 크레셴도와 데크레셴도, 속도의 진화적 변화에는 도깨비 같은 예측 불가능성이 있다.

노래를 진화 계통수와 맞대면 우리는 노래가 시간을 통과하며 설명할 수 없는 방식으로 팽창하고 수축하는 것을 본다. 노래의 억양과 음색은 어떤 법칙이나 방향도 없이 달라지는 것처럼 보인다. 생물학자는 신종이 발견되었다는 소식을 접하면 진화 계통수와 동물의 몸 크기 및 서식처에 대한 정보를 이용하여 이 종의 노래에서 가장 일반적인 성질—이를테면 주파수와 (어쩌면) 빠르기—을 꽤 정확하게 추측할 수 있을지도 모른다. 하지만 노래의 다른 특징들은 예측할 수 없을 것이다. 이 진화적 패턴은 피셔의 과정이 소리의 정교화를 낳았음을 입증하지 않는다. 하지만 그의 개념에 부합하며 지금으로서는 다른 어떤 (알려진) 진화적 과정으로도 설명되지 않는다.

주변의 음성들에서 우리는 피셔의 변덕스러운 과정, 엉뚱한 종과의 교잡을 회피해야 하는 유전적 필요성, 신체적 건강의 정보를 솔직하게 전달하는 유익, 동물 신체의 여러 형태와 크기, 물리적 환경의 안내벽(案內壁), 동물이 경쟁자와 협력자와 포식자의 복잡한 공동체에서 자신의 음향적 위치를 찾는 다양한 방법 같은 진화적 힘들이 마치 생기 넘치는 강의 합류점(合流點)처럼 모여드는 거대한 만남의 소리를 듣는다. 그 결과는 적어도 3억 년 전으로 거슬러 올라가는 상류에서 흘러 내려오는 장엄하고 창조적이고 거센 물살이다.

아름다움이 말한다

솔직한 신호. 감각적 편향. 선호와 과시의 공진화. 진화의 이러한 작용은 살아 있는 동물에게 무엇을 의미할까?

각각의 종은 나름의 미적 세계 안에서 살아간다. 미국봄청개구리는 번식 과시에 쓰이는 주파수 범위에 맞춰진 속귀를 통해 이웃의 **개굴** 소리를 듣는다. 듣기 감각은 미국봄청개구리에게 미적 판단으로 통하는 경로의 첫 번째 관문이다. 소리로 짝을 찾고 선택하는 모든 동물도 마찬가지다. 각 종의 귀가 가진 해부학적 구조와 민감도는 미적 경험에 이르는 관문의 토대다.

두 번째 문은 더 좁은데, 그것은 부름소리의 속도, 음색, 소리크기, 가락 구조에 대한 각 동물 고유의 선호다. 미국봄청개구리의 귀는 여러 소리에 의해 자극받는데, 그중에는 매우 비슷한 소리들도 있다. 하지만 그녀로 하여금 목을 부풀린 소리꾼에게 다가가 그를 건드리고 짝짓기를 시작하도록 하는 소리는 하나뿐이다. 그녀의 음향 분별력은 활기찬 짝을 고르고, 전염성 질병을 멀리하고, 다른 개체군과의 교잡을 회피하고, 시간이 되었을 때 다른 개구리들이 매력적으로 느끼는 노래를 새끼에게 물려주는 등 여러 목적에 부합할지도 모른다. 하지만 선호가 어떻게 생겨났는가의 이 기나긴 배경 이야기는 개구리에게 찰나적 경험으로 귀결한다.

공기의 진동은 (올바른 패턴을 가질 경우) 개구리의 유전자, 몸, 신경계에 새겨진 지식을 깨운다. 그녀는 듣고 이해한다.

이렇듯 미적 경험은 모든 동물이 안에 지니는 지식이 바깥세상과 만나는 순간이다. 그 결과는 주관적이며, 각 종과 각 개체가 가진 감각 능력과 선호에 좌우된다. 미국봄청개구리만이 **개굴**을 진정으로 이해한다.

　이 경험이 개구리의 주관적 경험에서 어떻게 드러나는가는 우리로서는 알 도리가 없다. 인간 사이에서도 우리는 자신의 경험을 타인에게 투사할 수 없다. 나는 소리를 청각으로서 듣는 동시에 이따금 빛과 움직임의 신체 감각으로서 듣는다. 내 가족과 친구 중에는 같은 소리가 색깔을 불러일으키고 음높이마다 나름의 색조를 지니는 사람도 있다. 감각은 관계의 그물망 속에서 살아가며 이 그물의 형태는 사람마다 미묘하게 다르다. 따라서 다른 사람이 소리를 어떻게 경험하는지 상상하는 것은 쉬운 일이 아니다. 다른 종의 경험을 상상하는 것은 더더욱 힘든 일이며, 신중한 추측의 방식으로 접근하는 게 상책이다.

　미국봄청개구리의 커다란 입과 코는 냄새에 매우 민감하기에 그들은 소리를 은은한 향기나 진한 향기로 경험할지도 모른다. 아니면 **개굴** 소리를 들으면 그 소리를 낼 때와 마찬가지로 가슴의 운동 감각이 느껴질지도 모르겠다. 우리가 음악을 들을 때 몸이 저절로 움직이는 것처럼 말이다. 개구리의 생리를 연구했더니 소리는 귀청을 통해서뿐 아니라 앞다리와 허파를 통해서도 속귀로 전달되었다. 그러므로 개구리가 듣는 것은 마치 몸이 통째로 잠기는 물고기의 경험과 비슷할 수도 있다. 우리는 감질나는 타자성의 세계에서 살아간다. 수많은 경험이 공존하며 상상력과 겸손의 연료가 된다.

　우리 인간은 과학, 공감, 상상으로 다른 종에게 나아갈 수 있지만, (어떤 느낌을 다른 느낌보다 높이 평가하는 우리의 미적 선호를 비롯한) 나름의 감각적 편향과 취향을 가진 동물인 우리에게 이런 행위는 다른 한편으로 주관적이다. 그러므로 성적 과시에 대한 과학적 연구의 역사는 각 시대의 가치와 뗄 수 없다. 우리는 무엇이 아름답고 무엇이 추한가에 대한 선호를 체 삼아 다른 동물의 노래를 걸러 듣는다.

하지만 주관성은 우리가 진실을 지각하지 못한다는 뜻이 아니다. 미적 경험은 만일 세상과의 깊은 관계에 뿌리를 둔다면 우리로 하여금 자아의 한계를 초월하여 '타자'를 더 충만하게 이해하도록 해준다. 바깥세상과 안세상이 만나는 것이다. 주관성은 객관적 통찰을 가능하는 잣대가 된다. 아름다움이나 추함의 경험에는 배움과 확장의 기회가 들어 있다.

생물학자들은 좀처럼 미감이나 아름다움을 논하지 않는다. 설령 논하더라도 성적 과시라는 제한된 분야—요란한 노래와 밝은 색깔처럼 우리 인간이 매력적이거나 흥미롭게 여기는 것—의 진화에 국한한다. 더 다소곳한 성적 아름다움은 생물학적 미학 이론에서 찾아볼 수 없다. 우리는 암새의 조용한 **짹짹** 음과 위장용 녹갈색 깃털을 무심히 지나치지만, 진화는 수새가 이런 형태의 성적 아름다움에 매료되도록 했을 것이다. 게다가 모든 동물은 사회적 관계, 먹이, 서식처, 시공간에 걸친 활동의 리듬을 놓고 세심한 선택을 한다. 각각의 선택은 내부 지식과 외부 정보를 통합하는 신경계에 의해 매개되어 동기를 낳고 이를 통해 행동을 낳는다. 종마다 나름의 신경 구조가 있지만, 모든 종은 같은 종류의 신경세포와 신경전달물질을 공유한다. 진화가 인간의 신경으로부터 우리의 모든 사촌과는 전혀 다른 산물—미적 경험—을 이끌어낸 것이 아니라면 인간 아닌 동물이 자신의 세계를 이해하고 판단을 내리는 핵심에는 미감이 있다. 이와 다르게 가정하는 것은 인간과 그 밖의 동물이 경험의 벽에 의해 격리되었다고 가정하는 셈이다. 그런 분리를 정당화하는 신경학적 증거나 진화론적 증거는 전혀 없다.

우리 삶에서 미적 경험이 발현하는 많은 사례를 생각해보라. 인간의 삶에서 중요한 결정과 관계는 거의 모두가 미적 판단에 의해 매개된다.

어디서 살 것인가? 우리는 집에든 주변 환경에든 거주지에 대해 매우 격정적으로 반응한다. 어떤 곳에 대해서는 지독히 아름답거나 추하다고 느끼는 반면에 또 어떤 곳에 대해서는 우리의 미적 감각이 **아무렴 어때**라는 시큰둥한 반응을 나타낸다. 그렇다면 이런 판단은 우리에게 주어진 선택지 중에서 가장 아름다운 곳에 거주하기 위해 막대한 자원을 소비할 동기가 된다.

환경 변화는 어떻게 판단해야 할까? 우리는 미적 반응을 통해 주변을 평가한다. 이것은 우리가 한 장소를 오랫동안 생생하게 감각적으로 경험할 경우엔 유난히 깊은 경험이 될 수 있다. 이따금 우리는 훼손된 강, 숲, 동네의 추한 모습을 보고서 슬픔에 빠진다. 하지만 장소의 생물학적 성격에 걸맞은 새로운 생명이 등장하는 것에 무척 뿌듯해하기도 한다. 미감은 환경윤리의 뿌리 중 하나이며 지극히 교훈적이고 감동적이다.

누가 좋은 일을 할까? 기술, 기예, 혁신, 근면, 인내에는 아름다움이 있다. 우리는 타인의 노동에서 아름다움을 보고, 스스로도 추구하며, 결과물과 작업 과정 둘 다에서 미적 반응을 경험한다.

어떻게 행동해야 할까? 우리는 관계의 그물망에 얽힌 채 살아가며 그 그물망 안에서 벌어지는 행동이 아름다운지 추한지를 금방 알아본다. 우리는 이것을 깊숙이 느끼며, 우리의 미적 반응은 자신의 행동을 인도할 뿐 아니라 타인의 행동에 대한 자신의 반응도 인도한다. 인간 행동에 대한 도덕적 판단은 관계의 미감과 단단히 맞물려 있다.

우리는 번성하고 있을까? 우리는 갓 태어난 아기의 웃음과 미소에서, 노인의 현명하고 다정한 조언에서, 아이와 청년의 놀라운 기술 발전에서, 미래에 대한 가능성의 감각에서 아름다움을 본다.

이 모든 경우에서 미적 판단의 토대는 감각을 우리의 지성, 무의식, 감정과 통합하는 것이다. 깊은 미적 경험은 유전적 특징, 살아낸 경험, 우리 문화의 가르침, 순간순간의 몸 경험을 아우른다. 이렇게 함으로써 미적 경험은 감각, 기억, 이성, 감정이 외따로 작동할 때보다 더 힘차게 진실을 이야기하고 실천을 독려할 수 있다.

아름다움을 경험할 때 우리 뇌에서는 여러 부위가 활성화되어 다양한 신경 중추가 그물망으로 연결된다. 감정과 동기를 관장하는 뇌 부위뿐 아니라 운동 중추도 활성화된다. 느낌과 행동도 마찬가지다. 아름다움의 경험이 사람들을 짝으로서, 가족으로서, 문화로서 묶고 우리로 하여금 미적 경험을 통해 배운 것을 위해 행동하도록 동기를 부여하는 것은 놀랄 일이 아니다. 아름다움은 연결하고 보살피고 행동하도록 우리에게 영감을 선사한다.

왜 이래야만 할까? 나는 『나무의 노래』에서 우리가 심오한 미적 경험을 통해 (아이리스 머독의 말을 빌리자면) "탈아(脫我)"한다고 주장했다. 우리는 우리 내면에 있는 것을 타인의 집단적 경험에, 인간뿐 아니라 인간 아닌 친척 구성원에게 연결한다. 이런 열림을 통해 우리는 자아의 좁은 담장을 조금이나마 뛰어넘을 수 있다. 모든 생명은 연결과 관계로 이루어졌기 때문에 세상을 이해하려면 자신의 머리와 몸 바깥으로 나가야 한다. 따라서 아름다움은 우리가 중요한 것에 관심을 기울이도록 진화가 마련한 보상과 지침이다. 아름다움의 경험이 여러 형태를 띠는 이유는 세상에 우리가 관심을 가져야 할 것이 많고 맥락마다 나름의 미감을 요구하기 때문이다.

우리에게 유전자를 물려준 조상들은 안전하고 풍요로운 환경, 동료들과의 올바른 관계, 훌륭히 완수한 과제, 창조성의 결실, 연인의 몸, 아기의 까르르 웃음에서 아름다움을 발견했다. 이 모든 미적 경험은 우리 조상을 관계와 행동으로, 이를 통해 생존으로 인도했다. 우리가 사람, 동물, 식물, 풍경, 생각의 타자성과 연결될 때 우리에게 내면의 불꽃을 선사함으로써, 아름다움은 객관적 세계 속으로 뻗어 나가는 덩굴손으로 주관적 경험을 먹이고 떠받친다. 감각 지각을 감상하고 사유하는 능력인 심미안은 자아 너머의 진실을 찾는 길잡이이자 자극제다.

⊛

　뿌리 뽑히고 산업화된 우리 세상에서 아름다움은 속임수가 될 수도 있다. 우리는 종종 자신의 행동이 낳은 결과로부터 감각을 고립시켜 (우리가 직접 지각할 수 있다면 갸우뚱할지도 모르는) 추함을 바탕으로 유쾌한 경험의 거품을 만든다. 이것을 가장 뚜렷이 보여주는 것이 국제 무역이다. 우리 삶의 아름다운 물건과 음식 중에는 착취의 장소에서 난 것들이 있다. 소리경관조차 우리를 오도할 수 있다. 도시를 벗어난 교외에서는 나무 위 곤충과 새들의 소리가 우리에게 위안을 준다. 하지만 이 경험이 가능한 것은 우리의 몸과 우리의 상품을 소리의 오아시스로 나르는 붐비는 고속도로 덕분이요, 호젓한 교외를 건설하고 지탱하는 방대한 기반 시설망을 구축하기 위한 광산과 공장의 소음 덕분이다. 감각적 고요와 다른 종과의 연결을 추구하는 행위가 역설적으로 세상의 인간 소음 총합을 증가시키는 것이다. 화석 연료의 '옮기는 힘'은 우리의 감각을 우리의 행동이 낳은 결과로부터 분리하는 주범이다.

　그렇다면 우리 시대가 직면한 위험들 중 하나는 파편화, 파괴, 모순을 감추는 경험에서 우리가 만족스러운 아름다움을 찾을 수 있다는 역설이다. 진화는 미적 경험의 힘에 속박되도록 우리를 빚어냈다. 우리는 이것으로부터, 우리 본성으로부터 달아날 수 없다. 우리 삶의 바탕이 되는 산업적 구조로부터 쉽게 달아날 수도 없다. 하지만 귀 기울이고 우리의 미적 감각을 생명 공동체에 뿌리 내리려 애쓸 수는 있다. 그 뿌리들이 잔뿌리를 뻗고 배우는 것을 느낀다면 얼마나 기쁘겠는가.

그리하여 나는 미국봄청개구리의 쌀쌀한 늪으로 돌아와 귀를 연다. 내가 이곳에 오는 것은 그들의 소리에 의해, 봄의 제전에 의해 새로워지기 위해서다. 나의 동기는 겨울에 말라버린 귀를 숲의 소리로 적시려는 욕구다. 이 직접적 쾌감을 넘어서서, 그 순간에는 알 수 없는 방식으로 나는 다른 종들의 삶을 내 몸과 정신 속에 받아들인다. 이 열림 속에는 더 많은 앎과 연결의 가능성이 있다.

하지만 내가 듣는 것은 대개는 즐기기 위해서다. 이것은 진화가 우리에게 준 선물이다. 지식을 수집하고 통합하는 것은 동물의 생존과 번성에 꼭 필요한 일이자 쾌감의 원천이다. 미적 경험은 우리에게 즉각적 보상을 내민다. 우리는 즉각적 만족을 향한 갈망을 충족하면서 진화의 장기적 계획에도 이바지한다. 이 소란스러운 세상에서 우리는 조상들의 선물을 받아들여 귀를 기울일 수 있을까?

발성 학습과 문화

한여름. 밝은 햇빛. 하지만 공기는 살을 에는 듯하다. 돌풍과 발아래 헐거운 바위 때문에 몸이 휘청거린다. 숨을 가다듬는다. 옅은 공기 속에서 허벅지가 무산소성 활동으로 인해 얼얼하고 쓰라리다. 한 시간 뒤면 나는 네 발짝 걷고 멈춰 숨 쉬고 네 발짝 걷고 멈춰 숨 쉬며 터벅터벅 걸을 것이다. 이것은 로키산맥의 높은 등줄기를 따라 난 울퉁불퉁한 뼈대 중 하나인 4000미터짜리 봉우리에 오르려는 저지대 주민에게 산이 강요하는 박자다.

콜로라도주의 이 산 동쪽에 있는 고지대 평야에서는 갈색으로 변한 프레리 풀들이 씨앗을 뿌렸으며 새끼 초원종다리들이 부모를 찾으며 부리를 벌려 짹짹거린다. 프레리의 동물과 식물에게는 부모가 새끼를 돌보는 계절인 여름이 왔다. 하지만 이곳 산 위에서는 봄이 막 시작되었다. 여기저기 눈밭이 여전히 남아 있고 다른 곳에서는 꽃이 활짝 피었다. 눈과 얼음의 아홉 달이 지나고 빛과 물이 돌밭에서 풍성한 꽃을 피워 올린다. 한 송이 한 송이가 겨울의 기나긴 탄압에 저항하는 응답이다.

이 툰드라에서는 내 무릎보다 높이 자라는 식물이 하나도 없다. 고산 해바라기와 무병엽데이지는 길이가 고작 내 손가락만 한 줄기로 손바닥만 한 황금색·레몬색 꽃을 떠받쳤다. 이 빛나는 원반 수백 송이를 고작 열 발짝 만에 지나친다. 사이사이에 이끼장구채가 좁은 진녹색 잎을 스펀지처럼 보송보송하게 쌓았는데, 그 위에 큼지막한 빗방울만 한 분홍자주색 꽃이 수십 송이 피었다. 고산 벼룩나물은 1센티미터 높이의 작고 두툼한 잎 매트 위로 비슷한 크기의 흰색 꽃을 틔웠다. 이 지피식물(地被植物) 위로 산메밀이 가느다란 줄기 끝에 자잘한 꽃 수백 송이를 횃불처럼 달았다. 발목 높이까지 올라오는 이 메밀은 이곳의 들꽃 수십 종 중에서 거인 축에 든다. 꼬마 뱀무, 참취, 워터리프(waterleaf), 꽃잔디가 다채로운 자줏빛을 더한다. 대부분의 식물은 줄기가 은색 털로 빽빽하게 덮였다. 이 털옷은 바람과 자외선을 막아주며 짙은 색의 잎과 더불어 열을 가둬 짧은 성장기에 식물의 내부 화학작용을 앞당긴다. 꽃도 열을 붙잡아두어 꽃꿀을 데우고 자신을 찾아오는 곤충들에게 달콤한 고산 핫토디(hot toddy)*를 대접한다.

이 꼬마 꽃들의 양탄자 위로 군데군데 떨기나무 같은 고산 버드나

---

* 스코틀랜드의 위스키 베이스 칵테일로, 원기 회복이나 감기 예방을 위해서 뜨겁게 마신다.

무가 눈을 뒤집어쓰고 있다. 버드나무들은 무릎 높이의 작고 둥그스름한 둔덕으로 자라는데, 풀이 무성하게 자란 습지를 마치 물처럼 통과해 흘러 작은 웅덩이를 채우며 이 지대에서 가장 낮고 축축한 곳에 머무는 듯하다. 들꽃과 마찬가지로 버드나무도 줄기와 잎이 보송보송하다. 모든 버드나무는 뾰족뾰족한 초록색 방울로 장식되었는데, 방울은 영그는 씨앗을 감싸고 있다. 버드나무는 잎이 돋기 전 눈이 처음 녹기 시작할 때 꽃을 피웠다. 날이 풀리면 올해의 첫 개미, 벌, 파리를 꽃가루와 꽃꿀로 환영하기 위해서다.

여기보다 낮은 지대에서 20미터 이상 쭉쭉 뻗는 아고산대 전나무는 웅크린 채 바람을 맞는 이곳 나무들의 전초 기지 노릇을 한다. 한 그루 한 그루가 땅바닥에 짓눌린 채 가로로 누운 줄기에서 자란다. 이렇게 누운 등뼈에서 굵은 가지가 돋아 납작하고 기다란 덤불을 이루는 바람에 인간의 팔다리가 파고들 수 없다. 이 낮은 나무들 중 몇몇은 1미터 넘게 수직으로 싹을 틔워, 땅을 기어다니는 삶에서 벗어날 요량으로 공기를 점검한다. 하지만 이 모든 싹은 죽었다. 얼음장 같은 바람에 살해당해 마치 버려진 깃대처럼 서 있다. 바람 불어가는 쪽을 가리키는 너덜너덜한 갈색 잔가지 잔해에는 주풍(主風)의 방향이 기록되어 있다.

손 닿는 거리에 꽃이 수천 송이 있다. 눈 닿는 거리에는 수만 송이가 있다. 잎 로제트(rosette)*, 가리비 모양 꽃잎 가장자리, 줄기 형태의 우아한 리듬, 수십 가지 잎 모양에 이르기까지 이곳은 식물계의 화주(火酒)요, 고산 지대의 아마로(amaro)**요, 고작 몇 센티미터 높이로 응축된 꽃의 걸작이다. 더 큰 규모에 익숙한 나의 눈은 내게 자세를 낮춰 바싹 다가가 음미하라고 재촉한다. 엎드리려면 연약한 꽃을 짓이기거나 뾰족뾰족한 돌멩이에 찔리기 십상이기에 닳아빠진 산길에 쪼그려 앉는다. 산소 부족과 봄철 툰드라의 경이로운 꽃들에 어질어질하다. 이 자그마한 식물들 중 상당수는 나이가 많고 몇몇은 두 세기까지 살기도 하는데, 튼튼하고 깊숙한 뿌리에서 해마다 정교한 땅 위 초록 부위를 새로 틔운다.

흰정수리북미멧새의 노래

우리는 이 장소를 수목한계선, 즉 경계선이라고 부르지만 뚜렷한 가장자리가 있는 것은 아니고 목본식물이 한계를 맞닥뜨리는 곳에서 번성하는 종들이 모자이크처럼 양탄자를 이루고 있을 뿐이다. 몇몇 식물은 군락을 더 위로 정상 가까이 확대하기도 하지만, 대부분은 전나무와 버드나무 무리가 허허벌판 툰드라와 어우러지는 띠 안에 머문다.

---

* 근생엽이 방사상으로 땅 위에 퍼져 무더기로 나는 그루로, 민들레 따위가 있다.
** 이탈리아의 허브주

이 세계를 걸어서 통과하는 데는 한 시간 등산이면 충분하다. 하지만 이 좁은 고도 범위만 가지고 서식처 규모를 넘겨짚으면 오산이다. 이곳의 식물들은 로키산맥 고지대 전체를 넘어서 북반구의 드넓은 툰드라 무목지대(無木地帶)에 걸쳐 있다. 이를테면 이끼장구채는 이곳에서 길의 좁은 영역에 갇혀 있지만 북아메리카, 유럽, 아시아의 산악지대에 서식하며 북극을 에두르는 허허벌판 툰드라에서 흔히 자란다.

바람은 이곳을 지배하는 소리다. 내 귀를 스쳐 지나며 쉭쉭 찰싹 소리를 내기도 하고 전나무, 가문비나무, 낭창소나무의 포효를 저지대에서 실어 오기도 한다. 돌풍이 잠잠해지면 호박벌의 날갯소리, 산등성이에서 소용돌이 바람을 타는 도래까마귀의 깍깍 소리, 인근 자갈비탈에서 생토끼가 **이크!** 하고 우는 소리, 밭종다리(American pipit)가 허허벌판 툰드라를 날아다니면서 알 낳고 구애할 연료 삼아 곤충을 찾으며 **핏핏핏** 하고 우는 소리 같은 동물의 음성이 들리기 시작한다.

이 비교적 단순한 소리 속으로, 너덜너덜한 전나무 깃발 꼭대기에서 더 화려한 가락이 들려온다. 일정한 도입부 음, 높은 윙윙 소리, 트릴, 그리고 세 번의 하향 진행 피리 소리—이 모든 악구가 단 2초 안에 펼쳐진다. 노래가 거듭되고 20미터 떨어진 버드나무 관목에서 또 다른 음성이 화답한 뒤 비탈 아래 전나무 덤불에서 세 번째 음성이 들린다. 노래는 복잡하지만 어수선하지는 않다. 순수한 음과 정밀하게 짜인 구조는 빛과 섬세함으로 가득하다. 소리의 피겨스케이팅이라고나 할까. 미끄러지듯 두 번 길게 얼음을 지치고 솟구쳐 스핀하고 발을 재빨리 밀어내며 착지한다. 통제력. 속도. 우아함. 무질서한 바람과의 선명한 대조.

소리꾼의 정체는 흰정수리북미멧새로, 고지대에서 짧은 번식기를 보낼 보금자리를 준비하고 있다. 이 새들은 산의 낮은 고도에 있는 월동장에서 1년의 대부분을 보내다 잠시 이곳 남쪽의 뉴멕시코와 텍사스에 있는 탁 트인 관목 식생에서 지낸다. 갈색과 검은색 줄무늬가 난 등과 잿빛 가슴은 초목과 잘 어울리지만 머리 무늬는 눈에 띈다. 뒤통수를 통째로 가로지르는 대담한 흑백 줄무늬는 초록빛과 잿빛 사이에서 표시등처럼 두드러진다. 툰드라의 100미터를 가로지르는 내 시력의 한계점에서도 고개를 까딱거리고 하늘을 날아다니는 새들의 줄무늬진 머리가 보인다.

이곳은 명금에게 극단적인 환경처럼 보이지만, 그들의 관점에서 이 산비탈에는 여러 이점이 있다. 짧은 여름에는 먹잇감 곤충이 급증하는 반면에 경쟁은 거의 없다. 들꽃과 풀은 금세 씨앗을 듬뿍 맺어 저지대의 검은머리방울새와 골풀방울새 같은 숲새들을 여름 잔치에 초대한다. 눈 녹아 흘러내리는 개울에서 수분을 쉽게 섭취할 수 있다는 것은 이 메마른 내륙에서 드물게 누릴 수 있는 호사. 그들은 높은 음으로 노래할 땐 한껏 자신을 뽐내지만, 사냥 중인 참매로부터 위험이 감지되면 가장 **빽빽**한 저지대 브라이어(briar) 군락만큼 울창한 초목 속으로 숨을 수 있다. 초목은 도래까마귀의 눈으로부터도 둥지를 보호해준다.

흰정수리북미멧새는 인간의 눈으로는 암수를 구별할 수 없으며 대담한 머리 무늬는 이성에게 사회적·성적 신호 노릇을 한다. 줄무늬로 자신의 존재, 건강을 나타내고 곤두선 정수리 깃털의 미묘한 차이로 기분을 나타내는데, 뾰족뾰족한 머리는 흥분을, 납작한 머리는 놀람을, 봉긋한 머리는 이완을 뜻한다. 번식기에 노래하는 것은 대부분 텃세를 부리는 수컷이며 몇몇 암컷도 먹이가 풍부한 장소를 지키거나 경쟁자를 쫓아내려고 노래한다.

돌길 위 내 자리에서 새들의 노래를 듣다보니 놀랍게도 노래마다 음높이와 구조가 다르다. 개별성은 즉각적으로 드러난다. 첫 번째 새는 죽은 전나무 싹을 발로 붙잡고서 높은 음으로 시작한다(녹음한 소리를 나중에 확인해보니 피아노의 가장 높은 음보다 약간 높은 4.5킬로헤르츠다). 이 순수하고 일정한 도입부 음은 주파수가 거의 비슷한 윙윙 소리로 바뀌었다가 금속성 트릴이 된다. 마지막의 세 음은 5킬로헤르츠에서 3킬로헤르츠로 뚝 떨어진다. **이-브리-트리-투투투**.

버드나무 위의 소리꾼은 훨씬 낮은 3킬로헤르츠로 시작하여 첫 소절부터 차이를 보인다. 윙윙 소리의 주파수가 훌쩍 높아지더니 트릴을 생략하고 곧장 두 번 피리 소리를 내뱉는다. **비-브리-투투**. 비탈 아래 전나무에서 세 번째 새가 또 다른 편곡으로 둘의 중간인 3.5킬로헤르츠에서 시작하여 높은 윙윙 소리, 단단한 �짹 소리, 트릴, 다섯 번의 피리 소리로 끝맺는다. **이-이-브리-쨱-트리-투투투투투**. 새들은 그 뒤로 몇 분간 주거니 받거니 노래한다. 이따금 매기고 받는 것 같을 때도 있고 이따금 소절이 겹칠 때도 있다. 새들은 저마다 자신의 노래를 고수하여 나름의 주파수와 음 순서를 되풀이한다.

몇 분 동안 주의를 기울였을 뿐인데 이 툰트라 지방 사투리를 배운다.

⊛

이곳은 샌프란시스코 시내에서 정남향에 있는 캘리포니아주 모리 포인트 곶이다. 곶은 태평양에서 수백 킬로미터를 내처 달려온 파도에 단단한 날을 들이대어 놀을 쪼갠다. 물의 에너지는 절벽에서는 풀무 소리로, 자갈 해안에서는 부글거리는 파도 소리로 흩어진다. 안개 속에서 사다새(펠리컨)들이 일렬로 나온다. 해안선과 나란히 북쪽으로 날아가면서 노 젓듯 날갯짓 박자를 맞춘다.

허리 높이의 코요테브러시(coyote brush) 덤불이 많이 보이는데, 그중하나에서 흰정수리북미멧새 한 마리가 노래한다. 도입부 순음에 이어 윙윙 소리와 피리 소리는 알아듣겠지만, 패턴이 산에서 들은 어떤 노래와도 다르다. 도입부는 두 음으로 나뉘고 트릴은 빠졌고 팽팽한 종결부를 덧붙여 마무리한다. **이-이-브리-투투투-추추추**. 또 한 마리가 화답한다. 이번에도 두 음 도입부다. 두 번째 부분은 좀 더 높고 피리 소리와 종결부가 짧다. **이-이̇-브리-투투-추추**(글자 위 강조점은 강세를 나타낸다). 산새와 마찬가지로 각자 음높이와 악구 배열을 충실히 지키며 제 노래를 되풀이한다. 이곳의 새들은 도입부를 나누고 장식적 종결부로 마무리하는 몇 가지 양식에 합의하되 그 안에서 각자 변주를 시도하는 듯하다.

그날 모리포인트 북쪽 샌프란시스코 골든게이트 공원에서 크로스오버드라이브 로(路)의 소리에 귀 기울인다. 여섯 차로의 차량 소음이 공원으로 뚫고 들어온다. 끼익하는 브레이크 음, 경적 소리, 엔진의 먹먹한 고동 소리가 이곳의 소리경관을 규정한다. 이 교통의 동맥 옆에 있는 노숙자 거처 인근 덤불에서 흰정수리북미멧새 한 마리가 노래한다. 긴 음 한 번 다음에 피리 소리 일곱 번. 장식음이나 윙윙 소리는 없다. **이-투투투투투투투**. 포장된 인도를 따라 서쪽으로 걸어 차량 소음에서 벗어난다. 흰정수리북미멧새 두 마리가 더부룩한 풀숲 옆 덤불에서 노래한다. 첫 번째와 마찬가지로 한 음으로 시작하여 윙윙 소리를 생략하고 피리 소리를 여러 번(둘 다 열 번 이상) 낸다. 또한 피리 소리 소절을 높고 힘찬 **스티!** 소리와 마지막의 **투**로 양분한다. 한 마리는 **스티**를, 다른 한 마리는 **투**를 더 많이 되풀이한다.

집에 돌아와 노트북을 열고서, 마이크를 휘두르는 탐조인(探鳥人) 수천 명의 도움으로 북아메리카 전역에 서식하는 흰정수리북미멧새 노래의 변주 속으로 상상의 여행을 떠난다. 웹사이트 두 곳이 나의 관문이다. 둘 다 조류 애호가들이 올린 현장 녹음을 방대한 소리 데이터베이스로 취합했다. 코넬 대학교 조류학연구소 매콜리도서관의 과학자들은 1920년대부터 소리를 수집하고 보관했다. 과학자와 자원봉

사자들이 수집한 현장 녹음은 현재 17만 5000점을 웃돈다. 네덜란드의 조류학자들이 2005년 개설한 웹사이트 지노칸토(Xeno-canto)는 전세계 탐조인과 과학자들로부터 녹음을 취합한다. 현재 50만 점 넘는 소리가 보관되어 있다. 두 보관소에는 소리의 단편들이 마이크로칩 콘덴서와 트랜지스터 수십억 개의 전하로 저장되어 있다. 클릭 한 번에 내 귀는 생명의 대화가 담긴 실리콘 기억들을 누비며 날아다닌다.

매콜리도서관에서의 첫 번째 검색 결과는 알래스카주 디날리 고속도로에서 녹음된 것이다. 2015년 6월 14일 밤 맥과이어가 녹음한 흰정수리북미멧새 노래는 두 개의 도입부 음, 일정한 음조 중간에 두 번 빠르게 흔들리는 두 번째 음을 거쳐 주파수를 올렸다 내렸다 하는 윙윙 소리 세 번으로 마무리된다. **이-이-디들-위-비-투**. 피리 소리도, 트릴도 없다. 콜로라도와 캘리포니아의 새들과 비교하면 혁신적 **디들**을 양념으로 곁들인 짜깁기다.

지노칸토 지도에서 알래스카를 확대하여 데이터베이스의 녹음 위치를 알려주는 색색의 점을 클릭한다. 사람들이 상쾌한 알래스카 여름에 버드나무, 전나무, 가문비나무 내음을 맡으며 새소리를 녹음하는 상상을 한다. 각각의 녹음은 사람들이 다른 종을 이해하고 존중하려고 다가가는 과정에서 포착되고 공유된 순간이다. 이 녹음 속 새들은 모두 맥과이어가 녹음한 노래의 변주를 들려주며, 각각은 도입부 음과 윙윙 소리의 주파수에 의해 구별되지만 모두가 동일한 전체 패턴을 공유한다. 서쪽의 놈으로, 동쪽의 유콘으로 스크롤하며 손동작 한 번으로 산맥을 훌쩍 뛰어넘어도 전반적으로 똑같은 노래 양식이 들린다. 다만 놈의 몇몇 새들은 두 번째 음을 지저귀는 소리로 바꿨다.

그다음 남쪽의 오리건으로 스크롤한다. **이-디들-윙윙-투**. 또 다른 리믹스다. 윙윙 소리가 노래 초반에 들렸다가 재빠른 피리 소리가 마지막에 덧붙는다. 오리건의 다른 새들은 도식을 따르되 피리 소리를 좀 더 곁들인다. 조금 북쪽으로 시애틀 근처에 가면 새들이 두 번째 윙윙 소리를 내뱉고 피리 소리를 오리건 새들보다 더 장식적으로 약간 변화시킨다.

흰정수리북미멧새의 번식 장소는 북아메리카 북단 전역의 북방림과 툰드라 가장자리의 떨기나무 서식처 아니면 서쪽 산지와 태평양 연안을 따라 낮은 초목과 풀이 뒤섞인 지대다. 이곳은 약 300만 제곱킬로미터에 이르는 드넓은 면적으로, 흰정수리북미멧새 약 8000만 마리의 보금자리다. 흰정수리북미멧새 노래의 다양성은 수많은 무리 속에서 그들의 삶, 층위, 짜임이 얼마나 복잡한가를 조금이나마 보여준다.

여행에서 얻은 소리 기억과 다른 사람들이 유랑하다 남긴 전자적 선물에 귀 기울이며 우리 문화와 개인의 삶 속에서 그토록 풍성한 인간 소리란 실은 동물 종에서 소리의 창조적 작용이 발현한 한 가지 사례에 불과함을 실감한다.

귀를 통해 세대에서 세대로

철새인 흰정수리북미멧새는 미국 남부에서 겨울을 나면서 툰드라와 북방림의 취향을 테네시의 들판과 정원에 들여온다. 휴경 중인 목화밭과 옥수수밭의 덤불 가장자리에서 지난여름 풀과 허브 씨앗의 부스러기를 모으고 흙에서 곤충을 쪼아 먹는다. 철새이기에 어두운 달만 이곳에 머물다가 북쪽 번식지로 돌아간다.

이들의 친척 흰목참새도 이곳에서 겨울을 나는데, 하얀 가슴, 눈 위의 노란색 무늬, 흰정수리북미멧새에 비해 덜 선명한 머리 줄무늬로 구별할 수 있다. 흰정수리북미멧새는 들판을 좋아하고 흰목참새는 숲 가장자리와 시골 정원의 더 울창한 식생을 좋아한다. 이 선호는 번식처의 차이 때문으로, 흰정수리북미멧새는 북극권 북쪽의 무목지대를 비롯한 탁 트인 관목 지대에서 번식하는 반면 흰목참새는 북방 관목림, 습지, 숲 가장자리에서 번식한다.

테네시의 겨울은 대체로 미지근하여 기온이 대부분 영상에 머물기에 곤충의 삶이 완전히 멈추는 일은 별로 없다. 2월 하순에는 들판에서 광대나물과 유럽나도냉이의 첫 꽃이 나타나고 곧 먹을 수 있는 씨앗이 맺힌다. 강인한 북부의 새들에게는 식은 죽 먹기인 삶이다.

날이 길어지면 노래가 시작된다. 햇빛이 새들의 두개골에 스며들어 뇌 속에 묻혀 있는 수용체를 적신다. 빛을 내는 수용체가 혈액에 호르몬을 담가 뇌의 결절에 허파와 울음관을 자극하라는 신호를 보낸다.

새들은 봄철의 활력이 솟구치는 것을 느끼고서 고개를 들어 노래한다. 겨울에는 새들이 적어도 아홉 가지의 짧은 부름소리로 소통하는데, 각각 맥락에 따라 다르며—홀로 앉아 있거나 날 때는 **핑크** 소리, 다른 새들을 만날 때는 짧은 트릴, 서로 쫓아다닐 때는 긁는 소리—아주 이따금씩만 노래를 토해낸다. 하지만 봄이 되면 (특히 수컷들에서) 노래 횟수가 급증한다.

새들의 부리에서 흘러나오는 노래는 즐거운 기쁨의 원천이다. 나는 정원에서 땅을 파다가 일손을 멈추고, 시골길을 걷다가 걸음을 멈추고 미소 짓는다. 어린 흰정수리북미멧새들이 노래를 연습하고 있다. 유아 음성의 귀여운 옹알이처럼, 새들의 뒤죽박죽 실험이 새로움과 유희의 느낌을 불러일으킨다.

어린 흰정수리북미멧새는 성체의 도입부 음처럼 휘파람 소리를 두 번 내지만 음이 일정하게 유지되지 못하고 떨린다. 또 한 마리는 (역시 흔들거리는) 휘파람 소리를 한 번 낸 뒤에 거친 피리 소리를 세 번 낸다. 성체의 **투**가 아니라 **티-이-루**다. 세 번째 새는 여는 휘파람 소리를 일정하게 낸 뒤에 피리 소리 다섯 번을 내는데, 처음에는 청명하다가 더 듬더듬 갈라진다. 새들은 자신의 악구를 거듭하되 빠르기를 조금 바꾸고 휘파람 소리 뒤에 멈추거나 종결부 피리 소리를 줄인다. 이 어린 새들의 음성은 단번에 흰정수리북미멧새의 것으로 인식할 수 있으나, 성체의 노래와 비교하면 배열이 무질서하고 음높이가 불안정하고 악구와 악구가 일정하지 않다.

뒤죽박죽 비틀비틀 하는 것은 새끼 흰목참새도 마찬가지다. 성체의 노래는 분명한 음들이 연쇄적으로 울려퍼지는데, 긴 음 두 번 다음에 세 번째 음은 셋잇단음으로 나뉜다. **오오-스위트-캐나다-캐나다**. 첫 음은 대체로 낮지만 새에 따라서는 높은 음으로 시작하여 내려가기도 한다. 두 번째 음은 일정한 것에서 약간 흔들거리는 것까지 다양하다. 흰목참새는 북아메리카 동부의 북쪽 숲에서 둥지를 틀고 남부 주 전역에서 겨울을 난다. 이 넓은 지리적 범위와 노래의 순수한 음색 덕에 흰목참새는 이 지역에서 가장 유명한 공중 소리꾼이요, 남부에서는 겨울의 끝을, 북부에서는 여름의 시작을 알리는 음향 표지판이다.

캐-나 캐나 카. 첫 봄을 맞은 새끼 흰목참새들이 성체의 노래를 뒤죽박죽 불안정하게 흉내 낸다. 그들의 머뭇거림, 혁신, 오류를 보면 유아의 옹알이가 분명히 연상된다. **오-스위-스위 스위트-캐나**. 나는 배움, 놀이, 실험, 성숙을 듣는다. 내가 이 소리에 기뻐하는 것은 현재의 안녕과 미래의 가능성을 나타내기 때문이다. **오오-스위-이-이트**.

테네시에서 들리는 소리는 새끼 흰목참새의 음성 발달에서 후반부에 국한된다. 여전히 북부 번식지에 있긴 하지만, 둥지를 떠난 직후 그들은 높은 음으로 도막도막 속삭이는데, 가까이서도 간신히 들릴 정도다. 새들은 중얼거리는 동안 무아지경에 빠진다. 깊은 잠에 빠진 듯 눈꺼풀이 처지고 몸이 늘어진다. 이것은 행복 호르몬 옥시토신에 취한 상태인지도 모른다. 이 화학 물질은 조류와 포유류의 발성 학습을 자극하고 조절한다는 사실이 밝혀졌다. 몇 달에 걸쳐 이 최초의 노래 실험은 점차 커지고 체계화되며 무아지경은 그들의 삶에서 사그라든다. 성체가 되어 잠들었을 때 어릴 적 감미로운 기억으로 잠깐 나타날 수는 있겠지만.

인간과 마찬가지로 흰정수리북미멧새들은 남들의 소리를 듣고서 발성 형태를 배운다. 그들의 노래는 DNA에 부호화된 가닥으로서가 아니라 연장자의 노래에 귀 기울이는 젊은 새들의 쫑긋 세운 귀를 통해 세대에서 세대로 전해진다. 로키산맥의 흰정수리북미멧새가 캘리포니아의 흰정수리북미멧새와 다른 소리를 내는 주된 이유는 유전자가 노래를 다르게 진화시켜서가 아니라 학습을 통해 전수되는 노래 형태가 갈라졌기 때문이다.

발성을 사회적으로 학습하는 것은 동물에게는 드문 일이다. 많은 곤충의 경우 성체는 새끼가 성숙하기 전에 노래를 중단했거나 이미 죽은 지 오래다. 난바다에 알을 낳는 어류나 흙에 알을 낳는 곤충 같은 종의 경우 새끼들이 발달하는 곳은 성체가 노래하는 곳과 다르다. 하지만 세대가 겹치는 종들조차도 소리를 주로 빚어내는 것은 유전자다.

굴두꺼비고기는 부화한 뒤 첫 몇 주를 아비의 둥지에서 그의 꺽꺽 소리에 둘러싸여 지내지만 알을 아비 없이 실험실에서 길러도 성체가 되었을 때 정상적으로 노래한다. 선생 없이 자란 수평아리는 성체 곁에서 자란 것 못지않게 훌륭히 꼬끼오 하고 운다. 포획되어 인간 실험자에 의해 다른 종의 노래에만 노출된 솔딱새는 한 번도 들어보지 못한 자기 종의 노래를 완벽하게 뽑아낸다. 실험자에게 귀청이 뚫려도 똑같이 노래한다. 다람쥐원숭이는 귀가 먹었어도 정상적으로 발성한다.

부모가 마지막으로 공기를 노래로 채운 지 17년 뒤 배우지 않고 노래하는 주기매미는 알려진 모든 곤충 발성의 특징인 유전적 전달을 보여주는 극단적 사례다. 어떤 종은 다른 종의 노래를 구별하는 법을 배우지만—이를테면 개구리는 소리로 경쟁자를 식별하고 영장류는 소리의 의미를 학습하는 데 능하다—듣기와 흉내 내기로 소리를 배우는 동물은 거의 없다.

지금껏 알려진 유일한 예외는 조류와 포유류다. 벌새, 앵무, 일부 명금은 노래를 배운다. 조류 계통수의 이 가지들은 수천만 년 전에 갈라졌으며 세 가지 발성 학습 방식을 대표한다. 대부분의 포유류 종에서 사회적 학습은 포식자 회피, 먹이 찾기, 사회적 관계 조율하기, 짝 고르기 등에 치중한다. 소리 내기는 대부분 선천적이다(많은 종이 사회적 맥락에 따라 이 타고난 소리의 쓰임을 변경하는 법을 배우긴 하지만). 예외로는 박쥐, 코끼리, 일부 물범, 고래, 그리고 한 종의 유인원—인간—이 있다.

우리와 가까운 친척인 침팬지, 보노보, 고릴라는 정교한 문화를 가졌지만 이것은 음성 소통에 기반하지 않는다. 이러한 발성 학습 포유류 집단은 밀접하게 연관되지 않았으며 집단마다 독자적으로 발성 학습이 진화되었을 가능성이 크다. 조류는 고래, 코끼리, 물범에 비해 현장에서 연구하고 실험실에서 조작하기가 쉽기 때문에 우리가 인간 아닌 동물의 발성 학습에 대해 알고 있는 대부분의 사실은 흰정수리 북미멧새 같은 종에게서 배운 것들이다.

왜 많은 새들과 몇몇 포유류가 발성 학습에 뛰어난가는 수수께끼이지만, 그들의 가까운 친척과 나머지 대부분의 동물 종은 주로 학습되지 않은 내재적 소리로 소통한다. 다른 행동을 학습할 수 있는 방대한 능력을 갖춘 종도 마찬가지다. 어쩌면 학습이 선호되는 것은 발성으로 전달되는 정보가 세대 간에 꽤 달라지는 경우뿐이고 이것은 복잡한 사회 연결망에서 살아가는 일부 종에만 국한되는 것일 수도 있다.

소리가 개체의 정체성을 드러내고 무리와 사회적 집단의 성격이 끊임없이 달라지는 이런 상황에서는 동물이 학습된 발성을 통해 사회적 관계를 더 효과적으로 헤쳐갈 수 있는지도 모른다. 영역 노래, 먹이 발견을 알리는 부름소리, 포식자를 발견했다는 경고음 등 소리의 의미가 비교적 고정된 다른 종들에서는 발성 학습에 어떤 이점도 없으며 오히려 새끼의 학습을 지체시켜 호된 대가를 치르게 할 뿐인지도 모르겠다.

따라서 어린 새들의 재잘거림에서 내가 느끼는 동질감은 계통을 직접적으로 공유하기 때문이 아니라 유추로 인해 생긴 유대감이다. 조류와 인간에게서 학습이 작동하는 세부 과정의 차이는 우리가 발성 학습에 도달하기까지 거친 진화 경로가 서로 다르다는 것을 잘 보여준다. 그럼에도 몇 가지 놀라운 유사성을 찾아볼 수 있다. 각각의 역사에도 불구하고 과정의 통일성이 존재하는 것이다.

내가 정원과 들판에서 듣는 새들은 여섯 달도 더 전인 지난여름에 처음으로 들은 소리를 실험하고 있다. 갓난새끼일 때와 갓 날개가 돋았을 때 그들은 부모와 이웃의 노래에 귀 기울였다. 그들은 무아지경의 속삭임으로만 노래했지만, 깩깩 보채는 소리와 다양한 형태의 **쌕쌕** 음과 트릴을 구사하기도 했다. 그들이 지난여름 들은 성체의 노래에 대한 기억은 이제 자신의 시도를 평가할 잣대가 된다. 새들은 몇 주에 걸쳐 여러 조합을 시험하여 최종판을 추린 뒤 그 노래를 자신의 것으로 쓸 것이다. 이것은 인간이 소리를 배우는 방식과 딴판인 기억술의 위업이다. 우리는 순간순간 듣고 발화하는 주고받기의 방식으로 소리를 가다듬는다(단, 유아는 소리를 따라할 수 있기 전에도 많은 소리를 알아듣는다).

인간 부모와 걸음마쟁이에게 귀 기울여보라. 아이가 어린애 말투로 시도한다. 부모는 미소 지으며 어른 말투로 고쳐준다. 아이가 고집한다. 어른이 다시 한번 되풀이한다. 몇 달, 몇 년에 걸친 이중주는 유아의 말소리를 어른의 형태로 다듬는다. 이에 반해 참새의 듣기와 발성은 시간과 공간 면에서 훌쩍 떨어져 있다. 6월에 퀘벡 북부에서 들은 노래는 새끼 참새의 뇌에서 겨울을 난 뒤에 그해 후반 테네시에서 두 살배기의 머뭇거리는 발성 시도로 되살아난다. 몇 달간의 기억이야말로 참새의 노래를 숙성시키는 선생이다.

흰정수리북미멧새 중에는 이 관계의 예외가 있다. 캘리포니아 연안의 흰정수리북미멧새는 이주하지 않은 채 울창하고 안정된 지역에서 연중 텃세를 부린다. 이 개체군의 새끼는 첫 영역을 마련하면서 이웃의 노래를 배워 이것을 자신이 부화할 때 들었던 노래가 아니라 새 보금자리에서 듣는 노래와 대조한다. 이렇게 성체기 초기까지 학습이 이어지는 것은 영구적 서식처에서 살아가는 명금에게서 흔히 볼 수 있으며 이를 통해 새끼들은 주변의 음향 환경에 더 꼭 맞아떨어질 수 있다. 이웃들은 종종 매기고 받기 노래 경연 대회처럼 악구 대 악구를 맞춰보면서 영역 다툼을 벌이는데, 이것은 자신이 노래의 현지 변이형을 알고 있음을 과시하는 방법인 듯하다. 엉뚱한 소리를 내면 경연에서 탈락한다.

모든 발성 학습자에서 유전자는 학습하고 싶어하(고 학습할 수 있)는 뇌를 만들어내고 각 종을 제 부류의 소리에 미리 친숙해지도록 함으로써 학습 과정을 간접적으로 유도한다. 이 소인(素因)은 사회적 연결에 의해 활성화된다. 실험실에 격리되어 스피커로 소리를 듣는 참새도 노래를 배우지만, 이것은 부화한 뒤 몇 주 동안만 가능하다. 반면에 무리와의 풍성한 사회적 삶에 속해 있는 참새는 몇 달간 끊임없이 들으며 배운다.

테스토스테론은 학습 과정을 중단시킨다. 참새의 첫 봄철에 이 호르몬이 혈액에 스며들면 새끼의 열성적 실험은 이내 최종적 성체 노래로 굳어진다. 하지만 물리적 거세나 화학적 중성화를 통해 테스토스테론을 인위적으로 제거하면 학습 기간이 늘어난다. 테스토스테론은 영역 과시의 연료가 되지만, 이를 위해서는 창조력 압살이라는 대가를 치러야 하는 듯하다.

흰정수리북미멧새와 흰목참새는 한 마리 한 마리가 하나의 변주만 노래하며 그 곡을 평생 수만 번 되풀이한다. 반복할 때마다 곡의 어느 부분을 강조하는지에 조금의 차이가 있고 전체 음의 레퍼토리도 맥락에 따라 달라지지만 곡의 기본형은 인간의 소리 분류법에 따르면 동일하다. 이 일관성은 소통에 유익하다. 모든 새는 동네의 소리를 전부 안다. 모두가 제자리에서 노래하면 문제 될 것이 없다. 그러다 모르는 노래가 울려퍼지거나 낯익은 노래가 엉뚱한 곳에서 들려오면 새들은 공격적 분노에 사로잡혀 분연히 일어선다.

다른 조류 종은 하나가 아니라 여러 변주를 배우기도 한다. 북아메리카 전역의 교외와 시골에 흔한 노래참새는 강조된 음과 트릴의 경쾌한 노래에 대해 8~10가지 변주를 노래하는데, 하나를 여러 번 되풀이한 뒤에 다음으로 넘어간다. 새마다 나름의 레퍼토리가 있다. 귀를 쫑긋 세우고 들으면 주변의 참새 소리 지도를 만들 수 있다. 이 지도는 새소리라는 찰나적 잉크로 허공에 그려져 있다. 그들의 레퍼토리는 인간의 기억에 도전할 만큼 풍성하다. 테네시 정원의 한 지점에서 수컷 다섯 마리의 노래를 들을 수 있는데, 변주가 마흔 곡에 가깝다. 나는 각 소리꾼의 노래 모음을 파악하고 머릿속에 담아두면서 즐거움을 느낀다.

하지만 갈색지빠귀는 인간의 귀로는 감당할 수 없다. 소리꾼마다 최대 2000개의 악구를 지저귀니 말이다. 이 가락을 주거니 받거니 몇 시간 동안 뽑아낸다. 짝이나 갓 성체가 된 새끼가 가까이 있을 때는 더 부드럽게 속삭이듯 읊조리기도 한다. 음향 변이의 일부는 다른 종을 흉내 낸 것인데, 이는 학습이 평생 지속된다는 것을 암시한다. 하지만 대부분의 악구는 자신의 창작물이다. 앵무와 찌르레기는 평생에 걸쳐 발성을 학습하는 것으로 잘 알려져 있다. 이런 유연성은 장수하는 종들의 복잡한 사회생활을 매개하는 데 유익할 테지만, 수 세기 동안 새장에 갇힌 새들에게 인간의 언어를 가르치고서도 우리는 이 새들이 야생에서 배운 소리의 많은 뉘앙스와 의미에 대해 아는 것이 거의 없다.

기억과 재창조

동물이 다른 개체의 소리를 듣고 행동을 관찰하여 이 지식을 통해 자신의 행동을 빚어내는 사회적 학습은 문화로 통하는 관문이다. 유전적 계승은 각 종의 세대길이(length of generation)*에 의해 정해진 빠르

---

* 배아가 번식 가능한 성체로 발달하는 데 걸리는 기간

기로 부모에게서 자식에게 전해진다. 이에 반해 문화적 계승은 친족 관계의 제약을 받지 않은 채 사방으로 흐를 수 있으며 그 속도를 제약하는 것은 동물이 서로를 바라보고 모방하는 데 걸리는 시간뿐이다. 그리하여, 소리를 배우는 동물 종은 경직되고 느린 유전적 계승에 얽매이지 않은 채 소리를 정교화하고 연마하고 다양화하는 새로운 창조적 가능성을 열었다.

흰정수리북미멧새는 최종적 성체 노래를 확정할 때 연장자들에게서 들은 것을 그대로 따라하지 않는다. 오히려 동네의 규범에 들어맞는 노래를 찾고 거기에다 자신의 특징을 (아마도 독특한 변화나 도입부의 주파수로) 담는다. 개별성과 순응의 이 균형은 흰정수리북미멧새의 노래가 제 역할을 하는 데 필수적이다. 현지의 관습과 동떨어진 노래는 잠재적 짝에게 매력을 발휘하지 못하며 영역 다툼에서 상대방을 누르지 못한다. 하지만 다른 새를 그대로 흉내 내면 사회 질서에 혼란을 가져온다.

유전에 대한 변화는 사소한 것일지언정 진화로 향하는 문을 열어준다. 유전적 진화에서는 생식세포 분열과 결합의 일사불란한 춤에서 이루어지는 돌연변이와 DNA 재조합을 통해 변화가 도입된다. 이 유전적 변이는 우연에 의해서든 다윈주의적 선택에 의해서든 개체군 내에서 우세해지거나 열세해진다. 흰정수리북미멧새가 노래를 듣고 기억하여 (자신이 들은 것을 고스란히 베끼지 않은) 노래를 재창조하는 일은 문화적 진화의 연료가 된다.

모든 문화적 변화의 속도는 학습이 얼마나 순응적인지 혁신적인지에 따라 정해진다. 흰정수리북미멧새는 전통주의자라고 할 수 있다. 캘리포니아 연안의 텃새 개체군 중 일부는 같은 종류의 노래를 60년 넘게 불렀다. 지금의 문화적 진화 속도가 앞으로도 계속된다면 북아메리카의 노래 변이형 중 일부는 몇백 년간 이어질 것이다. 이에 반해 미국 동부 숲 가장자리에 서식하는 유리멧새의 노래는 더 가변적이어서 늘 달라진다. 유리멧새는 여섯 개가량의 노래 방식으로 이루어진 레퍼토리를 돌아가며 부른다. 영역을 정하는 새끼 수새는 현지에 자리 잡은 수컷들의 노래 방식 중 하나를 골라 이 나이 든 수컷들에게 다시 부른다. 하지만 신참들은 자신의 노래에 새로운 장식을 곁들이기도 한다. 해가 갈수록 옛 수호자가 죽고 새 집단이 찾아오면서 새로운 방식이 덧붙는다. 10년 만에 한 장소의 노래 방식이 완전히 대체될 수도 있다.

파나마의 노란엉덩이카시크는 문화적 변화의 속도가 더 빠르다. 검은색과 황색 몸통에 단검 같은 상아색 부리를 가진 이 수다쟁이 새는 나무 한 그루에 수십 개의 둥지를 짓는다. 군집 안에서 새들은 5~8곡의 레퍼토리를 부르는데, 서로에게서 모방하기도 하지만 새로운 변주를 창안하기도 한다. 번식기가 시작될 때 인기 있던 변주 중 4분의 3은 1년 안에 사라진다. 노란엉덩이카시크는 휘휘, 잘각잘각, 툿툿 같은 소리를 직접 발명하지만 개구리, 곤충, 다른 조류 종의 소리를 모방하기도 한다. 이 종의 빠른 문화적 진화를 뒷받침하는 것은 사회적 맥락에 신중하게 귀 기울여 군집 구성원의 노래와 주변의 많은 소리를 모방하려는 마음이다. 그렇다면 꼼꼼히 듣기야말로 소리 혁신의 연료인 셈이다.

발성 학습은 소리가 시간의 흐름에 따라 DNA 변화와 독립적으로 변하도록 해줄 뿐 아니라 지리적 다양성을 빚어내기도 한다. 노란엉덩이카시크 군집은 저마다 나름의 소리 모음이 있으며, 이것은 구성원들의 취향에 의해 적극적으로 선별된다. 군집 구성원들은 공유된 레퍼토리를 시끌벅적 옥신각신 주고받으며 동맹과 분쟁을 조율한다. 한 개체가 원래 군집에서 떨어져 나와 이웃 군집에 합류하면 옛 언어를 버리고 금세 새 보금자리의 소리를 받아들인다. 이 새들에게 각각의 둥지 나무는 독자적 문화 단위로, 그 경계는 모든 군집 구성원이 같은 소리를 배우고 써야 한다는 규정에 의해 만들어진다.

흰정수리북미멧새 노래의 경우 지리적 변이의 범위는 이주 행동에 따라 달라진다. 흰정수리북미멧새들이 1년 내내 안정된 영역에서 살아가는 캘리포니아 연안에서는 노래가 작은 범위들로 짜여 있으며, 때로는 영역 몇 곳만을 아우를 때도 있다. 동네를 이루는 모든 개체는 비슷한 휘휘 윙윙 투투 패턴을 공유한다(수컷마다 자신만의 특징을 곁들이기는 하지만).

소리의 섬세한 파벌적 지리 분포는 노란엉덩이카시크의 나무 중심 문화 세계와 마찬가지로 신참의 행동이 낳은 산물이며, 이것 자체는 암컷의 성 선호와 수컷의 영역 쟁탈 규칙이 낳는 결과다. 첫 영역을 차지한 어린 수컷은 자신의 노래 양식을 사회 규범에 맞춰야 하는데, 이 것은 강력한 순응 압력이다. 각 동네는 화재로 땅이 말끔해지고 원래 살던 흰정수리북미멧새들이 밀려난 뒤 식생이 회복되었을 때 세워졌 을 것이다. 재생된 서식처를 차지한 흰정수리북미멧새들은 자신들의 독특한 노래를 들여왔으며, 이 노래는 각 동네 특유의 문화적 변이로 서 전수되었다.

이렇듯 연안의 문화 단위가 작은 규모인 것은 노래 방식들의 조각 보를 만들어내는 소규모의 교란 때문이다. 화재 같은 재난이 일어나 지 않는 시기에는 순응주의자 흰정수리북미멧새 사회 안에서 발성 학습을 통해 각 동네 안의 노래 차이가 유지된다.

산지나 북방림 가장자리 출신의 흰정수리북미멧새들은 겨울마다 남쪽으로 이주하기에, 안정된 공동체를 이뤄 살아가지 않는다. 그들 의 노래는 지역마다 다르지만 그 규모는 수십 미터가 아니라 수백 킬 로미터다. 이것은 분포 범위가 넓은 이동성 조류 특유의 패턴이다.

여행의 즐거움 중 하나는 각 조류 종의 지역적 변이형을 듣는 것이 다. 친숙한 길의 바깥으로 발을 디디면 친숙하게 듣던 노래에 새로운 변화가 더해지거나 특이한 요소가 덧붙는다. 이러한 소리의 지리는 종마다 규모와 짜임이 다르며, 각 종의 창조성과 순응성이 어떻게 균 형을 이루는가에 따라 정해진다. 가장 조밀하고 지방색 짙은 지리적 분포를 나타내는 것은 대부분 거의 이동하지 않고 새끼들이 근처에 자리 잡는 집돌이들이다.

샌프란시스코 베이에어리어에서 아침 산책을 하다보면 흰정수리북미멧새의 동네 여러 곳을 지나치게 된다. 하지만 노래참새에게서 이 정도 변이를 들으려면 수백 킬로미터를 운전해야 할 것이다. 흰정수리북미멧새는 뚜렷한 지방 사투리가 없지만, **오오-스위트-캐나다-캐나다**를 **오오-스위트-캐나-캐나**로 바꾸는 새로운 변주가 지난 20년간 대륙을 휩쓸었는데, 그 전파 속도에는 흰정수리북미멧새의 장거리 이주 행동이 한몫했다.

새소리의 이러한 지리적 변이는 규모가 어떻든 종종 사투리로 간주된다. 하지만 이 낱말에는 인간적 의미가 너무 깊이 배어 있어 음성을 학습하는 조류들에서 나타나는 문화적 변이의 여러 층위를 듣는 데 장애가 된다. 카시크는 일주일 단위로 혁신하고 변화하며 군집 나무마다 나름대로 달라지는 인기곡 흐름이 있다. 이것은 사투리보다는 40대 명곡 선곡표에 가깝다. 캘리포니아의 흰정수리북미멧새는 가장 체계적으로 구성된 인간 언어보다도 많은 사투리를 좁은 면적에 욱여넣는다. 흰목참새는 서식 범위에 걸쳐 무척 한결같이 노래하기 때문에, 새로운 변주는 단일한 이념이나 캐치프레이즈의 전파에 비길 수 있을 것이다.

그렇다면 문화는 각 종에 고유한 형태로 소리를 다양화할 수 있다. 이렇게 함으로써 문화는 자신의 힘을 유전적 진화의 힘과 결합한다. 이를테면 흰정수리북미멧새의 트릴 속도는 부분적으로 문화의 산물이자 부분적으로 부리 크기의 유전적 진화가 낳은 산물이다. 새들은 소리 장식이 인기를 끄는 곳에서는 트릴을 하고 그렇지 않은 곳에서는 휘파람 소리와 피리 소리를 고집하는데, 이것은 학습된 행동이다. (현지 먹이에 유전적으로 적응한 결과로) 부리가 큰 새는 아주 빨리 트릴을 할 수 없기 때문에 그들의 노래에는 부분적으로 부리 크기가 반영되며 이것은 대체로 유전자에 의해 정해지는 특징이다.

음성 문화는 유전적 진화에 다시 엮여 들어갈 수도 있다. 캘리포니아 연안의 흰정수리북미멧새들은 첫 가을을 맞아 일찌감치 안정된 동네에 자리 잡는다. 따라서 그들은 자신이 여생을 살아갈 보금자리의 소리에 재빨리 어우러져야 한다. 하지만 산지의 흰정수리북미멧새들은 부모의 번식지를 떠났다가 봄이 되면 자신이 부화한 장소가 아니라 예측할 수 없는 번식지로 돌아온다. 그들은 흰정수리북미멧새 종의 드넓은 번식지 범위에 걸친 넓은 지역들 중 하나에 정착하는데, 그 선택은 기회와 우연의 변덕에 좌우된다. 각 흰정수리북미멧새 개체군의 뇌는 그러한 생활사의 요구에 걸맞은 학습 메커니즘을 진화시켰다.

연안의 새들은 비교적 늦게 노래를 배우기 시작하여 자신의 노래를 새 영역에 적응시키는 가을 시기까지 학습을 이어간다. 그들의 학습은 집중적이고 정확하며 사회적 맥락에 맞는 단일한 최상의 선택지를 골라낸다. 이에 반해 산지의 새들은 일찍 노래를 배워 부화와 이주 사이의 단 몇 주 동안 다양한 노래 후보들을 고른다. 그들은 이 다양한 변주를 외웠다가 때가 되면 여러 변주를 연습하여 번식지에 도착했을 때 성체 노래를 확정한다.

학습 시기와 길이의 이러한 차이는 실험실의 포획 조류에서도 유지되는데, 이는 진화가 신경계를 노래가 불리는 사회적 맥락에 맞도록 빚어냈음을 뜻한다. 개체군이 서로 다른 멧새들은 자기 지역의 노래에 주목하고 학습하는 유전적 성향도 지니고 있다. 이 선호는 멧새가 가장 적절하고 유용한 소리에 집중할 수 있도록 진화했을 것이다. 유전자는 학습할 수 있고 학습하고 싶어하는 동물 몸의 청사진을 마련함으로써 문화를 가능케 한다. 문화는 일단 발전하면 자신의 문화적 환경에 가장 알맞은 청사진을 선호함으로써 유전자를 빚어낸다.

문화가 유전적 진화에 영향을 미칠 수 있는 가장 극적인 방식은 종분화를 일으키는 것이다. 번식기의 노래는 선호와 노래가 비슷한 동물과 짝을 이루고 취향과 발성 과시가 다른 동물을 배제하는 역할을 한다. 유전적 진화에서와 마찬가지로, 선호와 노래가 비슷한 동물이 뭉치면 이런 성적 관계가 개체군을 갈라 둘 이상의 유전자 풀을 만들어낼 수 있다. 시간이 지나면 이러한 차이로 인해 신종이 생겨날 수 있다. 이것은 선호와 노래의 계승이 유전적인지 문화적인지와 전혀 무관하다. 중요한 것은 노래의 형태와 그에 대한 성적 선호 사이에 연관성이 발전하느냐는 것이다. 그렇게 되면 개체군은 끼리끼리 번식하고 남들을 따돌리는 파벌들로 쪼개질 수 있다.

노래의 문화적 진화

반세기 넘도록 과학자들은 노래 학습이 종 분화를 일으킬 수 있는지를 연구했다. 여기서 밝혀진 사실은 새소리 유형에서 나타나는 문화적 차이가 널려 퍼져 있긴 하지만 이것은 개체군 사이의 유전적 차이와 이따금씩만 연관된다는 것이다. 흰정수리북미멧새는 가장 분명한 사례 중 하나다. 캘리포니아 북부와 오리건 남부에서는 캘리포니아 연안의 텃새 개체군과 퍼시픽노스웨스트의 철새 개체군이 만난다. 각 개체군은 나름의 노래 '사투리'가 있는데, 북부의 새들은 휘파람 소리가 긴 반면에 피리 소리와 트릴은 짧다. 소리 재생 실험을 했더니 새들은 자신의 사투리에 더 적극적으로 반응했다. 이는 공유된 노래가 각 개체군을 통합하고 다른 개체군과 분리한다는 사실을 시사한다. 하지만 두 개체군이 섞이는 넓은 영역에서는 이러한 행동상의 차이가 미미했다. 이는 노래의 문화적 차이가 실제로 개체군의 분리를 유지하는 듯하기는 하지만 광범위한 접촉이 이루어지는 영역에서는 이 요인이 약해질 수 있음을 암시한다.

발성 학습은 분리된 개체군들을 연결하는 융통성을 어느 정도 공급하여 종 분화를 늦춘다. 암새들은 이따금 고향의 노래 유형을 선호하지만, 이 선호는 보편적이지 않으며 다른 노래 변이형을 접하면 없어질 수도 있다. 따라서 노래 유형들이 균일한 샌프란시스코 인근의 한 동네에서는 암컷들이 친숙한 노래를 선호하여 순응성을 강화할 가능성이 크다. 북쪽으로 오리건주 경계선에서는 암컷들이 많은 노래 유형을 듣기 때문에 취향이 더 보편적이고 유연하며, 다른 지역 출신의 수컷을 선택할 가능성이 있다. 수컷의 경우에도 문화는 지리적 차이를 누그러뜨릴 수 있다. 첫 영역을 마련하는 어린 수컷은 동네의 양식에 맞게 자신의 노래를 다듬음으로써 부모의 유산으로부터 부분적으로 벗어날 수 있다. 그는 유전자에 얽매여 있지만 학습을 통해 새로운 발성 정체성을 찾을 수 있다.

음성 문화는 개체군의 진화적 분리를 촉진하거나 지연시키는 역할 이외에도 위험에 처한 종을 멸종에 더욱 취약하게 만들 수 있다. 개체군 밀도가 너무 낮아지면 동물이 서로를 찾기가 힘들어지며 어린 새들이 종의 노래를 온전히 배우지 못한다. 이를테면 오스트레일리아 블루산맥에서는 몸이 검은색과 황금색이고 꽃꿀을 먹는 조류인 으뜸꿀빨기새의 개체수가 수백 마리까지 줄었다. 그런데 최근 상당수가 다른 종의 노래를 비롯하여 특이한 노래를 부르기 시작했다. 지난 몇십 년간 녹음한 것과 비교하면 지금의 새들은 노래가 더 단순해졌다. 적절한 선생이 없어서 어린 새들은 다른 종의 소리를 훔치거나 제멋대로 지어낸다. 이렇게 기형이고 종종 엉성한 노래를 하는 수컷들은 암컷에게 매력이 떨어진다.

그렇다면 멸종 위기에 처했을 때는 노래의 사회적 학습이 멸종 요인으로 작용할 수 있다. 카우아이섬 하와이꿀빨기멧새의 개체수가 줄면서 노래의 다양성이 급감했는데, 이것은 노래 학습의 문화적 풍성함을 지탱하던 사회적 연결이 끊어진 탓일 것이다. 멸종 위기를 맞은 고래도 개체군이 위축할 때 문화적 다양성을 상실하는 듯하다. 이런 상실의 소리는 멸종 위기종이고 개체수가 감소하고 있는 향유고래와 범고래에서도 들렸다. 하지만 20세기 전 고래의 음성 다양성 기록이 전혀 없으므로 상실의 전체 규모는 알 수 없다. 아마도 원래 규모의 10퍼센트 이하로 급감한 종에서는 음성 다양성의 감소가 심했을 것이다.

발성 학습과 문화적 진화를 갖춘 인간 아닌 동물을 통틀어 가장 잘 알려진 사례 중 하나는 흰정수리북미멧새다. 이 종의 지리적 소리 변이는 새소리를 조목조목 분석하는 데 익숙하지 않은 사람의 귀에도 명백하다. 흰정수리북미멧새는 모든 발성 학습 종의 문화적 가능성을 들여다볼 수 있는 상상의 창을 제공한다(대부분의 종은 학계에서 연구되지 않았다). 동물 마음속의 창조적 충동에 의해서든 각 세대가 연장자에게 학습하는 과정에서 모방한 오류가 단순히 쌓이기 때문이든, 발성 학습이 일어나는 곳에서는 어디서나 문화적 진화가 벌어질 수 있다. 이 문화적 변화로 인해 소리는 시간이 지남에 따라 변화하며 풍성하게 짜인 지리 속으로 뻗어 나간다.

조류는 가장 면밀히 연구된 사례이지만, 지리적 변이는 해상 포유류 같은 발성 학습자들 사이에서도 흔하다. 이를테면 혹등고래의 새로운 노래 변이형은 몇 달 만에 해분을 가로질러 퍼지며, 종종 오스트레일리아 앞바다의 혁신 지대―고래 소리 다양성의 산실―에 서식하는 고래들에게서 시작되어 전 세계로 퍼져 나간다. 왜 바다의 한 지점에서 고래의 새로운 노래가 그토록 많이 기원했는가는 알 수 없다. 특정 변주를 노래하는 고래들 사이에서 변이가 급속히 퍼지는 이유도 마찬가지다.

향유고래, 범고래, 돌고래 같은 이빨고래 소리의 문화적 변이는 부모에게서 새끼, 무리, 넓은 지역에 이르기까지 종 안의 미묘한 관계 서열을 보여준다. 이를테면 향유고래는 수천 킬로미터에 걸친 모계 집단에서 살아간다. 수십 년에 걸쳐 안정적으로 유지되는 이 모계는 각 집단에서 새끼가 연장자들에게 배우는 공유된 발성 패턴에 의해 단합할 것이다. 향유고래는 우렁찬 딱딱 소리를 짧게 내뱉으며 소통한다. 고래들이 가까이 모여 있을 때 이 딱딱 소리 펄스는 인간 친구들이 주말에 모여 시끌벅적 신나게 수다 떠는 것처럼 들린다.

고래마다 음성이나 억양—딱딱 소리를 조합하는 독특한 방식—이 다른 듯하다. 이 개별성의 이면에는 더 넓은 공간적·사회적 구조가 있다. 모계는 저마다 나름의 딱딱 소리 방식이 있으며 이것은 그 자체로 지역 '사투리'의 일부다. 태평양에서는 이 사투리 집단의 구역이 겹치지만 각 집단의 고래들은 서로 교류하지 않는데, 마치 '틀린' 딱딱 소리를 내는 고래와 어울리기를 거부하는 듯하다. 대서양에서는 각 사투리 집단의 고래들이 바다에서 서로 겹치지 않는 구역 안에 머무른다. 향유고래가 딱딱 소리를 내면 다른 고래들은 그 지역, 가족, 개별 정체성을 즉시 알아차릴 수 있을 것이다. 우리 인간이 말소리를 듣고서 상대방의 신원과 이력을 유추할 수 있듯 말이다.

이따금 문화적 진화가 종 경계를 넘기도 한다. 앵무, 금조, 흉내지빠귀를 비롯한 많은 조류는 다른 종의 소리를 훔쳐 자신의 소리 창조물로 엮어낸다. 오스트레일리아금조의 경우 이 소리는 세대 간에 문화적으로 전수된다. 금조는 1934년 사람에 의해 태즈메이니아에 유입되었을 때 새로운 보금자리에 채찍새가 살지 않는데도 예전 노래를 외워두었다가 흉내 과시의 일환으로 되풀이했다. 30세대가 지난 뒤 개척자 금조의 후손들은 앞선 세대에게서 물려받은 채찍새 노래를 여전히 부르고 있었다.

❀

인간 아닌 동물의 소리는 우리 인류의 문화 속으로 울타리를 넘어 들어오기도 한다. 혹등고래 소리의 녹음이 한 세대의 생태 운동가들에게 영감을 주었을 때, 시벨리우스에서 핑크 플로이드에 이르는 음악가들이 새소리를 곡에 짜넣었을 때, 우리가 깍깍, 짹짹, 음매 하는 의성어를 쓸 때, 경찰 사이렌에 늑대들이 울음소리로 화답할 때 다른 종에서 비롯한 동물 소리의 조각들은 인간의 상상력에 자리 잡고는 듣기, 기억하기, 반응하기의 그물망을 통해 퍼져 나간다.

문화적 진화는 부모에서 자식에게로의 계승보다 더 포괄적인 학습 관계망으로—종 안에서 또한 종을 뛰어넘어—동물을 연결한다. 거미줄 같은 이 정보 흐름은 척추동물의 DNA가 잃어버린 진화의 유연성을 다시 깨운다. 수십억 년 전 우리의 세균 조상들은 물속 환경을 통해 유전자를 자유롭게 교환했다. 이것은 한 세포의 DNA를 다른 세포에 전달하고 전달받는 주고받기였다. 이 움직임은 훗날 복잡한 동물의 유전자 전달 방법이 되는 생식세포 분열과 부모 유전의 제의에 구애받지 않았다. 문화적 진화는 유전적 계승의 법칙에서 풀려나 잃어버렸던 진화의 속도와 유연성을 되찾았으며 그 덕에 행동은 학습 과정을 통해 한 동물에서 다른 동물로 도약할 수 있게 되었다.

물론 여기에는 한계가 있다. 유전자와 해부학적 제약은 동물이 주목하고 복제하는 행동에 제약을 가한다. 흰정수리북미멧새는 도래까마귀의 부름소리를 배우지 않을 것이고 고래는 굴뚜꺼비고기를 흉내내지 않는다. 이 경계 안에서 문화적 진화는 샘플링하고 리믹스하고 연결하면서 우리 세균 조상들의 진화적 민첩성을 조금이나마 되살린다.

문화와 언어를 가진 존재가 수없이 많다

명금과 인간의 마지막 공통 조상은 2억 5000만 년 전 이전으로 거슬러 올라간다. 조류의 뇌와 포유류의 뇌는 이 분기(分岐) 이후로 각자의 길을 걸었으며 이는 감각과 경험의 평행 세계로 이어졌다. 새들은 포유류보다 빽빽한 신경을 두개골에 욱여넣는다. 새들의 작은 뇌에는 훨씬 커다란 영장류 못지않게 많은 세포가 들어 있다. 앞뇌(전뇌)의 주름과 층도 형태가 달라서, 포유류는 위계적 층을 이루는 반면에 조류는 결절로 뭉쳐 있다. 하지만 계통이 오래전에 갈라졌음에도 발성 학습은 몇 가지 비슷한 과정으로 수렴했다. 사회적 학습에는 보편적 성질이 있다.

이 유사성 중 첫 번째는 우리가 유아와 새끼 새의 옹알이를 들을 때 분명히 드러난다. 우리 부모의 말에 따르면 반세기 전 나는 **고양이**(cat)와 **초콜릿**(chocolate)을 발음하는 데 필요한 정교한 혀와 입술 운동을 구사하지 못했기에 나의 유아기 음성에서 고양잇과 동물은 **버프**(vuff)였고 간식은 **클로클럭**(clockluck)이었다고 한다.

흰정수리북미멧새의 트릴도 이처럼 새끼의 능력 밖이어서 어린 새들은 끽끽거리고 윙윙거리면서 조금씩 유창해진다. 하지만 운동 조절이 성숙의 유일한 측면은 아니다. 어린 새와 인간의 소리는 질서, 빠르기, 형태 면에서 성체보다 다양하며 의미 전달의 규칙에 구애받지 않은 채 흘러나온다. 성숙은 이 폭넓은 청소년 소리를 정확한 성체 형태로 가지치기하는 과정이다.

나이를 먹을수록 발성 학습이 힘들어지는 것도 조류와 인간의 공통점이다. 나이 든 흰정수리북미멧새는 새로운 노래를 받아들이지 못하며 성인은 새로운 언어를 초보 수준에서 배우는 데에도 애를 먹는다. 반면에 유아는 어느 언어를 접하든 쉽게 숙달한다.

조류와 포유류가 발성을 배울 때 경험하는 까부르기와 깎아내기는 다른 생물에서도 생장과 성숙의 형태를 결정하는데, 이것은 다른 시간 척도에서 일어날 수도 있다. 나무의 잔가지는 수만 가지 방향으로 뻗어 나간다. 그중 몇 가닥만이 튼튼한 가지로 성숙하며 나머지는 떨어져 벌레 먹이가 된다. 동물의 몸은 부분적으로 초기의 과다 성장을 통해 발달하는데, 이렇게 과잉 성장한 부위는 세포 자살에 의해 떨어져 나간다. 자연선택에 의한 진화는 처음에는 생식과 돌연변이를 통해 유전적 변이를 증가시킨 뒤, 물리적·사회적 환경에서 승자가 가려짐에 따라 가능성의 범위를 좁힌다. 이 페이지에 있는 낱말들도 서사와 비유의 수백 가지 조합과 더불어 수많은 낱말들을 솎아낸 뒤 남겨진 극소수다. 아서 퀼러 쿠치가 작가들에게 건넨 명언 "살애(殺愛)하라 (Murder your darlings)"는 본의 아니게 생명의 여러 창조적 과정을 간파한 탁견이었다.

조류와 포유류 둘 다 음성의 지각과 기억을 관장하는 부위와 발성을 관장하는 부위가 다르다. 듣기, 기억, 행위는 각자 저마다의 공간에 고립되어 있으며 그 작용은 인간에서나 새에서나 비슷하다. 뇌의 지각 중추는 각 종에 가장 적절한 소리에 맞춰져 있다(그 메커니즘은 아직 밝혀지지 않았다). 이 중추들은 근육과 신경을 관장하는 뇌 부위에 소리 정보를 전달한다. 뇌의 이 되먹임 고리 밑바탕에는 뇌를 만드는 유전자가 있다. 인간 언어에 무척 중요한 *FOXP2* 유전자는 명금의 뇌에서 발성 학습 경로가 초기 발달하는 데에도 중요하다.

흰정수리북미멧새와 유아의 옹알이에서 우리는 깊이 묻힌 통일성을 듣는다. 인간과 명금의 성숙한 뇌는 형태가 매우 다르지만, 발성 학습에 필요한 신경망의 일부는 같은 유전자에 의해 만들어진다. 학습의 패턴과 과정도 비슷하다. 그렇다면 우리가 새들의 떨리는 미숙한 노래를 듣고 미소를 짓는 것은 단순히 감정에 이끌려서는 아니다. 내면에서 솟아오르는 기쁨은 차이를 넘어선 동류의식을 떠올리게 한다.

동류의식뿐 아니라 독특함도 있다. 우리는 별난 종이다. 우리와 가까운 친척인 영장류 중에서 우리만큼 발성 학습에 능한 종은 없다. 나머지 영장류의 복잡한 행동과 문화는 발성 학습이 아니라 시각적·촉각적 관찰을 바탕으로 한다. 인간 아닌 영장류는 뇌 기능도 다른 듯하다. 인간의 발성 학습에 필수적인 뇌 부위는 다른 영장류 종의 발성에서는 사소한 역할에 머무른다. 자연 질서에서 인간의 특별한 위치를 마련하고자 하는 사람들은 이 고유함에 주목한다. 하지만 조류와 고래 같은 발성 학습자에게서 소리의 문화적 진화가 일어나는 것을 보면 인간의 발성 학습은 고유하다기보다는 유사한 듯하다. 동물계에서 발성 학습과 문화로 이어지는 길은 여러 가닥이다.

박쥐, 새, 곤충 날개의 진화와 마찬가지로 진화는 몸의 설계에 따라 저마다 다른 발성 학습을 구현했다. 이런 종류의 수렴진화에서는 각각의 독자적 발명에 나름의 특징이 있으리라 예상할 수 있다. 하나를 나머지보다 우월하다고 간주하는 것은 터무니없어 보인다. 그럼에도 인간은 '언어'를 우리의 전유물로 여기고 싶어한다. 다른 동물도 소리를 내지만 우리에게만 언어가 있다는 주장이다. 마치 박쥐는 날지만 새와 곤충은 팔락거리고 솟구치고 퍼덕거릴 뿐이라는 식이다. 대체 무슨 근거로 이렇게 구별하는 것일까?

학습, 의도, 음성 문화의 향유, 시간의 흐름에 따른 문화의 진화, 소리를 통한 의미 부호화, 외부 사물이나 내면 상태를 말로써 나타내는 것 등은 인간만 할 수 있는 일이 아니다. 모든 종의 발성에는 논리가 있고 문법이 있다. 왜 이 문법들 중에서 하나만 언어로 인정받아야 하는지는 분명치 않다.

문법적 정교함의 어느 차원을 잣대로 삼아야 하는지도 명백하지 않다. 이를테면 조류는 인간에 비해 소리 하나하나의 미묘한 뉘앙스를 구별하는 데 더 뛰어나며 어절의 배열보다는 어절에 담긴 규칙과 구조에 더 민감한 듯하다. 이 능력이 언어의 기준이라면 우리는 흰정수리북미멧새보다 순위가 낮을 것이다. 붉은원숭이와 유럽찌르레기를 실험했더니 인간 언어의 고유한 특징인 줄 알았던 재귀—유한한 요소들을 가지고 다양하고 (아마도) 무한한 범위의 표현을 만들어내고 이해하는 능력—는 우리 종의 전유물이 아니었다.

우리는 다른 종의 발성과 발성 학습에 대해 초보적 지식밖에 없다. 다른 종의 복잡한 음성 생활을 들여다보는 우리의 시야는 뿌옇고 불완전하다. 하지만 이 무지의 안개 속에서도 우리는 언어와 문화를 가진 존재가 인류 말고도 수없이 많다는 사실을 똑똑히 볼 수 있다. 어쩌면 우리 종의 특별한 성격은 다른 종이 얻을 수 없는 상태—언어나 문화—를 성취한 것이 아니라 여러 능력을 종합한 것인지도 모르겠다.

많은 동물은 소리를 배우며 이 소리는 짝을 찾고 갈등을 해소하고 신원과 소속과 필요한 것을 알리는 등 그들이 자신의 사회적 세계 안에서 번성하는 데 도움이 된다. 많은 동물은 번성하는 데 필요한 실용적인 신체적·생태적 기술도 배운다. 이 지식은 대개 정교한 소리를 통해서가 아니라 면밀한 관찰을 통해 한 세대에서 다음 세대로 전수된다. 어린 척추동물은 먹이를 어떻게 찾고 처리하는지, 어디로 이주해야 하는지, 보금자리를 어떻게 지어야 하는지, 포식자가 들이닥쳤을 때 어떻게 해야 하는지, 사회적 세계의 협력과 경쟁을 어떻게 헤쳐 나가야 하는지 배우기 위해 연장자들을 공부하느라 몇 년을 보낸다. 이 지식이 없으면 경쟁에서 패배한다.

음성 소통과 학습된 실용적 기술이라는 문화의 두 측면은 인간 아닌 동물에서 대부분 분리되어 있다. 반면에 인간은 소리의 문화적 진화와 나머지 형태의 지식을 통합했다. 우리에게, 학습된 소리는 미적 경험이요, 사회적 관계의 매개체요, 세상을 어떻게 헤쳐 나가고 다스릴 것인가에 대한 상세한 정보의 원천이다. 다른 종도 이 모든 방법에 문화를 이용하지만, 우리는 지금껏 어떤 종도 알지 못한 방식으로 이것들을 하나로 엮는다.

꧁

　지난 5500년간 우리는 또 다른 걸음을 내디뎠다. 진흙에 홈을 파고 종이에 잉크를 묻히고 화면에 엄지손가락을 두드리면서 찰나적인 것을 포착하여 고정함으로써 오래 지속되는 물질적 실체를 말에 부여했다. 글의 발명은 이전의 모든 음성 소통을 제약한 굴레를 부쉈다. 내가 고대의 시를 읽을 때면 죽은 이들의 정신이 내 안에서 소생하여 말한다. 다른 대륙에서 집필된 책에 몰두할 때면 시간과 공간을 가로질러 저자의 목소리가 들린다. 지식이 더해지고 서로 연결될 가능성은 구어만 있었을 때보다 커진다. 글은 인간 음악에도 같은 영향을 미쳤다. 내 보면대 위의 악보는 수 세기를 가로질러 가락을 실어 나른다.

　글은 소리가 결정화된 것이다. 이것은 숨의 탄소 기체가 다이아몬드로 바뀐 것과 같다. 아름다운 보석으로. 하지만 우리에게 막강한 힘을 부여하는 것에서 보듯 이 보석은 단단하기도 하다. 기계, 대기 변화, 차지하고 통제할 힘을 얻은 인간 욕구 등 글의 일부 생산물 앞에서 다른 동물 문화들은 쇠퇴하고 있다. 이를테면 흰정수리북미멧새 개체군은 1960년대 이후 약 3분의 1 감소했다. 이러한 개체군 변화는 균일하지 않아서, 캘리포니아와 콜로라도에서는 이들이 좋아하는 관목 서식처가 쪼개지고 훼손되면서 두드러지게 감소한 반면에 로키산맥 북부와 뉴펀들랜드에서는 이유를 알 수 없지만 오히려 증가했다.

　문화를 가진 다른 종들은 서식처 상실, 오염, 사냥 때문에 더 큰 재앙을 맞고 있다. 전 세계 모든 앵무 종의 절반이 감소하고 있다. 지난 반 세기 동안 조류 개체수는 3분의 1 감소했다. 북아메리카에서는 약 30억 마리의 명금이 사라졌는데, 다른 대륙, 특히 농업 지대에서도 이러한 감소세가 관찰되었다. 모든 고래와 돌고래 종의 약 3분의 1은 멸종 위기에 처했다. 농업, 벌목, 채광 등의 인간 활동이 토지를 점령한 곳에서는 어김없이 명금이 급격히 감소하고 있으며 산불과 사막화가 점차 늘고 있다.

새들은 명금과 앵무의 공통 조상이 살았던 시절부터 적어도 5500만 년 동안 노래를 배웠을 것이다. 포유류도 비슷하며 아마도 박쥐와 고래의 기원까지 거슬러 올라갈 것이다. 이 오랜 기간 동안 발성 학습과 문화적 진화는 소리 다양성이 성장하고 만개하는 토양이자 거름이었다. 하지만 인류가 등장하면서 이 과정이 뒤집혀 생명의 다양성을 침식하기 시작했다. 학습과 문화가 촉진하던 확장에 난데없는 변화가 일어난 것이다.

이렇듯 번성에서 파괴로의 전환이 일어난 원인 중 하나는 우리의 부주의에 있다. 우리 인간은 새로 발견한 힘에 혼을 뺏겨 자신의 내면으로 파고들었으며 다른 동물 종의 목소리로부터 배우는 법을 거의 잊어버렸다. 이것이 사실이라면, 다른 존재들의 목소리에 주목하는 행위를 일깨움으로써 우리는 파괴적 충동을 가라앉히고 다른 종에게 귀 기울이고 학습하는 창조력을 되살릴 수 있을 것이다.

심층시간의 자국

나는 주의 깊게 듣는 법을 학생들에게 소개할 때 가만히 앉아 주변 소리의 사소한 변화에 주목한 채 귀를 세상에 '내보내어' 음향 경험을 찾으라고 말한다. 그때 우리가 절감하는 것 중 하나는 현대인의 정신이 곤두선 탓에 어떤 감각 경험에 주의를 집중하려 해도 내면이 산란해지기 일쑤라는 것이다. 하지만 연습을 거듭하면 마음의 소란이 가라앉고 세상의 음향적 풍성함이 꽃피는 공간이 열린다. 단 15분 만에, 그동안 기껏해야 대여섯 가지 소리밖에 들리지 않던 곳에서 수십, 때로는 수백 가지 소리가 들려온다. 여러 달 동안 같은 장소에서 귀를 기울이면 우리는 이 짧은 연습을 통해 엄청난 가짓수의 소리를 발굴할 수 있을 뿐 아니라 소리들 간의 패턴과 관계, 그리고 많은 층위와 빠르기를 가진 땅의 음악 조각들을 찾아낼 수 있음을 알게 된다.

이 미묘한 복잡성은 어떤 장소의 소리경관을 단 몇 마디로 요약하는 것이 얼마나 터무니없는가를 잘 보여준다. 단 한 시간 동안 들은 음색, 장단, 공간의 변이를 하나하나 제대로 묘사하려고만 해도 책 한 권이 꽉 찰 것이다. 하지만 아무리 불완전할지언정 스케치로도 우리는 소리가 어떻게 순간 속에서 살아가고 역사의 의해 빚어졌는지 엿볼 수 있다.

소리경관의 차이가 가장 분명히 드러나는 것은 그런 다양한 소리가 확연히 다른 물리적 에너지나 인간 소음의 결과물일 때다. 우리는 파도 치는 해변의 소리가 숲 계곡과 다르다는 것, 교외 길거리의 음향 특성이 공항과 다르다는 것을 자명하게 여긴다. 하지만 살아 있는 종의 소리들에 차이가 있음은 표면적으로 그만큼 명백해 보이지 않는다. 곤충과 새를 비롯한 발성 생물의 음성에 맞춰지지 않은 귀는 변이를 놓치기 쉽다.

파도나 기계 엔진의 소리가 음원을 확실히 드러내듯 동물의 소리도 마찬가지다. 살아 있는 존재의 여러 부름소리와 노랫소리가 가장 명백한 차이를 나타내는 것은 저마다 다른 대규모 분류군에 속해 있을 때다. 매미의 주름진 진동막은 맴맴 소리를 내고, 귀뚜라미는 날개를 비벼 귀뚤귀뚤 소리를 내고, 새의 가슴에 있는 막은 휘휘 쨱쨱 소리를 낸다. 이 소리의 각 범주 안에서 우리는 DNA와 화석의 도움을 얻어 각 종 집단의 진화사를 분간할 수 있다. 그들이 어디서 왔고 어느 종과 친척인지 알 수 있는 것이다. 어느 장소의 소리경관에서든 우리는 많은 종의 소리를, 따라서 많은 일대기를 듣는다. 이 생물학적 경험은 붐비는 도시를 돌아다니며 다양한 언어와 억양을 듣는 것에 비유할 수 있다. 도시의 소리들에서는 인간의 출신지와 이주 경로 패턴이 드러나는데, 어떤 것은 최근으로, 또 어떤 것은 수만 년 전으로 거슬러 올라간다. 하지만 인간 아닌 종에 대해서는 (때로는) 수억 년 전의 더 깊숙한 과거를 들을 수 있다.

자리에 앉아 우리의 동물 사촌들에게 귀 기울이는 것은 순간의 경험뿐 아니라 대륙 이동의 흔적, 동물 이동의 역사, 진화 혁명의 메아리에 스스로를 여는 것이다.

세 개의 대륙과 세 개의 숲 가장자리. 모두가 적도로부터 위도 32도 이내다. 그들의 소리경관이 자아내는 다채로운 짜임, 억양, 장단에서 우리는 심층시간의 자국을 듣는다.

스코푸스산

이곳은 지중해 동쪽으로 50킬로미터 떨어진 예루살렘 구시가에 인접한 스코푸스산이다. 나는 히브리 대학교 식물원을 거닐고 있다. 석회석 가루로 덮인 통로는 서식처에 따라 분류된 식물 사이사이를 누비는데, 각 서식처는 이 지역에서 발견되는 많은 생태권역 중 스물두 곳을 나타낸다. 때는 7월이어서 초여름 비는 그쳤지만, 이 석회암 능선의 온난한 기온과 관개 수로의 점적관수(點滴灌水) 덕분에 식물은 여전히 푸르다. 나무와 떨기나무는 바슬바슬한 상아색 돌에서 직접 자라는 것처럼 보인다. 바위와 작은 돌멩이가 통로 사방에 놓여 있다. 2000년 전 고분군을 암면에서 깎아내면서 산이 더 헐벗었다. 원예가들이 돌보지 않으면 이곳의 식물은 대부분 척박한 토양에서 말라 죽을 것이다. 사방에 건물, 도로가 있고 대학에는 관개 시설을 갖춘 잔디밭이 있다. 이토록 메마른 땅에서 보기 드문 광경이다. 식물원은 커져만 가는 도심 바다의 피난처 섬이다. 새와 곤충은 세심하게 관리받는 토착 식물의 다양한 무리 속에서 환대받는다.

코르크 마개를 포도주 병에 끼워 넣는 듯한 삑삑 소리가 시리아물푸레나무의 톱니 모양 잎에서 고동친다. 소리꾼을 볼 순 없지만 빡빡 문지르는 소리는 알락여치 날개에서 나고 있을 것이다. 땅에서는 삼나무, 소나무, 박태기나무 밑동 주위의 돌무더기에서 지중해귀뚜라미가 1초에 두세 번씩 울음소리를 뽑아내며 달콤하고 열정적인 음으로 귀뚤거린다. 두 곤충 다 대체로 밤에 노래하지만, 번식기가 절정에 이른 한여름에는 아침까지 노래를 이어간다. 올리브나무와 참나무 가지에서는 이날의 첫 매미들이 깨어 시계의 래칫이나 태엽을 1초에 한 번씩 돌리듯 다른 곤충보다 낮은 음으로 맴맴 운다. 그들의 울음소리는 뿌연 공기와 매서운 햇볕의 소리다. 오후 열기의 무게 아래서, 매미는 유일하게 소리를 내는 동물이다. 이제 아침이 데워짐에 따라 곤충들이 소리경관에 3차원 형태를 부여한다. 귀뚜라미 울음소리의 반짝이는 구름이 땅 위에 맴돌고 알락여치는 더 높은 공간을 차지하여 자신이 노래하는 나무 주위로 뚜렷한 공 모양을 이룬다. 매미들은 우듬지를 엮어 후드득거리는 숲지붕을 만든다.

새들은 곤충 소리의 자수본(刺繡本)에 목소리를 수놓는다. 뒤틀린 소나무 가지의 어두운 구석에서 황금빛 테두리의 날개를 빛내는 방울새가 높은 트릴을 뽑아내고 곧이어 일련의 빠른 휘파람 소리로 전환했다가 트릴로 돌아간 뒤 일련의 **짹짹** 소리와 휘휘 휘파람 소리를 낸다. 방울새의 음은 친척 카나리아처럼 감미로운 슬러와 날카로운 떨림을 오락가락하는데, 매번 각성제를 복용한 듯한 속도로 한 악구에서 다음 악구로 휙휙 넘어간다.

같은 소나무에서 집참새 한 마리가 튼튼한 부리로 솔방울을 벌리며 단음절의 **짹** 소리를 연속적으로 내면 땅에서 동료가 화답한다. 고고학 유적에서 출토된 뼈를 보면 이 지역에서 수천 년간 인간과 함께 살았음을 알 수 있다. 중동에 농업이 보급된 뒤로 집참새는 최초의 도시들을 차지하여 땅에 떨어진 낟알을 먹고 건물 틈새에 둥지를 지었으며 그 뒤로 인류를 따라 전 세계 도시로 퍼져 나갔다. 우리가 전 세계 도시 길거리에서 듣는 **짹짹** 소리는 이 식물원에서와 마찬가지로 이곳 중동의 돌벽에서 시작된 관계의 연장이다.

대륙검은지빠귀의 그윽한 지저귐은 참새의 부단한 스타카토와 선율적으로 또 조성적으로 대조를 이룬다. 뚜렷하고 때로는 미끄러지는 음이 물결치면서 애조 띤 민요 가락처럼 애절한 목 울림으로 마무리된다. 이 소리는 지빠귀과의 특징으로, 플루트 소리를 닮은 이 분류군의 노래는 유라시아, 아프리카, 남북아메리카 전역의 숲 지대에서 흔히 들을 수 있다. 나는 유럽 북부의 정원과 도시에서 대륙검은지빠귀의 소리를 듣는 데 익숙하지만 이곳의 새들은 올리브나무 가지 사이에서 주황색 부리를 활짝 벌린다. 늦여름이 되면 대륙검은지빠귀는 올리브나무의 기름진 열매에 관심을 돌릴 것이다. 대륙검은지빠귀를 비롯한 지빠귀들은 어느 서식처에서든 식물의 씨앗을 배달하는 동료다. 이들의 협력은 새를 먹여 살리고 식물 공동체의 활력을 지켜준다. 지중해에서는 대륙검은지빠귀를 비롯한 지빠귀가 본디 야생 올리브나무의 씨앗 배달부였다. 그런데 지난 8000년간 인간이 이 역할을 빼앗아 열매를 더 포동포동하게 키워냈는데, 이것은 우리에게는 편리하지만 새의 식도에는 골칫거리다.

가까이 무리 지어 나무 사이를 누비는 흰눈자위직박구리 네 마리는 더 날카로운 음색과 더 짧은 악구로 노래하다 이따금 재잘거린다. 대륙검은지빠귀의 엄숙한 독창과 대조적인 유쾌한 교창(交唱)이다. 나는 그들의 소리에서 활기찬 사회를 듣는다. 새들은 마치 소리의 밝은 끈으로 묶인 움직이는 거미줄처럼 끊임없이 동료의 안부를 묻는다.

회색딱새가 참나무 잔가지에서 작은 잠자리를 휙 낚아채어 제자리로 돌아온다. 희생자의 날개를 뜯어내고 몸통을 삼킨 뒤 경계 태세로 돌아가 몸을 꼿꼿이 세우고 고개를 이쪽저쪽 내두르며 또 다른 날벌레를 찾는다. 회색딱새는 주변을 둘러보면서 부드러운 **잭잭** 소리를 내는데, 알락여치처럼 약간 거칠다. 이 상쾌하고 힘찬 소리는 유럽, 아시아, 아프리카 전역에서 발견되는 벌레잡이 새인 솔딱새과의 특징이다.

뿔까마귀 한 마리가 식물원 통로 가장자리에 부리를 찌르며 깍깍 거린다. 까마귀와 그 친족인 도래까마귀, 어치를 일컫는 까마귓과는 요란하고 시끌벅적한 울음소리와 깍깍 소리로 전 세계에 알려져 있지 만 부드러운 휘파람 소리, 끽끽, 깩깩, 웅웅 소리의 레퍼토리도 풍성하 다. 이 소리들은 짝이나 가족 내의 사회적 상호작용을 매개할 때도 있 지만, 저 뿔까마귀가 지금 하는 것처럼 (인간의 눈에는) 혼자 있는 것처럼 보일 때도 소리를 낸다. 까마귓과에게 소리는 소통의 수단이자 사색 의 수단인 듯하다.

공중의 소리경관에 타악기 소리를 더하는 것은 마른 참나무 가지 위의 시리아딱따구리다. 이 새는 부리를 앞뒤로 휘두르며 북을 연타 하듯 나무를 두드린다. 거세고 뚜렷한 진동음이 울려퍼지다 사그라든 다. 딱따구리는 아프리카, 아시아, 유럽, 남북아메리카 전역에서 발견 된다. 그들은 뛰어난 청력으로 자신의 영역에 있는 나무와 단단한 물 체의 음향 성질을 파악한다. 맨몸을 써서 노래하는 여느 새들과 달리 딱따구리는 속이 빈 나무, 주택의 판자벽, 배수관, 굴뚝 갓을 이용하 여 영역 표시용 북소리 신호를 증폭하고 퍼뜨린다. 보조용 북을 고를 때는 까다로워서 주변 물체들의 성질을 시험한 다음 가장 우렁차게 반응하는 것을 쓴다. 스코푸스산에서는 조경 관리 때문에 고사목 선 택에 제약이 있지만, 죽은 나무줄기를 고를 수 있을 만큼은 식생이 무 성하다.

봄에 찾아간 스코푸스산의 청각적 성격은 여름과 비슷했지만 곤충은 아직 노래를 시작하지 않았다. 나무에 새 잎이 돋으면서 검은머리휘파람새의 억양이 어우러져 팔레스타인태양새에서 들을 수 있는 달가닥 소리와 트릴, 박새의 활기찬 음, 웃는비둘기의 은은한 대나무 피리 소리가 되었다. 이것은 잔잔한 소리경관이다. 적어도 인간의 귀에는 그렇게 들린다. 새들이 두드리고 지저귀고 **쨱쨱**거리는 소리를 귀뚜라미의 감미로운 끽끽 소리가 밝혀준다. 매미는 가장자리를 거칠게 마무리하는데, 특히 늦여름에는 목도리앵무나 어치의 말다툼 소리처럼 공기를 너덜너덜하게 만든다. 나는 이곳을 대여섯 번 찾았지만 양서류의 소리를 들은 적은 한 번도 없다. 도시에서 떨어진 습지에서는 초록두꺼비가 꼭꼭거리고 청개구리가 개굴거리지만, 대규모로 합창하는 경우는 드물다.

세인트캐서린스 섬

미국 남동쪽 조지아주 연안의 세인트캐서린스 섬은 예루살렘에서 서쪽으로 1만 300킬로미터, 남쪽으로는 고작 16킬로미터 떨어져 있다. 이른 아침 나는 일전에 수중청음기를 내려 딱총새우와 굴두꺼비고기의 탁탁 매 하는 소리에 잠겼던 바로 그 잔교에 서 있다. 한여름이어서 벌써부터 목덜미에 땀이 송글송글 맺힌다. 습도는 100퍼센트에 가까우며 오후 중턱에는 기온이 38도까지 치솟을 것이다.

식물은 온실을 찬양한다. 습기가 풍부하면 잎의 기공(氣孔)을 활짝 여는데, 무더운 공기가 화학 작용에 불을 지펴 식물은 햇빛과 이산화탄소를 배불리 먹는다. 이 식물들의 생장률은 중동과 유럽 남부의 비(非)관개 식물보다 4~10배 높다. 이곳 해안은 연간 강수량이 스코푸스 산의 2~3배에 이르며, 습기가 겨울에 집중되는 지중해 대다수 지역과 달리 1년 내내 습하다. 나는 잔교에 서서 섬 가장자리의 사발야자나무들 사이로 수염틸란드시아를 늘어뜨린 라이브참나무와 우뚝한 테다소나무와 대왕송이 어우러진 모습을 본다. 흙은 내륙의 기름진 흙보다 메마른 모래질이지만 이 나무들은 우람하게 자랐다. 경쟁자의 그늘에 가리지 않은 어린 소나무는 해마다 1미터 넘게 위로 뻗을 수 있다.

동물의 우렛소리는 이 생산성의 결실 중 하나다. 이렇게 비옥한 땅에 익숙하지 않은 귀는 이곳에서 곤충, 개구리, 새들의 박력에 얼떨떨할 것이다. 너그러운 하늘 덕에 생긴 조지아의 습지와 일시적 웅덩이에서는 서른한 종의 개구리와 두꺼비가 노래한다.

개구리 종마다 좋아하는 계절과 서식처가 달라서 달마다 장소마다 독특한 앙상블이 펼쳐진다. 라이브참나무 숲 가장자리의 떨기나무 습지에서 7월의 연안 습지를 대표하는 소리를 듣는다. 돼지개구리의 개꿀개꿀 소리, 북미동부맹꽁이의 칭얼거리는 맹꽁맹꽁 소리, 귀뚜라미청개구리의 딸랑딸랑 소리, 미국청개구리의 **엥크 엥크** 경적 소리 등 다양한 빠르기와 음높이가 어우러진다. 미국청개구리는 나머지 소리를 전부 묻어버릴 때까지 크레셴도로 올라가다 내가 움직이는 것을 보고서 돌연 침묵한다. 내가 모기 떼의 공습을 피해 쪼그려 앉자 다시 목청을 높인다. 스코푸스산의 귀뚜라미처럼 이 개구리들은 대개 야행성이지만 오늘은 날이 따뜻해서 아침까지 합창을 이어갔다.

간밤에는 여치들이 폭포만큼 요란하게 맥동했다. 그들의 소리를 지배한 것은 참여치의 일사불란한 **차-차-차**로, 각진날개여치의 혀짤배기 쓰르륵 소리와 이름값 하는 비르투오소여치의 어질어질한 높은 딱딱 소리와 트릴이 간간이 들린다. 이제 해가 숲지붕에 도달하자 매미들이 쉿쉿 딱딱 소리의 벽을 세운다. 매미는 여치와 달리 숲 여기저기 분포해 있다. 걷다보니 조용한 풀숲 웅덩이들이 나온다. 귀뚜라미의 높은 트릴과 귀뚤귀뚤 소리 대신 인간의 귀에 더 편안하게 들리는 매미 소리가 울려퍼진다. 이 울창한 미국 숲의 곤충들은 음색과 장단면에서는 스코푸스산 곤충들과 비슷하지만 종 다양성과 개체수가 훨씬 풍부하다.

땅과 늪이 만나 유황 냄새를 풍기는 질척질척한 지대에서는 그래클이 깃털을 자주색과 검은색으로 빛내며 야자나무와 참나무에서 아우성친다. 그들의 소리는 무리를 단합시키고 포식자와 새로운 먹이 공급원의 소식을 전달하는데, 마치 금속 플라이휠*의 쟁글쟁글거리는 소리에 얹힌 전기 잡음 같다. 갈대가 우거진 물가에서 쉬는 붉은날

---

* 회전하는 물체의 회전 속도를 고르게 하기 위하여 회전축에 달아 놓은 바퀴

개검은지빠귀들은 진홍색 에폴레트(épaulette)*를 뽐내며 **콩크-어-리** 하고 영역 신호를 내뱉는다. 노래의 마지막은 감미로운 트릴로 강조한다. 넓적꼬리찌르레기사촌의 높은 징글 소리와 붉은날개검은지빠귀의 낮은 재잘거림의 정교한 조합은 미국찌르레기사촌, 카시크, 그래클, 찌르레기사촌으로 이루어진 찌르레기사촌과의 특징이다. 100종이 넘는 이 과의 새들은 슬라이드, 휘파람, 거친 고함이 화려하게 어우러진 무척이나 복잡한 노래를 부른다.

북부신대륙개개비는 라이브참나무의 낮게 벌린 가지에 늘어진 수염틸란드시아 장막에 둥지를 숨긴 채 윙윙거리는 노래의 주파수를 점차 올리다 슬러로 빠르게 내리며 마무리한다. 이 새는 찌르레기사촌과의 사촌 격인 신대륙개개비과에 속한다. 아메리카휘파람새과라는 이명(異名)은 조류 과명을 통틀어 가장 어처구니없다. 100종 이상의 신대륙개개비과 새들은 종종 짧고 반복적인 악구로 이루어진 팽팽하고 힘찬 혀짤배기소리와 윙윙 소리를 내지만 휘파람을 불지는 않는다. 30종 이상이 이주 기간 동안 이 섬에서 둥지를 짓거나 겨울을 나거나 경유한다. 그들의 소리 변화는 계절 변화를 알리는 주요한 음향 신호 중 하나다. 봄에는 영역 노래를 부르다가 이주를 위해 배를 불릴 때는 부드러운 **짹짹** 소리를 내기 때문이다.

어린 소나무 꼭대기에 앉은 갈색지빠귀는 자신이 지어낸 노래와 현

---

* 여자 양복의 어깨 장식

지 소리경관에서 베낀 꼭지들을 요란하게 뽑아내며 경쟁자와 잠재적 짝에게 뽐낸다. 갈색지빠귀는 가까운 친척 흉내지빠귀와 마찬가지로 남의 소리를 듣고 혁신하여 재빨리 콜라주를 만들어낸다. 이 새들의 분류학 명칭 흉내지빠귀류(mimids)는 그들의 교묘한 솜씨를 제대로 표현하지 못한다. 흉내 내는(mimic) 게 아니라 샘플링하고 리믹스하고 새로운 요소를 덧붙이는 그들의 작업은 단순한 반복보다는 창조적 변형에 가깝다. 대왕송의 오래된 딱따구리 구멍 근처에서 들려오는 우렁찬 **위프** 소리의 주인은 큰뿔솔딱새다. 여기에 소나무의 낮은 가지에 앉은 아카디아솔딱새의 재채기하는 듯한 **핏-자!** 소리가 곁들여진다. 둘 다 산적딱새과에 속한다. 그들의 소박하고 힘찬 노래는 이 다양한 미국 조류 과의 특징이다.

이웃한 참나무에서 아메리카울새가 휘파람 소리 네댓 개를 묶은 단조로운 악구로 지저귄다. 고기잡이까마귀 두 마리가 머리 위로 날며 서로를 향해 깍깍댄다. 제비가 날벌레를 쫓아 직진하고 방향을 전환하면서 지저귄다. 영양 많은 먹이 공급원이 어디 있는지 알려주는 소리다. 캐롤라이나굴뚝새 한 마리가 무릎 높이의 톱야자에 숨어 혀를 굴리며 **티-키틀-티-케틀** 하고 노래하자 짝이 꾸짖듯 **쯧-쯧** 하고 대답한다. 이곳의 여느 명금과 달리 캐롤라이나굴뚝새 이중창은 유대감을 유지하기 위한 것인 듯하며, 1년 내내 활기차게 음을 주고받는다.

이 음악 만담은 북아메리카 동부의 습한 숲지대의 특징이다. 이 소리 중 상당수는 아메리카 열대 지방의 북부 느낌을 전달한다. 특히 공중에서 밭에 살포하는 농약의 구름과 제초제로 인한 산업적 임목지의 적막을 벗어난 숲에서의 소리크기는 남아메리카나 중앙아메리카 우림을 방불케 한다. 어떤 온대림도 열대림의 어마어마한 종수에 비길 수 없지만, 여름철 소리의 환희만큼은 그에 못지않게 힘차다.

이곳의 소리는 매미, 두꺼비, 청개구리, 지빠귀, 굴뚝새 등 유라시아에서도 들을 수 있는 음색과 장단이지만, (특히 조류의 경우) 아메리카 대륙 특유의 음성도 있다. 짧고 팽팽한 노래를 부르는 아메리카솔딱새와 신대륙개개비는 공중의 미니멀리스트로, 그들의 활력과 의미는 거듭되는 외침과 악구로 압축된다. 찌르레기사촌과는 실험적 전자음악가와 같아서 새소리를 윙윙, 웅웅, 땡땡의 조바꿈으로 밀어붙인다. 자연 애호가라면 듣자마자 남북아메리카의 음향 특징을 알아볼 것이다.

인간의 귀에 이 소리는 주파수 널뛰기와 전자음악—밀턴 배빗의 〈신시사이저를 위한 악곡(Composition for Synthesizer)〉이 떠오른다—의 음색을 조합한 것처럼 들린다. 전자 댄스음악의 반복과 도약도 떠오른다. 이를테면 갈색머리흑조는 1초 안에 10킬로헤르츠(피아노 건반 범위의 두 배가량)를 솟구치는데, 이것은 2년이 걸려야 배울 수 있는 솜씨다. 큰매달린둥지새, 카시크, 그래클 같은 그 밖의 찌르레기사촌과 새들도 비슷한 휘파람 소리에 거친 쨕쨕 소리와 종소리 같은 음을 곁들인다. 일단 숙달하고 나면 평생 수만 번 되풀이한다.

크라우디베이

오스트레일리아 뉴사우스웨일스의 크라우디베이는 세인트캐서린스섬과 반대로 스코푸스산에서 동쪽으로 1만 300킬로미터 떨어져 있다. 위도는 예루살렘이나 세인트캐서린스섬과 같지만 북위가 아니라 남위다. 나는 동튼 직후 태평양 해안 바로 안쪽으로 키 큰 유칼립투스 숲과 탁 트인 히스(heath)*가 어우러진 길을 걷는다. 겨울인 8월이지만 반바지 차림이다. 이곳의 계절은 더운 날씨와 뜨거운 날씨를 왔다 갔다 한다. 비는 평균적으로 1년 내내 내리며 늦여름에 가장 많이 내리지만 가뭄과 폭우로 리듬이 끊길 때도 많다. 식생은 늘푸른나무이며 대부분의 식물은 여름의 열기, 척박한 토양, 예측할 수 없는 건기에 걸맞게 잎이 질기다.

얼룩백정새 네 마리로 이루어진 무리가 블랙벗유칼립투스 줄기에 모여든다. 검은색 머리와 날개는 흰색 등과 배와 대조되어 나무의 진녹색 잎을 배경으로 선명한 시각적 인상을 남긴다. 한 마리가 유난히 풍성한 느린 음 세 개를 내뱉는데, 음들은 몸속에서 스며 나온 따스한 빛을 받은 듯 황금색으로 흘러간다. 이번에는 가장 높은 음에서 미끄러지듯 내려와 또 다른 순음이 덧붙더니 끝까지 일정하게 유지된다.

---

* 에리카속이나 칼루나 등으로 이루어진 군락

동료가 피리를 들어 더 높은 음으로 화답한다. 음은 나른하고 뚜렷하다. 두 마리가 매기고 받다가 세 번째가 합류하여 다섯 음의 물결치는 가락을 되풀이하며 삼중창을 부른다. 노래는 몇 분간 이어진다. 이 소리는 새들이 소리 접촉을 유지하고 (아마도) 위험, 먹이의 위치, 무리 내에서 끊임없이 달라지는 사회적 관계를 소통하도록 한다. 그때 네 번째가 마치 두꺼운 풀잎을 엄지손가락 사이에 쥐고 불듯 억센 소리를 낸다. 무리는 가까운 히스 속에 날아 들어가 떨기나무 숲속으로 자취를 감춘다.

얼룩백정새 노래는 음이 굉장히 풍성하며 빠르기에 여유가 있어서 사람 귀로도 음과 변화 하나하나를 포착할 수 있다. 새들은 가락을 주고받으며 자신의 테마에 반전과 장식을 곁들여 화답하는데, 그 가락에는 개방적 성격이 있다. 내 뇌의 미적 과정은 흥분 상태에 도달하여, 음조의 성질, 가락의 창조성, 새들의 생생하고 지적인 관계망을 보여주는 소리에 의해 최고조에 이른다. 전 세계 조류 종의 발성과 마찬가지로, 그들에게 이 소리는 가족 생활을 매개하고 이웃과의 소통에 쓰이는 것이 틀림없다. 내 귀에, 저 놀라운 소리는 이 대륙의 특징이기도 하다. 그 음색과 역동성은 남북아메리카, 중동, 유럽에서 경험한 어떤 것과도 다르다.

나는 모래가 깔린 비포장도로를 걸어 블랙벗유칼립투스에서 벗어나 가죽 같은 잎이 빽빽한 뱅크시아(Banksia) 히스 관목 속으로 들어간다. 이곳에서는 새들의 소리가 덜 음악적이지만 결코 덜 인상적이지는 않다. 하얀 크림으로 장식한 초콜릿 케이크 색깔의 작은 귓불꿀빨기새 한 쌍이 여닫이문의 낡은 경첩처럼 끽끽거린다. 그들은 이 삐걱대는 소리와 요란한 메들리에 거위처럼 꽥꽥거리는 소리를 삽입한다. 흰뺨꿀빨기새가 딸기나무 속으로 날아 들어가자 귓불꿀빨기새들이 위협하듯 부리를 딱딱거린다. 흰뺨꿀빨기새는 딸기나무 우듬지에 있는 옆 가지로 팔짝 뛰어 아이들이 레이저 총 장난감을 발사하듯 **투 투** 하고 쏘아댄다. 그러고는 검은색과 황금색의 날개를 번득이며 내뺀다.

시끄러운 큰꿀빨기새 한 마리가 내 뒤에서 솟아올라 날개를 허우적거리며 같은 딸기나무에 착지한다. 맨살의 검은색 머리에서 빨간 눈이 이글거린다. 새는 노래보다는 단검 같은 부리를 잎 사이로 찔러 넣는 데 더 관심이 있는 듯하지만, 그러는 동안에도 끽끽 소리에서 거친 끌끌 소리, 낭랑한 **악** 소리까지 휙휙 바꿔가며 지저귄다. 검은유황앵무 네 마리가 머리 위로 날아간다. 날개를 펌프질하며 킬킬거리더니 **위-아 위-아** 하고 칭얼거린다. 내 앞의 길에서 앙증맞은 부채꼬리딱새사촌 한 마리가 곤충을 잡으려고 깡총거리며 꼬리를 좌우로 파닥거린다. 물 묻은 깨끗한 유리를 손가락으로 문지르듯 낮은 음에서 높은 음으로 급히 반복하며 노래한다. 중간중간 카메라 셔터에서 찰칵 소리가 나듯 높은 음으로 깩깩거리며 나불댄다.

크라우디베이에서의 경험은 오스트레일리아 동부 온대 관목림과 숲의 전형적인 모습이다. 여기서는 창문을 열어두면 오스트레일리아 까치의 가녀린 캐럴이 잠을 깨운다. 이윽고 해가 나무를 때리면 수십 종의 꿀빨기새 중 몇몇이 나무라듯 말다툼을 벌인다. 오색앵무와 앵무는 공기를 삐걱삐걱 뾰족뾰족한 소리의 덤불로 바꾸는데, 어찌나 시끄러운지 사람들 대화 소리를 묻어버릴 정도다. 무화과새는 수십 마리가 무리 지어 유실수에서 포식하며 서로에게 비명을 지르다 풍성한 휘파람 소리를 내뱉는다. 온대 우림의 높은 지대에서는 채찍새가 이중창을 부르는데, 한 마리가 음 하나를 2초간 극도로 일정하게 유지한 뒤에 귀청을 찢을 듯 높은 주파수에서 낮은 주파수로 내려찍으며 마무리하자마자 짝이 감미로운 **추 추**로 화답한다. 초록고양이새들은 숨 가쁘게 떨리는 코맹맹이 소리로 노래하는데, 무척 심란한 고양이나 아기처럼 들린다.

금조는 새소리 중에서 아마도 온 세상을 통틀어 가장 복잡하고 음색이 풍부한 노래를 부르는데, 다른 종을 모방할 뿐 아니라 자신의 피리 소리, 휘파람 소리, 탁탁 소리, 트릴을 곁들인다. 공연은 몇 시간가량 이어지기도 하며 어찌나 요란한지 3킬로미터까지도 퍼져 나간다. 프랑스의 작곡가 올리비에 메시앙은 수십 년간 새소리의 음악을 듣고 활용했는데, 금조의 장단과 음색에 담긴 **누보테**(nouveauté; 새로움 또는 신기함)가 **압솔뤼망 스튀페피앙트**(absolument stupéfiante; 무척이나 놀랍다)하다고 썼다. 유럽에서는 한 번도 들어보지 못한 소리였기 때문이다. 금조의 소리는 꿀빨기새나 백정새와 더불어 그의 마지막 관현악곡 〈저 너머의 번개(Éclairs sur l'au-delà)〉의 악구에 영감을 주었다. 이 곡은 메시앙이 세상을 떠난 지 6개월 뒤인 1992년 뉴욕 필하모닉에 의해 초연되었다.

금조의 노래는 프랑스를 거쳐 링컨센터의 무대에 오를 만큼 빼어났다.

크라우디베이를 걷는 동안 개구리 소리는 하나도 들리지 않는다. 귀뚜라미 한 종이 떨기나무 밑 깊숙한 곳에서 잔잔하게 맥동한다. 하지만 여름에는 매미가 가장 시끄러운 새와 맞먹으며 거기에 여치와 귀뚜라미가 가세한다. 숲의 더 습한 지대에서는 비가 웅덩이와 도랑에 고이면 동부난쟁이청개구리와 줄무늬늪개구리가 운다. 크라우디베이의 곤충들은 스코푸스산과 세인트캐서린스 섬과 비교하면 음색과 장단이 비슷하여 귀뚜라미의 귀뚤귀뚤 소리나 매미의 거친 맴맴 소리를 한 귀에 알아들을 수 있다. 이곳의 개구리들도 다른 대륙들을 떠올리게 하는 소리로 삑삑거리고 파르르하고 뻥 하지만 아메리카의 합창처럼 귀청을 찢는 활력은 없다.

이곳 소리경관의 에너지와 질감을 지배하는 것은 새들이다. 호주동박새와 요정굴뚝새 같은 몇몇 종은 부드러운 휘파람 소리와 은은한 트릴을 뽑아내지만 이 소리들은 요란하고 우락부락한 흐름에 묻혀버린다. 백정새, 까치, 꿀빨기새 등은 풍성한 화음과 불협화음, 무조의 펄스와 분출음을 통한 비르투오소적 도약의 음향적 융합을 이루어낸다. 천사들이 피리를 부는 옆에서 **뮈지크 콩크레트**(musique concrète)*와 산업적 파운드사운드(found sound)**가 연주되는 식이다. **압솔뤼망 스**

---

* 구체음악. 제2차 세계대전 후에 생긴 전위 음악의 하나로, 새소리나 도회지의 소음 따위를 녹음하여 기계나 전기로 조작하고 변형하여 하나의 작품으로 구성한다.
** 비음악적 대상이 예술가의 시각을 통해 미적 특성이 재발견되고 예술성을 지니게 된 것

튀페피앙트.

오스트레일리아 새들의 활력과 다양한 음조는 19세기의 많은 식민지 개척자들에게 인상적이었다. 자연 애호가 윌리엄 헨리 하비는 1854년에 "쨱쨱거리는 새들이 여러 마리 있고 휘파람 부는 새들이 몇 마리 있고 깩깩거리고 끽끽거리고 깍깍거리는 새들이 많지만 소리꾼은 하나도 없다"라고 썼다. 유럽의 소리에 익숙한 인간의 귀에 오스트레일리아의 새들은 (인류학자 앤드루 화이트하우스가 최근 이주민들에게서 조사한 바에 따르면) "이국적"이고 "지리멸렬"하고 "추잡"했다. 어떤 사람들은 "의식을 짓부수는" 새들의 불협화음을 견디다 못해 유럽으로 돌아가고 싶어했다.

이 반응의 근거 중 하나는 어릴 적 소리에 대한 친근함이다. 심리학자 엘리너 랫클리프는 동료들과 함께 음색과 가락의 친숙함을 통해 우리가 새소리에서 얼마나 위안을 얻는지 예측할 수 있음을 밝혀냈다. 앤드루 화이트하우스의 조사에 따르면 영국에 사는 오스트레일리아인들은 고향의 소리를 그리워하며 청각 기억을 깨우려고 음반을 재생하기도 한다. 새소리가 우리에게 강력한 소외감이나 소속감을 일깨운다는 것은 어떤 면에서 대륙들의 소리가 얼마나 다양할 수 있는가를 보여준다. 또한 이 감정들은 다른 종의 소리가 청각적 나침반으로서 우리의 무의식에 들어와 깊숙이 자리 잡고는 우리를 고향으로 안내한다는 사실을 일깨운다.

소리경관은 수억 년에 걸쳐 쌓인 산물

지역이나 대륙 전체의 소리를 특징짓고 비교하는 것은 터무니없는 과잉 일반화일지도 모른다. 요약은 내부의 복잡성을 뭉뚱그린다. 어쨌거나 서식처마다 다양한 소리 변이와 짜임이 있으니 말이다. 아무 숲이나 가서 1~2킬로미터만 걸어보라. 당신의 귀는 (때로는) 수백 종의 음성이 조합된 다채로운 음색과 장단을 맞닥뜨릴 것이다. 그럼에도 이 세세한 국지적 짜임과 더불어 지구의 음성은 대륙 규모에서도 차이를 나타낸다.

이 소리 다양성 중 어떤 것은 세상의 다채로운 물질성에서 비롯한다. 지구에서는 바람, 산, 비, 파도, 해변, 강이 다양한 형태를 취한다. 아마존의 빗방울은 북아메리카 하늘에서보다 크다. 북반구의 해안선에는 빙하가 긁고 지나간 흔적이 남아 있으며, 바위 곳에서는 빙하에 덮이지 않은 아열대 해안의 모래와 진흙보다 더 뚜렷한 음성을 들을 수 있다. 대륙의 내부를 구불구불 흐르는 강은 산비탈을 내려오는 물에 비해 흐릿하고 굼뜨다. 지구의 지질학적 역사는 불변의 물리 법칙이 펼쳐질 배경으로서 다양한 표면과 흐름을 만들어냈다.

진화는 이 지구적 소리 다양성에 두 가지 창조적 힘을 더했다. 역사의 우연은 각 지역을 계통수의 다양한 가지로 채웠다. 가지마다 나름의 기원, 이주, 종 분화, 멸종 이야기가 있다. 이 이야기들을 아우르면 다양한 소리의 지리학이 탄생한다. 여기에 가로놓인 종 하나하나는 미적 혁신을 이루고 소리로써 장소에 적응하는 나름의 길을 경험한다. 이 진화 경로를 안내하는 힘은 종종 변덕스럽고 즉흥적이며 각 종의 소리는 예측할 수 없는 방식으로 분기한다.

수백만 년에 걸쳐 분기들은 지역 전체에 저마다의 소리 특성을 부여할 정도로 규모가 커진다. 이 과정은 물, 암석, 바람의 소리를 빚어내는 과정과 대조적이다. 일정한 크기의 빗방울은 아메리카의 암석에 떨어지든 이스라엘의 암석에 떨어지든 오스트레일리아의 암석에 떨어지든 똑같은 소리를 낸다. 반면에 이 장소들에 서식하는 동물의 노래는 설령 크기와 생태가 매우 비슷하더라도 물리 법칙으로 도출할 수 없다. 동물 소통의 역사와 변칙 또한 생명의 음성에 우연과 변덕의 흥미로운 층을 더한다.

지구상의 어느 장소에서든 토착 동물과 이주 동물의 음성을 둘 다 들을 수 있다. 이러한 조합 중에는 최근에 형성된 것도 있지만—이를테면 북아메리카 전역에서 미국까마귀와 나란히 노래하는 유럽찌르레기처럼—동물의 생물지리 이야기들은 대부분 더 깊은 뿌리가 있다. 수천만 년 전, 수억 년 전을 돌아보면 모든 동물군의 현재 분포는 일부 종이 보금자리를 지키고 다른 종이 새 땅을 찾아 나선 결과임을 알 수 있다. 그런 다음 각 유형 중 일부가 새 종으로 갈라져 지리와 분류의 풍성한 착종(錯綜)을 만들어낸다.

노래하는 동물 중 가장 오래된 귀뚜라미와 (지금은 멸종한) 친척은 초대륙 판게아에서 진화했다. 그렇다면 오늘날 귀뚜라미의 소리가 대륙을 막론하고 매우 비슷하다는 건 놀랄 일이 아니다. 각각의 장소는 분리되기 전인 하나의 땅덩어리에서 귀뚜라미를 물려받았다. 하지만 귀뚜라미는 강인하기에 바다를 떠다니는 식물에 올라타 대양을 여행할 수 있다. 우리가 듣는 통일성의 일부는 더 최근에 이루어진 분산의 결과다. 들판, 정원, 공원에서 친숙한 귀뚜라미아과의 귀뚤귀뚤 소리는 남극을 제외한 모든 대륙에서 들을 수 있으며 많은 대양도(大洋島)*에도 진출했다.

다른 노래곤충들의 분포 또한 고대의 통일과 최근의 이주라는 패턴으로 설명할 수 있다. 여치는 판게아가 쪼개졌을 때 형성된 땅덩어리 중 하나인 남쪽 초대륙 곤드와나에서 생긴 것으로 추정된다. 그런 다음 땅덩어리들을 넘나들며 여러 대륙에 가까운 사촌을 둔 계통수를 만들어냈다. 예루살렘에서 노래한 알락여치는 오스트레일리아에서 유럽의 온대 지방을 거쳐 북아메리카에 도달한 종족에 속한다. 세인트캐서린스 섬의 밤 공기를 두드리는 참여치는 아프리카에서 남북아메리카로 진출한 또 다른 계통수 가지에 속한다. 매미도 온 세계에 퍼졌는데, 그들의 현대적 형태는 적어도 판게아가 쪼개졌을 때로 거슬러 올라간다. 그때 이후로 매미들은 대륙들을 넘나들며 훌쩍 떨어진 땅덩어리들에 가까운 친척을 진출시켰다. 이를테면 북아메리카의 주기매미는 분류학적으로 일부 오스트레일레아 매미의 사촌이다.

• 대륙과는 관계없이 처음부터 따로 떨어져 있는 섬

대다수 현생 개구리 종의 조상도 곤드와나에 뿌리를 둔다. 그곳에서 두 가지 원가지가 형성되었다. 하나는 곤드와나가 쪼개진 뒤 아프리카가 된 땅에서 개구리속, 오스트랄라시아청개구리, 맹꽁이속을 낳았다. 남아메리카의 또 한 가지에서는 아메리카와 유럽의 모든 청개구리와 두꺼비, 오스트레일리아의 땅개구리가 생겨났다. 이날까지도 대부분의 개구리 분류군은 남아메리카와 아프리카에서 유래한 것들이다.

이러한 기원의 중심지로부터 떨어진 곳에서 우리가 듣는 소리의 주인공은 대부분 대양을 건너고 새로운 땅을 개척한 소수의 무리다. 이 개구리들이 어떻게 고대의 바다를 건넜는가는 알려지지 않았지만, 성공한 집단이 소수라는 점에서 보듯—남아메리카와 아프리카 분류군 다양성의 약 10퍼센트에 불과하다—짠물을 건너는 뗏목 항해는 드문 사건이었다.

명금의 발상지는 현재의 오스트레일리아, 뉴기니, 뉴질랜드, 인도네시아 동부 제도로 갈라진 오스트레일리아태평양(Australo-Pacific)이다. 고대의 새 집단은 약 5500만 년 전 이 지역에서 둘로 갈라졌다. 한 후손 계통은 현생 앵무가 되었고 다른 한 계통은 현생 명금이 되었다. 두 집단 다 발성이 뛰어나며 잘 발달된 발성 학습과 문화를 갖췄다. 이 두 가지를 합치면 1만 종 가까운 현생 조류 종의 절반을 넘는다. 많은 소리경관에서 그들은 곤충과 더불어 두드러진 소리꾼이다.

그렇다면 내가 크라우디베이에서 들은 유별난 소리는 명금의 진화적 고향에 뿌리를 둔 셈이다. 오스트레일리아 전역에 흔한 새들인 코카투앵무와 앵무는 그들의 조상이 명금에서 갈라진 이후로 줄곧 이곳에 살았다. 백정새, 오스트레일리아까치, 부채꼬리딱새사촌도 모두 오스트레일리아태평양 명금 계통수의 깊숙한 가지에 속하며, 이 지역을 떠나 현생 까마귀로 진화한 계통의 친척이다. 계통수의 금조 줄기는 거의 3000만 년 전으로 거슬러 올라가며, 놈들의 복잡한 노래는 그들의 조상인 명금이 뛰어난 소리꾼이었다는 증거다. 귓불꿀빨기새, 큰꿀빨기새, 꿀빨기새는 또 다른 깊숙한 가지에 속하는데, 그 후손들은 오스트레일리아태평양에만 서식하며 현재 그 지역에서 가장 시끄럽고 다양한 조류 중 하나다.

계통으로 보자면 전 세계 나머지 지역의 명금은 이 다양한 오스트레일리아태평양 조류의 부분집합이다. 이 지역 바깥에서 들리는 소리는 소수의 이민자가 남긴 유산을 갈고닦은 결과물이다. 전 세계로 퍼져 나간 새들의 후손은 놀랍도록 다양한 소리경관을 만들어냈다. 하지만 내 귀에는 오스트레일리아태평양 새들만큼 넓은 범위의 음색, 장단 패턴, 활력을 갖춘 명금은 다른 어느 대륙에서도 찾아볼 수 없다.

명금이 오스트레일리아태평양에서 이주한 사건은 거듭 일어났지만, 전 세계 조류 분포에 오랜 영향을 미친 두 조류(潮流)가 두드러진다. 첫 번째 물결은 아시아에 진출한 다음 남북아메리카에 도달했으나 중동과 유럽에는 현생 후손을 전혀 남기지 않았다. 세인트캐서린스 섬에서는 큰불솔딱새와 아카디아솔딱새가 이에 해당한다.

두 번째 물결은 현재 모든 현생 명금 종의 절반 이상을 차지하는 계통에서 볼 수 있다. 지빠귀, 종다리, 제비, 핀치, 베짜기새, 참새, 아프리카참새, 찌르레기, '구세계'의 휘파람새와 솔딱새 등 아시아, 아프리카, 유럽, 중동 전역에서 친숙한 명금의 음성은 대부분 이 이민자 집단에 속한다. 이 조류 과 중 몇몇은 남북아메리카에도 찾아왔다. 하지만 아메리카 소리경관의 성격은 대부분 이 두 번째 물결의 한 가지가 번성한 결과다. 아메리카의 찌르레기사촌, 휘파람새, 풍금조, 참새, 홍관조, 밀화부리는 모두 이 무리의 후손이다.

오스트레일리아가 명금 다양성의 도가니이자 전 세계에 이를 수출했다는 견해는 조류 DNA의 최근 분석에 토대를 두고 있으며 진화에 대한 일부 통념을 뒤엎는다. 오래전부터 생물학자들은 오스트레일리아의 동식물이 아시아에서 기원했으며 유라시아 땅덩어리에 확고하게 뿌리를 둔 곁가지라고 생각했다.

오스트레일리아의 생물학자이자 작가 팀 로가 오스트레일리아의 새들을 탐구한 역작 『노래가 시작된 곳(Where Song Began)』에 따르면 찰스 다윈과 에른스트 마이어를 비롯한 19세기와 20세기의 생물학자들은 "테라 눌리우스(terra nullius)적 입장을 취했다. 즉, 오스트레일리가 텅 빈 땅이었고 좋은 것들은 북쪽에서 들어왔다"고 믿었다. 마치 지질학적 시간과 생명의 계통수가 북유럽에 뿌리를 두기라도 했다는 듯한 이 식민주의적 생물지리관은 '구세계', '신세계', '동양', '대척점(對蹠點)' 같은 분류학 용어에 여전히 똬리를 틀고 있다.

공중의 소리경관을 이루는 음성의 주인은 명금만이 아니다. 벌새의 전투적 울음소리와 광적인 날갯소리는 남북아메리카 특유의 새소리다. 하지만 3000만 년 전 벌새가 유럽에 서식했다는 사실이 독일의 화석에서 밝혀졌다. 이 조상 계통이 남아메리카에 진출한 것이다. 유럽벌새는 멸종했지만 남아메리카에 온 새들은 안성맞춤 보금자리를 발견했으며 꽃식물과 손잡고 금세 분화했다.

벌새와 명금의 진화적 번성을 자극한 요인은 아마도 당에 대한 선호였을 것이다. 미각 수용체의 유전적 변화는 두 집단의 진화 초기에 일어났는데, 감칠맛 수용체가 변화하여 당을 맛볼 수 있게 된 것이다. 단맛이라는 새로운 미각 덕에 새들은 꽃꿀과 (수액을 먹는) 곤충의 당 분비물을 찾아다니고 먹을 수 있게 되었다. 꽃식물의 탄생이 많은 노래곤충과 동물의 다양성을 꽃피워 지구의 소리를 영영 변화시킨 것과 마찬가지로 새소리의 다양성은 부분적으로 새들이 오스트레일리아태평양 식물의 당과 맺은 관계에 근거한다. 명금, 벌새, 앵무는 모두 발성이 발달했으며 상당수는 노래를 학습하고 음성 문화를 갖췄다. 새들의 풍성한 음성에서 우리는 꽃과 수액의 달콤한 선물을 듣는다.

고대의 오스트레일리아태평양에서 확산 사건이 일어날 때마다 소규모의 조상 새들이 도착하여 훗날을 위한 번성의 씨앗을 뿌렸다. 우리가 듣는 소리는 수백만 년 전 우연한 사건들이 남긴 유산이다. 다른 조류 집단이 뉴기니 북부 해안에서 바람에 날려 아시아로 갔거나 베링 육교를 건너 남북아메리카로 갔다면 조류 소리경관의 지리 구조는 전혀 달라졌을 것이다. 이러한 역사의 변덕과 우연에 각 후손 개체군의 수백만 년에 걸친 종 분화와 적응이 덧입혀졌다. 각 종은 나름의 성적 가꾸기와 환경 적응 이야기를 경험했다. 이 이야기들을 합치면 진화가 소리 다양성을 창조적으로 만들어낸 이야기가 된다.

확산과 친족 이야기는 현생 종 DNA 분석을 토대로 하며 화석에서 얻은 정보로 이를 보완한다. 이 연구들을 들여다보면 인간의 감각과 친근감에 대해서도 실마리를 얻을 수 있다. 조류에게서 얻을 수 있는 유전 정보는 곤충에 비해 100배가량 되기 때문에 조류의 과거를 재구성하기 위한 토대는 곤충의 경우보다 넓고 탄탄하다. 곤충에게 DNA가 없는 것은 아니다. 결여된 것은 연구 자금과 학술적 관심이다.

조류가 학습 연구의 인기 주제인 한 가지 이유는 우리 눈을 사로잡는다는 것이다. 새의 색깔은 우리를 매혹시키고 몸은 인간의 상상력을 불러일으킬 만큼 크다. 이카루스는 곤충 겉뼈대가 아니라 깃털 날개로 날았고 기독교의 성령은 매미가 아니라 비둘기같이 내려왔다. 새소리의 주파수, 음색, 빠르기는 인간의 언어, 음악과 매우 비슷하기 때문에 우리의 감각이나 미적 친근감과 더 밀접하게 연결된다. 곤충이 새처럼 감미롭고 화려했다면 우리는 곤충 연구에 더 많은 관심을 쏟았을 것이다.

동물의 번식 과시가 종종 짝의 기존 감각 편향을 활용하듯 우리가 새를 좋아하는 것에서 영장류 계통의 생태에서 생겨난 우리의 감각 편향을 알 수 있다(우리가 빨간색을 좋아하는 것은 익은 과일과 건강하게 홍조 띤 피부를 알아보기 위해서이고, 근사한 동작을 좋아하는 것은 타인의 활력을 판단하기 위해서이며, 귀로는 인간 소리로 전달되는 정보를 듣고 싶어한다). 새들이 시적, 종교적, 국가적 상징으로 널리 쓰이는 것은 인간의 눈과 귀가 이렇게 조정되어 있기 때문이다. 우리가 쥐처럼 초음파로 소통하거나 도롱뇽처럼 냄새로 소통한다면 우리의 동전과 경전에는 설치류와 영원(蠑蚖)이 묘사되어 있을 것이다.

우리의 감각 성향은 많은 조류 종의 운명을 결정하기도 한다. 척추동물 다섯 종 중 한 종이 전 세계에서 포획되고 거래된다. 인간의 눈을 즐겁게 하는 깃털과 노래를 가진 종은 특히 인기가 많다. 일부 곤충 종(특히, 아시아 일부 지역에서 사육하는 귀뚜라미)이 포획되어 사육되기는 하지만 야생동물 거래는 대부분의 곤충에 별로 위협이 되지 않는다. 반면에 조류 종의 진화 경로는 인간을 매혹하는 불행한 결과로 이어졌다. 그럼에도 위험에는 변화를 촉발할 힘이 따른다. 인간의 미적 반응은 도덕적 관심을 촉구한다. **새장 속 붉은 가슴의 울새 한 마리에 / 온 천국이 분노한다.** 우리의 감각은 소비적 소유와 보호자적 돌봄에 대한 욕구로 이어진다. 우리를 즐겁게 하는 경이로움의 기원과 연약함을 이해한다면 우리의 욕구와 행동이 야생의 아름다움을 보전하는 쪽

• 윌리엄 블레이크의 시 〈순수를 꿈꾸며(Auguries of Innocence)〉의 한 구절

으로 기울 수 있지 않을까?

⚜

스코푸스산, 세인트캐서린스 섬, 크라우디베이의 소리는 어찌나 찰나적이고 가벼운지 만들어지는 족족 흩어지는 것처럼 보인다. 하지만 비록 덧없을지언정 층층이 쌓인 역사의 기록들이다. 모든 음성은 자기 무리의 기원과 확산이 남긴 자국을 간직한다. 따라서 소리경관은 수억 년에 걸쳐 쌓인 산물이다. 나는 귀를 기울이다 곧잘 휘파람 부는 새의 억양과 곤충 소리의 질감, 서로 목청을 겨루는 종의 다채로운 펄스와 음색, 경쟁자나 짝의 교창 같은 시시각각의 멜로디와 소리경관의 음조 층위에 매료된다.

이 순간의 기쁨 옆에는 진화의 과거 이야기를 들으라는 초대장이 놓여 있다. 동물의 이동과 판 구조론이 남긴 이 유산은 종종 내 발밑의 땅보다 오래되었다. 세인트캐서린스 섬은 홍적세의 모래와 5만 년이 채 지나지 않은 더 최근의 사구(沙丘) 퇴적물로 이루어졌다. 크라우디베이의 모래흙은 세인트캐서린스 섬의 흙만큼 젊으며 그 밑에는 2억 년 전 용암이 깔려 있다. 해저가 융기하여 생성된 스코푸스산의 석회암은 6500만 년 전 짠 개흙의 잔해다. 반면에 이 토양과 암석 위의 소리들은 종종 수천만 년, 수억 년 된 것들이다.

숨으로 이루어지고 찰나에 사라져버리는 소리가 바위보다 오래될 수 있다.

주변 동물 음성에 귀를 기울이는 것은 공기 진동으로 이루어졌으되 대륙 이동과 고대 동물의 대륙 이주로 다양해진 소리의 지질학이 남긴 유산을 듣는 것이다. 암석과 달리, 소리의 여러 형태를 (시간의 흐름에도 불구하고) 간직하는 영속적인 물리적 실체는 존재하지 않는다. 대신 동물 소리의 형태는 연약한 DNA 가닥 속에서 전달되었으며, (노래를 배우는 종의 경우) 새끼와 연장자의 끊임없는 연결 사슬을 통해 세대마다 새로 만들어졌다.

PART 4

인간의
음악과 속함

뼈, 상아, 숨

4만 년 전 지금의 독일 남부에 있는 빙기(氷期) 동굴에서 새로운 종류의 소리가 탄생했다. 이 소리는 휘파람 한 소절에 불과할 만큼 단순했으며 동굴 밖에서 노래한 새와 곤충의 복잡성과 범위에 비하면 보잘것없어 보였다. 하지만 그 소리는 혁명이었다. 그 소리가 창조된 순간 지구의 생성력은 문화적 진화를 발판 삼아 솟구쳐 뻗어갔다.

들어보라. 영장류의 입술이 알맞은 모양의 새 뼈와 매머드 엄니에 숨을 불어넣는 소리를. 이로써 키메라가 생겨난다. 사냥꾼의 숨이 먹잇감의 뼈에 생명을 불어넣는다. 이제껏 지구 어디에도 없던 원천에서 공기가 진동하여 가락과 음색을 만들어낸다. 악기가 탄생한 것이다.

흰깃민목독수리 피리와 비너스상

시간은 흰색의 뼈와 상아를 벌꿀색으로 물들였다. 송진 색깔의 얼룩이 배어든 것은 수천 년간 먼지와 부스러기에 묻혀 있던 탓이었다. 어두운 방의 유리 상자 속 검은 천 위에 놓인 유물들은 은은한 조명을 받아 빛난다. 이곳은 독일 남부 블라우보이렌선사박물관이다. 나는 거의 4만 년 전 새 날개뼈와 매머드 엄니로 만든 피리를 바라보고 있다.

놀랍게도 피리는 무척 약해 보인다. 나는 이번 방문을 준비하면서 기술 문서를 정독하고 사진을 들여다보았다. 피리는 종이 위에서 볼 때는 접시나 동물학 실험실에서 흔히 볼 수 있는 튼튼한 뼈처럼 실해 보였다. 하지만 직접 보고서 얼마나 오래되고 연약한지 실감하자 얼떨떨했다. 세월에 바랜 색상, 종잇장처럼 얇아진 통대, 미세하게 갈라진 금을 보면서 나의 감각은 '어마어마하게 오래되었다'의 의미를 깨달았다. 나의 몸과 감정은 내 정신이 파악하려던 것을 마침내 이해했다.

나는 우리 종의 깊은 문화적 뿌리 앞에 서 있다. 이 유물은 (알려진) 인간 기악의 물리적 증거 중에서 최초의 것들이다. 농경보다 세 배 오래되었으며 유정(油井)과 석유의 시대보다는 240배나 오래되었다. 다른 어떤 종도 악기를 만들지 않지만, 몇몇은 꽤 근접하기도 했다. 일부 긴꼬리는 잎에 구멍을 뚫어 날개의 트릴을 증폭하며 땅강아지는 나팔 역할을 할 수 있도록 굴을 판다. 하지만 두 경우 다 기존의 소리를 증폭하는 것이지 새로운 소리를 만드는 것이 아니다. 오랑우탄은 나뭇잎을 입에 대고 뽀뽀 소리를 내지만, 우리가 아는 한 이 목적으로 잎모양을 바꾸지는 않는다.

흰깃민목독수리의 날개뼈가 보인다. 현대식 퉁소나 나무 피리처럼 한쪽 끝에 V자 홈이 파여 있다. 뼈의 완만한 볼록면을 따라 구멍이 네 개 뚫려 있다. 반대쪽 끄트머리는 부서졌는데, 거기서 다섯 번째 구멍의 일부가 보인다. 구멍의 간격은 사람의 두 손 손가락으로 편안하게 누를 수 있을 만큼 벌어져 있다. 각각의 구멍을 비스듬하게 깎아냈으며 움푹 들어간 곳마다 돌연장이 남긴 예리한 칼자국이 아직도 보인다. 모따기 기법*으로 정확히 사람 손끝만 한 홈을 팠다. 모든 홈은 의도적으로 판 것이 분명하다. 이것은 사람의 손과 입에 맞춰 조각된 뼈다.

피리는 독수리의 두 아래팔뼈 중 가는 쪽인 노뼈(요골)로 만들어졌기에 잔가지만큼 가늘어서 너비가 8밀리미터에 불과하다. 하지만 길이는 내 팔뚝만 하다. 썩은 고기를 찾아 며칠씩 날아다니는 흰깃민목독수리는 날개폭이 독수리보다 넓어서 구석기 피리 제작자들이 날개뼈로 긴 대롱을 만드는 데 안성맞춤이었다.

가는 금 때문에 뼈의 매끄러운 표면이 여남은 조각으로 갈라졌다. 이 조각들은 동굴 퇴적층에서 발굴되어 튀빙겐 대학교의 고고학자

---

* 모서리를 둥그스름하게 떼어 내는 일

니컬러스 코너드, 마리아 말리나, 주자네 뮌첼 연구진에 의해 복원되고 해석되었다. 피리 오른쪽에 있는 손가락 구멍 바로 위의 틈은 이 얇은 뼈가 얼마나 덧없으며, 피리가 구석기 시대에서 현대까지 전해진 것이 얼마나 희한한 일인지 웅변한다.

이것은 이 지역의 동굴에서 출토된 네 개의 새 뼈 피리 중 하나다. 네 개 모두 해부학적 현생 인류가 지금의 서유럽에 처음 도착한 직후인 오리냐크 초기로 거슬러 올라가는 퇴적층에서 발굴되었다. 나머지 피리 중 두 개는 작은 손가락 구멍이 뚫린 조각으로만 남아 있다. 세 번째 것은 고니의 노뼈로 만들었는데, 스물세 조각으로부터 복원했으며 불완전하지만 손가락 구멍 세 개가 뚜렷하다.

이곳 블라우보이렌박물관에는 흰깃민목독수리 피리 옆에 더 튼튼하게 제작된 피리가 놓여 있다. 오목면에 모따기된 손가락 구멍이 세 개 뚫려 있다. 한쪽 끝은 깊은 U자를 의도적으로 새긴 듯하다. 갈라진 자국이 세 번째 구멍 아래로 이어진 것을 보면 원래는 더 길었을 것이다. 두 가닥 솔기는 새 뼈에서와 달리 피리 길이를 따라 쭉 이어져 있다. 솔기마다 마치 긴 절개 부위의 봉합 자국처럼 짧은 선이 반복적으로 교차한다.

이 피리는 현대인에게 낯선 재료인 매머드 상아로 만들었다. 흰깃민목독수리 노뼈는 닭이나 칠면조 뼈를 확대한 것 같아서 새 뼈라는 걸 쉽게 알아볼 수 있다. 하지만 매머드 상아는 현대의 일상에서 비유할 만한 물건이 없다. 표면은 닳은 가죽처럼 그윽하게 바랬는데, 무두

질한 짐승 가죽처럼 보이는 얇은 겉면이 이 착시 효과를 강조한다. 하지만 단단한 뼈에 손가락 구멍(指孔)과 입김 구멍(吹口)을 뚫은 것이 보인다. 이 유물은 내게 이국적으로 보이지만 구석기인들에게 매머드는 식량과 공예의 주 재료였다. 그들의 동굴에는 연장, 장신구, 불에 탄 뼈, 작업하다 만 엄니 등 매머드의 상아와 뼈가 널브러져 있다. 매머드 상아는 쓰임새가 다양했으며, 동굴에 남은 잔해로 보건대 종종 버려지거나 폐기되었다. 구석기인의 플라스틱이었다고 말할 수도 있겠지만, 자유롭게 돌아다니는 짐승에게서 취한 현지 재료라는 점이 달랐다.

새 뼈는 속이 비었고 사람 손에 꼭 들어맞아서 피리 만들기에 제격이다. 하지만 매머드 엄니는 딱딱하여 깎기 힘들다. 매머드 상아 피리를 만든 사람이 누구이든 족히 며칠은 매달렸을 것이다.

현대 고고학자와 복원 전문가들은 피리의 절개 부위를 면밀히 연구하고 실험하여 빙기 공예가들의 제작 순서를 추론했다. 첫째, 날카로운 돌날을 이용하여 큰 엄니의 일부를 잘라내어 관대(stave), 즉 틀(blank)을 만든다. 동굴에 있는 수천 개의 연장 잔해에서 보듯 그들은 이 기법을 활용하여 깎은 순록 가지뿔 틀로 사냥용 발사 무기를 제작했다. 상아는 대롱으로 만들기가 쉽지 않으며 구석기 장인들에게는 드릴이 없었다. 그래서 그들은 관대를 원통형으로 깎아 반으로 가른 다음 속을 파낸 뒤에 다시 붙여 대롱을 만들었다. 그 방법은 상아의 성장 형태를 활용하는 것이었다.

매머드 엄니는 상아질이라는 굵은 심을 시멘트질이라는 바깥층이 둘러싸고 있다. 제작자들은 두 층이 만나는 지점으로부터 조심스럽게 깎아내어 반은 상아질이고 반은 시멘트질인 관대를 만들었다. 그 지점은 돌날과 작은 쐐기로 쉽게 쪼개어 원통을 반으로 가를 수 있는 약한 부위였다. 절반으로 가른 두 토막의 속을 파내는 일은 품이 많이 들었으며, 결과물로 보건대 단단한 막대로 두 개의 얇은 대롱 반쪽을 만드는 데는 대단한 솜씨가 필요했다.

그들은 상아를 쪼개기 전에 길이 방향에 수직으로 원통 양쪽에 깊은 홈을 일정한 간격으로 팠다. 이 표시는 속을 파낸 양쪽 절반을 정확하게 맞대기 위한 눈금이었다. 그런 다음 나뭇진으로 접착하고 짐승 힘줄로 단단히 고정했다. 이렇게 만든 대롱은 공기가 새지 않을 만큼 꼭 들어맞았으며 여기에다 모따기로 손가락 구멍과 입김을 위한 새김눈 구멍을 뚫었다.

이 피리는 부서져 4만 년간 묻혀 있었는데도 양쪽이 꼭 들어맞고 눈금 간격이 일정하여 놀라울 만큼 정확하게 제작된 것을 알 수 있다. 얇은 겉면은 새 뼈 같은 천연 대롱으로 만들었다는 착각을 일으켜 제작자가 얼마나 큰 수고를 들였는지 짐작하지 못하게 한다. 여기 전시된 피리는 이 지역에서 지금껏 출토된 네 개의 매머드 상아 피리 중 가장 온전한 것이다. 나머지 피리의 잔해 조각에 찍힌 연장 자국으로 보건대 비슷한 제작 방법을 썼음을 알 수 있다.

알려진 최초의 악기를 만든 이 사람들에게 삶은 틀림없이 혹독했을 것이다. 그들은 빙하에 짓눌린 알프스산맥의 바로 위 북쪽이자 유럽 북부를 덮은 얼음의 남쪽에서 살았다. 털코뿔소, 야생마, 아이벡스, 마멋, 북극여우, 북극토끼, 레밍스 같은 그 시기 동물들의 잔해는 툰드라, 추운 스텝(steppe), 산의 피조물이다. 동굴 속의 꽃가루와 나무 잔해는 대부분의 식생이 풀, 세이지브러시(sagebrush)*, 몇몇 북방림 관목과 나무였음을 보여준다. 식량 한 입, 땔감 한 조각, 의복 한 점을 얻으려면 종종 눈 쌓이고 항상 추운 지대에서 안간힘을 써야 했다.

그럼에도 이 사람들은 자신들이 가진 최고 형식의 기술을 음악에 바쳤다. 피리, 특히 매머드 피리는 당시의 가장 정교한 공예술을 발휘하여 제작되었다. 결과물에서 보듯 그들은 재료의 성질을 깊이 이해했으며 연장을 능수능란하게 다뤘다. 소리가 없고 단단한 짐승 엄니는 사람의 손과 상상력에 의해 속이 비고 여러 음을 내는 관악기로 탈바꿈했다. 돌연장을 정밀하게 놀려 깎아낸 구멍은 인간의 숨을 불어넣어 죽은 짐승을 되살릴 수 있는 공간이 되었다.

이렇듯 악기는 물질적 필요가 충족된 풍요로운 사람들의 미감을 위한 장식물로서 시작된 것이 아니다. 오히려 고되고 의심할 여지없이 불안정한 삶을 살던 사람들이 (알려진) 최초의 기악을 세상에 선사했다. 현대의 학교들이 음악 과목을 폐지하고 좌우파 논객들이 예술을 퇴폐적이거나 잘라내야 할 군더더기로 몰아가고 학계에서 음악을 인

• 국화과 쑥속에 속하는 식물 중 관목처럼 자라는 여러 종류

류 문화에 근본적으로 불필요한 것으로 치부하는 지금이야말로 빙기 동굴의 섬세한 피리를 돌아보고 다시 생각해야 할 때다.

❄

박물관 전시실에서 피리와 함께 앉아 있은 지 몇 시간이 지났다. 그동안 스무 명이 지나간다. 세 명이 피리를 들여다본다. 나머지 사람은 단추가 장착된 벽으로 곧장 걸어가 어김없이 스피커를 켠다. 그러면 새로 제작된 피리의 짧은 가락이 흘러나온다. 실망스럽게도 유물 자체는 눈에 띄는 놀람이나 관심을 거의 불러일으키지 못한다.

솔직히 말하자면 피리에게는 경쟁자가 있었다. 이 박물관에는 정교하게 조각한 작은 조각상들도 전시되어 있다. 콧구멍을 벌렁거리는 야생마, 날개를 접고 땅으로 돌진하는 새, 똑바로 선 사자 머리의 사람, 이 밖에도 수십 점의 조각상을 깎은 손의 주인들은 엄지손가락만 한 이빨이나 뼈에 동물의 생기를 불어넣는 법을 알고 있었다. 이 동굴에 보존된 인간 예술은 기악만이 아니다. 고고학자들은 끈기 있게 솔질하고 꼼꼼히 관찰하여 짐승과 사자 머리 사람의 조각상 수십 점을 발굴했다. 동굴 퇴적층에는 상아와 가지뿔로 만든 목걸이 장식과 구슬 같은 장신구도 들어 있었다. 이 동굴의 거주자들은 창조적인 사람이었으며 일상에서 얻은 뼈와 상아를 우리가 오늘날 예술품이라고 부르는 것으로 탈바꿈시켰다.

피리 전시실에서 복도 하나만 지나면 가장 유명한 조각상들이 있다. 그곳은 독립된 전시실로, 어두운 실내 한가운데에서 조명이 유물을 비추고 있다. 이곳의 모든 관람객은 신문 기사나 박물관의 영상, 포스터, 웹사이트에서 사진을 보았을 것이다. 관람객들이 피리를 부리나케 지나칠 만도 하다. 이 박물관은 신성한 유물 하나를 중심으로 이야기를 풀어 나간다.

받침대에 무척 포동포동한 여인상이 놓여 있다. 이 상아 조각상에는 머리 대신 정교하게 제작한 작은 고리가 붙어 있다. 고리에는 끈이 달려 있었을 것이며, 키가 6센티미터로 손바닥만 한 이 작은 조각상은 목걸이 장식이나 부적으로 쓰였을 것이다. 고리의 구멍 안쪽 면에는 끈에 쓸려 반들반들해진 자국이 아직도 보인다. 조각상은 팔다리가 짧고 왼팔 일부가 달아났다. 젖가슴, 엉덩이, 외음부는 부풀었으며 한쪽으로 약간 치우쳐 있다. 허리는 잘록하며 배는 납작하다. 섬세하게 조각된 손은 허리께에 올려져 있다. 조각상을 가로질러 홈이 여러 줄 파여 있는 걸 보면 싸개로 싸여 있었던 듯하다. 이 시기 인간 아닌 동물의 조각상들을 보면 비슷한 표면 자국으로 장식된 경우가 왕왕 있긴 하지만.

박물관 당국과 학술 문헌에서는 이 유물을 1908년 출토된 유명한 빌렌도르프의 비너스처럼 다른 동굴에서 나온 조각상들과 마찬가지로 비너스로 명명했다. 나머지 구석기 비너스 여인상들은 적어도 5000년 후대의 것이기에 이 박물관에 있는 것과의 연관성은 희박하다. 현대인의 눈으로 보기에 이 조각상은 성적 측면을 강조한 것 같다. 하지만 구석기인들에게 어떤 의미였는지는 알 수 없다. 종교, 저항, 음란, 유머, 셀카, 놀이의 말, 장난감, 초상, 공예 연습, 제물, 선물이었으려나? 하지만 판단할 맥락이 부족하다. 2000년 전 로마 신 비너스의 이름을 거의 4만 년 전 유물에 붙이는 행위는 고대인의 의도보다는 우리 문화에 대해 더 많은 것을 알려준다.

어둠 속에서 사람들이 조명 아래 조각상 주위에 모여 있다. 이 매머드 상아 조각은 전 세계에서 가장 오래된 구상 조각으로 알려져 있다. 2019년 보르네오섬 동쪽의 인도네시아 섬 술라웨시에서 거의 4만 4000년 전 동굴 벽화가 발견되기 전까지만 해도 이 조각상은 종류를 막론하고 우리가 아는 가장 오래된 구상 미술품이었다.

조각상은 동굴에서 지금의 지면 아래 3미터 지점에 묻혀 있었다. 흰깃민목독수리 피리와 같은 퇴적층에, 팔 뻗으면 닿을 거리에 놓여 있었다. 고고학에서 퇴적층은 시간의 흐름을 나타내는 기록이다. 한 세기가 지날 때마다 먼지와 부스러기의 막이 덧입혀진다. 먼지의 막은 피리와 조각상이 동시대 작품임을 알려준다.

피리는 얼마나 오래됐을까? 탄소 연대 측정에 따르면 흰깃민목독수리 피리는 적어도 3만 5000년, 매머드 피리 조각은 그보다 오래된 것으로 추정된다. 더 온전한 매머드 피리와 고니 노뼈는 3만 9000년 전 것인지도 모른다. 인간 정착지의 잔해가 남아 있는 가장 아래층은 4만 2000년을 조금 넘을 뿐이다. 이 연대는 탄소의 방사성 붕괴와 매

몰 동물 이빨에 갇힌 결정들의 시간 연동형 변화(time-sensitive change)로도 확증된다. 미래에 신기술이 개발되면 연대를 더 정밀하게 측정할 수 있을지도 모른다. 기악이 초창기의 음을 세상에 내보낸 장소는 독일의 이 동굴들만이 아닐 것이다. 나무나 갈대로 만든 악기는 오래전에 삭아 망각 속으로 사라졌다. 어쩌면 아직 발굴되지 않은 장소에 묻혀 있을 수도 있고. 어쨌든 지금으로서는 가장 오래된 물리적 증거는 이 독일의 동굴에서 나온 것들이다.

우리 예술의 깊은 뿌리

인간의 음악은 어떤 악기보다 오래되었다. 우리의 음성은 엄나나 뼈를 조각하기 오래전부터 가락, 화음, 장단을 흥얼거린 것이 분명하다. 모든 현대 인간 사회의 사람들은 노래하고 음악을 연주하고 춤을 춘다. 이 보편성에서 보듯 우리 조상들 역시 일부 사람들이 악기를 발명하기 오래전부터 음악적 존재였을 것이다. 오늘날 (알려진) 모든 인류 문화에서 음악은 사랑, 아기 재우기, 치유, 춤 같은 비슷한 상황에서 쓰인다. 이렇듯 인간의 사회적 행동은 곧잘 음악을 매개로 한다.

화석 증거를 보더라도 50만 년 전 조상들은 목뿔뼈가 있어서 현대인처럼 말하고 노래할 수 있었다. 악기를 제작하기 수십만 년 전부터 인간의 목은 말하고 노래할 능력이 있었던 것이다.

말과 노래 중에서 무엇이 먼저였는가는 지금으로서는 알 수 없다.

언어와 음악을 지각하기 위한 신경 측면의 전제 조건이 다른 종에도 있는 것을 보면 우리의 언어 능력과 음악 능력은 기존의 성질을 개량한 것인 듯하다. 포유류가 자기 종의 소리에 귀를 기울일 때와 마찬가지로 사람들은 말을 주로 뇌의 좌반구에서 처리한다. 그 밖의 소리는 인간이 음악을 처리하는 주요 부위인 우반구로 가거나 양반구 둘 다에 전달된다.

좌뇌는 소리 타이밍의 미묘한 차이를 이용하여 의미와 구조를 이해한다. 우뇌는 주파수 스펙트럼의 차이를 이용하여 가락과 음색의 성질을 파악한다. 하지만 이 구분이 절대적이지 않은 것을 보면 언어와 음악을 가르는 확고한 선은 없는 듯하다. 언어의 억양과 운율은 우뇌를 활성화하지만 노래의 의미 부분은 좌뇌를 자극한다. 이렇듯 우리가 부르는 노래와 시적 언어는 두 반구의 활동을 하나로 엮는다.

인류 문화를 아우르는 음악의 형태에서 우리는 이것을 듣는다. 모든 음악은 노래에 가사를 담으며 모든 구어의 의미는 부분적으로 그 음악적 성질에서 비롯한다. 우리는 아기일 때 목소리의 빠르기와 높이로 엄마를 인식한다. 성인이 되어서는 음높이, 빠르기, 활력, 음색, 음조에 변화를 주어 감정과 의미를 표현한다. 문화적 측면에서는 오스트레일리아의 노랫길(song line)*, 중동과 유럽의 낭송, 찬송, 성가, 산

---

* 오스트레일리아 원주민들이 지리적 정보, 중요한 지식, 문화적 가치 등을 노래로 만들어 기억하고 후세에 전달한 구전 전통

족이 춤의 황홀경에서 읊조리는 이야기, 전 세계 사회의 여러 구호에서 보듯 우리는 음악과 언어의 조합을 통해 가장 귀중한 지식을 전수한다.

여기서 보듯 기악은 노래나 구어와 구별되는 특징이 있다. 기악은 언어가 전혀 개입되지 않는 음악 형식이다. 최초의 피리 제작자들은 말의 구체성을 초월하는 음악을 만드는 법을 발견했는지도 모른다. 이를 통해 그들은 인간 아닌 동물 종과의 연결 고리를 찾았을 것이다. 곤충, 새, 개구리 같은 동물의 소리 표현은 인간 언어의 테두리 밖에 존재하니 말이다(종마다 문법과 구조의 형태가 다를 수는 있지만). 기악 덕에 우리는 인간 아닌 동물의 경험과 비슷한 방식으로 소리를 경험할 수 있지만 이것은 역설적 경험이다. 연장 사용―최근에 등장한 인간 고유의 활동인 악기 제작―을 통해 우리는 동물 친척들이 여전히 하고 있을 방식으로, 또한 인류 이전 조상들이 틀림없이 했을 방식으로, 즉 인간 언어의 너머와 이전에서 의미와 뉘앙스로 가득한 음향 경험으로서 소리를 경험한다. 어쩌면 기악은 우리의 감각을 연장과 언어에 앞서는 경험으로 되돌려주는지도 모른다.

타악 형식의 음악도 말이나 노래보다 오래되었을 가능성이 있다. 북 두드리기에 주로 쓰이는 가죽 조각이나 나무 같은 일상적 물체는 연약하고 빨리 썩기 때문에 고고학 증거는 빈약하다. 알려진 최초의 북은 중국 것으로 6000년밖에 되지 않았지만, 인간이 북을 두드린 지는 그보다 훨씬 오래되었을 것이다.

아프리카에서는 야생 침팬지, 보노보, 고릴라 모두 두드리기를 사회적 신호로 쓴다. 이 유인원 사촌들은 손, 발, 돌멩이를 이용하여 신체 부위, 땅, 나무 판근(板根)*을 두드린다. 그렇다면 우리 조상들도 북을 두드려 신원과 영역을 표시하고 사회 집단을 협력적이고 일사불란한 조화로 이끌었을지도 모른다. 다른 유인원과 비교하면 인간의 북 두드리기는 더 규칙적이고 박자가 정확하다.

흥미롭게도 많은 침팬지 개체군에서 돌멩이로 나무를 두드리는 행위에는 제의적 요소가 있다. 침팬지는 특정한 나무를 집중적으로 두드리기 때문에, 그런 곳마다 돌멩이가 쌓인다. 돌멩이를 단순히 놓아두는 것이 아니다. 나무에 집어던져 퍽이나 쿵 소리를 낸다. 종종 돌멩이를 나무에 던지면서 우렁찬 팬트후트 발성과 함께 손과 발로 나무줄기를 두드리기도 한다. 이렇듯 침팬지와 인간 둘 다 타악 소리, 발성, 사회적 과시, 제의를 결합한다. 이는 인간 음악의 이 요소들이 인류의 탄생 이전에 존재했음을 시사한다.

인간 음악의 가장 깊숙한 뿌리가 정확히 언제 자라났는가는 지금으로서는 수수께끼다. 하지만 기악과 그 밖의 예술 형식 사이의 연관성은 더 뚜렷하다. 세상에서 가장 오래된 것으로 알려진 악기는 가장 오래된 것으로 알려진 구상 조각 바로 옆에 묻혀 있었다. 둘 다 동굴 속 인간 퇴적물의 거의 최하층에서 출토되었다. 그 아래 퇴적층에는

---

* 땅 위에 판 모양으로 노출된 나무뿌리

인류의 흔적이 없으며 더 내려가면 네안데르탈인의 연장이 나온다. 이 지역에서는 해부학적 현생 인류가 유럽의 얼음 지대에 처음 도착하면서 기악과 구상 미술이 나란히 생겨났다.

악기와 구상 조각 둘 다에 담긴 개념은 물질에 3차원 변형을 가함으로써 우리가 예술적 경험이라고 부르는 것, 즉 우리의 감각, 정신, 감정을 자극하는 작은 물체를 만들 수 있다는 것이다. 피리와 조각상을 나란히 놓으면 오리냐크 시기에 인간의 창조성이 하나의 활동이나 역할에 국한되지 않았음을 알 수 있다. 공예 기술, 음악적 혁신, 표현 예술은 서로 연결되어 있었다.

창조성의 형식들이 이렇게 연결되었다는 증거는 최초의 인간 미술에서도 찾아볼 수 있다. (알려진) 최초의 그림은 구상화가 아니라 추상화로, 남아프리카공화국 블롬보스 동굴의 7만 3000년 전 지층에서 발견되었다. 그곳에서 누군가 바슬바슬한 돌에 오커(ochre)* 크레용으로 교차 무늬를 그렸다. 이 그림이 발견된 지층에는 그 밖에도 조개껍데기 구슬, 뼈로 만든 송곳과 창끝, 새김질된 오커 조각 등 창조적 작업의 증거들이 들어 있다.

하지만 지금까지의 증거에 따르면 독일 남부의 3차원 미술 작품의 제작술은 안료를 이용하는 구상 미술과 다른 속도로 발전한 듯하다. 피리와 조각상에는 특별히 채색한 흔적이 전혀 보이지 않는다. 이 유

• 산화철의 가루로, 점토에 섞어 거무스름한 안료, 도료로 만든다.

물이 발견된 동굴은 벽화로 장식되지 않았다. 이 지역에서 오커 안료로 돌을 장식했다는 확고한 증거가 나타나는 것은 훨씬 후대로, 피리보다 2만 년 뒤인 마그달레니안 시기다.

유럽의 또 다른 오리냐크 유적인 스페인 북부 엘카스티요 동굴에서는 다른 궤적을 볼 수 있다. 한 원반 벽화는 4만 년 전 이전으로 거슬러 올라가며 같은 벽의 스텐실 손 그림은 3만 7000년 전 이전의 것이다. 하지만 아직까지 이 지역에서는 그 시대의 3차원 예술품으로 알려진 것이 전혀 없다. 마찬가지로 술라웨시섬 동굴 벽의 구상 회화는 알려진 어떤 조각과도 연관성이 없다. 이 차이는 인간 예술에 대해 실마리를 던지기보다는 고고학 기록의 불완전함을 알려주는 것인지도 모르겠다. 하지만 지금으로서는 조각과 피리 같은 3차원 예술품이 처음 발달한 장소와 시대는 회화와 다른 듯하다.

이 심층사는 후대 예술의 경험을 재구성한다. 구석기 시대의 피리와 조각상을 바라보면서 대영박물관, 메트로폴리탄미술관, 루브르박물관의 인파를 생각한다. 우리는 인류의 예술과 문화를 수놓은 중요한 순간들을 엿보기 위해 몇 시간씩 줄을 선다. 하지만 독일 시골의 이 작은 박물관에서 우리는 예술의 더 깊은 뿌리를 경험한다.

팔을 양옆으로 뻗는다. 이 간격이 (알려진) 인간 예술과 구상 미술의 범위라면 빙기 피리와 조각은 왼쪽 손끝에 술라웨시섬 동굴 벽화와 함께 있을 것이다. 주요 미술관의 대표작들은 대부분 지난 1000년 새 제작된 것으로, 오른손 손가락 끝에 놓인다. 그렇다고 해서 지난 몇 세기 동안 제작된 예술품들의 중요성이 낮아지는 것은 결코 아니다. 오히려 인류의 초기 예술 활동이 보존된 현장과 박물관은 후대 작품을 보완하며 인류의 창조성이 펼쳐진 이야기의 뿌리가 된다. 예술은 각 지역의 동물 및 물리적 공간과의 관계 속에서 탄생했으며 구석기 인류의 뻬어난 기술과 상상력에 의해 발전했다.

인간의 숨을 가두는 그릇

콘도르 뼈 두 개를 손에 든다. 고대 흰깃민목독수리 피리의 비율을 본떠 피리를 만들 작정이다. 이 뼈의 원래 주인은 쇠콘도르로, 도로에서 목숨을 잃었다. 수거된 사체는 테네시주 시워니 사우스대학교의 동물학 수장고에 보관되었다. 오리냐크 장인들은 흰깃민목독수리 뼈를 쉽게 구할 수 있었을 것이다. 이 조류는 수렵인이 남긴 짐승 사체를 먹으며 동굴 근처에 둥지를 튼다. 그들의 뼈는 동굴 퇴적층에서 흔히 발견된다. 하지만 고니는 그렇지 않았다. 고니의 뼈는 특별히 입수해야 했는데, 아마도 동굴에서 멀리 떨어진 습지에서 구했을 것이다.

나는 실험실의 쇠콘도르 '판지(板紙) 납골당'에서 두 개의 아래팔뼈인 노뼈와 자뼈(척골)를 뽑는다. 날개가 큰 흰깃민목독수리의 뼈보다 3분의 1만큼 작지만 형태와 비율은 비슷하며 길이는 내 엄지손가락의 두 배이고 굵기는 연필보다 가늘다.

건조한 방에서 10년간 보관되었기에 따뜻한 물에 밤새 담갔다가 꺼

내 투박한 부싯돌칼로 누르며 뼈머리(골두)를 뼈몸통(골간)에서 잘라내려고 톱질을 한다. 나의 작은 돌연장은 단단한 조약돌을 처트(chert)* 덩어리에 내리쳐 격지(박편)를 떼어내 만들었다. 날이 무척 날카롭지만, 내 무딘 손으로는 별무소용이다. 아무리 안간힘을 써봐야 뼈의 표면에 희미하게 긁힌 자국을 내는 것이 고작이다. 새 뼈는 놀랍도록 단단하며 표면은 매끈하다. 엄지손톱으로 단단히 쥐어도 날이 자꾸 미끄러진다.

내가 여느 사람과 마찬가지로 능수능란한 돌장이의 후손이면서도 새 뼈의 끝을 잘라내는 간단한 작업조차 마무리하지 못하는 게 당황스러웠다. 낯선 연장이 손에 익지 않은 것이 한 가지 이유다. 다른 이유는 나의 연장 제작술이 조잡하다는 것이다. 피리가 발견된 동굴 퇴적층에는 단검, 긁개, 송곳, 메스처럼 생긴 작은 돌칼, 끌, 나이프, 뚫개, 정 등 수백 점의 돌, 가지뿔, 뼈 연장이 있었다. 이 연장들은 정밀하게 제작되었으며, 작품을 보건대 대단한 솜씨가 발휘되었다. 원시적 격지로 한두 시간 씨름하면서 그들의 공예가 얼마나 정교했고 나의 시도가 얼마나 분수 모르는 짓인지 절감한다.

포기하고는 낯익은 연장인 현대식 실톱을 집어든다. 철광산과 용광로에서 탄생한 쇠톱니를 가지고 뼈를 자른다. 팔꿈치와 어깨를 연결하는 볼록한 뼈끝을 하나씩 떼어낸다. 뼈는 놀랍도록 억세다. 절단

---

* 석영 알갱이로 이루어진 치밀하고 단단한 퇴적암

하려면 톱날을 힘껏 눌러야 한다. 큼지막한 뼈머리(골두)를 벗겨내자 손에 쥔 뼈의 감촉이 금방 달라진다. 더 가볍고 산뜻하게 균형이 맞는다. 더는 무겁고 두툼한 끄트머리에 휘둘리지 않으니 무게가 고르게 배분되어 수월하게 돌릴 수 있다. 손으로 만지작거리며 탐색을 시작한다.

뼈는 내 손가락으로부터 열을 흡수하여 은은한 환영(歡迎)의 빛을 발한다. 죽은 쇠콘도르의 잔해가 대뜸 온기를 흡수하고 내뿜는 것을 보니 이 생기가 역설적으로 느껴진다. 표면은 매끄럽지만 굴곡이 있다. 한쪽 면은 가루모래를 흩뿌린 듯 약간 거칠다. 길이 방향으로 미세한 이랑들이 돋아 있다. 그중 하나가 둘로 갈라져 패싯(facet)*을 이룬다. 뼈는 내 손이 닿자 대뜸 입을 열어 나의 눈이 간과하는 사실들을 시시콜콜 털어놓는다. 가장 반가운 특징은 S자 모양의 굴곡이다. 손목보다는 팔꿈치 쪽이 더 구부러졌다. 양쪽 끝은 단면이 다르다. 팔꿈치 쪽 끝은 비정형 오각형이고 손목 쪽은 말끔한 D자 모양이다.

나의 손이 이리저리 돌아가면서 뼈를 쓰다듬는다. 손가락 사이에 뼈를 끼우고 살살 쥐었다가 꼭 쥐어도 본다. 탄력이 느껴지지만 부러질 기미는 전혀 없다. 뼈를 손바닥에 놓고 위아래로 까딱거리며 깃털만큼 가벼운 것에 놀란다. 손이 나의 마음을 쇠콘도르의 비행으로 인도한다. 우리는 둘 다 뼈와 근육의 피조물이며, 움직인다는 것, 땅과

---

* 보석을 깎아 만든 각각의 면

공기에 힘을 가한다는 것이 무슨 뜻인지 몸으로 이해한다. 이 유사성은 내 손이 이해하는 공통어다.

하지만 우리가 배우는 것은 사뭇 이질적이다. 믿기지 않을 만큼 가벼운 뼈는 땅에 붙박인 나의 포유류 몸을 놀라게 한다. 날려면 이래야 한다고 나의 손이 힘주어 말한다. 무게가 없는 이 경이로운 힘을 보라고. 나중에 기억을 되살려 경험을 곱씹다 몸이 움찔한다. 한낱 손에서 비롯한 황홀한 교훈을 신뢰하지 못한 것이 부끄럽다. 내 마음의 자리는 여기 두개골 속이라고 나는 우긴다. 하지만 방을 가로질러 걸어가 쇠콘도르 상자를 연다. 저기 뼈들이 놓여 있다. 그리고 나는 뼈를 다시 한번 들어올리면서 환희를 느낀다. 내 손은 공기를 사랑하는 자가 어떻게 하늘을 나는지를 다시금 맛본다.

그러나 뼈를 입술에 댔을 때는 어떤 환희도 느끼지 못한다.

처음에는 공기 흐름이 연필 끝 같은 장애물에 부딪히는 듯 둔탁한 쉿쉿 소리만 난다. 잘라낸 뼈끝을 오므린 입술에 이렇게도 대보고 저렇게도 대보면서 공기가 피리 끝까지 흘러 맑은 소리를 내는 지점을 찾는다. 쇠콘도르 뼈는 심란할 정도로 가늘어서 빨대보다도 홀쭉하다. 가느다란 뼈 끄트머리에 입을 대니 나의 입술이 두툼한 베개처럼 느껴진다. 아무리 불어도 숨소리밖에 안 난다. 기악의 여명을 연 감동적인 소리는 분명히 아니다.

이튿날 재도전하다 소리 나는 지점을 찾아낸다. 쌕쌕거리는 고음의 휘파람 소리가 난다. 집중적이고 지속되는 날카로운 소리다.

나는 두 번째 피리도 만들어두었다. 이것은 쇠콘도르 자뼈로 만들었다. 길이는 같지만 굵기가 두 배로 내 집게손가락만 하다. 한쪽에 뼈결절이 열 개 불거져 있다. 날개깃이 달렸던 자리다. 이 뼈는 입술에 닿는 느낌이 더 좋다. 나는 금세 음을 잡는다. 입김을 세게 내뿜자 커다란 하나의 음이 흘러나온다. 이것은 높은 음이다. 이래저래 불어보다 또 다른 음을 찾아낸다. 숨을 나직이 내뱉으면 약간 낮은 음이 불쑥 튀어나온다. 하지만 툭하면 어긋나는 바람에 음을 붙잡아두기 힘들다. 이 두 소리의 높이는 현대 플루트의 높은 옥타브 음 두 개와 같다. 낮고 그윽한 소리는 전혀 안 난다.

하긴 그럴 수밖에 없다. 피리의 원리는 겉보기에 역설적인 현상인 정상파(定常波)를 가둬두는 것이니까. 피리 안의 이 공기 압력파는 바다의 파도가 마루와 골의 형태를 마치 바다 끝까지 그대로 전달하는 것처럼 행동한다. 피리에서 마루와 골은 공기 분자인데, 피리 끝에서는 진동하지만 구멍 한가운데에서는 움직이지 않는다. 이곳은 양쪽 끝에서 흘러드는 압력파가 정확하게 균형을 이루는 정지점(靜止點)이다. 연주자가 계속 입김을 부는 한 파동은 꾸준히 유지된다. 관의 끝에서 맥동하는 공기 분자는 밖에 있는 분자에 부딪혀 소리를 세상에 내보낸다. 관 속 음파의 길이와 (따라서) 주파수는 피리의 길이에 의해 정해진다. 내 쇠콘도르 뼈 피리처럼 짧은 피리는 음파도 짧아서 높은 음이 난다.

따라서 각각의 피리는 평상시에 시시각각 달라지는 인간의 숨과 공기 중 음파를 붙잡아 가두어두는 용기(容器)다. 숨은 많은 문화에서 생명의 토대로 간주된다. 피리의 성질은 처음 발견되었을 때 충격적이었을 것이다. 혼이 잠시나마 정지하여 형체를 갖춘 채 세상으로 내보내지다니 말이다. 기계 이전 시대에만 해도 동굴 속에서 울려퍼지는 피리는 오리냐크인들이 들을 수 있는 가장 큰 소리 중 하나였을 것이며 그들은 피리의 힘을 경외했을 것이다.

나의 쇠콘도르 뼈 피리는 길이가 짧은 펜만 한 13센티미터에 불과하다. 서양의 연주용 플루트는 길이가 다섯 배, 피콜로는 두 배에 이른다. 이 치수를 방정식에 대입하면 내 피리가 낼 수 있는 가장 낮은 음은 약 1200헤르츠다. 반면에 서양의 연주용 플루트는 262헤르츠인 가온다가 가장 낮은 음이다. 쇠콘도르 피리에서는 새된 소리가 난다.

하지만 관악기는 단순한 예측 방정식에 맞아떨어지지 않는다. 관악기를 한낱 관으로 치부하는 방정식은 말할 것도 없다. 소용돌이치고 맥동하는 공기 흐름을 형성하는 것은 악기의 세부 형태와 연주 방법이다. 입김이 들어가는 가장자리의 각도와 뾰족함에 따라 소리의 또렷함과 음높이가 달라진다. 피리 끝부분의 벌어짐, 구멍 안쪽의 곡률, 내부의 불완전함 등으로 인해 피리 안의 음파가 막히거나 짓눌리거나 팽창할 수 있다. 손가락 구멍 테두리의 예리함과 구멍 자체의 위치에 따라서도 소리가 달라진다.

연주자는 제 몸의 형태와 기술을 가지고서 악기와 관계를 맺는다.

끝이나 옆에서 입김을 부는 피리는 페니휘슬(penny whistle)*이나 리코더와 달리 입에서 악기로 흐르는 공기의 방향을 바꾸는 마개가 없다. 그대신 연주자는 입술, 혀, 얼굴 근육, 치아를 이용하여 피리의 가장자리까지 전달되는 공기의 섬세한 흐름을 정밀하게 조절할 뿐 아니라 구강의 미묘한 변화로 소리를 빚어낸다. 이 앙부쉬르(embouchure)**는 연주자의 폐와 횡격막에서 발생하는 리듬 및 세기와 상호작용하여 음악을 만들어낸다. 피리가 초등학교 교과서에서 묘사하는 것 같은 단순한 대롱이라면 음악가들이 실력을 닦으려고 몇 년을 쏟아부을 필요가 없을 것이다.

선사시대 음악 실험

나는 플루트 연주자와 거리가 멀다. 내가 만든 피리의 뼈 가장자리에 서툰 앙부쉬르와 숨을 불어넣을 뿐이다. 그렇다면 전문가는 고생대 악기로 어떤 소리를 낼까?

아나 프리데리케 포텐고프스키는 고대 피리 복제품 연주에 빠져든 계기를 설명하면서 자신이 현대 음악 작업에서 조금 갈피를 잡을 수 없었다고 말한다. 그녀는 뿌리의 경험, 처음의 경험을 추구했다. 그녀

---

* 아일랜드의 전통 관악기로, 호루라기의 원리를 이용하여 소리를 낸다.
** 관악기 취구에 입을 대거나 물 때의 입 모양

는 구석기 시대 재현 전문가 프리드리히 제베르거와 울프 하인이 제작한 뼈와 상아 복제품을 가지고 고생대 뼈와 상아의 음향적 가능성을 탐구하기 시작했다. 이 피리들이 어떻게 제작되었는지에 대한 우리의 지식은 대부분 제베르거와 하인의 장인적 솜씨와 조사·연구 덕이다. 포텐고프스키는 이 실험을 소리의 영역으로 승화했다.

나는 헤드폰을 쓰고는 음향적 상상의 공간에 들어선다. 고대 피리에서 어떤 소리가 났는지 확실히 알 순 없지만, 이 녹음들은 가능성을 탐구할 수 있도록 나의 감각을 열어준다. 소리는 자신의 힘을 발휘하여 생각과 감정을 한 의식에서 다른 의식으로 전달한다. 포텐고프스키의 연주는 시간 여행이라기보다는 우리와 고대인을 가르는 장벽을 뛰어넘는 실험적 연결에 가깝다. 그녀의 소리 표본과 자작곡 수십 점은 모두 현대적 상상의 산물이지만, 몇몇은 오래전 음악적 혁신의 언저리를 분명히 포착했다.

고대 피리는 우리 눈에 연주법을 드러내지 않는다. 하지만 숙련된 입, 얼굴 근육, 폐는 눈이 발견하지 못하는 것을 우리에게 가르칠 수 있다. 포텐고프스키는 두 가지 주법을 쓸 수 있었던 듯하다. 첫째, 그녀는 잘라낸 뼈 위쪽으로 입술을 꽉 오므려 휘파람을 거의 피리 끝까지 보내듯 세게 입김을 불었다. 입술의 방해를 받지 않고 공기의 방향을 조절하기 위해 피리 몸통을 마치 중동의 나이(ney) 피리처럼 비스듬히 들었다. 두 번째 방법은 새김눈(노치) 피리에서만 효과가 있다. 그녀가 피리를 세로로 들고서 새김눈이 없는 쪽을 아랫입술에 댄 채 위쪽에 입김을 불자, 미소 짓듯 살짝 벌린 입술에서 흘러나온 공기가 새김눈을 때렸다. 이것은 안데스 지방의 케나(quena)처럼 나무와 대나무로 만든 새김눈 피리에서 구사하는 앙부쉬르와 같다.

그녀는 현대 피리에 새김눈이 널리 보급된 것을 감안하여 두 번째 방법이 더 성공적일 거라 예상했다. 새김눈은 날카로운 모서리로 좁은 공기 흐름을 갈라 공기가 떨리면서 가장자리 양쪽을 빠르게 번갈아 흐르도록 한다. 이렇게 모서리에 공기를 부는 원리는 파이프 오르간, 리코더, 여러 호루라기에서 활용된다. 하지만 포텐고프스키가 구석기 피리를 새김눈 주법으로 연주했더니 소리가 불분명했다. 매머드 상아 피리의 새김눈 소리는 따스하지만 흐리멍텅했다. 아무리 노력해도 쇠콘도르 피리의 새김눈으로는 맑은 소리가 아니라 쌕쌕거리는 숨소리만 났다. 그렇다면 이 피리의 새김눈은 부서져서 생긴 인공적 흔적인지도 모른다. 조각난 상태 때문에 원래 모습을 엉뚱하게 상상했는지도 모르겠다.

그에 반해 비스듬한 주법은 모든 피리에 통했다. 포텐고프스키가 이 방법으로 고니 노뼈를 입술에 댄 첫 순간, 그녀의 숨이 이 악기에서 두 개의 음을 동시에 깨웠다. 똑같이 거센 두 개의 파동이 피리 안에 공존했는데, 하나는 다른 하나의 배음이었다. 이 효과 덕분에 소리가 풍성해져 단음이 아니라 화음의 기미가 감돌았다. 평상시에는 한 번에 한 음씩 두드러지게 연주하는 악기인 피리 치고는 특이한 현상이다. 포텐고프스키는 이 소리가 나는 건 자신의 접근법에 '실수'가 있었기 때문이라고 생각했다. 하지만 금세 견해를 바꿔 이중음(二重音)을 "경이로운 현상이자 음악적 표현의 수단"으로 인정했다. 어쩌면 다중음(多重音)은 구석기 음악의 토대 중 하나였는지도 모른다.

이 악기들은 단음에도 신기한 성질이 있다. 고니 노뼈에서는 또렷한 휘파람 소리가 났다. 포텐고프스키는 미끄러지듯 음을 한 옥타브 올렸다가 내리면서 음높이 변화를 매끄럽게 증가시켰다. 소리는 피스톤 휘슬(piston whistle)*과 약간 비슷하게 윙윙 오르락내리락했다. 하지만 이 피리에는 음높이를 바꾸는 슬라이더가 없다. 그녀는 아무것도 이용하지 않고 혀, 얼굴 근육, 입술의 모양만 가지고 이 소리를 냈는데, 여기에 **오럴 글리산도**(oral glissando)라는 이름을 붙였다. 이 글리산도**는 피리의 끝을 오므린 입술에 대는 비스듬한 주법으로만 구사할 수 있다. 포텐고프스키는 피리에 뚫은 손가락 구멍보다 글리산도가 음높이 변경에 더 효과적이라는 사실을 발견했다.

매머드 상아 피리는 새김눈으로 연주하면 새되게 끽끽거리는 불쾌한 소리가 난다. 30초 분량의 트랙을 끝까지 듣지 못하고 냅다 음량을 낮춘다. 하지만 그녀가 비스듬한 주법으로 악기를 연주하자 근사한 소리가 난다. 낮은 음은 먼 기적 소리 같고 높은 음은 새의 달콤한 울음소리 같다.

• 내부에 장착된 피스톤을 통의 위아래로 움직여 음색을 바꾸는 악기
•• 피아노, 현악기 따위나 성악에서, 비교적 넓은 음역을 빠르게 미끄러지듯 소리를 내는 방법

여느 관악기와 마찬가지로 피리도 세게 불면 입김의 세기가 커져 음역이 높아진다. 포텐고프스키는 세 가지 피리 모두 이처럼 음역을 쉽게 올릴 수 있다는 사실을 발견했다. 그러면 피리의 음역은 약 2.5 옥타브가 된다. 가장 높은 음은 피아노 건반의 맨 위 음과 비슷했는데, 소리를 내기도 가장 힘들었으며 그녀가 있는 힘껏 악기를 불자 불쾌한 음파가 귀청을 찔렀다.

포텐고프스키의 작업에서 보듯, 고대의 피리를 탐구할 때는 현대의 선입견을 내려놓아야 한다. 새 뼈 피리와 매머드 상아 피리는 현대의 나무 피리나 양철 피리의 가까운 친척처럼 보일지 모르지만 실제로는 사뭇 다르다. 현대 피리는 음높이를 바꿀 때 대부분 운지법을 이용한다. 숨은 이 소리에 활력과 형태를 부여하기는 해도 가락의 주된 원천은 아니다. 하지만 구석기 복제품에서 포텐고프스키는 정반대 현상을 발견했다. 운지법은 음높이에 대해 약간의 효과밖에 없었지만, 입과 입김을 바꾸자 악기의 음역에 해당하는 모든 음을 내고 모든 음계로 연주할 수 있었다.

상아 피리는 말이 없다

구석기 피리 복제품 실험을 더 진행하면 무엇을 배울 수 있을까? 나는 그들의 연구에 대해 읽고 소리 샘플을 들은 뒤에 하인과 포텐고프스키에게 연락했다. 우리는 매머드 상아 피리의 실험적 재구성이 흥미로운 연구 분야일 거라는 데 동의했다. 하인이 제작하고 포텐고 프스키가 연주한 복제품은 동굴에서 나온 고대 피리를 모방한 것이 었다. 하지만 구석기 피리는 한쪽 끝이 부러진 것처럼 보였기에 원래 는 더 길었을 것이다.

피리와 같은 동굴 퇴적층에서는 피리 틀처럼 보이는 깎지 않은 관대(속이 빈 대롱)가 출토되었다. 이 관대는 길이가 30센티미터로 고대 피리의 10센티미터보다 훨씬 길었다. 이는 동굴에서 발견된 유물이 부러진 것이고 원래는 더 길었음을 시사한다. 하인은 유럽 전역의 박물관에서 고고학 복원 과제를 진행하고 있는데, 앞선 과제에서 매머드 상아 한 조각을 입수했다. 그는 구석기 관대의 길이와 같은 매머드 상아 피리를 새로 제작하기로 했다.

하인의 제작 과정 동영상을 보면 매머드 상아의 재료 특성을 알 수 있다. 사람 손으로 만져보면 상아는 단단하며 자르는 것은 고사하고 흠집을 내는 것조차 불가능하다. 하지만 부싯돌 연장의 날로는 쉽게 자를 수 있어서, 무른 나무를 대패질하듯 표면을 긁거나 벗겨낼 수 있다. 그의 손놀림을 쳐다보다가, 돌연장 덕에 구석기인의 작업이 더 빠르고 정밀해졌을 뿐 아니라 다른 방법으로는 도저히 다룰 수 없는 재료를 주무를 수 있게 되었음을 깨달았다. 우리의 맨손 조상과 돌연장을 발명한 조상의 기술적 거리는 구석기 시대 돌연장과 현대 금속 도구의 격차보다 넓은 듯하다.

하인은 악기의 손가락 구멍을 일곱 개 만들었는데, 구멍의 간격은 길이가 더 긴 새 뼈 피리와 같았다. 이것은 복제품이라기보다는 더 긴 매머드 상아 피리의 형태에 대한 가설이다. 하인은 완성된 피리를 포텐고프스키에게 보내어 소리 탐구를 진행하도록 했다. 여느 상아 피리와 마찬가지로 비스듬한 주법으로 좁은 공기 흐름을 피리 위쪽 모서리로 보내는 방법이 가장 효과적이었다. 음색과 주파수 범위는 나머지 피리와 비슷했지만 저음역이 좀 더 내려갔다.

가장 놀라웠던 것은 이 피리를 연주하기가 무척 힘들더라는 그녀의 말이었다. 몸과 마음이 조금이라도 긴장하면 소리가 흐트러졌다. 날이 춥거나 습해도 연주가 힘들었다. 어떤 날은 소리가 제풀에 터져 나오다가도 어떤 날은 살살 구슬려야 했다. 나중에 나도 피리를 불어 봤는데, 이따금 휘파람 소리를 내는 것이 고작이었다. 내가 서투른 거야 그럴 수 있지만 포텐고프스키는 피리 연주에 평생을 바친 사람 아닌가.

어쩌면 오리냐크 시대에는 연주법이 무척 발전했는지도 모른다. 빙기의 기나긴 겨울을 동굴 속에서 보내다 보면 연습할 시간이 많았을 것이다. 아니면 그때는 앙부쉬르가 다르고 더 수월했을지도 모르겠다. 턱이 약한 농경인이 가위교합인 데 반해 수렵채집인들은 앞니가 억세게 맞물린다. 이 덕분에 구석기인들은 얼굴 근육과 호흡을 더 자유자재로 조절할 수 있었던 것일까?

우리가 동굴에서 입수한 상아가 악기의 일부에 지나지 않았을 수도 있다. 풀이나 나무껍질 조각이 피리서 역할을 했을지도 모른다. 그랬다면 이 악기는 플루트가 아니라 클라리넷이나 오보에였을 것이다. 식물성 재료 조각은 수만 년간 보존될 수 없기 때문에, 동굴 속 유물 증거로는 이런 재료가 쓰였는지 아닌지 알아낼 수 없다. 피리서가 있으면 서툰 솜씨로도 관악기에서 소리를 뽑아낼 수 있으며 변덕스러운 플루트보다 덜 힘들게 음을 낼 수 있다. 모따기된 악기의 위쪽 끝에 현대 오보에의 은제 서를 대자 곧바로 우렁찬 휘파람 소리가 났다. 구석기 아이들이 현대 아이들처럼 풀대로 삑삑 소리를 내는 일에 열심이었다면, 이 진동하는 식물성 재료 조각을 빈 대롱에 달기까지는 작은 상상력의 도약만 필요했을 것이다.

하인과 포텐고프스키의 과거 작업과 더불어 이 실험은 고대 음악을 이해할 때 몸을 동원해야 한다는 사실을 보여준다. 악기의 까다로운 앙부쉬르, 다중음, 오럴 글리산도, 세게 불기 등은 모두 직접 해봐야만 알 수 있다. 이 실험은 과거의 음악을 향해 우리의 상상력을 열어준다.

❀

흥미롭게도 구석기 시대에서 발견된 것들은 현대 음악의 창조적 작업에 별다른 영향을 미치지 않았다. 이것은 구석기 시각 예술이 20세기 초 미술가와 미술 학예사들에게 영감을 준 것과 대조적이다. 1937년 뉴욕시 현대미술관에서는 '유럽과 아프리카의 선사 시대 암벽 회화'라는 제목으로 전시회를 열었는데, 암벽화의 사진과 수채 복제화 옆에 파울 클레, 한스 아르프, 호안 미로 같은 현대 미술가들의 작품을 나란히 진열했다. 런던 현대미술연구소에서도 1948년 '현대 미술 4만 년'이라는 전시회를 개최했다. 이 덕분에 선사 시대 미술이 지금 이 순간의 창조성에 기여하고 현대 작품과의 필수적 관계 속에서 살아간다는 사실이 인식되었다.

이 연관성이 생생하게 드러난 전시회가 2019년 파리 상트르 퐁피두에서 열린 '선사 시대, 현대의 수수께끼'였다. 그곳에서는 폴 세잔, 파블로 피카소, 막스 에른스트를 비롯한 미술가 수십 명의 작품을 통해 선사 시대 유물이 현대 미술에 어떤 생산적 영향을 미쳤는지 보여주었다. 나는 전시회에 가서 고대 상아 조각과 헨리 무어, 호안 미로, 앙리 마티스의 조각품이 나란히 진열된 것을 보고 충격을 받았다. 형태적 유사성은 놀라울 정도였다.

선사 시대 소리의 실종도 놀랍기는 마찬가지였다. 먼 과거의 시각 예술은 현재와 활발히 대화하고 있다. 하지만 이름난 문화 기관을 찾아가봐도 깊은 과거에서 들려오는 것은 대개 침묵이다.

여기에는 발견들이 최근에 이루어진 탓도 있다. 독일 남부의 구석기 피리는 최초의 조각상과 동굴 벽화가 발견된 지 한 세기도 더 지난 뒤 발견되었다. 피리 조각들은 1920년대 프랑스 남서부 이스튀리츠 동굴의 구석기 지층에서 출토되었다. 어쩌면 이 유물들이 현대의 작곡가나 음악가들에게 흥미를 불러일으키지 못한 것은 조각나 있었기 때문일까?

음악이 심층시간을 가로지르는 것 또한 쉬운 일이 아니다. 상아를 깎아 만든 조각상은 수천 년 뒤에도 시각 예술임을 알아볼 수 있다. 조각가들은 구석기 조각을 보고서 그것을 현대 미술 작업에 곧장 접목할 수 있다. 특히 20세기 모더니스트들은 구석기 미술과 입체파, 미니멀리즘, 서정적 추상주의 사이에서 유사성을 보았다. 원래 미술가의 문화적 맥락은 유실되었을지언정 작품은 여전히 우리에게 직접 말을 건다. 하지만 동굴에서 출토된 상아 피리는 말이 없다.

기악이 생명을 얻으려면 음악가가 있어야 한다. 음악은 언제나 찰나적이고 관계적이어서 악기와 연주자의 관계에 의해 생명을 얻는다. 전시된 유물들을 통해 음악의 본질과 형식을 포착하고 나타내는 것은 불가능하다. 악보는 그 자체로 소리의 미묘함을 전달하기에 미흡한 수단일 뿐 아니라 비교적 최근에 발명된 것으로, 기원전 14세기 우가리트 점토판에서 발견된 것이 최초다. 20세기에 전자적으로 소리를 만드는 방법이 등장하면서 선사 시대 악기에 대한 작곡가와 연주자들의 관심이 더욱 줄었을 것이다. 전자 악기는 음악가들에게 어마어마한 힘을 새로 선사했다. 이것과 비교하면 전 세계의 여느 피리와 겉보기에 비슷한 뼈 피리의 발견은 기껏해야 상상력을 슬쩍 자극하는 것이 전부였다.

하지만 구석기 시대 악기는 시간을 뛰어넘는 생생한 연결의 놀라운 가능성을 보여준다. 음악의 찰나성은 살아 있는 예술가를 발견의 중심에 놓는다. 음악은 활동하는 예술가의 존재를 필요로 한다. 오래 전에 죽은 선조가 남긴 물건과 생각을 마주한 채 몸으로 대화를 나눠야 한다. 선사 시대 음악 실험은 형태 면에서 언제나 불완전한 재현일 것이다. 우리는 고대 음악의 정확한 음높이와 가락을 영영 알 수 없다. 하지만 선사 시대의 음악은 수천 년간 동굴의 흙더미 속에서 잠자던 창조적 과정을 말 그대로 깨운다.

공명하는 공간

    독일 남부에 봄이 찾아왔다. 나는 석회암 사면의 동굴 어귀를 등진 채 숲이 성기게 우거진 비탈에서 볕을 쬐고 있다. 내 앞의 가파른 비탈은 다시 깨어나는 들꽃, 단풍나무와 너도밤나무 잎, 풀의 향기로 가득하다. 숲지붕이 듬성듬성하여 은은한 오후 햇빛이 비쳐 든다. 내가 앉은 자리에서는 비탈 아래쪽으로 들판을 감아도는 작은 강, 잡목림, 평평한 계곡 바닥에 흩어진 건물들이 보인다.

    동굴은 석회암 벽 아랫부분에 있는데, 내부가 넓으며 천장은 높은 방만 하다. 고고학자들은 이 동굴의 퇴적층에서 피리 세 개를 출토했다. 고니 뼈 피리가 두 개, 보존 상태가 가장 훌륭한 매머드 상아 피리가 한 개였다. 피리가 출토된 구덩이는 조석(粗石)˙으로 다시 메워졌으

˙ 바위를 부수어 생긴 불규칙한 모양의 돌덩이

며, 천장에 수직으로 끈을 매달아 좌표를 표시했다. 훗날 탐사할 수 있도록 장소를 보전하고 위치를 기록해둔 것이다. 격자 철망 울타리가 관람객의 접근을 막는다.

동굴 입구 앞의 백악질 흙에 앉아 있는데, 유라시아검은머리휘파람새 한 마리가 내게 음향학 강의를 한다. 몇 미터 떨어진 낮은 가지로 날아가더니 빠르고 맑은 음 열 개를 올렸다 내렸다 하며 가락을 뽑는다. 잠시 쉬었다가 원래 가락을 변형하는데, 이번에는 휘휘거리는 음을 두어 개 덧붙인다. 그 뒤로 5분 동안 이 악구와 휴지(休止)를 펼쳐내며 변주를 구사한다. 곡은 음색이 풍성하며 피리 소리가 빠르게 흐른다. 조류 도감에서 유럽 최고로 손꼽는 연주다. 하지만 오늘 가장 인상적인 것은 이 공간에서 어떻게 소리가 생생하게 전달되는가다.

기억의 조각들

검은머리휘파람새는 천연 사발의 가장자리에 자리 잡았는데, 저곳에서는 소리가 부분적으로 둘러막힌다. 동굴 어귀 양쪽으로는 석회암 버팀벽이 뻗어 있다. 침식을 이겨낸 암석의 갈빗대다. 여기서도 절벽이 머리 위로 드리워, 높은 천장이 부분적으로 형성되었다. 동굴 자체는 석회암 벽이 적당히 파인 형태다. 앞마당은 높은 벽으로 둘러싸인 석회암 바닥이다. 이렇게 에워싸인 모습 때문에 '가이센클뢰스테를레'(Geißenklösterle; 염소 예배당)라는 지금의 이름이 붙었을 것이다. 염소치기들이 염소 우리로 쓸 수 있었기 때문이다. 버팀벽 틈새로 계곡 풍경이 보인다. 이 천연 담장은 빙기 거주민들을 바람과 달갑잖은 방문객으로부터 보호해준 것이 분명하다. 그뿐 아니라 소리가 풍성해질 공간도 마련되었다. 이 공간은 검은머리휘파람새 노래의 한 음 한 음을 보듬어 간직한 채 숙성시킨다.

검은머리휘파람새의 음은 석회암 벽에 반사되어 내게 돌아오는데, 이 반사음은 부리에서 곧장 내 귀로 흘러온 소리보다 약 15밀리초 뒤에 도착한다. 반사음이 하도 일찍 도착해서 나의 뇌는 이 음을 별개의 메아리가 아니라 원래 소리의 일부로 지각한다. 반사음은 무척 명료하고 풍성한 듯한 느낌을 자아낸다. 현대 연주회장을 설계하는 건축가와 음향공학자들은 이른바 '초기 반사음'에 특별히 주의를 기울인다. 무대 위와 옆에 커다란 배플(baffle)*을 설치하면 초기 반사음을 곧장 청중에게 방사하여 넓은 공간에서도 친밀감과 활력을 느끼게 할 수 있다.

이와 같은 효과를 내는 천연 공간이 몇 군데 있는데, 대표적인 곳이 덴버 인근 로키산맥 자락의 레드록스 원형극장이다. 그곳에서는 고생대 퇴적암이 우묵한 지대와 높은 벽을 형성하여 마치 이곳 독일의 동굴 입구를 확대해놓은 듯 웅장한 공연장이 되었다. '구두 상자

---

* 음향계의 두 점 사이에 전파로의 실효 길이를 증가시키기 위해 사용하는 장벽 모양의 구조물

(shoebox)' 연주회장*의 벽도 비슷한 효과를 내는데, 좁은 상자 한쪽 끝에 자리 잡은 연주자들의 소리가 반사되어 반대쪽까지 전달된다. 가이센클뢰스테를레 동굴과 버팀벽은 검은머리휘파람새 노래의 반사판 역할을 하며, 오래전에는 고니 피리나 매머드 피리의 음을 반사했을 것이다.

또한 벽이 둘러싸고 있으면 잔향이 더해져 소리에 깊이와 풍부함이 생긴다. 목욕탕에서 노래해본 사람은 누구나 알 것이다. 목욕탕의 매끈하고 단단한 세라믹 타일은 훌륭한 소리 반사판이어서 음 하나하나가 반사되고 또 반사된다. 이 반사음이 섞여 잔향이 되어 각 음의 생명을 늘린다. 동굴 어귀의 효과는 목욕탕보다는 미묘하여 약한 잔향이 0.5초가량 지속된다. 하지만 이것으로도 검은머리휘파람새의 음성에 황금빛을 가미하기에는 충분하다.

가이센클뢰스테를레 남쪽으로 반 시간 동안 성큼성큼 걸어가면 또 다른 동굴인 홀레 펠스(Hohle Fels; 속이 빈 바위)가 나온다. 동굴 입구는 비탈 자락의 어두운 구멍으로, 소형 트럭이 들어갈 수 있을 만큼 넓고 높다. 과거에는 농부들이 건초를 보관하는 곳이었으며 제2차 세계대전 중에는 군용 차량을 은닉하는 장소였다. 지금은 입구가 금속 문으로 막혀 있으며 문에는 개방 시간이 적힌 표지판이 매달려 있다. 동굴 앞쪽으로 좁은 강이 민들레꽃 수천 송이가 흐드러진 초원을 구불구

• 직육면체 모양이며 한쪽 끝에 무대가 있는 전통적인 형태의 공연장

불 지나간다. 동굴 입구는 표면이 매끈한 석회암 절벽 아래쪽에 있는데, 절벽 높이는 6층 건물과 맞먹는다.

입구에 늘어선 지도와 유물 캐비닛을 지나 동굴 안쪽으로 들어가면 비탈이 대뜸 앞을 가로막는다. 앞으로 나아갈수록 벽과 천장이 죄어든다. 나무와 풀밭의 내음 대신 축축한 석회암 가루와 조류(藻類)의 냄새가 난다. 걸은 지 1분이 되었을 때 동굴 바닥이 쑥 꺼지고 금속 통로가 나를 안내한다. 발밑에는 깊이가 4미터가량 되는 구덩이가 있는데, 여기저기 조명이 비추고 벽에는 모래주머니가 쌓여 있다. 이곳에서는 1970년대 이후로 고고학 발굴이 진행되고 있다. 모래주머니는 아직 출토되지 않은 아래쪽 지층을 보호하는 것으로, 언제든 작업을 재개할 준비가 되어 있다.

금속 통로에 앉아 아래를 내려다본다. 모래주머니에 기댄 코팅지 표지판에는 퇴적물 '층'(horizon)*에 해당하는 문화권의 이름과 연대가 적혀 있다. 가장 깊은 문화권은 "네안데르탈, 5만 5000~6만 5000년 전"이며, 다음으로 동굴 옆벽을 따라 "오리냐크, 3만 2000~4만 2500년 전", "그라베트, 2만 8000~3만 2000년 전", "마들렌, 1만 3000년 전"이라고 쓰여 있다. 느린 퇴적 작용은 6만 5000년 전으로 거슬러 올라가는 가정생활의 유물을 포획하여 보존했다.

처음은 네안데르탈인이었고, 다음은 빙기의 해부학적 현생 인류였

• 토양학에서 토양 단면에 수직 층서를 이루며 각각의 특성들이 뚜렷하게 구분되는 토양층

다. 기억의 조각들이 흙속에 층층이 박혀 있었다. 인류의 흔적이 담긴 가장 깊고 오래된 지층 중 하나인 오리냐크 지층에는 여성 조각상과 쇠콘도르 피리가 놓여 있었다(지금은 여기서 차로 10분 걸리는 블라우보이렌박 물관에 진열되어 있다).

나는 채굴 현장 위로 철망을 밟은 채 인간 삶의 이 기록을 응시한다. 놀랍게도 내가 경험하는 것은 구석기 시대나 그 밖의 고대에 대한 글을 읽을 때 으레 느껴지는 감정인 경외감이나 시간 감각 상실이 아니라 차분함이다. 인류의 오랜 선사를 이렇게 맛보면서 깊숙이 묻힌 불안감의 매듭이 풀린다.

내 삶은 거의 전적으로 현대성의 템포에 속박되어 있다. 분 단위로 살고, 몇 시간과 (때로는) 몇 년에 집중하고, 21세기 안에 무너질 주택에서 살고, 10년을 채 넘기지 못할 전자 제품을 이용한다. 우리 문화는 21세기가 끝나기 전에 스스로와 지구의 대부분을 개조할 기세다. 우리의 감각, 상상력, 열망을 몇 년 이상 끌어당기는 것은 찾아보기 힘들다. 수천 년의 척도에 대해 생각하더라도, 지금과 그 먼 미래 사이에 인류 이야기의 연속성을 상상하기 힘들다. 과거도 낯설긴 마찬가지여서, 감각이 미치지 못하며 몸으로 이해할 수도 없다. 인류 역사가 수만 년간 존재했다는 물리적 흔적은 내 몸에 말한다. 또 다른, 더 긴 서사가 있다고.

피난처이자 캔버스이자 음향 공간

인류가 지구에서 보낸 절대다수의 시간은 우리와 똑같은 몸과 뇌를 가진 사람들이 경험한 시간이었다. 그들은 서로 또한 땅과 관계를 맺고서 살아갔으며 이따금 번성하기도 했다. 이 관계의 형태는 대륙마다 달랐지만, 아프리카에서든, 기록에 따르면 유라시아에서든, 오스트레일리아에서든, 또는 후대의 남북아메리카에서든 나의 일상 경험과 공통분모가 없는 시간에 걸쳐 이 관계가 지속되었음을 알 수 있다.

수렵인, 채집인, 농경인으로서 보낸 이 오랜 삶은 우리가 지닌 정체성과 유산의 일부이나, 이젠 기술 때문에, 순간에 대한 집착 때문에 지워지다시피 했다. 잠깐이나마 옛 지구의 내음을 들이마시니 기분이 좋다. 고향에 돌아온 느낌이다. 이것은 향수(鄕愁)가 아니다. 나는 환상 속 에덴으로 돌아가기를 갈망하는 것이 아니다. 오히려 구덩이는 인간으로 살아간다는 것이 무슨 뜻인지에 대한 감각을 내 안에서 재조정한다.

이 오래고 거의 잊힌 수천 년의 기간에 우리의 역사 대부분이 놓여 있다. 정체성에 대한 진실의 조각 하나가 여기서 드러난다. 물론 이 사실을 모르는 바는 아니었지만, 인류의 과거는 추상적인 것으로, 몸과 동떨어진 생각들의 집합으로 여겨졌다. 이 구덩이는, 이 시간의 발굴은 인류의 생각뿐 아니라 몸에 밴 생생한 경험에도 말을 걸어왔다.

이토록 오랜 인간 삶이 한 장소에 응축한 광경을 가만히 음미하다 동굴 속으로 더 깊숙이 이동한다. 내 발이 금속 창살에 쨍그랑 부딪히는 소리가 터널 벽에 메아리친다. 거슬리고 먹먹한 소리다. 하지만 위쪽에서는 소리가 부드러워진다. 널찍한 느낌이 내 귀를 사로잡는다. 통로 끝에서 허리를 숙여 좁은 입구를 통과한 뒤 흙과 자갈을 밟으며 발굴 현장 너머 동굴 바닥에 들어선다.

고개를 들자 숨이 턱 막혔다. 나는 넓디넓은 동굴 속에 발을 디딘 것이었다. 벽을 향한 조명 몇 개로 크기를 가늠할 순 있지만, 확실한 기준은 물방울 소리다. 물방울은 높은 천장에서 웅덩이와 젖은 돌 위로 떨어진다. 물방울이 바닥에 떨어지는 **똑** 소리가 매번 공간을 채운다. 조용한 딸깍거림이 1초 이상 울려퍼진다. 발이 동굴 바닥을 끼익 미끄러지거나 우두둑 짓누르는 소리조차 증폭된다. 동굴의 소리는 로마네스크[*] 교회나 넓고 소박한 로툰다(rotunda)^{**}에서처럼 들린다.

이곳에는 휘파람 소리가 어떻게 들리는지 보여줄 명금이 하나도 없기에 나의 목소리와 손으로 소리를 탐구한다. 손뼉을 치자 충격파가 서서히 감쇠하며 돌아온다. 처음에는 크다가 1~2초에 걸쳐 작아진다. 나중에 밖에서 똑같이 박수를 쳤더니 소리는 한 순간에 휙 하고 사라졌다. 동굴에서는 휘파람을 불면 내가 호흡을 멈춘 뒤에도 1~2초간

---

* 고딕 이전의 중세 유럽 건축 양식으로, 창문과 문, 아케이드에 반원형 아치를 많이 사용한다.
** 고전 건축에서 원형 또는 타원형 평면 위에 돔 지붕을 올린 건물 혹은 내부 공간

음 하나하나가 또렷이 남아 있다. 소리에 생명이 깃든 듯, 동굴이 소리에 내세를 부여하는 듯하다.

이렇게 오래 끄는 잔향은 성당, 텅 빈 공장, 거대한 물탱크처럼 넓고 벽이 단단한 공간의 음향 특성이다. 벽은 소리를 반사하며 밀폐된 공간의 한쪽에서 다른 쪽으로 소리가 되튀는 동안 잔향을 지속한다. 물론 돌처럼 효율적인 음향 반사판도 음파의 일부 에너지를 고갈시킬 수밖에 없다. 하지만 넓은 공간에서는 소리가 공중에 머무르는 시간이 길어서, 벽과의 충돌로 잃어버리는 에너지가 거의 없이 흐를 수 있다. 이렇듯 넓은 용적은 소리를 오래 지속시킨다. 음파가 멀리 떨어진 벽 사이를 왔다갔다 하면서 공기 중에 오래, 때로는 몇 초간 머물기 때문이다. 두꺼운 커튼처럼 소리를 흡수하는 재료가 없으면 잔향은 더욱 오래간다. 홀레 펠스 동굴의 용적은 6000세제곱미터로, 큰 교회와 맞먹는다.

이 동굴의 잔향은 가이센클뢰스테를레보다 훨씬 오래 지속된다. 이 때문에 매우 빠르고 섬세한 소리는 쉽게 뭉개진다. 다른 관람객과 몇 미터만 떨어져도 그들의 말소리가 우단(羽緞)처럼 먹먹해진다. 이곳에서 강연하면 끔찍할 것이다. 마찬가지로 복잡한 바이올린 곡도 형편없이 들릴 것이다. 빠르게 변하는 음이 서로 뒤섞일 테니 말이다. 하지만 단순한 가락은 근사하게 들린다. 내 휘파람 소리가 이렇게 훌륭하게 들린 적은 한 번도 없었다. 동굴 밖 초원에서 나의 손뼉과 휘파람 소리가 얇고 바싹 마른 빵 같다면 안에서는 달콤한 케이크 조각처럼 기름지고 두툼하다. 피리 음악 또한 이곳에서 근사하게 들릴 것이다.

동굴 곳곳에서 내 목소리의 잔향이 최적점에 닿아 공명하며 파장이 이 공간의 크기와 일치하는 소리 주파수를 증폭한다. 특히 작은 옆방에서는 내 음성 중에서 가장 낮은 주파수가 풍선처럼 부풀어 오른다. 이 공명은 닫힌 공간에서 소리가 가지는 일반적 속성이다. 포도주 잔, 목욕탕, 강당 등에서는 각 공간의 치수에 따라 특정 소리 주파수가 강조된다. 동굴에서는 이 공명이 메아리와 어우러져 음향적 발광(發光)이라 할 광활한 느낌을 자아낸다.

물론 구석기인들이 홀레 펠스 동굴과 가이센클뢰스테를레 동굴을 선택한 것은 소리 특성 때문이 아니라 비바람을 피하기 위해서였을 것이다. 하지만 이 두 공간은 거주지로서의 쓰임새와 더불어 풍성한 음향 특성을 가지고 있다. 내가 홀레 펠스에서 오후를 보내는 동안 관람객 수십 명이 넓은 안쪽 동굴을 들락날락했다. 어른들은 모두 안에 들어가자마자 예외 없이 목소리를 속삭임 수준으로 낮췄다. 아이들은 장난스럽게 함성을 지르고 휘파람을 불었다. 이곳은 소리의 별난 특징을 재깍재깍 보여주는 장소다.

알려진 최초의 악기는 악기 소리와 어울리는 장소에서 제작되었다. 적어도 현대인의 귀에는 그렇게 들린다. 오늘날 많은 플루트 실황 연주와 녹음은 전자 장비를 이용하여 잔향을 더함으로써 소리가 동굴이나 방에서 들리는 것처럼 한다. 그렇다면 동굴의 잔향 특성이 최초의 피리가 발명되는 데 촉매 역할을 했을까? 나는 아이 하나가 새 뼈에서 골수를 빨아 먹다 동굴 속에서 소리가 풍성하게 울려퍼지는 것을 재밌어하는 상상을 한다. 그다음 솜씨 좋은 부모들이 친숙한 연장을 가지고 실험을 했을지도 모른다. 그들은 새 뼈 피리를 만들면서 매머드 상아 피리를 제작하는 데 필요한 정교한 연장술의 아이디어를 얻었을 것이다.

이것은 추측에 불과하다. 다만 우리가 분명히 아는 것은 공간의 풍성한 음향 특성과 악기의 최초 증거가 같은 동굴에서 동시 발생한다는 것이다. 유럽 남부의 다른 고생대 동굴에서 나온 증거를 함께 고려하면 이 우연의 일치는 패턴에 가까워 보인다.

1980년대 프랑스에서 음악학자이자 고고학자 이에고르 레즈니코프와 미셸 도부아는 동굴에서 주목할 만한 구석기 벽화를 찾기 위해 자신의 음성을 활용했다. 두 사람은 단순한 음을 노래하고 휘파람으로 불면서 동굴 음향의 지리적 특성을 파악했다. 그들은 울림이 유난히 풍부한 장소에 주로 벽화가 있다는 사실을 알게 되었다. 동물 그림은 대체로 공명이 큰 방이나 잔향이 강한 벽을 따라 그려져 있었다. 그들은 좁은 터널을 기어 들어가다 울림이 가장 풍성한 곳에 붉은색 점이 정확히 찍혀 있는 것을 발견했다. 이 터널의 입구에도 그림이 그려져 있었다. 울림이 풍부한 벽 구석은 화려하게 장식되어 있었다.

2017년 연구에서는 음향학자, 고고학자, 음악가 여남은 명이 스페인 북부의 동굴 내부에서 소리 특성을 측정했다. 음향학자 브루노 파젠다 연구진은 정확히 보정된 음이 동굴 안에서 어떻게 들리는지를 스피커, 컴퓨터, 마이크 장비로 측정했다. 그들이 조사한 동굴의 벽화는 약 4만 년 전부터 1만 5000년 전까지 구석기 시대의 대부분에 걸쳐 있었다. 손자국, 추상적인 점과 선, 그리고 새, 물고기, 말, 솟과, 순록, 곰, 아이벡스, 고래목, 인간 형상을 비롯한 온갖 구석기 동물이 그려져 있었다.

연구진은 표준화된 측정을 수백 차례 실시한 끝에 붉은색 점과 선(가장 오래된 벽화)의 위치는 낮은 주파수가 공명하고 소리의 명료함이 (적당한 잔향 때문에) 높은 장소와 상관관계가 있음을 밝혀냈다. 이곳들은 음성과 복잡한 형태의 음악이 과도한 잔향 때문에 뭉개지지 않는 안성맞춤인 장소였을 것이다. 동물 그림과 손자국도 선명도가 높고 전반적 잔향이 낮되 저주파 응답성이 뛰어난 곳에 있을 가능성이 컸다. 이것은 현대인이 공연 장소를 찾을 때 고려하는 특성이다.

동굴의 미술과 소리 특성이 맞아떨어진다는 사실은 사람들이 동굴을 피난처이자 캔버스뿐 아니라 음향 공간으로도 여기고 그에 반응했음을 보여준다. 그렇다면 뿔매미의 소리가 숙주 식물과 맞아떨어지고 새들이 산바람을 맞으며 노래하고 고래가 심해음파통로를 통해 소리를 주고받는 것처럼 여느 동물이 보금자리의 음향 형태에 맞게 소리를 빚어내듯 인간 음악의 형태 또한 부분적으로는 음향적 맥락의 산물이다.

최초의 악기는 탄생 장소와 꼭 맞아떨어졌다. 의도적이었든 행운이었든 뼈 피리와 상아 피리는 제작 장소인 석회암 동굴의 음향 특성에 어울렸다.

하지만 피리가 동굴에 어울린 것이지 동굴이 피리에 어울린 것은 아니었다. 구석기인들이 소리 특성을 변화시키려고 동굴 형태를 바꿨다는 증거는 전혀 없다. 여느 종과 마찬가지로 인간의 발성은 기존 공간의 제약과 기회 안에서 자리를 찾았다. 하지만 이 일방적 관계는 달라질 수 있다. 우리는 발성 공간을 의도적으로 빚어낼 수 있는 소수의 종 중 하나다. 왕땅강아지는 이 혁신의 또 다른 사례다.

북아메리카 프레리에 서식하는 멸종 위기종 왕땅강아지는 구애하는 수컷이 둥그스름한 땅속 방을 만든 다음 땅 위 세상으로 연결되는 깔때기 모양 굴을 판다. 수컷은 방에 들어앉은 채 날개를 비벼 쓰르륵 소리를 되풀이한다. 그들은 깔때기를 등진 채 소리를 잔향실 쪽으로 내보내어 반사된 소리가 세상으로 나가도록 한다. 수컷들은 프레리에 무리 지어 일제히 하늘로 소리를 뿜어낸다. 프레리 흙을 조각하여 만든 나팔을 통해 절지동물 팡파르가 울려퍼진다. 수컷은 날개가 없지만 암컷은 날갯짓하며 소리를 찾아온다. 왕땅강아지가 남아 있는 프레리 서식처에서는 합창 소리가 하도 커서 400미터 밖에서도 들을 수 있을 정도다.

인간은 왕땅강아지를 확대한 셈이다. 우리는 작은 굴을 파는 게 아니라 소리의 필요성에 맞도록 연주회장, 예비당, 강당, 헤드폰을 만든다. 소리를 내는 공간을 조정하는 이 능력은 음악 작곡, 악기 형태, 음악을 만들고 듣는 공간의 창조적 삼각형에 불을 당겼다. 작곡, 소리 내기, 공간의 삼화음에서는 어느 한 요소도 지배적이지 않다. 무엇이 앞서고 무엇이 뒤따르는지는 시간의 흐름에 따라 달라진다. 이야기는 신석기 시대에 시작되지만, 현대의 연주회장, 이어폰, 온라인 스트리밍 음악 서비스에서도 살아 있으며 더욱 빨라지고 있다.

공간의 소리를 빚다

벽화가 엘리 수브라크의 불꽃과 소용돌이가 빌딩의 벽돌 벽에서 춤춘다. 길거리에서는 이스트강에서 반사된 빛이 신축 콘도 타워의 유리와 금속에서 반짝거린다. 인근의 빌딩은 대부분 비계를 둘렀거나 이미 값비싼 사무실과 소매점으로 새단장했다. 하지만 이 빌딩은 브루클린 재개발에서 살아남은 건물 중 하나로, 과거 산업 시대의 건축 유물이다. 새 벽화의 밝은 색깔 위로 '내셔널소더스트컴퍼니'라는 회사명이 흰색 프린트로 찍혀 있다. 1930년대에는 이곳에서 분쇄하여 포장한 목재로 정육점에서 피를 흡수하고 술집에서 오물을 닦고 창고에서 얼음 조각을 보관했다. 하지만 톱날과 송풍기는 오래전에 사라졌다. 내셔널소더스트는 이제 공연장으로 탈바꿈했으며 상주 작가 제도와 프로그램을 통해 새로운 음악의 촉매 역할을 하고 있다. 내가 이곳에 온 것은 음향 공간과 음악의 옛 관계가 어떻게 새로운 형태를 띠고 있는지 듣기 위해서다.

때는 2019년 9월, 내셔널소더스트 다섯 번째 시즌 개막일이다. 안내 책자에는 실내악에서 실험적 전자음악까지, 독창에서 대규모 합창까지, 고전 피아노에서 현대 악기까지 장르를 넘나드는 여남은 건의 공연이 실려 있다. 하지만 이날 저녁이 이채로운 것은 다채로운 프로그램 때문만이 아니다. 객석 또한 널찍한 소리, 따뜻하게 친근한 소리, 팽팽하고 요란한 소리를 오가며 각 연주자에 맞게 다양한 소리를 낸다. 우리는 공간 안에서 소리를 빚어내는 새로운 방법을 경험하고 있다.

우리 위에는 마이크 열여섯 개가 매달려 있다. 벽과 천장에 설치된 스피커 102대가 객석을 감쌌는데, 보이는 것도 있고 숨겨진 것도 있다. 오디오 회사 마이어사운드에서 몇 주 전 설치한 이 시스템은 음악가, 음향 공간, 악기의 옛 창조적 삼화음을 새롭게 발전시켜 장소의 소리를 조각한다.

이 음향 시스템의 역할은 노트북에서 재생되는 음악에 대해서든 음량이 매우 작은 악기에 대해서든 소리를 증폭하는 것에 머물지 않는다. 공연자와 음향 설계자가 소리의 공간 내 행동을 변화시킬 수 있도록 함으로써 이 시스템은 작곡과 연주의 새로운 지평을 열었다. 태블릿 단추를 누르는 것만으로 연주 공간은 동굴처럼 들릴 수도 있고 연주회장이나 지금껏 상상도 못한 공간처럼 들릴 수도 있다. 벽이 다가왔다 물러났다 하고 객석에서 음원의 위치가 달라지고 잔향이 늘었다 줄었다 한다.

음악회를 듣는 동안 이 장소 저 장소로 옮겨 다니는 기분이다. 소프라노 나오미 루이자 오코널의 목소리가 우리 위에 맴도는 동안 공기가 빛을 발한다. 우리는 햇볕에 데워진 아트리움(atrium)* 안에서 탁 트인 풍경을 내다본다. 뉴욕시청년합창단이 벽에 늘어서 우리를 둘러쌌을 때는 소리 하나하나가 맑고 뚜렷하면서도 서로 어우러져 부풀어 오른다. 벽은 상승하는 희망찬 에너지로 진동하는 듯하다.

라피크 바티아와 이언 창이 무대에 올랐는데, 어찌 된 일인지 우리는 그들이 들려주는 이야기의 마디지고 격정적인 흐름에 감싸인 채 기타, 타악기, 전자음악 샘플의 소리에 둘러싸여 있다. 플루트 연주자 일레나 핀더휴스의 가락은 그녀의 입술과 플루트에 살아 있다가 잠시나마 소리로서의 생명을 얻은 새의 움직임처럼 객석을 가로질러 날아간다. 내셔널소더스트 앙상블의 음악은 악기에서 직접 들려오지만 고전음악 연회장에서처럼 찰나간 공중에 머문다. 그런 다음 짧은 안내 방송이 나올 땐 대학 강의실처럼 또랑또랑하다.

이렇게 공간을 이동시키는 비결은 무대에서 펼쳐지는 연주를 객석

• 초기 기독교 건축물에 딸린 앞마당으로, 중앙부에는 분수가 있고 회랑(回廊)으로 둘러싸인다.

에서 다시 재생하되 잔향을 더하거나 길이를 바꾸고, 음을 밝게 하거나 어둡게 하고, 소리의 공간적 출처를 바꿈으로써 소리에 미묘한 변화를 주는 것이다. 시스템은 연주회장의 반사판, 배플, 커튼과 같은 역할을 하지만, 반사음은 나무, 돌, 천에 튕기는 것이 아니라 마이크와 스피커를 통해 전달된다.

공간의 소리를 전자적으로 빚는다는 발상은 적어도 70년 전으로 거슬러 올라간다. 1951년 런던에 새로 건립된 로열 페스티벌 홀은 잔향과 베이스 응답성이 너무 약했다. 음악은 생기가 없었으며, 소리는 맑았지만 풍성한 음이 결여되었다. 이에 홀은 과도한 흡음을 해결하려고 내장재를 채우는 게 아니라 마이크와 스피커를 설치했으며 이 덕에 엔지니어들은 소리를 과도하게 증폭했다는 인상을 주지 않은 채 잔향과 저역을 끌어올릴 수 있었다. 이 '공명 보조' 시스템은 소리 설계를 개량하는 수단으로서 계획된 것이 아니라 교정용이었다.

20세기 후반 비슷한 소리 강화 시스템이 전 세계 연주회장에 설치되어, 실내의 음향을 보완하고 음성이나 앰프 연결용 악기를 위한 증폭 시스템의 역할을 겸하고 있다. 이제 마이크와 스피커의 성능이 개선되고 소프트웨어를 이용하여 소리를 모델링하고 조작할 수 있게 되면서 내셔널소더스트의 음향 시스템은 그 자체로 하나의 창조적 악기가 되었다.

소리를 이렇게 전자적으로 빚어내는 것은 첼로나 플루트 같은 '어쿠스틱' 악기를 훼손하는 억지 수법일까? 실내의 소리에 전기의 힘을 가미함으로써 음악적 경험의 순수성을 더럽히는 걸까? 〈뉴욕 타임스〉 음악 평론가 앤서니 토마시니는 "자연적 소리는 언제나 고전음악의 자랑이었다"라고 말했다. 그는 1999년 당시 뉴욕 시립오페라단과 뉴욕 발레단 전용 공연장이던 뉴욕 주립극장에 전자 제어 시스템이 설치된 것에 "경악"하여 이렇게 썼다. "선을 넘었다. 최악의 결과가 우려된다." 지휘자 마린 올솝은 1991년 오리건주 유진의 실바 콘서트홀에 설치된 초기 형태의 전자 개량형 연주 공간에 대해 이렇게 논평했다. "소리 밸런스를 음향 기사에게 의존하는 것은 지휘자의 역할에 완전히 반(反)하는 것이다."

그럼에도 모든 음악은 맥락의 산물이다. 연주회장에서 듣는 인간 음성이나 바이올린의 소리는 목청이나 (현을 긋는) 활을 매개체 없이 직접 경험하는 것이 아니다. 오히려 그 소리는 어떤 면에서 '기술자'들이 수 세기에 걸쳐 실내 공간의 음향을 분석하고 실험한 결과물이다. 현대의 대형 연주회장에서 음악을 듣는 경험은 우리에게 이 소리를 전해주기 위한 건축 공법에 수십만 달러를 투입한 결과물이다. 이를테면 뉴욕 필하모닉이 공연하는 링컨센터는 1962년 건립된 뒤 음향을 개선하기 위해 25년에 걸쳐 대여섯 번 개축되었다. 현재 진행 중인 대규모 재설계는 음향을 다시 한번 전면적으로 개량할 예정이며 비용은 5억 달러를 웃돌 것으로 전망된다. 이런 공간에서 듣는 '자연적 소리'는 값비싼 인위적 산물이다.

마이어 시스템을 비롯한 여러 기업의 음향 시스템들은 음악과 음향 공간의 관계를 엔지니어링하는 오랜 전통을 기반으로 삼는다. 하긴 토마시니와 올솝 같은 20세기 후반의 비판적 논평가들에게도 일리가 있다. 초기 형태의 시스템은 오늘날 구현할 수 있는 것에 비해 조잡했기 때문이다. 하지만 2015년 《뉴요커》의 음악 평론가 앨릭스 로스는 이러한 전자 시스템의 가능성을 호평하면서 이렇게 결론 내렸다. "디지털 마법을 아무리 부려도 베토벤이나 말러의 교향곡으로 진동하는 거대한 공연장의 황금 우레에 비길 순 없지만 마이어 시스템은 음향 역사를 통틀어 진짜배기라고 할 만한 것에 누구보다 가까이 접근한 듯하다."

전자적으로 향상된 소리가 연주회장의 다른 소리보다 더 '진짜'이든 아니든 이 새로운 시스템들은 음악과 공간의 관계가 진화할 수 있는 방식을 뒤집는다. 건물의 물리적 형태를 바꾸느라 오랜 시간이 걸리는 건축 공사를 보완하기 위해 빠르게 설치 가능한 전자 설비를 덧붙이는 것이다. 마이어는 현재 빈, 상하이, 샌프란시스코 등의 연주회장에 자사의 시스템을 설치했는데, 대부분 잔향을 섬세하게 조정하기 위한 것이었다. 능동적인 전자적 향상이 연주회장을 건축적으로 변형하는 방식의 일환으로 받아들여지자 1990년대의 볼멘소리는 사그라들었다.

이 전자 시스템의 가장 뚜렷하고 직접적인 이점은 공간의 다목적성을 부쩍 늘림으로써 지역사회의 여러 수요에 부응하고 공간의 재정적 안정성을 높여준다는 것이다. 전문 오페라 하우스 같은 특정 장르 전용 공연장의 '자연적 소리'는 주로 대도시에 사는 부유한 관객만 누릴 수 있는 호사다. 이에 반해 공연장의 음향을 전자적으로 조정하면 소리 예술을 더 많은 관객에게 선사하여, 부실하고 경직된 음향에 얽매여 있던 공간을 지역 문화 네트워크의 다양한 중심축으로 만들 수 있다.

내셔널소더스트는 단 한 주일 만에 오페라, 재즈, 영화 상영과 강연, 고전음악 합주, 피아노 독주회, 전자 록 음악 공연을 진행할 수 있다. 이 공연들은 저마다 음향 요건이 다르며 그중에는 한 공간에서 소화할 수 없는 것도 있다. 오페라를 위해서는 잔향과 명료함이 균형을 이루어야 한다. 고전음악 합주는 벽의 반사음에 좀 더 생기가 돌아야 한다. 중세 교회 음악은 동굴 속처럼 오래가는 잔향을 염두에 두고 작곡되었다. 영화를 상영하려면 잔향이 전혀 없어서 사운드트랙이 음향 반사를 최소화한 채 객석을 지날 수 있어야 이상적이다. 록 음악은 앰프로 증폭해야 하고 잔향은 약간만 필요하며 비정상적 주파수 급등이나 (소리가 객석에서 무대 위 마이크로 되튀는) 피드백이 없어야 한다. 강연은 리버브(reverb)*를 약간 가미하여 목소리를 풍성하게 하면 유익하지만 리버브가 과하면 말을 알아듣기 힘들어진다.

전자적 조정은 하나의 공간에서 이 모든 요건을 충족하는 비결이다. 오페라 하우스의 웅장한 내부, 대성당의 오래된 돌과 향의 내음, 원형극장 계단을 오를 때 다리에 느껴지는 유쾌한 긴장, 클럽에서 발

---

* 특정 공간에서 발생한 수많은 반사음으로 구성된 음향

밑에 쏟아진 맥주의 끈적끈적함 같은 음악 공간의 또 다른 감각적 경험은 물론 마이크와 스피커로 빚어낼 수 없다. 하지만 전자 설비를 정교하게 설계하면 공간의 음향 특성을 확장하고 다양화할 수 있다.

음악과 음향 공간의 공진화

개막 연주회가 끝나고 몇 달 뒤에 새 음향 시스템이 내셔널소더스트의 취지에 얼마나 부합하는지 알아보려고 낮에 공연장을 방문한다. 공동설립자 겸 예술감독 파올라 프레스티니, 기술감독 겸 수석 음향기사 가스 매컬리비, 기획 및 예술가 상주 담당 감독 홀리 헌터와 함께 텅 빈 공연장 한가운데 작은 탁자에 둘러앉는다.

이야기를 나누다가 가스가 작은 태블릿 화면을 터치한다. 탭. 우리는 연주회장에서 이야기하고 있다. 말소리가 또렷하고 풍성하게 들린다. 탭. 여기는 잔향이 울려퍼지는 대성당이다. 탭. 거대하고 속이 빈 유조선 안에 서 있는 듯 잔향이 5초 이상 이어진다. 탭. 잔향이 하나도 없다. 우리 목소리의 따스함이 쪼그라든다. 말소리를 전하려면 더 힘을 줘야 한다. 시스템 리버브가 꺼졌기 때문이다. 객석 주위의 패널 뒤에 숨겨진 커튼이 음파를 흡수하고 우리의 음성을 집어삼킨다. 탭. 객석이 강연장으로 바뀌어 말소리가 또렷하고 생생하게 들린다. 우리는 멋쩍게 웃는다. 느닷없는 음향 변화가 당황스럽다. 지금은 지극히 자연스럽게 느껴지다가도 단추 클릭 한 번에 서로 말하고 듣는 느낌이 달라진다. 나는 교훈을 얻었다. 우리의 목소리는 후두에서 나오지만 그 소리와 느낌은 주위 환경과의 관계에서 생겨난다. 탭. 객석 한쪽에서 개울이 흐르고 명금 네 마리가 머리 위 천장에 앉아 있다. 탭에 이어 슬라이드. 개울이 가운데로 이동한다. 탭. 다시 잔향이 사라진다. 놀람의 웃음이 더 터져 나온다.

음악은 수천 년간 공간과 더불어 진화했다. 이 밀접한 관계가 대부분 숨겨진 이유는 우리가 안성맞춤으로 엔지니어링된 공간에서 음악을 듣기 때문이다. 우리는 오페라 하우스에서 오페라를 듣고 영화관에서 영화 음악을 듣고 클럽에서나 이어폰으로 록 음악을 듣고 돌벽 교회에서 그레고리오 성가를 듣는다. 이 짝이 하나라도 어긋나면 음악은 뒤죽박죽이 되거나 뭉개지거나 밋밋해진다.

이 밀접한 관계는 공간이 음악사에서의 혁신과 벌이는 상호작용의 일부를 보여준다. 구석기 후기 동굴에서 발견된 악기 — 피리, 긁개, 불로러(bull-roarer)* — 는 수십 명이 모인 자리에 잘 어울렸다. 소리가 더 큰 악기는 인간 사회가 성장하여 소리가 더 멀리 전파되어야 했을 때 등장했다. 북과 뿔은 사람들을 전쟁, 사냥, 종교 회합에 불러 모았다. 최초로 기록된 북은 기원전 4000년경 중국 동부 다원커우의 기장, 쌀 재배 문화로 거슬러 올라간다. 알려진 최초의 나팔은 기원전 1500년

• 남아메리카나 아프리카의 원주민이 사용하는 악기의 일종으로, 주로 판판한 나무 막대로 만드는데 길이는 10~30센티미터에 이르기까지 다양하며, 한쪽 끝에 줄이 묶여 있다. 이것을 빙빙 돌리면서 날리면 마치 동물이나 혼령의 울음소리와도 같은 소리가 난다.

경 이집트의 강성한 제18왕조에서 발견되었다.

　사회가 커지고 계층이 발달하여 정치·종교 통치자가 넓은 공간을 지을 수 있게 되자 많은 악기가 일사불란하게 연주하는 소리가 이 건물들을 소리로 채웠다. 기원전 3000년에 메소포타미아의 왕릉에서 하프와 리라가 출토되었다. 고대 이집트의 왕릉에는 종종 합주단을 꾸릴 만큼 많은 악기가 껴묻혀 있었다. 이런 무덤과 신전의 벽화에서는 수십 명의 음악가가 관악기와 현악기를 연주하고 있다. 기원전 5세기 중국의 증후을묘(曾侯乙墓)에서는 유난히 커다란 악기가 발견되었는데, 이 편종은 크고 화려한 동종(銅鐘) 예순다섯 개를 세 줄로 배치한 반음계 악기로, 어마어마한 부를 나타내는 음향적 상징이었다. 당대의 위대한 사상가 묵자는 지배 계층이 "큰 종을 치고 북을 두드리고 거문고를 타고 피리를 불어" 사회의 시간과 자원을 탕진한다고 비판했다. 최초의 파이프 오르간은 기원전 3세기 그리스에서 발명되었는데, 이내 고대 그리스, 로마, 알렉산드리아의 부유층 저택과 공공 공연장에 보급되었다.

　악기를 통한 인류의 창조적 소리 탐구에는 도자기, 현, 황동, 풀무, 밸브 같은 새로운 재료와 기술에서 비롯한 음과 음색이 영감을 불어넣었으며, 구석기 상아 조각가가 그랬듯 문화마다 가장 정교한 기술을 동원하여 새 악기를 제작했다. 이 기술들로 인한 결과 중 하나는 큰 소리를 낼 수 있는 잠재력이었다.

　현재 악기들의 다양성에서 알 수 있듯 음향 공간은 문화와 기술의 선도에서 중요한 역할을 했다. 이것을 가장 똑똑히 볼 수 있는 것은 공간이 달라질 때 악기의 새로운 가능성과 요구가 생겨난다는 것이다. 유럽에서는 19세기에 대형 공공 연주회장이 등장하면서 귀족 계급을 위한 소규모 리사이틀 홀보다 큰 음량이 필요해졌다. 악기는 이에 부응하여 진화했다.

현대 피아노의 소리는 16세기에 발명된 최초의 피아노에 비하면 우렛소리 같다. 연주회장의 규모가 커질수록 피아노 소리도 커졌으며 야금술의 새로운 발견 덕에 더 튼튼한 현을 제작할 수 있었다. 현대 피아노의 현(絃) 장력은 초기 피아노의 열 배에 이르는데, 이렇게 할 수 있었던 것은 19세기에 피아노 내부에 단단한 금속 프레임을 짜넣은 덕분이었다.

17세기 후반부터 금속 현을 더 팽팽하게 조이면서 바이올린도 음량이 커졌다. 19세기에는 현의 장력이 하도 커져서 옛 바이올린의 베이스 바*, 브리지, 지판(指板)을 조정해야 할 정도였다. 활도 개조되었다. 길이가 증가하고 오목한 아치가 생긴 덕에 연주자가 말총을 더 팽팽히 당기고 자유자재로 놀릴 수 있게 되었다.

연주용 플루트는 19세기에 대폭 개조되었는데, 대부분 테오발트 뵘이라는 한 사람의 업적이었다. 그는 소리구멍을 키우고 키를 개량하고 윗관과 앙부쉬르를 재편했다. 리하르트 바그너는 새 플루트가

---

* 현악기에서 낮은 음을 내는 현 쪽에는 붙어 있는 기다란 막대기

박력이 과해 "나팔총"* 소리가 난다고 불평했지만 뵘의 작업 덕에 플루트는 현대 관현악단에서 어엿한 자리를 차지할 수 있었다.

다른 목관악기와 금관악기도 밸브와 키를 개량하면서 음량이 커지고 소리가 안정되었다. 관현악 연주회장의 거대한 규모는 무대 위 악기의 형태에 반영되었다. 관현악단도 팽창했다. 바로크 시대 관현악단이 수십 명으로 이루어진 데 반해 19세기 후반 바그너와 말러는 100명 이상의 연주자를 무대에 올렸다.

전기 증폭 또한 악기와 공간의 관계를 변화시켰다. 기타는 본디 응접실, 모닥불 가, 소규모 회합에 어울리는 악기였으나 이젠 손을 한 번 쓸어내리는 것만으로도 스타디움을 소리로 꽉꽉 채울 수 있게 되었다. 기타는 넓은 공공장소의 진귀한 볼거리에서 서양 대중음악의 '약방에 감초'가 되었다.

노래의 성격도 전기 증폭에 의해 변화되었다. 이젠 마이크에 대고 속삭이거나 쉰 목소리로 읊조리면 충분했다. 더는 소리를 멀리까지 전달하거나 횡격막을 밀어붙일 필요가 없어졌다. 오로지 폐의 힘만으로 예배당, 궁전, 연주회장을 채워야 했던 수천 년간의 공연 방식과는 완전히 달라진 것이다. 현대 피아노 소리가 널찍한 관현악 연주회장 때문에 탄생했듯 현대 대중음악의 촉촉한 소리와 목을 긁는 포효는 전기 발전소 용광로의 자식이다.

• 총신의 구경이 넓고 활강식이며 총구 쪽으로 나팔처럼 퍼져 있는 화기

우리는 스마트폰이나 집의 CD 플레이어에서 '재생'을 누를 때마다 음향 공간을 창조하는 셈이다. 우리는 음악을 얼마든지 고를 수 있다. 앨범과 트랙들이 우리의 눈길을 끌려고 다툰다. 가장 시끄러운 음악이 대체로 승리한다. 심지어 우리가 생각하기에 우리 자신이 시끄러운 소리를 선호하지 않는 것처럼 보일 때도 말이다. 우리의 뇌는 요란한 음악을 더 '좋은' 것으로 한결같이 판단한다. 게다가 조용한 악구의 음량이 커져 곡 전체의 음량 균형이 흐트러지더라도 그쪽을 선호한다.

이 심리적 기현상은 '음량 전쟁'을 촉발했다. 이 경쟁은 1990년대에 CD 분야에서 시작되어 오늘날까지 계속되고 있다. 제작자들은 음악의 모든 주파수에서 진폭을 증가시켜 곡의 가변적 음량을 이른바 '벽돌벽(brick wall)'으로 바꾼다.* 이 최종 결과물에서는 트랙의 모든 부분이 최대 음량으로 높아져 있다.

이렇게 만든 음성 파일을 컴퓨터 화면에 띄우면, 대다수 생음악의 음량이 커졌다 작아졌다 하는 것에 반해 높고 일정한 벽이 표시된다. 이렇게 하면 더 시끄럽고 생동감 있는 음악이라는 전반적 인상을 불러일으킬 수 있다. 하지만 이 과정에서 스네어 드럼 같은 타악 효과의 탁 소리가 사라져 마치 악기를 어딘가에 욱여넣은 듯한 느낌이 들며

---

* 브릭월 리미터(brick wall limiter)라는 장비를 이용하여 일정 한도 이상의 음량을 깎아내면서 나머지 음량을 무차별적으로 높이는 방식

극단적인 경우에는 음악이 백색잡음으로 뭉개진다.

제작자들은 음반을 '벽돌벽 처리'하는 과정을 대체로 꺼리지만 음악가와 마케팅 담당자들로부터 음량을 끌어올리라는 압박에 시달린다. 악명 높은 두 가지 사례로 록 밴드 레드 핫 칠리 페퍼스의 〈캘리포니케이션(Californication)〉과 헤비메탈 밴드 메탈리카의 〈데스 매그네틱(Death Magnetic)〉이 있다. 둘 다 극단적 벽돌벽 처리를 원상 복구해달라는 리마스터링 청원이 팬들에게서 제기되었다.

새로운 소리 공간의 또 다른 사례인 디지털 스트리밍 서비스는 그런 압박을 해소하고 있다. 이 플랫폼은 트랙 간 소리크기가 귀에 거슬릴 정도로 들쭉날쭉하지 않도록 음량을 자동으로 조절한다. 이렇게 하면 녹음 과정에서 진폭을 끌어올릴 유인이 줄어든다. 현재 많은 음반은 디지털 스트리밍용과 CD용의 두 가지로 발매된다. 디지털 버전은 종종 "마치 레코드판을 위한 것처럼" 제작되는데, 이것은 회전하는 플라스틱 위에서 공업용 다이아몬드의 물리적 움직임을 통해 음악 소리가 흘러나오던 시절을 떠올리게 한다. 레코드판 커팅 장비는 벽돌벽 소리를 처리할 수 없기 때문에 제작자의 섬세한 손길이 필요하다.

이어폰과 경량 헤드폰도 새로운 형태의 음향 공간을 만든다. 물리적 공간과 어쿠스틱 악기가 그랬듯 이어폰과 휴대용 음악 시스템은 공진화했다. 그 증거가 여기 내 책상 서랍에 들어 있다. 발포체에 든 소형 스피커 두 개를 연결한 얇은 금속 머리띠가 1980년대 포켓용 카세트테이프 재생기에 연결되어 있다. 흰색 줄이 달린 이어폰이 2005

년 생산된 성냥갑 크기 MP3 플레이어 재생기의 플러그에서 달랑거린다. 검은색 밀폐형 헤드폰은 빨간색과 검은색의 플라스틱 이어폰 세트와 줄이 엉켜 있는데, 이것들은 지난 세 세대의 스마트폰을 위한 감상 장비였다.

각 시스템은 휴대할 수 있고 간편하며 이 덕에 나는 수십 년간 음악과 음성의 사적 경험을 만끽할 수 있었다. 하지만 이 장비들은 음질이 조악하여 섬세한 뉘앙스가 아닌 음악의 윤곽밖에 전달하지 못한다. 저역과 고역도 거의 들리지 않는다. 주변 소음이 얇은 발포체나 플라스틱을 뚫고 들어와 조용한 소리를 묻어버린다. 그런 탓에 역설적으로 나의 조잡한 헤드폰에서는 친구들이 여러 번 복사한 카세트테이프의 음악도 새 테이프 못지않게 근사하게 들렸다. 나중에 MP3 재생기와 스마트폰이 등장했을 때 값싼 이어폰으로는 CD급 음악과 고압축 디지털 음성 파일을 거의 구분할 수 없었다.

카세트테이프를 복사하는 해적 문화가 기승을 부리고 (훗날) 고압축 디지털 오디오 파일이 초창기에 인기를 누린 데는—대부분 불법 복제였다—이어폰과 소형 헤드폰의 품질이 낮은 탓도 있었다. 우리가 귀에 쓰거나 꽂는 기기는 새로운 음향 공간을 만들었으며, 늘 그랬듯 공간의 독특한 요구와 가능성에 따라 음악도 달라졌다. 아날로그 세계에서와 마찬가지로 이 관계를 매개하는 것은 기술이다. 이제 노이즈캔슬링 헤드폰이 개발되고 이어폰이 좋아진 덕에 '개인적' 감상 공간이 개선되면서 더 값싸고 빠른 데이터 전송 방식을 통해 더 풍성한 음악이 우리 귀에 흘러든다.

헤드폰의 친밀성은 음악과 감상자의 관계를 변화시킨다. 가수는 우리의 이어폰과 헤드폰에 대고 직접 속삭인다. 2020년 '그래미 올해의 곡' 수상곡을 1970년 수상곡과 비교해보라. 빌리 아일리시의 〈배드 가이(Bad Guy)〉는 공모하는 듯 중얼거리는 소리다. 그녀는 바로 곁에서 입술을 우리 귀에 대고 있다. 반면에 조 사우스의 〈게임스 피플 플레이(Games People Play)〉는 멀리서 울려퍼진다. 그는 밴드와 함께 무대에 서 있으며 소리는 멀리 떨어진 관객에게 전달된다. 아일리시의 목소리 뒤에 있는 악기들이 딱딱거리고 웅웅거리는 소리는 동전만 한 내 노트북 스피커에서 근사하게 들린다. 하지만 사우스의 트랙에 들어 있는 바이올린, 오르간, 드럼 소리는 같은 스피커에서 깊이가 줄어들고 억양이 뭉개진다. 2020년 음악은 싸구려 휴대용 스피커에서 근사하게 들리지만 1970년 녹음은 더 정교한 오디오 장비에서만 좋게 들린다. 우리가 바깥귀길에 꽂는 플라스틱 캡슐 때문에 음악의 형태가 달라진 것이다.

구석기 동굴에서 시작된 과정

내셔널소더스트처럼 공연장에서 소리를 전자적으로 빚어내는 행위는 사람들이 음악을 들으려고 모이는 3차원 공간에서 디지털 혁명을 일으킨다. 기술은 음악 진화의 오랜 역사에서 처음으로 형식과 공간적 음향 특성의 연결 고리를 약화시킨다.

한 가지 효과는 관객, 음악가, 작곡가의 관계가 친밀해진다는 것이다. 자신의 음악에 맞지 않는 공간에서 연주하는 음악가는 마치 자신의 소리와 (따라서) 감정과 생각을 맞바람 속에서 전달하려고 안간힘을 쓰듯 실내의 음향 조건과 맞서 싸운다. 따라서 공연장을 음악의 특정 요건에 맞추면 예술가와 관객의 거리를 좁힐 수 있다.

공간이 음향적 유연성을 갖추면 '장소의 소리'이던 고정된 조건이 작곡가가 소리를 빚는 데 이용하는 악기 주법의 또 다른 요소로 변화된다. 이것은 스테레오나 4채널, 5.1채널 — 몰입적 듣기 경험을 제공하기 위해 두 개, 네 개, 여섯 개의 스피커를 이용하는 방식 — 시스템을 확장하여 미세한 공간 구조, 위치, 움직임을 즉석에서 태블릿으로 조절하는 것이다. 일례로 내가 일레나 핀더휴스의 플루트 음악을 들을 때는 곡이 떠 있는 듯한 느낌이 들었다. 그녀는 플루트를 무대에서 연주했지만, 음악은 공연장을 떠다니고 아래로 떨어지면서 서사와 감정을 북돋웠다.

작곡가이자 전자음악 선구자 수잰 치아니는 무그페스트(Moogfest)* 에서 마이어 시스템을 써본 뒤 인터뷰에서 이 가능성의 실제 사례를 소개했다. 그녀는 1970년대 4채널이 처음 도입되었을 때는 "내용이 없었고 눈에 보이는 실제 근거가 전혀 없었지만 오늘날 새로운 세대의

• 음악 기술 축제

음악가들은 실내를 구석구석 날아다니고 조각할 수 있고 이동하는 전자음악을 연주하고 싶어한다"고 말했다. 그녀는 음악에서 공간적 설계의 정서적 무게를 강조했다. "그건 강력해요. 실제로 느껴보기 전에는 모른다고요."

공간 음향 기술은 춤과 자연스럽게 어우러진다. 춤은 본질적으로 3차원 공간에서 움직이는 행위이기 때문이다. 관객이 객석에 가만히 앉아 춤을 감상하는 것이 아니라 모두가 함께 춤을 추는 자리에서는 이 새로운 오디오 시스템을 통해 음악이 사람의 몸을 따라 움직이도록 할 수 있을 것이다. 무도회장에서 클럽에 이르기까지 작곡가와 연주자는 음악이 말 그대로 춤추도록 할 수 있다. 저주파음을 우리 피부와 신체 조직에 펌프질하는 착용형 햅틱 기기를 곁들이면 신체 움직임과 음악의 경계가 흐릿해진다. 이것의 바탕은 우리의 물고기 조상이 움직임과 소리를 둘 다 감지하는 속귀를 처음 진화시킨 수억 년 전에 확립된 연결 고리다(속귀는 우리를 비롯한 모든 척추동물이 물려받은 기관이다).

이 기법들이 전자댄스음악(EDM)에 어떻게 적용되는가는 분명하다. 관객의 움직임은 EDM 경험의 일부이며, 공연자와 참가자 모두 신기술을 선뜻 받아들인다. 하지만 공간화된 음향 기술은 전통적 악기를 새로운 방식으로 이해할 기회가 되기도 한다. 우리는 바이올린, 기타, 오보에를 들을 때 악기의 전체 표면적과 체적에서 흘러나오는 통합된 소리를 듣는다. 일관된 음과 소리 짜임으로 공기에 활력을 불어넣는 것이야말로 악기의 애초 의도이니까.

하지만 귀를 악기 가까이 대면 소리에 일종의 지형이 있음을 알 수 있다. 어쩌면 기악곡이 들려주는 서사를 받아들인다는 것은 바이올린의 몸통, 플루트의 관, 피아노의 표면에 있는 온갖 지형을 주파하는 것 아닐까? 그렇다면 악기는 악보와 마찬가지로 긴장과 조화로 가득한 3차원 물체로서 경험될 것이다. 악기와 음악의 형태는 시간이라는 하나의 차원을 통해서뿐 아니라 공간의 세 차원을 통해서도 수렴할 수 있다.

우리의 귀는 실황 음악가들이 가진 것, 즉 무대에서의 위치도 가질 수 있다. 나는 비올라 옆에 앉았다가 때맞춰 금관악기 쪽으로 날아간다. 블루그래스(bluegrass)* 연주회에서는 금관악기와 밴조 사이에서 잠시 멈췄다가 소리를 따라 피들(fiddle)**로 갔다가 뒤로 물러나 전체를 조망한다.

이런 구성은 숲속이나 미술관 음향 설비를 거니는 것과 같은 공간 이동을 연주회 관람 경험에 접목한다. 생태 공동체를 통과하는 경험 속에서는 소리가 공간 안에서 형태와 짜임을 가지며 미술관이나 야외에서 소리가 조각의 형태로서 이용될 때에도 마찬가지다. 이를테면 뉴욕시 현대미술관에서는 데이비드 튜더의 〈우림 5(Rainforest V)〉의 전자음이 넓은 실내에 매달린 나무 상자, 드럼통, 배관 같은 일상 사물

---

* 컨트리 음악의 한 장르로, 노래를 하는 사람이 연주도 겸하며 전자 악기를 배제한 채 어쿠스틱만으로 연주한다.
** 활을 이용해 연주하는 찰현악기를 말하며, 대개는 바이올린을 뜻한다.

에서 흘러나온다. 우리가 공간 속을 이동함에 따라 소리의 리듬과 색깔이 달라진다. 하지만 우림에서 살아가는 종들과 달리 뮤더의 사물들은 자기들끼리 실랑이와 드잡이를 벌인 소리 공진화의 오랜 역사가 빠져 있다. 그 대신, 전시실에 설치된 공산품의 물리적 형태는 전기에 의해 움직이고 내부 센서는 관람객을 감지하여 그들의 소리에 반응하면서 그 효과를 증폭한다. 이처럼 이젠 전자 장비의 도움을 받으면 공간적 뉘앙스가 담긴 작업을 연주회장에 도입될 수 있다.

대부분의 인간 음악은 음장(音場)* 내의 한 점에서 시간적 흐름으로서 경험된다. 우리는 연주회장에 가서 자리에 앉거나 머리에 헤드폰을 덮어쓴다. 심지어 이어폰을 낀 채 걸을 때에도 소리는 우리의 움직임을 추적하는 게 아니라 어떤 살아 있는 존재에게도 알려진 적 없는 방식으로 다가온다. 겉보기에 움직이지 않는 음원이 움직이는 몸을 따라다니는 것이다. 이제 작곡가들은 소리와 움직임을 접목하여 공간적 역동성을 창작에 접목할 수 있다. 이 작업은 전통적 형태의 작곡과 연주를 확장한 것이다. 이를테면 행진곡은 공간적 서사를 만들어낸다. 음악당과 예배당에 늘어선 악기와 음성도 마찬가지다.

음악은 관계다. 음악은 사람들을 연결하지만, 우리가 점유하는 공간의 물질성에도 우리를 참여시킨다. 이렇듯 각각의 악기와 음악 형식은 부분적으로 자신의 음향적 맥락에서 만들어진다. 이 점에서 인

• 음파가 있는 매질의 영역

간 음악은 다른 종이 소통을 위해 내는 소리와 다르지 않다. 각 종은 진화와 동물의 학습을 통해 세상에서 음향적 자리를 찾았다.

하지만 인간은 여느 종에게는 불가능한 방식으로 스스로의 음향 공간을 적극적으로 빚어낸다. 명금은 숲의 잔향을 변형시키지 못한다. 딱총새우는 손잡이를 돌려 타다닥거리는 합창의 음색을 밝게 하지 못한다. 우림의 여치는 주변에서 노래하는 곤충 수십 종의 진폭이나 주파수를 조절하지 못한다. 심지어 왕땅강아지도 자신의 노래에 맞게 굴을 개축하지 않는다. 하지만 인간의 음악은 구성, 악기, 소리의 음향 특성 사이에 창조적 상호성을 만들어낼 수 있다. 우리 귓속과 연주회장의 전자 기기는 이 생산적 관계의 새로운 가능성을 열었다. 소리가 풍성하게 울려퍼지는 구석기 동굴에서 시작된 과정은 지금까지도 이어지고 있다.

음악, 숲, 몸

뉴욕시 링컨센터의 광장에서는 인간 아닌 생물의 흔적이 모조리 지워졌다. 검은색과 황갈색이 대조를 이루는 바닥재는 조명과 함께 317개의 분사구에서 물을 뿜는 분수대를 중심으로 기하학적 디자인을 뽐낸다. 이 건축적 서사의 목표는 고급 예술을 숭상하고 격상하는 것이지만 나머지를 배제하는 것이기도 하다. 광장은 인간의 힘과 재간이 이곳에서 온전히 발휘되고 있음을 강압적으로 선언한다.

생명 공동체의 나머지 구성원은 제거되었다. 중앙 광장 바깥으로 자갈을 깐 콘크리트 직사각형에 군의 대오처럼 반듯하게 심은 양버즘나무 서른 그루가 유일한 생명체다. 한때 승승장구했으나 이 장소의 건설을 위해 1950년대에 철거된 인간 공동체—이주 지원을 한 푼도 받지 못한 7000가구의 흑인과 라틴계—에 대한 기억도 지워졌다. 언뜻 보기에 이곳은 스스로를 **마에스트로**(거장)라고 믿는 사람들을 위한 장소인 듯하다. '마에스트로(maestro)'는 라틴어 **마기스테르**(magister)에서 온 말로 "더 위대한 자"를 뜻한다. 이곳은 풍성한 아름다움, 기예, 의미 있는 연결이 이루어지는 장소이지만 균열과 삭제의 장소이기도 하다.

연주회가 말하는 것

우리는 미국에서 가장 오래된 관현악단인 뉴욕 필하모닉이 상주하는 연주회장에 들어선다. 공연장, 강당, 박물관, 영화관, 예배당처럼 사람들이 문화의 결실을 누리려고 모이는 여느 장소와 마찬가지로, 이곳에서도 공간은 '인간의 단일한 건축 계획에 의한 지배'라는 메시지를 전달한다. 소파. 금속제 난간. 플라스틱으로 착각할 만큼 매끄럽고 윤기 나는 목재 패널. 연주회장 출입문이 닫히자 바깥세상의 모든 소리가 차단된다. 무대 위에서 음악가들의 몸은 한결같이 검은색 셔츠, 바지, 드레스를 둘렀다. 이곳의 미적 감각은 격식을 갖췄으며 부(富)를 암시한다.

이 연주회에 이르는 여정의 모든 요소는 관객에게 그들이 도시의 혼란과 특징, 생명 공동체, 심지어 인간 육체를 벗어버리는 행위에 동참한다는 인상을 선사한다. 관객은 어두운 공간에서 음악가와 떨어져 앉은 채, 흥겨워하거나 추임새를 넣지 않으려고 근육과 신경을 긴장시킨다. 이곳에서의 소리 경험은 지금 이 순간의 시간과 장소를 초월하는 것처럼 느껴진다. 우리는 땅의 족쇄에서 풀려난 창조성, 기예, 아름다움의 소리 경험에 관심을 집중한다. 이 해방은 신에 대한 경험, 성스러운 음악에 대한 경험, 인간적 생각과 감정의 영역에 들어가는 경험을 약속한다.

하지만 이 도피는 환상이다. 우리는 살아 있는 흙을 포장하고, 인간과 인간 아닌 생명을 내쫓고, 인간의 몸을 보이지 않도록 가리고, 방음실 문을 닫을 순 있지만 그래봐야 인간의 살과 생명 세계의 다양성으로 돌아올 뿐이다. 연주회장은 체화된 삶의 강력한 경험, 즉 인간 세상과 인간을 초월한 세상의 (신체적 친밀성과 생태적 관계의 풍부함 면에서 타의 추종을 불허하는) 결합을 선사한다. 우리 문화에서 '인간'과 '인간 아닌 존재'의 경계가 이토록 속속들이 지워지는 곳은 거의 없다. 우리가 이 결합을 외부적 표상을 통해 찬미하는 일은 드물지만 말이다.

어쩌면 이곳에서 경험하는 상호존재(interbeing)*의 감각적 위력이야말로 우리가 포장로와 밀폐된 연주회장과 베일 두른 몸을 이용해야 하는 이유 아닐까? 연주회 참석에 결부된 이 격식들은 음악의 세속적 힘이 우리의 몸과 정신에 들어오도록 매개하며 그럼으로써 원래는 어색할 수도 있는 결합이 날것의 개방성, 취약함, 생기를 통해 수월해지도록 한다.

---

* 베트남의 선승 틱낫한이 불교의 전통적 개념인 연기(緣起)와 공(空)을 현대적이고 대중친화적으로 순화한 용어

조명이 어두워진다. 프로그램 책자가 마치 거센 바람이 마른 참나무를 스치며 지나가듯 바스락거린다. 대화가 잦아들고 머리와 몸통이 무대 쪽으로 향한다. 오늘 밤의 악장 셰릴 스테이플스가 18세기 과르네리 바이올린을 손에 들고 무대로 나온다. 그녀가 지휘대 아래에서 이 연주회의 수석 오보에 연주자 셰리 사일러에게 신호를 보내자 사일러가 자신의 코코볼로(cocobolo)* 목관악기를 들어 가 음을 낸다. 음은 오보에의 벨에서 객석으로 향해해 나가며 온갖 악기들의 음으로 이루어진 소함대를 이끈다. 그런 다음 정적이 감돈다.

이날 저녁을 통틀어 기대와 집중이 가장 달아오르는 순간, 2700명이 일제히 숨을 참는다. 지휘자 야프 판즈베던이 성큼성큼 걸어 나오자 박수갈채가 쏟아진다. 그는 관객과 관현악단에 팔을 휘둘러 인사하고는 제자리에 선다. 기대감에 찬 정적의 또 다른 순간이 찾아오고 이내 지휘봉이 떨어진다. 떨림과 크레셴도가 타악에서 금관과 현으로 부풀어 오르며 스티븐 스터키의 〈비가(Elegy)〉가 시작된다.

오보에가 소리 내는 순간 숲과 습지가 무대에서 살아난다. 이 고급스러운 인간 문화의 장소에서 우리가 기쁨과 아름다움으로 고양되는 것은 어떤 면에서 다른 종의 소리 덕이다. 우리의 감각은 동식물의 물질성에 빠져든다.

오보에 소리의 뿌리는 스페인과 프랑스 연안 습지에 서식하는 식물

---

* 오보에의 재료로 쓰이는 목재

이다. 음악가의 숨에 진동을 더하는 피리서는 지중해 서부의 짠물 모래 해변이 원산지인 물대(giant cane)를 겹쳐 만든다. 줄기 속이 빈 이 풀은 6미터 넘게 자라지만 너비는 2~3센티미터에 불과하다. 키가 집보다 크면서도 줄기가 내 엄지손가락보다 가는 이 얼토당토않은 구조 덕에 피리서는 독특한 음향 특성을 가진다. 서로 연결된 식물 세포벽으로 이루어진 질긴 섬유는 대를 따라 길게 이어져 있다. 미세한 실이 빽빽하고 균일하게 배열되어 무척 뻣뻣하기 때문에 바람이 세게 불어도 별로 휘어지지 않는다.

목관악기용 피리서를 만들기 위해 얇은 조각을 벗겨내려면 수술칼만큼 날카로운 연장이 필요하다. 칼날로 피리서를 반투명할 만큼 얇게 벗겨낸 다음에야 인간의 손이나 입술에 낭창낭창하게 느껴진다. 따라서 오보에, 클라리넷, 바순, 색소폰 같은 목관악기의 소리에서 우리는 더 극단적인 식물 구조 중 하나를 듣는다. 그것은 이례적으로 가벼우면서도 무척 단단하고 뻣뻣한 재료를 만들어내는 호리호리한 거인이다. 인도, 동남아시아, 중국의 유황악기(有簧樂器)*도 물대, 야자나무 잎, 대나무 등 비슷한 성질의 식물을 이용한다.

더 작은 풀이나 나무를 깎아 만든 피리서는 부드럽거나 거친 소리가 나며 음이 일정하지 않다. 이를테면 유럽 북부의 휘트호른(whithorn)과 브라메박(bramevac)은 버드나무 껍질 피리서를 이용하는데, 원뿔형 나

• 서가 있는 악기

무 나팔에서 삑삑 소리가 난다. 이 소리는 물대와 대나무 피리서를 쓰는 악기와 달리 섬세하게 조절하거나 일관된 음을 낼 수 없다. 오보에 연주자는 최상의 피리서를 써서 연주한다. 나는 셰리 사일러를 만나 그녀의 작업에 대해 이야기를 나눴는데, 그녀는 오보에 연주자와 피리서의 관계가 목공과 재료의 관계와 같아서 식물성 재료를 다루는 정밀한 솜씨가 필요하다고 말했다. 오보에 연주자는 음악가이자 물대 장인이다.

오보에의 관과 손가락 구멍은 악기 내부에서 압력파를 빚어내며 이 맥동은 소리를 객석으로 밀어낸다. 관의 매끄러움과 점점 가늘어지는 모양, 벨의 벌어진 모양, 손가락 구멍의 여러 입구와 가장자리의 치수와 날카로운 정도는 나무의 공명 특성과 어우러져 악기의 몸체에 음향적 특징을 부여한다.

휨, 홈, 틈, 고르지 못한 표면, 불규칙한 비율 중 어느 하나라도 있으면 소리가 나빠진다. 이런 탓에 오보에를 비롯한 목관악기는 사람 숨의 따뜻한 습기에 젖으면서도 형태, 표면의 윤기, 가장자리의 예리함, 비율을 유지해야 한다. 이를 위해서는 결이 치밀한 나무가 필요하다. 현대 오보에와 클라리넷의 전신인 숌(shawm)과 오보이(hautboy)는 회양목, (사과나무와 배나무 같은) 과수재(果樹材), 결이 빽빽한 단풍나무로 만들었다. 이 나무들은 천천히 자라며 해마다 얇은 층의 목질부를 두른다. 이와 마찬가지로 아시아 서부와 중부의 수르나이(surnāy)에는 치밀하고 매끄러운 살구나무가 주로 쓰이고 일본의 히치리키(篳篥)에는 대나무가 쓰인다.

19세기 이전에는 유황악기의 음악이 자국의 숲에서 흘러나왔다. 이제 우리는 종종 다른 대륙에서 운반된 재료를 듣는다. 이를테면 전문 음악인들이 쓰는 오보에와 클라리넷은 대부분 동아프리카블랙우드나 그레나디야(grenadilla)라고도 부르는 음핑고나 코코볼로와 로즈우드 같은 열대 목재로 만든다. 이 재료를 유럽 악기 제작자들이 입수할 수 있게 된 것은 아프리카, 남아메리카, 아시아를 점령하여 식민지로 삼은 이후였다. 이 목재들은 더 튼튼하고 치밀하고 매끈했기에 사람의 숨에 적셔졌다가 말랐다가 하는 악기의 재료로 이상적이었다(다른 목재는 이런 과정을 겪으면 갈라지거나 휘어진다). 19세기에 울림구멍 키와 레버를 금속으로 제작한 혁신과 더불어, 열대림에서 유럽으로 운송된 임산물은 오늘날 유행하는 악기 제작 전통의 상당수를 낳았다.

악기, 음악가, 재료

링컨센터에서 센트럴파크를 가로질러 조금 걸어가면 메트로폴리탄미술관 악기전시관이 있는데, 이곳에서는 국지적 생태, 식민지 교역, 악기 제작술의 얽히고설킨 관계를 볼 수 있다. 전시관은 언뜻 소리의 영묘(靈廟)처럼 보인다. 침묵하는 악기들이 판유리 뒤에 놓인 채 조명을 받고 있다. 진열대는 혼이 날아가버린 음악의 잔해를 모신 성유물함(聖遺物函)이다. 유리, 윤기 나는 나무 바닥, 길고 좁은 전시실 구조 때문에 발소리와 목소리는 연주회장에서의 푸근한 온기와 달리 생생하고 쟁쟁하게 느껴져 음악적 소리의 고립감을 강조한다. 하지만 이곳이 소리를 직접 경험하는 공간이라는 착각을 떨치니 이 첫인상은 금세 증발한다. 오히려 이곳에서 우리는 물질성, 인간의 재주, 문화의 관계에 대한 이야기에 경탄할 수 있다.

구석기 매머드 상아 피리가 당대 최고의 기술로 제작되었듯 메트로폴리탄미술관에 전시된 악기들은 사람들이 문화와 시간을 가로질러 최고 형태의 기술을 동원하여 음악을 만들었음을 보여준다. 식민지 시대 이전 남아메리카 모체 문명*에서 발견된 나팔과 휘파람항아리를 보면 도자기 다루는 솜씨가 달인의 경지에 이르렀음을 알 수 있다.

파이프 오르간은 수 세기 동안 서유럽에서 가장 복잡한 기계로 꼽혔다. 알제리의 라바브(rebab) 찰현 류트와 우간다의 에낭가(ennanga) 하프는 나무, 가죽, 현을 정밀하게 가공하는 솜씨를 보여준다. 비단 방직, 목조각, 옻칠, 상감 장식 등의 기술이 어우러진 악기로는 탁자 위나 무릎에 놓고 연주하는 긴 현악기인 중국의 고금(古琴)이 있다. 20세기에는 전기 기타에서 플라스틱 부부젤라 나팔까지 산업적 혁신이 일어났다.

---

* 기원전 200경~기원후 600년의 안데스 문명으로, 모체 계곡에 있는 거대한 모체 유적지에서 그 이름을 따왔다.

식민지 시대 이전 악기들은 주로 토착 재료를 썼다. 전시관을 돌아다니면 사람들이 주변에서 구한 재료에서 온갖 방법으로 소리를 뽑아냈음을 알 수 있다. 진흙을 빚어 불에 구우면 사람의 숨과 입술의 떨림을 증폭된 음으로 바꿀 수 있다. 돌로 만든 종과 금속 현은 땅과의 야금술적 관계를 드러낸다. 식물성 재료는 깎은 나무, 당겨 늘인 야자나무 잎, 뽑아낸 섬유의 형태로 목소리를 부여받는다. 온갖 동물이 팽팽한 가죽과 조각된 이빨과 엄니를 통해 노래한다.

각각의 악기는 국지적인 생태적 맥락에 뿌리를 둔다. 남아메리카 팬파이프의 콘도르 깃털. 아프리카 북, 하프, 류트의 케이폭나무 목재, 뱀 가죽, 영양 뿔, 가시도치 바늘. 유럽 오보에의 회양목과 황동. 중국의 타악기와 현악기 슬(瑟), 석경(石磬), 운라(雲鑼)의 목재, 비단, 청동. 음악은 인간이 인간 너머 세상과 맺는 관계에서 생겨났다. 전 세계에서 울려퍼지는 그 다채로운 소리는 여러 형태의 인류 문화뿐 아니라 바위, 흙, 살아 있는 존재의 낭랑하게 울려퍼지는 성질을 나타낸다.

하지만 그 모든 장엄하고 (종종) 섬세한 생태적·문화적 뿌리가 있음에도 인간 음악은 좁은 지역에 국한되지 않는다. 음악의 연결하는 힘은 지금 이 순간 감상자들에게 미치는 통합적 효과를 훌쩍 뛰어넘는다. 음악 만들기는 언뜻 동떨어져 보이는 문화들의 생태적, 창조적, 기술적 역사를 하나로 묶는다. 기악의 여명 이후로 생각과 재료는 여러 장소를 두루 옮겨 다녔다. 구석기 장인들에게 피리의 재료로 자신의 뼈를 내어준 고니는 동굴 주위 툰드라의 동물상에 속하지 않았다. 고니의 날개뼈를 악기의 제작 장소로 나른 것은 운반이나 교역이었다. 그 뒤로 인간 욕구는 악기 제작을 위한 교역의 원동력이 되었다. 감상 자들은 자신에게 즐거움과 감동을 주는 소리를 찾는다. 음악가들은 악기가 튼튼하고 소리가 일정하기를 바란다. 우리 눈은 악기 소리의 아름다움을 시각적으로 보완하는 형상, 색조, 표면 장식을 음미한다. 이 모든 성질은 최상의 재료를 필요로 하며 이는 교역을 자극한다.

기원후 첫 천 년간 중국, 인도, 아시아 서부, 북아프리카, 유럽을 이은 방대한 교역로인 '비단길'은 아프리카에서 동쪽의 아시아로 상아를, 중국에서 서쪽의 페르시아로 명주실을, 아시아 남부에서 온대 지방으로 열대 목재를 날랐다. 악기 제작에 쓰이는 재료와 더불어 악기 형태에 대한 생각들도 이동했다. 겹서악기(複簧樂器)와 찰현악기(擦絃樂器)*는 아프리카와 아시아 서부에서 유럽에 들어왔다. 류트, 북, 하프, 나팔은 아시아 중부와 서부에서 중국에 전해졌다.

18세기와 19세기의 식민지 개척, 강제 노동, 철도망과 해상 운송망은 유럽 악기 제작자들에게 새로운 재료를 공급했다. 현대 관현악단, 포크 그룹, 록 밴드가 무대를 차지하자 공기는 진동하는 동식물 몸의 소리로, 인간 예술을 통해 소생한 숲과 들판의 목소리로 되살아났다. 하지만 우리는 강제 점령과 자원 수탈의 유산도 듣는다. 이젠 현대의

---

* 겹서악기는 서가 두 개인 목관악기로, 오보에, 바순 따위가 있으며, 찰현악기는 활로 현을 마찰시켜 소리를 내는 악기로, 아쟁, 바이올린, 첼로 따위가 이에 속한다.

세계화된 교역이라는 형태로.

오보에와 클라리넷의 속이 빈 음핑고 목재에서 솟아오르는 가락은 동아프리카 사바나에서 들려오는 음성이다. 전기 기타 연주자가 기타의 마호가니 몸체를 엉덩이에 붙인 채 마다가스카르 로즈우드 지판 위로 손가락을 미끄러뜨리며 우람한 우림의 한 조각을 연주한다. 현악기 연주자가 남아메리카 브라질나무(Pernambuco) 목재로 팽팽하게 당긴 말총을 움직여 현을 켠다. 많은 활의 끝에는 상아나 거북딱지가 달려 있다.

현지의 땅과 재료를 토대로 식민지 시대 이전의 오랜 역사를 가진 이 모든 유럽 악기들이 현대적 형태로 바뀐 한 가지 이유는 식민지에서 유럽으로 재료들이 수출되었다는 것이다. 식민지 지배로 인한 변화를 극명하게 보여주는 것은 메트로폴리탄미술관 전시관에 시대별로 진열된 유럽 악기들의 시각적 차이이다. 18세기와 19세기가 되자 그 이전 유럽 악기의 밝은 색 회양목, 단풍나무, 황동은 짙은 색 열대 목재와 상아로 바뀌었다.

18세기와 19세기 유럽 식민지 지배자들은 자신의 귀를 가장 즐겁게 하고 악기 공방에 가장 요긴한 재료를 골라냈다. '이국적' 목재와 동물성 부위가 널리 보급되었음에도 몇몇 유럽 재료는 기준에 부합하여 살아남았다. 무엇보다 가문비나무와 단풍나무는 현악기 울림통과 피아노 향판(響板)의 재료로 선호되었다. 송아지 가죽은 팀파니 울림판으로 쓰였다. 이 유럽 재료에 가공성과 안정성으로 인해 선호되는 상아가 더해졌으며, 음핑고의 질기고 매끈한 결, 브라질나무의 남다른 세기와 탄성과 응답성, 로즈우드의 따스함과 안정성, 파두크(padauk)의 공명에서 볼 수 있듯 음악적 요구에 맞는 밀도, 평활도(平滑度), 탄성, 음을 가진 열대 목재가 추가되었다. 이 열대 목재들은 모두 콩의 나무 사촌으로, 생장 속도가 느려서 결이 촘촘하고 목질이 치밀하다. 대부분 70년 이상 자라야 수확할 수 있다. 연주회 무대에서 우리는 나무 노인들의 목소리를 듣는다.

링컨센터에 앉아 과거의 숲을 듣다

산업경제도 같은 길을 계속 걸으며 전 세계에서 재료와 에너지를 뽑아내고 있다. 오랫동안 묻혀 있던 조류(藻類)는 유정에서 채굴된 뒤 정제되고 중합(重合)되어 플라스틱 건반이 된다. 전력망은 채굴된 석탄의 연소, 댐에 가둔 강물의 흐름, 채굴된 우라늄 광석의 붕괴를 통해 앰프에 동력을 공급한다.

악기 제작에서 가장 선호되는 열대 목재와 상아는 현재 가장 위협받거나 위험에 처한 재료다. 19세기의 수탈은 21세기의 파멸을 가져왔다. 하지만 상당수 손실의 주원인은 악기 재료의 수요가 아니었다. 바이올린의 활과 바순의 테에 쓰이는 상아의 양은 식기 손잡이, 당구공, 종교적 조각상, 장식물 용도로 수출되는 양에 비하면 새 발의 피다. 19세기 후반과 20세기 초반 피아노 건반을 만들기 위해 수십만 킬로그램의 엄니가 쓰이긴 했지만. 브라질나무가 대부분의 서식처에서 사라진 것은 바이올린 활 제작자 때문이 아니라 진홍색 속나무(심재)로 염료를 만들기 위해 남벌되었기 때문이다. 브라질이라는 국명 자체가 (브라질나무의 타오르는 석탄 색깔에 빗대) '잉걸불'을 뜻하는 포르투갈어 **브라자**(brasa)에서 왔다. 브라질나무 교역은 브라질 건국의 중요한 계기였다.

음핑고는 악기와 바닥재용으로 수출되고 현지에서 조각용으로 쓰이느라 서식처가 줄고 있다. 남벌 문제를 부채질한 것은 음핑고 줄기가 뒤틀리고 옹이가 있다는 사실이었다. 이런 목재로 오보에와 클라리넷용의 곧은 빌릿(billet)*을 깎는 일은 여간 힘들지 않으며, 베어낸 통나무에서 쓸 수 있는 부위는 10퍼센트도 안 된다. 기타 지판으로 즐겨 쓰는 로즈우드는 대부분 가구용으로 수출되는데, 침대 프레임이나 캐비닛 하나에 들어가는 양이 기타 판매점 한 곳에 있는 전체 양보다 많다. 많은 로즈우드 종의 교역이 국제법으로 제한되고 있지만, 목재의 가치가 너무 커서 금융 투기꾼과 사치품 제조업체들이 주도하는 밀거래 시장의 규모가 연간 수십억 달러에 이른다.

따라서 현대 음악의 소리는 과거의 식민지 지배와 현재의 교역이 낳은 산물이지만, 극소수의 예외를 제외하면 종을 위기에 빠뜨리는 원인은 아니다. 사실 음악가와 악기의 관계는 수십 년에 걸쳐 하루하

• 목관악기를 만들기 위한 원통형 막대

루의 신체적 연결을 통해 형성되는데, 이 관계는 어떻게 하면 우리가 숲과 더 나은 관계를 맺고 살아갈 수 있을지에 대해 영감을 선사한다. 오보에나 바이올린은 의자나 잡지꽂이 하나보다 나무를 덜 쓰지만, 이 악기 하나가 만들어내는 아름다움과 쓰임새는 수십 년, 때로는 수백 년을 간다.

이것을 물질적 대상과 그 원천에 대해 우리가 맺는 관계의 지배적 성격인 남용과 일회용 소비의 문화와 대조해보라. 이를테면 2018년 미국에서는 1200만 톤 이상의 가구가 버려졌는데, 그중 80퍼센트가 매립지에 묻혔고 나머지는 대부분 소각되었으며 1퍼센트의 3분의 1만이 재활용되었다. 이 가구들은 대부분 열대림에서 벌목되어 아시아의 제조 중심지를 거쳐 미국에 공급되었다. 이런 교역이 계속 증가하고 있으며, 세계야생동물기금에서는 "전 세계 자연림은 치솟는 전 세계 목재 생산물 수요를 지속 가능하게 감당할 수 없다"라고 천명했다. 음악가들이 악기를 애지중지하듯 나머지 경제 부문이 나무 제품을 소중히 여긴다면 숲 파괴 위기를 상당히 해소할 수 있을 것이다.

일부 음악가와 현악기 장인들은 자신들이 다루는 재료에 대한 존중심을 실천에 옮겨, 나무와 상아를 비롯한 멸종 위기종 재료를 무분별하게 이용하지 않는 대안을 찾는 일에 앞장서고 있다. 이것이 특히 중요한 과제인 이유는 악기가 지난 몇백 년에 비해 훨씬 많아졌기 때문이다. 해마다 수천만 대 이상의 기타, 수십만 대 이상의 바이올린이 제작된다. 희귀한 목재로는 이런 교역량을 감당할 수 없다. 이제는 '지속 가능한 벌목' 인증 목재로 제작된 악기를 조금만 검색하면 찾을 수 있다. 이를테면 산림관리협회에서는 몇몇 악기 신제품군에 인증 표시를 해준다. 탄자니아 남동부의 음핑고보전개발사업에서는 현지 주민이 음핑고를 비롯한 나무 종을 소유하고 관리하고 이용하면서 숲을 지속 가능하게 관리하고 지역 경제에 이바지하도록 공동체 기반 숲 관리 방안을 추진하고 있다.

악기 제작자들도 위험에 처한 나무들을 보호하기 위해 신소재를 도입하고 있다. 20세기 후반까지만 해도 고작 스무 종의 나무가 기타, 바이올린, 비올라, 첼로, 만돌린을 비롯한 서양 현악기의 재료로 쓰였지만 오늘날에는 악기용 목재의 종류가 100종 이상으로 증가했다. 천연 생산물의 다변화와 더불어 탄소섬유와 목재 래미네이트(laminate)* 같은 인공 재료가 원목을 대체하고 있다.

우리가 방향을 바꾸지 않으면 앞으로 수십 년 안에 악기용 목재와 동물성 재료의 공급을 가로막는 걸림돌은 남달리 귀중한 종의 남벌과 남획이 아닐 것이다. 오히려 숲 생태계 전체가 유실되어 인간 음악과 땅의 관계가 송두리째 재정립될 것이다. 가장 귀중한 음악적 원재료의 원천인 숲이 줄어들고 있다. 21세기의 첫 십수 년간 유실된 숲 면적은 조성된 면적의 세 배에 육박하여 전 세계적으로 150만 제곱킬

---

* 종이나 플라스틱 필름, 금속박 따위를 접착제나 용융 수지를 사용하여 겹쳐서 맞붙이는 일, 또는 그렇게 만든 물건

로미터의 순손실이 발생했다. 열대림이 가장 큰 타격을 받았으며 북부의 가문비나무 숲을 비롯한 북방림이 뒤를 이었다. 산불 증가, 환금 작물 재배를 위한 개벌(皆伐), 기후 변화 등으로 인해 앞으로 몇십 년 안에 이 변화가 더욱 빨라질 가능성이 있다. 음악은 언제나 그랬듯 미래에도 여전히 지구에 목소리를 부여할 것이다. 생태계와 인공물의 오래된 관계에 대해 이야기할 것이다. 하지만 멸종, 기술 변화, 인간의 기호에 따른 숲의 사멸에 대해서도 이야기할 것이다.

음악가들이 정성껏 돌보는 몇몇 오래된 악기들은 사라졌거나 훼손된 숲의 기억을 불러일으킨다. 링컨센터의 무대에서 우리는 수십 년 전, 수백 년 전 과거의 숲을 듣는다. 셰리 사일러가 연주하는 오보에 들은 수십 년 전인 20세기 초에 베어진 나무로 제작되었다. 악기마다 나무의 원산지를 표시한 '여권'이 있어서, 현재 위기에 처한 나무를 최근 벌목한 것이 아님을 보여준다.

우리가 대화하는 동안 그녀는 몇몇 동료들이 오래전 좋은 나무로 만들어진 악기를 찾으려고 전국의 낡은 오보에 판매점을 샅샅이 뒤졌다고 말했다. 사일러의 동료인 바이올린 연주자 셰릴 스테이플스의 음악은 과르네리 바이올린에서 나온다. 그 바이올린의 나무는 적어도 300년 전 것으로, 산업 시대 이전 지구에서 자라던 가문비나무와 단풍나무 숲에서 채취되었다. 과르네리와 스트라디바리우스를 공급하던 이탈리아 북부 피에메 계곡에서는 아직도 악기용 목재가 생산되지만, 지난 수 세기에 비해 지금은 봄철이 일찍 찾아오고 여름이 더 덥고 겨울 강설량이 줄었다. 이 때문에 나뭇결이 지난 몇백 년간의 치밀한 목재보다 성기고 울림도 줄어들었다. 앞으로 100년이 지나면 더위, 가뭄, 강수량 변화 때문에 고산산림이 이 산비탈에서 밀려날 것이다. 이제 음악은 지금의 지구가 아니라 과거의 지구를, 나뭇결에 새겨진 기억을 이야기한다.

링컨센터의 객석에 앉아 전 세계 숲의 과거와 미래를, 인류 교역의 역사를 실감한다. 나는 관현악단의 현세적인 소리를 들으면서 생물 다양성과 인류 역사 둘 다의 아름다움과 붕괴에 젖어든다. 음악은 초월적이거나 추상적인 것이 아니다. 내재적이고 체화된 것이다. 숲이 위기를 맞고 생명 공동체 내에서 대량 멸종이 진행되는 시기는 어쩌면 음악을 꽃피우는 이 관계를 겉으로 드러내고 존중해야 할 시기인지도 모른다.

노래, 숨, 삶, 숲

나는 40대 후반에 처음 바이올린을 잡았다. 바이올린을 턱 밑에 대었을 때 악기가 포유류 진화와 연결된 것을 깨닫고서 나도 모르게 불경한 비속어가 터져 나왔다. 바이올린 연주자들이 단순히 바이올린을 목에 밀어넣는 것이 아니라 아래턱뼈에 대고 살며시 누른다는 사실을 무지한 나는 미처 몰랐던 것이다. 25년간 생물학을 가르치면서 이골이 났거나 묘한 버릇이 든 탓인지 악기를 드는 경험이 동물학적 경이로움으로 느껴졌다.

　턱 아래쪽은 피부만이 뼈를 감싸고 있다. 볼의 살과 턱의 씹기근육 (저작근)은 더 높은 곳에서 시작되어 아래쪽 가장자리를 비워둔다. 소리는 물론 공기를 통해 흐르지만 파동은 바이올린의 몸통에서 턱받침을 통해 곧장 턱뼈로 흘러갔다가 두개골과 속귀로 전달된다.

　턱에 대고 누른 악기에서 음악이 시작되면 이 소리들은 포유류가 듣기를 시작하던 여명과 그 이전으로 우리를 곧장 데려간다. 바이올린과 비올라 연주자들은 자신의 몸을—그와 더불어 관객의 몸을— 포유류 정체성 너머 깊은 과거로 데려간다. 이것은 진화의 시간을 거슬러 올라가는 경험이다.

　뭍을 기어다닌 최초의 척추동물은 현생 폐어의 친척이었다. 3억 7500만 년 전부터 3000만 년에 걸쳐 이 동물들은 두툼한 지느러미를 발가락 달린 다리로 바꾸고 공기를 빨아들이는 부레를 허파로 바꿨다. 물속에서는 속귀와 물고기 피부의 옆줄계가 압력파와 물 분자 움직임을 감지했다. 하지만 뭍에서는 옆줄계가 쓸모없었다. 물속에서는 음파가 동물의 몸속으로 흘러 들어갔지만 공기 중에서는 동물의 단단한 몸에 부딪혀 반사되었다. 이 동물들은 물속에서는 소리에 잠겨 있었으나 뭍에서는 대체로 귀먹었다.

　대체로는 그랬지만 완전히 귀먹은 것은 아니었다. 최초의 육상 척추동물은 어류 조상에게서 속귀, 액체로 가득한 주머니, 균형과 청각을 위한 민감성 털세포가 들어 있는 관 등을 물려받았다. 우리 속귀의 길고 꼬인 관과 달리 이 초기 형태들은 뭉툭했으며 세포들은 저주 파음에만 민감했다. 우렛소리나 나무 쓰러지는 소리 같은 공기 중의 요란한 소리는 두개골을 뚫고 들어가 속귀를 자극할 만큼 강력했을 것이다. 발소리, 바람에 나무가 흔들리는 소리, 동료가 움직이는 소리 같은 더 조용한 소리는 공기를 통해서가 아니라 땅에서 뼈를 통해 전달되었다. 최초의 육상 척추동물은 턱과 (지느러미를 닮은) 다리를 바깥 세상과 속귀를 연결하는 뼈 통로로 삼았다.

그중 한 뼈가 청각 기관으로 유난히 요긴했으니, 그것은 설악(舌顎)으로, 어류에서는 아가미와 아가미뚜껑을 제어하는 지지대 역할을 했다. 최초의 육상 척추동물에서는 이 뼈가 아래로는 땅을 향해 돌출하고 위로는 머릿속 깊이 뻗어 귀 주위의 뼈 캡슐에 연결되었다. 시간이 지나면서, 아가미 조절 임무에서 벗어난 설악은 소리 통로라는 새 임무를 맡아 등자뼈로 진화했다. 이 귓속뼈는 현재 모든 육상 척추동물에서 발견된다(몇몇 개구리만이 이후 진화 과정에서 등자뼈를 잃었다). 등자뼈는 처음에는 굵은 기둥이었으며 땅에서 발생한 진동을 귀에 전달하고 두개골을 강화하는 역할을 했다. 그러다 새로 진화한 귀청에 연결되면서 가느다란 작대기가 되었다. 어떻게 보면 우리는 지금 물고기의 아가미 뼈를 개조한 부위의 도움으로 듣는다.

등자뼈가 진화한 뒤 청각의 혁신은 다양한 척추동물군에서 독자적으로 전개되었다. 각자 나름의 길을 걸었으나 귀청과 귓속뼈를 이용하여 공기 중의 소리를 유체로 가득한 속귀에 전달하는 방식은 같았다. 양서류, 거북, 도마뱀, 조류는 각자 나름의 구성을 진화시키되 모두 등자뼈를 유일한 귓속뼈로 이용했다. 포유류는 더 정교한 경로를 밟았다. 아래턱의 뼈 두 개가 가운데귀로 이동하여 등자뼈에 합류함으로써 세 개의 뼈가 사슬을 이룬 것이다. 이 세 개의 귓속뼈 덕분에 포유류는 그 밖의 많은 육상 척추동물보다 예민하게 들을 수 있으며, 고주파에 특히 민감하다. 초기 포유류는 2억~1억 년 전에 살았던 손바닥만 한 동물이었기에, 고음에 민감하여 귀뚜라미 노랫소리와 작은 먹잇감 부스럭거리는 소리를 들을 수 있으면 먹이를 찾는 데 유리했다. 하지만 포유류가 뭍에 올라와 가운데귀가 진화하기까지의 1억 5000만 년간 우리 조상들은 곤충 소리를 비롯한 고주파음을 듣지 못했다. 오늘날 우리가 '초음파' 박쥐, 생쥐, 노래곤충의 부름소리와 노랫소리를 듣지 못하는 것과 마찬가지다.

포유류 이전 파충류의 아래턱 일부가 현생 포유류의 가운데귀로 탈바꿈한 진화 과정은 일련의 뼈 화석에 기록되어 있다. 이것은 돌이 된 수억 년 전 기억이다. 우리 또한 배아 시절에 이 여정을 되밟는다. 발달 과정에서 우리의 아래턱은 처음에는 서로 연결된 작은 뼈들의 사슬 형태를 띤다. 하지만 이 뼈들은 현생 파충류나 고대 파충류와 달리 하나의 아래턱으로 융합하지 않는다. 반대로 연결 부위가 떨어진다. 뼈 하나는 가운데귀의 망치뼈가 된다. 또 하나는 망치뼈와 등자뼈를 연결하는 모루뼈가 된다. 세 번째 뼈는 고리 모양으로 구부러져 귀청을 떠받친다. 다른 하나는 길이가 늘어나 하나의 아래턱뼈가 된다.

내가 바이올린을 목에 대고 턱뼈로 촉감을 느꼈을 때 나의 마음은 고대 척추동물에 대한 상상으로 가득 찼다. 이 조상들은 아래턱으로 소리를 들었다. 땅에서 흘러온 진동은 턱으로, 아가미 뼈로, 속귀로 전해졌다. 바이올린 덕에 나는 꼴사납게 엎드리지 않고도 청각 진화의 이 결정적 순간을 재현할 수 있었다. 고급 예술은 심층시간과 만나는 것일까? 나의 무딘 손에서가 아니라 숙련된 음악가의 악기에서 말이다.

소리의 뼈 전도(골전도) 덕에 바이올린 연주자는 소리를 관객과 다르게 경험한다. 대부분의 소리는 공기를 통해 흘러 연주자와 관객을 하나로 묶는다. 하지만 일부 음파는 턱을 따라 흘러 올라가 머리뼈를 울림통으로 탈바꿈시킴으로써 (특히, 낮은 음의) 경험을 풍성하게 한다. 이 진동은 어깨를 따라 가슴으로 흘러 들기도 한다. (바이올린에 스펀지 천을 받쳐 어깨에 올리거나 턱을 대지 않아) 이런 신체 접촉 없이 바이올린을 연주하면 밋밋한 경험밖에 하지 못한다. 귀에서는 소리가 쩌렁쩌렁해도 악기가 멀리 떨어져 있는 듯한 느낌이 든다.

바이올린의 형태는 우리 진화의 머나먼 과거와 특별한 관계를 맺고 있지만, 인체가 악기의 물질성과 친밀하게 연결되는 방식은 이것 말고도 많다.

우리는 숨죽인 채 객석에 앉아 연주자의 손끝이 현을 문지르고 누르고 미끄러지는 것을 듣고 본다. 첼로가 허벅지의 피부와 근육을 자극한다. 피리서가 젖은 입술 사이에서 떨린다. 숨이 플루트의 취구 속으로 흐른다. 손, 팔, 어깨가 팀파니를 두드리고 마라카스를 통해 진동을 퍼뜨린다. 폐가 떨리는 입술을 통해 소리를 내뿜으면 그 동요는 (인간 숨의 습기로 안쪽이 젖어 있는) 황동 고리에 의해 빚어지고 증폭된다.

우리는 교향악을 통해 귓속뼈 진화의 먼 옛날 이야기뿐 아니라 동물적 관능의 현존에 대해서도 직접적 연결을 경험한다. 록 음악가가 골반을 앞뒤로 흔들고 기타 넥을 아래위로 쓰다듬는 행위는 가장 노골적인 사례이지만, 이 기행(奇行)은 관현악곡 연주에서 벌어지는 온갖 신체적 친밀함에 비하면 새 발의 피다. 음악의 구성은 종종 욕망, 열정, 상심에 대해 이야기한다. 이 이야기와 감정은 추상적 관념에 의해서가 아니라 움직이는 입술, 흐르는 피, 자극된 신경, 들뜬 숨, 즉 사랑과 정욕의 신체적 보금자리에 의해 소환되기에 더욱 강력하다.

하지만 음악이 인간의 몸과 맺는 관계는 이것을 훌쩍 뛰어넘는다. 음악가의 몸이 악기와 관계 맺는 여러 방식의 묘사가 야하게 들리는 한 가지 이유는 우리 문화가 관능을 성애와 동일시하기 때문이다. 하지만 음악은 몸이 우리에게 관능적 경험을 선사하는 다양한 방식에 목소리를 부여한다. 물론 이따금 성적일 때도 있다. 하지만 몸은 애통하고 환희하고 교감하고 탐구하고 분투하고 갈망하고 건축하고 휴식하기도 한다. 근육, 감각, 지성, 심미안을 다년간 훈련하여 자신의 악기나 목소리와 친밀한 관계를 맺은 숙련된 음악가는 우리를 이 경험에 초대한다. 음 하나하나는 몸의 움직임이 확장된 것이며 한 사람의 내면에서 다른 사람에게 통하는 소릿길이다. 우리는 신경 대 신경으로 연결되며 소리는 우리를 '타인'에게 납땜한다. 음악의 빠르기조차 우리 몸의 발현으로, 대개 이족 보행의 하나둘 리듬을 반영하거나 인간 심장의 박동 속도와 정확히 일치하는 범위에서 박자를 맞춘다.

당신이 악기를 연주한다면 무슨 말인지 이해할 것이다. 나 또한 바이올린과 기타를 연주하면서 맺은 아마추어적 관계를 통해 내 몸과 다시 이어진다. 기타의 음파는 내 가슴으로 뛰어들어 목구멍을 따라 올라오는 중심 흐름이다. 기타 반주에 맞춰 노래하는 것은 목청을 나무의 진동음과 통합하는 것이다. 노래는 숨이요 살이요 숲이다. 바이올린은 나를 키메라적 연합으로 더 깊숙이 끌고 들어간다. 근육이 긴장되어 생기는 결절이나 띠는 활이 현을 켜며 송진을 묻히는 행위를 통해 스스로를 드러낸다. 손가락이 지판을 누르는 위치나 각도가 머리카락 한 올만큼만 달라져도 음이 높아지거나 낮아지거나 애매하게 머뭇거린다. 목과 어깨의 긴장을 풀면 마치 맑은 물이 햇빛에 반짝이듯 소리가 또렷해진다. 하지만 내 경험은 기악의 훈련과 기예에 몰두하는 사람들에 비하면 얄팍하다. 셰리 사일러가 내게 말했다. "오보에를 연주하는 것은 제겐 중독이에요. 저는 오보에를 연주할 때 땅에 붙박인 느낌이 들어요. 소리가 제 온몸에서 공명하죠. 그 무엇으로도 재현할 수 없는 유기적 경험이라고요." 실황 연주회는 그런 신체적 환희를 느끼는 수십, 수백 명의 동시적이고 통일된 경험 속으로 관객을 초대한다.

그렇다면 음악의 경험은 우리를 세상의 생태와 역사에만 연결하는 것이 아니라 인체의 특별한 성질에도 연결한다. 이런 성질 중 하나는 연장을 이용하여 상아, 나무, 금속 같은 땅의 재료를 악기로 만들어내는 특별한 인간 능력이다. 또 다른 성질은 이 악기에 생기를 불어넣어 소리를 통해 관객의 몸과 하나가 되도록 하는 음악가의 능력이다. "말씀이 육신이 된" 것처럼 음악은 우리를 몸의 존재로 만든다.

아름다움의 경험은 인간의 전유물이 아니다

인간 음악의 내적이고 주관적인 경험이 우리를 땅에 붙박이게 하고 다른 종의 경험과 합일하게 할 수 있을까? 우리 문화는 대개 아니라고, 음악은 인간의 전유물이라고 말한다. 이를테면 음악철학자 앤드루 캐니어는 "인간 아닌 동물"의 발성이 "체계화된 소리이되 음악이 아닌 사례"라고 말한다. 게다가 조류나 고래처럼 노래하는 동물은 "새로운 가락이나 장단을 즉흥적으로 만들거나 창안할 능력이 없으므로 야옹거리는 고양이에 비해서도 결코 음악적이라고 말할 수 없다"라고 주장한다. 음악학자 어윈 고트도 "조류와 벌이 예쁜 소리를 낼지는 모르나, 시인들의 감탄에도 불구하고 그런 소리는 정의상 음악이 아니다. … 인간 아닌 동물의 소리로 물을 흐리게 만드는 것은 터무니없는 짓이다. 이것은 기본 공리"라고 말한다.

하지만 (인간 너머의 세계를 감각적으로 배제하는 것이 "기본 공리"인) 공연장이나 세미나실의 벽 바깥으로 나서면 그런 생각은 설득력을 잃는다.

음악이 세상의 진동 에너지에 대한 민감성과 응답성이라면 그 기원은 약 40억 년을 뛰어넘어 최초의 세포가 탄생한 순간까지 거슬러 올라간다. 소리가 우리를 움직인다는 점에서 우리는 세균과 원생생물과도 하나다. 사실 인간 청각의 세포적 바탕은 많은 단세포 생물과 마찬가지로 섬모라는 구조에 뿌리를 둔다. 이것은 많은 세포성 생명체의 기본적 성질이다.

음악이 질서 있고 반복적인 요소들을 이용하여 한 존재가 다른 존재와 소리로 소통하는 방법이라면 음악은 3억 년 전 곤충에서 시작되어 다른 동물군, 특히 절지동물과 척추동물에서 번성하고 분화했다. 도심 공원에서 밤에 생기를 불어넣는 여치, 새벽을 맞이하는 명금, 바다에서 쿵쿵거리는 물고기와 노래하는 고래, 인간의 음악 작품에 이르기까지 동물의 소리는 주제와 변주를, 반복과 계층 구조를 결합한다.

철학자 제럴드 레빈슨 말마따나 음악이 "생각하지 않는 자연"에 의해서가 아니라 "사람"에 의해서만 조직화되는 소리라고 주장하는 것은 연장이 사람에 의해서만 특별한 쓰임새에 맞게 변형되는 물체라고 주장하여 침팬지와 까마귀 같은 인간 아닌 동물의 정교한 솜씨를 배제하는 것과 같다.

사람됨과 사고력이 어떤 소리를 음악으로 판정하는 기준이라면 음악이야말로 생명 세계에 존재하는 다양한 형태의 사람됨과 인지를 아우르는 다양성이다. 음악 주위에 인간의 장벽을 세우는 것은 인위적 행동이며 소리 내기와 동물 지능의 다양성을 외면하는 처사다.

고트 등이 주장하듯 음악이 '감상자에게 심미적이거나 정서적인 반응을 불러일으키는 것을 전적으로나 부분적으로 의도하는 조직화된 소리'라면 인간 아닌 동물의 소리를 여기에 포함해야 마땅하다. 이 기준의 목표는 음악을 말이나 감정 토로와 부분적으로 분리하는 것인데, 이 선은 인간 안에서조차 긋기 힘들다. 한쪽에서는 서정적 산문과 시가 경계를 침범하고 다른 쪽에서는 고도로 지적인 형태의 음악이 경계를 침식하고 있으니 말이다. 모든 동물은 세상에 대한 제 나름의 주관적 경험 속에서 살아간다.

신경계는 다양하며, 이 경험의 일부인 미감과 감정이 동물계 전반에서 다채로운 질감을 가진다는 것은 의심할 여지가 없다. 다른 동물이 그런 주관적 경험을 하지 않는다고 부정하는 것은 우리가 삶에서 겪은 경험을 통한 직관(우리는 자신의 반려견이 데카르트 기계가 아니라는 것을 안다)과 지난 50년간의 신경생물학 연구를 부정하는 것이다.

이제 우리는 인간 아닌 동물의 뇌에서 의도, 동기, 생각, 감정, 심지어 감각적 의식이 생겨나는 부위를 파악할 수 있다. 실험 연구와 현장 연구에 따르면 곤충에서 조류에 이르는 인간 아닌 동물은 감각 정보를 기억과 호르몬 상태, 부모에게서 물려받은 성향, (일부 종의 경우) 문화적 선호에 접목하여 생리와 행동을 변화시킨다. 우리는 이 풍성한 합일을 미감으로, 감정으로, 생각으로 경험한다.

지금까지의 모든 생물학 증거에서 보듯 인간 아닌 동물도 제 나름의 방식으로 똑같은 행동을 한다. 그렇다면 고양이의 '야옹'은 고양잇과 관객의 미적 반응을 자극하는 한 음악이라고 보아야 한다. 다른 고양이들의 주관적 반응은 소리의 음악성을 판단하는 유효한 잣대다. 현재 우리가 고양이의 감각 경험을 평가하기 힘들다는 사실은 야옹 소리에 음악이 없음을 입증하는 게 아니라 인간의 기술적 한계와 상상력의 한계를 입증할 뿐이다.

더 나아가 동물 소통에 대한 지금의 진화 모형들에 따르면 우리가 다른 종에게서 듣는 다양한 소리의 상당 부분은 미감과 성적 과시의 공진화로 설명할 수 있다. 미적 경험이 결여된 소리 진화는 다양화의 힘을 거의 발휘하지 못한다. 따라서 아름다움의 경험이 인간의 전유물이라는 근거 없고 신빙성 없는 가정을 우리가 고집하지 않는다면, 음악의 미적 정의는 생물학적으로 다양할 수 있다.

음악이 문화에서 생겨나는 의미와 미적 가치를 가진 소리이고 그 형태가 창조적 혁신으로 인해 시간이 지남에 따라 달라진다면 다른 발성 학습자, 특히 고래와 조류에게도 음악이 있다. 인간과 마찬가지로 이 종에서도 소리에 대한 개체의 반응은 사회적 학습과 문화에 의해 상당한 정도로 매개된다.

짝이나 경쟁자의 노래를 듣는 참새의 반응은 문화적으로 전수된 현지의 소리 관습에서 무엇을 배웠느냐에 따라 달라진다. 고래의 부름소리는 자신의 개별적 신원, 소속 무리, (종에 따라서는) 최신 변주와의 일치 여부 등을 다른 고래들에게 드러낸다. 이 반응은 감각 경험을 문화라는 맥락에서 주관적으로 평가한다는 점에서 심미적이다. 이것은 곧잘 종을 아울러 풍성하게 짜인 소리 변이의 패턴을 낳는다.

이 종들의 문화적 진화는 시간을 통과하며 소리를 변화시키기도 하는데, 사회적 역학관계에 따라 어떤 종에서는 변화 속도가 빠르기도 하고 어떤 종에서는 굼뜨기도 하다. 새로운 소리 변이가 일어나는 데는 사회적·물리적 맥락의 변화에 가장 알맞은 소리를 선택하는 것, 다른 개체와 종의 소리를 흉내 내고 변형하는 것, 옛 패턴을 완전히 새로 비틀어 창안하는 것 등 다양한 방식이 있다. 동물 음악의 이 다양한 형태는 인간의 음악과 마찬가지로 전통과 혁신을 접목한다.

음악이 악기를 만들 재료와 음악을 들을 연주 공간의 변형을 통해 만들어지는 소리라면 음악은 인간의 전유물에 가깝다. 다른 동물들도 잎을 씹거나 굴을 파는 등 몸 바깥의 재료를 이용하여 소리를 만들거나 증폭하긴 하지만, 연장을 만드는 솜씨가 뛰어난 영장류와 조류라 할지라도 오로지 소리를 내기 위해 특별히 변형된 연장을 만드는 동물은 하나도 없다. 그렇다면 음악이 우리를 다른 존재와 구별하는 것은 오로지 연장과 건축의 정교함 면에서뿐이다. 여느 음악적 동물과 마찬가지로 우리는 감각하고 느끼고 생각하고 혁신하는 존재이지만, 그들과 달리 고유의 복잡성과 전문성을 갖춘 인공적 환경에서 도구를 이용하여 음악을 만든다.

인간의 음악 소리가 우리에게 흘러들어 우리를 감동시키면 우리는 곡 안에서 전개되는 주제와 변주의 경험, 우리가 듣고 있는 음악 장르에서 나타나는 파격과 전통의 긴장, 우리가 듣는 음악 양식의 문화적 독특성과 상호 연결성, 인간 종의 특수한 음악 형식을 아우르는 음악의 그물망에 빠져든다. 이것은 다른 종의 다양한 음악과 맺는 관계로부터 생겨나고 그 속에서 살아가는 예술 형식이다.

❀

링컨센터의 웅장한 공간 속으로 걸어 들어가면서 우리 시대의 지배적 서사가 나를 내리누르는 것을 느꼈다. 그것은 소외하는 거짓, 우리가 지상의 나머지 모든 존재와 동떨어져 그들 위에 군림한다는 착각이다. 하지만 관현악단이 연주회장을 소리로 채웠을 때 나는 현실로 추락했다. 즐거운 복귀였다.

동물성. 연결. 속함. 우리가 음악을 이토록 깊숙이 느끼는 것은 놀랄 일이 아니다. 보금자리에 돌아왔으니까. 이곳은 감각적 현재의 측면에서, 또한 진화사를 통해서 우리 몸의 본성이 자리한 보금자리, 우리에게 생명을 선사하는 생태적 연결의 보금자리, 우리가 다른 문화, 땅, 종과 맺는 관계에 놓인 아름다움과 균열의 보금자리다.

그날 밤 프로그램의 세 곡—스티븐 스터키의 '비가'(대작 〈1964년 8월 4일〉의 일부), 에런 코플런드의 〈클라리넷 협주곡〉, 줄리아 울프의 〈내 입 속의 불(Fire in My Mouth)〉—은 속함, 연결, 균열의 이야기를 들려주었다. 코플런드의 곡은 북아메리카 재즈와 남아메리카 민중음악을 20

세기 북아메리카 관현악곡으로 재해석했다. 이 작품은 과거를 돌아보며 18세기와 19세기 유럽 연주회장의 소리를 되살리는 게 아니라 미국의 음악적 관념을 유럽의 관현악 전통과 엮으려 한다.

스터키와 울프는 미국의 전쟁사, 민권 운동사, 노동 운동사에서 결정적인 순간들을 탐구한다. 또한 울프는 악기와 일상 사물의 물질성에도 우리의 상상력을 끌어들인다. 그녀는 수많은 노동자의 목숨을 앗은 트라이앵글 셔츠웨이스트 공장 화재의 소리를 재현하기 위해 바이올린 활을 허공에 휘두르고 목재 악기의 바니시를 손톱으로 긁고 책을 바닥에 내던지고 가위 수백 개를 일사불란하게 철컥거린다. 아름답고 심란하고 해석의 여지가 풍부한 이 음악은 과거와 현재의 불의를 느끼고 어떻게 슬픔으로부터 저항과 사회 변화가 일어날 수 있는지 이해하는 능력을 키워주며, 과거의 상처와 현재의 질문을 연결하라고 우리를 초대한다.

이곳에서 예술은 이성을 마비시키는 장식물이 아니라 의미를 추구하는 인간 활동의 일부다. 감동과 영감에 사로잡힌 채 방음 공연장에서 나와 광장으로 걸어간다.

음악은 다른 존재와의 연결을 통해 아름다움을 경험하는 우리 내면의 능력을 일깨우거나 키운다. 이것은 수억 년간 동물계에서 소리가 맡은 역할이었으며, 지금은 인류라는 종이 자신과 타인의 몸, 감정, 생각에 대해 가질 수 있는 가장 강력한 경험 중 하나로서 표현된다. 시민 모임과 종교 행사, 부부를 맺어주고 죽은 자를 묻는 공동체 의식

같은 삶의 중요한 순간과 의미 있는 변화의 시기에 우리가 음악과 함께하는 것은 이런 까닭이다.

이제 우리의 힘, 탐욕, 무지, 무사안일이 대량 멸종, 기후 변화, 불의라는 지구적 위기에 불을 당겼다. 우리의 몸, 감정, 마음으로 다른 존재들에게 귀 기울여야 할 필요성이 어느 때보다 커졌다. 우리는 공감의 원을 넓혀 음악을 통해 알게 되는 이 '타자'를 우리 안에 아우를 수 있을까?

음악은 온전히 인간적이면서도 전적으로 이 땅의 것이기에 상호 연결과 속함을 실체화한다. 우리가 분리와 우월감을 내비치는 건축물과 문화적 행위로 자신을 둘러싸더라도 이 사실은 달라지지 않는다. 자신이 **마에스트로** 종, 즉 "더 위대한 자"라는 믿음은 음악의 통합적 힘에 의해 녹아내릴 수 있다. 음악적 아름다움을 경험하면 우리는 생명 공동체 속으로 다시 엮여 들어갈 수 있다. 하지만 우선 귀를 기울여야 한다.

PART 5

감소,
위기,
불의

숲

참나무 숲지붕 아래를 걷는데 짓이겨진 사사프라스나무 잎의 알싸한 내음이 나를 감싼다. 가시가 돋은 청미래덩굴이 내 다리를 낚아챈다. 나는 숲 하층의 **빽빽한** 덤불을 만나면 돌아서 가지만 웬만하면 직선으로 걸으려고 애쓴다. 허리에 찬 만보계는 260걸음을 가리킨다. 마지막 조사 지점에서 200미터 걸어왔다는 뜻이다. 배낭을 땅에 내려놓고 클립보드를 꺼낸다. 양말과 바지 사이 다리 맨살을 보호하려고 붙인 테이프에 진드기 한 마리가 기어오른다. 수십 마리, 때로는 수백 마리가 매일같이 내 피를 빨려고 달려든다. 집어들어 손가락으로 튕긴다. 흔적도 없이 사라진다.

스톱워치 단추를 누르고는 귀에 신경을 곤두세운 채 숲지붕을 주시한다.

쉰 음성, 오르락내리락하는 음 네 개로 이루어진 악구가 들린다. 20

미터 떨어진 곳에 붉은풍금새가 보인다.

높은 음으로 **치피-첩** 하는 소리가 들린다. 25미터 떨어진 곳에 미국황금방울새 두 마리가 있다.

미끈하고 밝은 악구를 위아래로 올렸다 내렸다 하며 자문자답한다. 그가 노래한다. **어디 있니? 저기 있구나.** 고작 5미터 떨어진 단풍나무 가지에 붉은눈비레오새가 앉아 있다.

까마귀 두 마리가 머리 위를 날며 **깍 까-깍** 하고 운다.

멀리 50미터 떨어진 곳에서 빠르게 떨리는 휘파람 소리가 **위-아-위-아-위-티-이** 하고 격정적으로 마무리된다. 두건휘파람새다.

딸깍. 5분이 다 지났다. 관찰 결과를 기록한다. "횡단면 V, 정점 2. 시각: 0610. 풍속: 보버트 계급 2. 기온: 25℃. 식생: 숲지붕은 미국참나무와 미국꽃단풍, 숲 하층은 사워우드, 블루베리, 사사프라스." 거리계를 꺼내 접안경으로 들여다보며 손잡이를 돌려 거리를 측정한다. 장비를 집어넣는다. 물을 한 모금 마신다. 다음 5분 관찰 지점까지는 260걸음이다. 이 일을 500번 반복한다.

소리 다양성의 감소

2년에 걸쳐 5월 중순부터 6월 중순까지 테네시주 컴벌랜드 고원 남부의 숲, 조림지, 농촌 거주지 전역의 측선(測線)을 밟았다. 이곳은 1830년대에 체로키족에게서 강제로 빼앗은 땅이다. 이 지역 위성 사진을 보면 켄터키주에서 앨라배마주까지 딴 곳은 농지와 도시 일색인데 이곳만 초록색 숲지붕이 이어져 있다.

이 지역은 미국 동부 최대의 숲 지대 중 하나다. 동쪽의 국유림이나 국립공원과 달리 이곳의 숲은 대부분 사유지다. 세계 최대의 온대 숲 고원인 이곳은 '생물 다양성 핵심지'로, 특히 도롱뇽, 철새, 뭍달팽이, 꽃식물이 풍부하다. 천연자원보호협회에서는 이 지역을 '위협받는 생물종 보고(寶庫)'로 규정한다. 열린공간연구소에서는 이 지역의 토지 보전만을 목적으로 하는 기금 세 건을 운용하고 있다.

내가 조사를 진행한 2000년과 2001년 이 지역의 다양한 참나무 숲과 히코리 숲이 벌목되어 로블롤리소나무 단순림으로 바뀌었다. 이 나무는 훨씬 남쪽이 원산지로, 생장 속도가 빨라 펄프 업계에서 선호한다. 당시 목재 기업과 주정부 기관들은 숲이 농장으로 바뀌고 있다는 사실을 부인하거나 이 변화가 생물 다양성에 거의 영향을 미치지 않는다며 오히려 주택 개발이야말로 이 지역 숲에 주된 위협이라고 주장했다. 항공사진은 그들의 부인을 반박했다. 숲 개간과 농장 조성의 속도는 점점 빨라지고 있었다. 다만 숲 유실이 생물 다양성에 미치는 영향은 콕 집어서 설명하기가 힘들었다. 이 변화들은 항공사진으로는 볼 수 없다. 하지만 들을 수는 있다. 그래서 나는 클립보드를 들고 숲에 들어가 듣는다.

일정한 지역 내의 모든 종을 완벽하게 파악하는 것은 불가능하다. 우리는 대부분의 미생물과 많은 소형 무척추동물의 정체를 모른다.

알려진 종의 경우에도 하나하나 나열하려면 과학자 수십 명이 여러 해를 매달려야 한다. 따라서 환경보전 운동가들은 몇몇 종을 표본으로 삼아 전체와 관련된 패턴을 발견할 수 있으리라는 희망으로 노력을 한곳에 집중했다.

숲에서 생물 다양성을 빠르게 평가하기 위해 가장 흔히 쓰이는 방법은 조류를 조사하는 것이다. 새들은 식생, 곤충 개체수, 서식처의 물리적 구조가 달라지면 민감하게 반응한다. 조류 개체수는 서식처의 은밀한 성질을 들여다보는 탐침과 같다. 이 역할을 할 수 있는 종이 많긴 하지만 조류에는 특별한 이점이 있다. 그것은 노래한다는 것이다. 몇 분간 귀를 기울이면 새 무리의 윤곽을 짐작할 수 있다. 이에 반해 다른 종의 표본을 얻으려면 몇 시간 동안 흙을 체질하거나 덫을 놓거나 표본을 손바닥이나 현미경에 놓고 살펴보거나 DNA 염기 서열을 분석해야 한다.

새소리는 인간 감각을 황홀하게도 한다. 많은 자연 애호가들은 그 소리를 익히고 감상하느라 오랜 세월을 보냈다. 선형동물, 균류, 식물, 곤충의 유능한 분류 전문가를 찾는 것보다 솜씨 좋은 탐조인을 찾는 것이 수월하다. 새들은 다른 많은 동물에 비해 사람들의 흥미도 더 많이 자극한다. 덜 카리스마적인 생물의 연구와 비교하면 조류 연구에서 도출되는 정보는 인간의 미감과 윤리 의식에 더 직접적인 호소력을 발휘한다. 노래는 종 내의 사회적 상호작용을 매개하기 위해 진화했으나 이제는 인간이 종 경계를 뛰어넘어 듣는 통로가 되었다.

소나무 농장을 지으려고 땅을 개간하는 것은 악랄한 만행이다. 첫째, 나무들이 모조리 벌목된다. 참나무, 히코리, 단풍나무를 비롯한 수십 종의 나무들은 제지공장으로 보내져 마쇄(磨碎)되어 판지가 되기도 하고 더 큰 나무들은 제재소에서 통나무가 되기도 한다. 숲의 많은 나무가 교회만 한 무더기로 쌓인 채 소각된다. 나머지 어린나무와 하층 식생은 불도저에 짓이겨진다. 마지막으로 트럭이나 헬리콥터가 제초제로 '진압' 작전을 마무리한다.

독이 뿌려지지 않으면 숲 식물은 다시 싹을 틔울 것이다. 수천 년간 산불과 폭풍을 겪으면서 식물은 회복하는 법을 배웠다. 하지만 과거에 숲이었던 곳에서 농장이 필요로 하는 것은 회복력이 아니라 절멸이다. 그들은 개울과 숲 습지를 종종 숲과 함께 불도저로 밀어버린다. 개울 아래로 내려가자 예전에 맑은 산골짜기 개울물이던 것이 초코우유처럼 흘렀는데, 어찌나 뿌옇던지 손을 모아 떠보니 손바닥이 보이지 않았다.

개간이 끝나면 양묘장에서 키운 소나무 어린나무를 (대부분 십 대와 청년으로 이루어진) 외국인 노동자들이 열 맞춰 심는다. 2003년 앨라배마 당국의 조사에 따르면 그들의 임금은 한 그루당 0.015~0.06달러였다. 날렵한 인부는 일당 80달러를 벌 수 있는데, 멕시코 농업 노동자 임금의 열 배에 이른다. 하지만 일은 힘들고 속도는 무지막지하다. 앨라배마의 한 식재업자가 말한다. "시간당 9달러까지 지불했지만 어떤 미국인 인부도 사흘 넘게 버티지 못했습니다. … 좋은 일자리가 아닙니다.

외국인 노동자가 없으면 이 나라 농업과 임업은 고사할 겁니다." 이 농장에서 나오는 신문 용지와 화장지는 땅과 인체에 심각한 피해를 입힌다. 지역 경제에도 별 도움이 되지 않는다. 지방정부 관료들은 벌목 트럭들이 농장이 소재한 군(郡)에서 기름을 넣지도 않는다고 불평했다.

아스팔트 포장을 제외하면 숲을 이보다 더 철저히 변형하는 사업은 상상하기 힘들다. 변화는 어떤 주민이나 방문객의 눈에도 뚜렷하다. 하지만 이 땅에서 항의의 목소리는 거의 들려오지 않는다. 목재 회사는 수만 헥타르를 소유하고 있다. 이 땅에는 주거지가 전혀 없고, 공사 현장의 중심부를 지나는 공공 도로도 거의 없으며, 주변의 농촌 군(郡)들은 인구가 희박하다. 숲의 이야기는 이 장소 밖으로 전파되는 일이 드물다. 하지만 학술적 측정은 주목받지 못하는 땅에서 보내는 편지 역할을 할 수 있다. 과학은 연구와 발견의 과정만이 아니다. 숲 공동체의 많은 주민들 중 극히 일부에게 귀 기울이는 것이긴 하지만 목격자이자 증인이 되는 방법이기도 하다.

이 지역에 자생하는 참나무 숲에서는 조사 지점마다 평균 여섯 종의 새 소리를 들을 수 있었다. 이 지점 저 지점 이동할 때마다 종이 달라져 서식처의 변이가 얼마나 큰지 알 수 있었다. 내가 이 숲에서 맞닥뜨린 조류는 모두 합쳐 마흔세 종이었다. 그중에는 매우 흔한 종도 있었다. 거의 모든 지점에서 붉은눈비레오새가 단조롭게 지저귀는 소리가 들렸다. 다른 소리는, 이를테면 청회색각다귀잡이의 투덜대는 꾸지람 소리는 이따금씩만 들을 수 있었다. 하지만 전반적으로 조류 집단은 종이 고르게 섞여 있었다. 소수의 종이 득세하는 게 아니라 많은 음성이 어우러졌다.

오래된 소나무 농장에서는 이 다양한 소리의 촘촘한 직물이 해진 모슬린*처럼 듬성듬성했다. 조사 지점의 평균 종수는 네 종이었다. 나는 조사 지점을 통틀어 스무 종을 발견했다. 어딜 가나 같은 새들이 있었는데, 붉은눈비레오새와 휘파람솔새가 대부분이었다. 시작한 지 몇 년밖에 되지 않아 나무가 아직 발목에서 어깨 높이로밖에 자라지 않은 신규 농장에서도 새의 종류가 비슷하게 단순했지만, 유리멧새와 들참새처럼 덤불과 숲 가장자리를 좋아하는 새들이 주로 서식했다.

나의 조사에 따르면 농장은 조류 다양성이 빈약한 장소였으며 그 밖의 농촌 지역은 농장 옹호자들의 주장과 반대로 풍성한 조류 집단의 보금자리였다. 벌목되었으나 제초나 평토(平土) 작업을 하지 않은 농촌 지역과 숲에서는 조류 다양성이 참나무 성숙림과 맞먹거나 더 컸다. 이 땅에는 커다란 숲 조각들과 (따라서) 많은 조류 종이 남아 있을 뿐 아니라 참새, 멧새, 굴뚝새 등을 끌어들이는 떨기나무 군락과 들판도 있다. 이 산림지의 주택 현관에 서면 어느 때든 여남은 종의 노랫소리를 들을 수 있다. 나의 조사에 따르면 농촌 주거지는 모두 합쳐 60여 종의 조류가 서식하는 보금자리였다.

내가 조사할 수 있었던 것은 오로지 새소리 덕분이다. 내가 탐지한

---

* 레이온 따위로 짠 얇고 깔깔한 편직물

새들의 90퍼센트 이상은 눈으로 볼 수 없고 귀로만 들을 수 있었다. 물론 이런 조사에는 조용한 새들―둥지에 앉아 있는 새, 내가 찾아 갔을 때 먹이를 먹고 있던 새, 노래의 절정기가 이른봄인 새―이 모두 누락되었지만, 그럼에도 청각적 조사는 서식처들을 비교하는 기준이 될 수 있다.

나는 500곳의 조사 지점을 통틀어 4700마리의 조류 개체를 관찰했다. 이 날짐승들의 존재에 대한 나의 경험은 그래프와 통계 분석으로 체계화되면서 과학의 언어로 정당성을 부여받았으며 이를 통해 인간 제도권 내에서 소통력을 얻었다. 결국 나의 조사 작업과 동료 여남은 명의 방대한 서식처 지도 작성 및 분석 작업은 전국 규모의 한 환경보전 단체를 설득했다. 이 단체는 천연림을 농장으로 전환하는 일을 중단하도록 목재 기업들을 압박하고 주정부와 협력하여 보전 지역을 지정하는 데 성공했다.

이것은 일종의 승리였지만, 기업 소유의 토지는 대부분 이미 농장으로 전환된 뒤였으며 전국적 토지 매각의 일환으로 조만간 민간 투자 회사들에 분할 매각될 예정이었다. 이날까지도 지역 경제는 이 숲과 농장으로부터 경제적 혜택을 거의 얻지 못하고 있다.

지도를 보면 숲의 변화가 얼마나 큰 규모로 벌어졌는지 알 수 있으며―1981년부터 2000년까지 참나무 숲의 14퍼센트가 (대부분 소나무 농장으로) 전환되었다―조류 조사 결과를 분석했더니 이 변화는 야생 동물에도 영향을 미쳤다. 이런 그래프와 통계는 우리가 이해하고 소통하는 데 도움이 된다. 하지만 의사결정권자들이 현실 경험을 생략하는 핑계가 되기도 한다. 맨해튼의 변호사 사무실에 모여 숲의 운명을 결정하는 양복 차림의 기업 최고경영자, 산림 관리인, 과학자, 환경보전 운동가 중에서 자신들의 처분에 맡겨진 땅에서 몇 시간이라도 보내본 사람은 거의 없었다. 참석자를 통틀어 지역 공동체 대표자는 한 명도 없었다. 나무 내음, 온갖 새소리, 물 흐르는 광경, 흙과 나무뿌리를 만지는 느낌이 없는 곳에서는 그래프 몇 개가 판단 근거의 전부였다.

인간적 미감, 이해, 윤리의 뿌리인 지속적이고 직접적인 감각 경험은 우리의 조직 구조에서 설 자리가 거의 없었다. 대형 기업과 비영리 단체, 많은 정부 기관의 듣기는 매우 간접적인 형태로만 이루어진다.

❀

내가 조사한 소나무 농장에 소리가 전혀 없는 것은 아니었지만, 그곳의 소리경관은 원래의 숲에 비하면 빈약하기 짝이 없었다. 목재 펄프를 생산하고 수확하는 방식은 이런 식으로 소리 다양성을 직접 짓누른다. 이런 일이 지구 곳곳에서 벌어지고 있다. 전 세계에서 인간의 필요와 욕구가 다른 종들의 음성을 잘라내고 짓이기고 있다. 우리가 살아가는 시대에는 다른 종들의 직접적 멸종과 서식처 축소라는 형태로 소리 다양성이 급격히 감소하고 있다.

인간은, 특히 산업 사회에 사는 우리는 전 세계 식물이 포획하여 가용화(可用化)하는 전체 에너지의 25퍼센트를 쓰고 있다. 이 비율은 20세기 동안 두 배가 되었으며 여전히 증가하고 있다. 수백만 종 중에서 단 한 종이 먹이사슬 밑바닥에 있는 가용 에너지와 물질의 4분의 1을 독차지하고 있는 것이다. 농업을 주력으로 하는 지역에서는 그 비율이 훨씬 높다.

인간에 의해 관리되지 않는 면적이 줄고 있다. 2019년 지구는 나무로 덮인 면적 중 1200만 헥타르 가까이를 잃었다. 그중 400만 헥타르는 열대 지방의 주요한 숲이었으며, 이 추세는 수십 년간 지속된 패턴의 연장이다. 물론 손실은 고르게 일어나지 않는다. 숲 손실은 열대 지방에 집중되며, 동유럽의 폐경지(廢耕地)를 비롯한 많은 온대 지역에서는 숲이 증가했다. 하지만 북아메리카와 유럽처럼 지역에 따라 임지(林地) 면적이 늘고 있는 곳에서조차, 퍼시픽노스웨스트와 폴란드 비아워비에자 숲에서 보듯 오래된 숲이 여전히 벌목되고 있다.

다른 육지 서식처도 전 세계에서 감소하고 있다. 목초지 면적은 증가했지만 자연 초지는 최대 80퍼센트 감소했다. 전 세계 연안 및 내륙 자연 습지는 절반으로 줄었다. 우리는 나머지 생물권의 토대를 위축시키고 있다. 유전자, 종(種), 소리, 문화, 무리 등 군집 형태의 생물 다양성이 후퇴하고 있는 것은 놀랄 일이 아니다.

소리의 감소는 생물 다양성의 상실을 나타내는 증상이다. 하지만 상실의 지표만은 아니다. 소리는 지금 이 순간 동물들을 연결하고, 그들을 생산적 소통망으로 통합함으로써 활력을 유지한다. 생태계를 침묵시키면 개체들이 고립되고 군집이 분열되고 생명의 생태적 회복력과 진화적 창조력이 약해진다.

소리는 생명 공동체의 더 나은 구성원이 되도록 우리를 인도할 수도 있다. 귀를 기울이면 지구의 살아 있는 공동체와 직접 연결되어 윤리와 실천의 토대를 놓을 수 있다. 최근 우리의 귀는 컴퓨터 녹음 기기로부터 기술적 도움을 받았다. 내가 테네시에서 새들을 조사할 때와 달리, 이 전자 귀는 소리경관을 통째로 듣고 다양한 음향 데이터 보고(寶庫)에서 패턴을 식별할 수 있다. 이렇게 하면 수천 종에 이르는 동물의 음성을 더 깊이 지각할 수 있으며 어쩌면 더 효과적인 보전 방안을 강구할 수도 있을 것이다.

보르네오 숲의 소리경관

경유 트럭이 길거리에서 공회전을 한다. 시커먼 연기의 가느다란 기둥이 모퉁이를 돌아 작은 교외 잔디밭들을 가로지른다. 부릉부릉 소리가 주택들에 스며들어 내 가슴에 내려앉는다. 공기는 건조하며 로키산맥 산불의 연기와 교통 및 석유 채굴에서 발생한 오존으로 매캐하다. 발밑에는 플라스틱 섬유가 바닥 전체에 촘촘히 깔려 있다. 여러 해 동안 닳은 탓에 높이가 들쭉날쭉하다. 코로나 19 봉쇄가 시작된 지 석 달여 동안 콘크리트 진입로와 잔디밭 사이로 삐죽 솟은 미국주

엽나무가 나의 봄철과 여름철 숲의 전부였다. 이 나무는 동쪽에 있는 숲에서 옮겨 심은 것으로, 한때 키 작은 풀 프레리였다가 지금은 콜로라도 프런트레인지 산맥을 가로지르는 드넓은 교외 지역의 일부가 된 곳에 오스트리아의 소나무, 일본의 단풍나무, 토종 미루나무와 함께 식재되었다.

이곳은 홈통 속에 둥지를 튼 멕시코양진이와 관개용 호스 노즐 주변 풀밭에서 귀뚤거리는 쌍별귀뚜라미 말고는 새소리나 벌레 소리가 거의 또는 전혀 들리지 않는다. 소리경관을 이루는 것은 오히려 차량의 부르릉부르릉하는 소음, 냉난방기 웅웅거리는 소리, 잔디밭 살수기(撒水器) 노즐, 잔디깎이, 낙엽 송풍기의 쉭쉭 후두둑 하는 소리, 덴버에서 웨스트코스트로 향하는 항공기들이 하늘을 얼룩지게 하는 소음 등이다. 도시 계획가들이 지정한 도시 외곽 보호 구역에서는 초원종다리의 휘파람 소리, 프레리도그 찍찍거리는 소리, 순찰 중인 도래까마귀의 걸걸한 울음소리 같은 토박이 동물의 음성이 차량 소음과 어우러진다.

헤드폰을 쓴다. 이곳은 적도에서 북쪽으로 불과 200킬로미터 떨어진 인도네시아 동칼리만탄 구(區)에 있는 보르네오 숲이다. (알려진 바로는) 지금껏 한 번도 벌목된 적 없는 저지대 우림의 한 지역에서 이틀간 연이어 녹음한 소리를 재생한다. 마이크를 방수 상자에 넣어 나무에 매달았다. 연구자들은 녹음 장비를 설치했다가 회수하되 다른 것에는 전혀 손대지 않았다. 이렇게 엿들은 덕에, 시시각각 달라지는 숲의 삶이 메모리 칩 속 데이터로 쌓였다. 0과 1의 이 퇴적물은 현장의 노트북에 복사되었다가 훗날 퀸즐랜드 연구실의 서버에 저장되었다. 재생 단추를 누르자 콜로라도에서 내가 쓰고 있는 헤드폰의 소형 자기(磁氣) 코일과 페이퍼 콘에서 열대림의 소리가 다시 깨어난다. 이 소리는 고분고분한 유령으로, 자신이 원래 살던 숲의 몸에서 인간의 기술에 의해 옮겨지고 우리의 명령에 의해 부활한 존재다.

소리는 형체가 없지만, 그럼에도 강력하다. 디지털 음성 파일의 재생 위치를 숲의 한밤중에 맞추고 곤충의 어른거리는 소리에 빠져든다. 적어도 열다섯 종이 노래하고 있는데, 그들의 음성은 초저역을 제외한 거의 모든 가청 범위를 포괄한다. 소리꾼마다 소리의 질감이 달라서 어떤 것은 보들보들하고 어떤 것은 거칠거나 뻣뻣하지만, 하도 빡빡하게 뭉쳐 있어서 짙고 윤기 나는 구름 속에 떠 있는 느낌이 들 정도다.

매끈한 잎에 물방울이 똑똑 떨어지는 소리가 불규칙한 박자를 더한다. 이것은 빗방울이 아니라 폭우 뒤 숲지붕에서 떨어지는 굵은 물방울이다. 멀리서 개굴개굴 소리가 낮은 음역으로 비집고 들어온다. 숲지붕 청개구리인가보다. 나는 소리 속을 떠돌며 곤충들로 하여금 나를 보르네오의 밤 속으로 인도하도록 한다. 몇몇 음성은 밝은 저음을 꾸준히 이어간다. 어떤 것들은 매 초 맥동하거나 거친 소리를 불쑥불쑥 내뱉는다. 또 어떤 것들은 바다의 놀처럼 부풀었다가 물러나며 15초마다 절정에 이르렀다 가라앉는다.

재생을 시작한 지 90분 뒤, 보르네오 시각으로는 새벽 1시 30분에 잠에서 깬다. 숲의 소리에 노곤해져 깜박 잠들었다. (아마도 교외에 산 탓에) 숲 생명의 온갖 음성에 굶주린 나의 귀가 내 몸속에 연결되어 나의 의식을 가라앉혔다. 잠은 친숙한 느낌이었다. 인사불성이나 혼미한 상태가 아니라 굴절하는 빛이 보일 만큼 맑은 물속에 잠긴 듯 명료한 상태였다. 이런 잠을 잘 수 있는 때는 하이킹하다가 나무 아래서 쉴 때나 숲에서 텐트 안에 있을 때뿐이다. 1400만 년간 우리의 영장류 조상들은 나무 보금자리에서 잤다. 숲의 잠 속으로 이렇게 빠져드는 것은 나의 귀를 통해 오래전 혈통을 어렴풋이 기억하는 일인지도 모르겠다.

나는 생기를 되찾은 채 보르네오 숲의 소리경관으로 돌아온다. 밤이 깊어가도 이곳은 곤충들이 지배한다. 간간이 개구리인 듯한 동물의 쿵쿵 팅팅 소리가 들린다. 새와 영장류는 잠잠하다. 새벽 3시가 되자 트릴과 울림이 두툼하고 고르게 엮여 두 가닥 굵은 트릴이 된다. 한밤의 많은 곤충은 나가떨어졌고 이제 대여섯 마리가 공중을 장악했다. 새벽 4시 45분이 되자 핑핑 찍찍 하는 새로운 곤충 소리가 꾸준한 트릴을 대신한다. 여치 한 마리의 쓰르륵 소리가 하도 부드럽고 낮아서 마치 염소 울음소리 같다.

그러다 6분 뒤에 첫 새소리가 들린다. 수도꼭지에서 물이 후두둑 떨어지듯 **톡** 소리가 빠르게 반복된다. 보르네오오색조의 미명(未明) 부름소리다. 크기가 어치만 한 이 새는 숲지붕에 사는데, 깃털이 초록색이어서 나뭇잎에 가려 잘 보이지 않는다. 소형 동물을 사냥하고 열매를 게걸스럽게 먹는다. 이 숲의 많은 나무들이 씨앗을 퍼뜨리기 위해 보르네오오색조와 그 친척들에게 의지한다. 1분 뒤 아득한 휘파람 소리가 들린다. 그런 다음 마이크 가까이서 거칠고 격렬한 깍깍 소리가 처음에는 혼자서, 다음에는 둘씩 셋씩 들린다. **끄락 끄락-끄라 까 끄라-끄라**. 일차림에서 열매를 먹는 대형 조류인 코뿔새가 일어나 아침 인사를 주고받는다.

대여섯 종의 새들이 내는 휘파람 소리와 피리 소리가 그 뒤로 10분에 걸쳐 쌓여간다. 해가 뜨고 날이 밝으면서 매미들이 나타나 온대림의 친숙한 놈들처럼 맴맴 운다. 몇몇은 드릴이 윙윙 돌아가듯 끽끽거리거나 숫돌에 칼을 갈듯 삑삑거린다. 어스름이 되자 새벽에 들었던 새소리의 크레셴도가 돌아왔다가 귀뚜라미와 여치에게 자리를 내어준다.

나는 이 소리들에서 기쁨을 느끼며 내가 풍성한 숲에 들어와 있다고 상상한다. 하지만 무언가 어긋난 듯한 불편한 느낌도 찾아온다. 한 번에 몇 분 이상 귀를 기울이면 더더욱 심해진다. 내 귀는 지구상에서 가장 다채로운 장소 중 한 곳에 온전히 잠겨 있지만 나머지 모든 감각을 비롯한 온몸은 북아메리카 교외의 셋집에 있다.

우림은 나뭇잎, 균류, 미생물이 내뿜는 수천 가지 내음으로 가득하다. 나무마다 나름의 향취가 있으며 흙에 코를 갖다 대면 강렬한 향내가 만발한다. 하지만 집 안에는 트럭 매연과 배기가스 냄새뿐이다. 도시 동쪽과 북쪽에 있는 셰일 유정 수만 곳과 혼잡한 도로의 빽빽한 그물망에서 내뿜는 냄새가 실안개처럼 서려 있다. 숲에서는 개미, 딱정벌레, 거머리가 숲바닥에 우글거려 발목과 다리에서 뻔질나게 떼어 내야 한다. 하지만 지금 내 맨발에 느껴지는 것은 양탄자 섬유의 서걱거림뿐이다. 우림 공기의 습기와 온기는 숲과 인간의 경계를 흐릿하게 한다. 그곳에서는 인간의 땀과 나뭇잎에서 떨어지는 수분이 마치 나무 수액과 인간 혈액이 하나인 듯 합쳐진다. 하지만 교외의 열기는 생명 없이 아스팔트에서 솟아올라 집 밖을 에워싼다.

내 눈에는 책상 위의 식물 세 종이 보인다. 새는 우림의 수백 종이 아니라 두어 종밖에 없는데, 그것도 운이 좋아야 볼 수 있다. 나의 위장조차도 귀에서 듣는 소리와 다른 감각 세계에 있다. 영양 많은 음식을 배불리 먹어도 숲 안팎의 음식 전통에 배어 있는 향미와 질감은 느낄 수 없다.

납관(蠟管)*에서 자신의 음악이 처음으로 재생되었을 때 인간 음악가들도 이런 느낌을 받지 않았을까? 음악은 충실히 녹음되어 울려퍼지지만 장소, 감각적 현존, 삶의 연결이라는 맥락으로부터는 유리되었다. 전에는 숨 속에만 살아 있던 언어가 종이에 기록되었을 때 첫 독자들도 이런 느낌을 받지 않았을까? 나는 녹음된 음악과 글로 쓰인 말에 평생 파묻혀 살았다. 우림에 오랫동안 귀 기울이면서 느끼는 멀

---

* 초기의 녹음기에 사용한 납으로 된 원통으로, 소리의 신호를 표면에 새기도록 되어 있다.

미를 통해, 살아 있는 숲에서 한 번도 느껴보지 못한 이 욕지기를 통해 지금 내가 맛보고 있는 것은 우리가 청각 문화를 버리고 쓰인 글과 녹음된 소리를 받아들이면서 잃어버린 그것 아닐까?

우리 조상들의 듣기와 말하기는 모든 감각을 총체적으로 동원했으며 하나의 장소와 시간에서 이루어졌다. 하지만 지금은 음악과 말이 귀나 눈을 통해서만 전달되며—헤드폰은 귀로, 책은 눈으로—처음 생겨난 장소에서 떨어져 있다. 나는 음반을 사랑하고 책도 물론 사랑한다. 하지만 음악과 말이 추상화되면서 내가 어떻게 달라졌을지 궁금하긴 하다('추상화'를 뜻하는 라틴어 **아브스트라헤레**(abstrahere)는 "끌어내거나 치우다"를 의미한다).

지구의 목소리를 녹음하다

다시 숲의 소리에 뛰어든다. 불편함이 깔려 있기는 하지만, 나는 지구에서 가장 다양하고 놀라운 소리경관 중 하나의 이 경이로운 녹음을 한껏 음미한다. 마우스를 클릭하여 코뿔새의 잠 깨우는 소리와 매미의 톱질 소리에 다시 귀를 기울인다. 그러고는 같은 숲의 다른 지점을 업로드한다. 벌목되지 않은 지점도 있고 상업적 목적으로 선별적 벌목이 이루어졌다가 재생한 지점도 있다. 이 녹음들은 위스콘신 대학교 주자나 부리발로바 연구진이 인도네시아와 오스트레일리아의 환경보전 단체 및 대학들과 함께 진행한 연구의 일환이다. 75개 지점에서 여러 번의 녹음을 통해 그들은 숲의 동물 다양성이 어떻게 유지되는지 평가하고 미래의 보전 방안을 제시하고자 했다.

이 녹음들은 아찔할 정도로 다채롭다. 각 지점에서 수백 가지 음성이 24시간에 걸쳐 왔다 간다. 나는 디지털 소리 자료실을 돌아다니며 (내 귀로 듣기엔) 매번 다른 소리 세상에 안착한다. 이 소리 패턴은 온대 지방의 도시와 숲에서 들리는 것과는 조금도 닮지 않았다. 뉴욕시의 한밤중은 새벽 두 시보다 좀 더 시끄럽지만, 사이렌, 비행기, 자동차, 행인의 잡담 등 소리의 종류는 똑같다. 테네시의 오래된 숲은 새벽의 음성이 한낮에 비해 훨씬 많긴 하지만 소리꾼은 대동소이하다. 이 장소들에서는 소리의 음색과 장단이 밤낮으로 순환하되 보르네오 숲에서처럼 촘촘하지는 않다.

반면에 열대림은 다른 어느 곳보다 시간이 더 치밀하며 섬세하게 엮여 있다. 공간도 마찬가지다. 한 지역에서 다른 지역으로 클릭했을 때 들리는 소리는 온대림에서의 가장 극단적인 차이에 비길 만큼 대조적이다. 마치 깊은 그늘이 진 숲에서 늪이나 탁 트인 들판에 들어서거나 혼잡한 길거리에서 도심 공원에 들어서는 기분이다. 녹음이 이루어진 각 지점은 저마다 뚜렷한 특징이 있는데, 이 특징을 규정하는 것은 여러 겹의 곤충 소리와 수백 가지 새, 개구리, 포유류의 부름소리다.

연구에 대해 생각하니 이 지점들의 차이를 어떻게 수량화할 수 있을지 막막하다. 이 녹음들은 3만여 시간 분량의 디지털 음성 파일로 이루어졌다. 각 녹음을 듣기만 하는 데에도 1년 이상을 오롯이 쏟아부어야 할 판이다.

그래서 소리를 일종의 빅데이터로서 처리한다. 퀸즐랜드 공과대학교 연구진이 개발한 소프트웨어와 부리발로바의 코딩 및 통계 분석 작업 덕에 우리는 긴 음향 녹음에서 패턴을 찾을 수 있다. 이 소프트웨어는 각 녹음을 1분 길이의 조각으로 자른 다음 각 조각을 200여 개의 주파수 조각으로 저민다. 이런 식으로 연속적 소리 흐름을 잘라 셀 수 있도록 한다. 그런 다음 소프트웨어가 전체 소리경관을 대상으로 패턴을 탐색한다. 이를테면 소리크기와 주파수는 지점마다 어떻게 다른가? 한 지점에서는 소리가 모든 주파수로 포화하고 매 분이 소리로 차 있는 반면에 다른 지점은 더 듬성한가? 이 패턴들은 낮과 밤에 걸쳐 어떻게 달라지는가?

우리가 숲에서의 경험에서 예상하듯 컴퓨터가 찾아낸 소리경관의 포화도 정점은 새벽과 어스름이었다. 이때 전 세계 열대림에서는 새, 개구리, 영장류, 곤충의 합창이 요란하게 울려퍼지며 일출과 일몰을 알린다. 벌목된 숲과 비(非)벌목 숲 둘 다에서 이 정점이 나타났다. 밤에는 벌목 지점의 소리가 비벌목 지점의 소리보다 더 포화했는데, 이것은 여치와 일부 개구리처럼 밤에 노래하는 일부 동물이 선별적 벌목으로 생긴 공터에 유난히 많이 서식하기 때문일 것이다. 낮에는 비벌목 숲의 소리가 더 포화했는데, 이는 이 숲의 동물 집단이 더 다양하다는 것을 보여준다. 이것은 인간 관찰자가 쉽게 알 수 있는 패턴이며, 수십 년에 걸친 현장 조사에서 클립보드를 손에 들고서 실제로 기록한 것과 일치한다. 선별적으로 벌목된 숲은 많은 종의 보금자리이지만 그곳의 생명 공동체는 비벌목 숲에 비해 덜 다양하다.

이번 분석에서는 시간 제약을 받는 전통적 조사에서는 놓치기 쉬운 패턴도 발견되었다. 특히 벌목된 숲은 비벌목 숲에 비해 음향적으로 더 균일했다. 녹음된 소리의 극히 일부만을 나의 어수룩한 귀로 들을 때는 모든 지점이 놀랄 만큼 다르게 들린다. 하지만 소프트웨어는 이런 인간적 한계를 뛰어넘어 들을 수 있었으며 각 지점들이 서로 얼마나 비슷한지 정확히 측정했다.

이 작업은 과학자들이 세상을 듣는 방식에서 일어나는 혁명의 최전선에서 이루어진다. 2000년과 2001년에 나는 숲을 누비며 새들을 귀에 들리는 대로 한 마리 한 마리 기록했다. 이것은 인간이 다른 종들에 미치는 여러 영향을 측정하고 이해하고 줄이기 위해 전 세계 수천 명의 현장 생물학자들이 했던 일과 같았다. 하지만 이 조사는 시간이 오래 걸리며 소리경관의 극히 일부만 포착할 수 있다.

반면에 소리를 오랫동안 녹음하여 컴퓨터로 분석하면 전통적 방식의 현장 연구를 보완할 수 있다. 표본의 시간 분량이 많아지고 통계 분석 능력이 커질 뿐 아니라 현장 관찰자에 의존하는 조사의 내재적 문제들을 녹음으로 해결할 수 있기 때문이다. 사람마다 청력과 식별 역량이 다르기 때문에 관찰의 질에 차이가 생긴다. 자연 애호가와 과학자들에게는 분류학적 편향도 있다. 자기 지역에 있는 모든 새의 소리를 알아맞힐 수 있는 사람은 쉽게 찾을 수 있다. 하지만 모든 동물을 귀로 동정할 수 있는 사람은 거의 없으며 열대 지방에서는 더더욱 드물다. 게다가 열대 종은 온대 지역에서와 달리 짧은 번식기에 일제히 노래하지 않는 것들도 있기에 여러 달에 걸쳐 조사를 진행해야 한다. 이런 탓에 학술 연구는 금세 인간적 능력과 지식의 한계에 부딪힌다.

대량의 디지털 음향 데이터를 처리하면 구식의 과학적 방법으로 알 수 없던 패턴과 추세를 알고리즘으로 추출할 수 있다. 지난 10년간 대용량 메모리를 갖춘 녹음 기기의 가격이 뚝 떨어졌다. 이를테면 오디오모스(AudioMoth)는 카드 한 벌보다 작으며 여러 날 동안 연속해서 녹음할 수도 있고 하루에 몇 시간씩 한 달 이상 녹음하도록 프로그래밍할 수도 있다. 기기와 지원 소프트웨어는 개방형이어서 설계도와 코드를 무료로 구할 수 있으며, 직접 납땜할 엄두가 나지 않는 사람도 완성품을 70달러에 구입할 수 있다.

이 기술적 발전 덕에 수천 건의 연구 과제가 시작되었는데, 연구 과제들은 소프트웨어 분석 방법에 따라 대체로 두 범주로 나뉜다. 어떤 소프트웨어는 녹음을 체로 거르듯 특정 소리를 추출하도록 프로그래밍된다. 카메룬 코루프 국립공원의 관리자들은 녹음 기기들을 격자 형태로 설치하여 총성을 측정하고 밀렵 감시 순찰의 효과를 평가했다. 매사추세츠베이의 수중청음기는 대구의 짝짓기 합창 녹음을 이용하여 산란 집단을 추적함으로써 가장 생산적인 수역을 찾아내고 감소 추세를 밝혀냈다.

울창한 아프리카 우림의 코끼리, 열대 습지의 어류, 푸에르토리코 숲의 조류처럼 멸종 위기 희귀종을 모두 연구할 수 있었던 것은 서식처 곳곳에 설치된 전자 귀 덕분이었다. 박쥐와 곤충처럼 인간의 귀로 들을 수 없는 높은 음을 내는 종들도 전자 녹음기로는 쉽게 추적할 수 있다. 여러 녹음기에서 채집한 소리를 소프트웨어 알고리즘으로 탐지하고 분류하면 행동과 개체군 규모 변화를 추정하거나 다른 녹음기에서 얻은 데이터와 비교하여 동물의 위치를 추정할 수 있다.

또 다른 접근법은 부리발로바와 동료들이 채택한 방법이다. 그들의 소프트웨어는 종을 일일이 식별하는 것이 아니라 소리의 캔버스를 통째로 스캔하고 분석하여 포화도, 소리크기, 주파수를 측정함으로써 시간과 공간에 걸친 패턴을 찾아낸다.

특정 장소에서 노래하는 모든 종을 동정하여 소리경관의 모든 구성 요소를 분해할 수 있는 소프트웨어는 없다(일부 소프트웨어의 경우 스무남은 개의 음성을 동시에 가려낼 수 있긴 하지만). 따라서 내가 테네시의 숲에 선 채 주위에서 노래하는 모든 새, 개구리, 다람쥐, 곤충을 명명하고 그 의미와 감정을 인간 동료의 음성으로 인식하는 것은 가장 막강한 '인공 지능'을 뛰어넘는 성취다. 미래의 기술이 나를 앞설지도 모르지만, 지금으로서는 소리 패턴 인식 경쟁에서 인간이 여전히 컴퓨터를 이길 수 있다. 이것은 컴퓨터를 통해 듣는 데 대가가 따를 수 있음을 상기시킨다. 우리 삶의 많은 부분이 그렇듯 이 신기술은 우리의 시간과 주의력을 돌려 살아 있는 지구의 직접적 감각 경험 쪽으로 끄집어내는 것이 아니라 인간의 전자 기기 세상 쪽으로 끌어들인다. '수동적 음향 모니터링'이라는 신기술 이름조차 능동적 인간 감각을 박탈하는 듯한 뉘앙스를 풍긴다.

❄

소리경관 녹음은 오늘날의 연구자와 관리자들에게 잠재적 유용성이 있을 뿐 아니라 미래를 위한 자료실, 즉 오늘 지구의 소리에 대한 디지털 기억을 만들어내기도 한다. 미래 세대는 이 소리를 들으며 우리가 상상도 못할 질문을 던질 것이다. 저장된 녹음 하나하나는 오늘이 내일에게 건네는 선물이다.

미래의 소리경관에서는 지구의 목소리 중 일부가 빠져 있을 것이다. 그러므로 우리가 녹음하는 것의 일부는 멸종의 서문이다. 디지털 음성 파일은 우리가 그 상실을 애도하는 데 도움이 될 것이다. 또한 부분적으로 '기준선 이동' 문제에 대한 예방 접종 역할을 해줄 것이다. 기준선 이동이란 각 세대가 노래의 감소에 익숙해져 기대 수준자체가 낮아지는 현상을 일컫는다. 나의 할아버지는 소싯적 잉글랜드북부의 들판과 읍내에서 들었던 새와 곤충의 풍성한 소리가 그립다고말씀하셨다. 할아버지의 이야기를 듣지 않았다면 나는 현대의 소리경관을 '정상'으로 여겼을 것이다. 녹음 하나하나는 우리가 이런 망각의 물결에 휩쓸리지 않게 해주는 닻이다.

지금껏 채집된 대부분의 자동 소리경관 녹음은 길이가 짧고 특정한 주제와 지역에 편중되었다. 하지만 대규모 기록 작업도 착수되고 있다. 이를테면 오스트레일리아음향관측소에서는 대륙 전역의 100개 지점에 녹음기를 설치하고 있는데, 1차로 5년간 연속 녹음을 진행하여 무료로 공개할 계획이다. 이 전자 기억은 우리가 서로에게 들려주어야 하는 이야기를 기술적으로 보완한다. 데이터는 서사를 겸비해야 한다. 우리가 지금 행동에 나선다면, 우리의 유산은 상실뿐 아니라 향후 새로운 번성의 증거도 전해줄 수 있을 것이다. 부디 그러길 바란다.

소리의 힘

이 기술들이 미래를 위한 타임캡슐로서 쓰임새가 있긴 하지만 숲 보전에 도움이 될지는 회의적이다. 새로운 과제를 찾는 자연 애호가와 과학자들에게는 훌륭한 장비이지만 숲 파괴의 참화를 늦추는 데는 별무소용이라는 생각이 들었다. 어쨌거나 우리는 문제의 본질을 알고 있지 않은가. 해마다 수백만 헥타르의 열대림이 산불, 톱, 불도저에 희생된다. 출혈로 의식을 잃어가는 환자에게 필요한 것은 더 정확하고 기술적으로 정교한 진단이 아니라 즉각적이고 실질적인 치료 아니겠는가.

그런데 연구 책임자 부리발로바, 공저자인 자연보호협회 아시아태평양 수석 과학자 에디 게임과 대화를 나눠보니 꼭 그런 것만은 아니었다. 두 사람은 현장 녹음을 확대하고 대규모 음향 데이터 집합을 컴퓨터로 분석하면 현지 환경 보전에 지침을 제공하고 보전 기금을 더 많이 유치할 수 있다고 설명했다. 부리발로바와 게임은 파푸아뉴기니 사람들이 숲과 농업 지역의 생물 다양성을 추적할 수 있도록 다른 연구자들과 함께 녹음 기기를 보급하는 사업도 추진했다. 이렇게 얻은 정보는 향후 토지 이용에 대한 지역의 의사 결정에 쓰인다.

에디가 내게 말했다. "생각보다 효과가 좋았습니다. 보르네오에서는 녹음이 숲의 차이에 대해 제 예상보다 더 예민합니다. … 앞선 조사와 다른 사람들의 연구에서 도출된 결론은 벌목된 숲을 잘 관리하면 총 생물 다양성을 보호림과 엇비슷하게 끌어올릴 수 있다는 것이었습니다. 하지만 이것은 보호림의 국지적 차이와 독특함을 간과한 것입니다. 앞선 연구에서는 조류와 포유류에 대한 현장 조사 자료를 주로 이용한 탓에 이 미세한 차이를 포착하지 못했습니다. 파푸아뉴기니에서 녹음은 지역 주민들이 자신들의 숲을 감시하는 효과적이고 비교적 저렴한 수단입니다.

"저희 단체는 사업이 효과가 있다는 증거를 확보한 것에 자부심을 느낍니다. 학자들에게 이런 이야기를 하면 그들은 이 사업을 무척이나 따분한 연구 방법이라고 여깁니다. 하지만 저희가 보기에 더 나은 토지 관리 방식이 실제로 더 풍성한 소리경관을 만들어낸다는 사실을 아는 것은 저희에게 무척 큰 의미가 있습니다." 그는 비벌목 숲의 다양한 소리 질감과 국지적 차이로 보건대 숲을 통째로 벌목하기보다는 여러 작은 영역으로 나눠 벌목하는 편이 환경에 영향을 덜 미치고 국지적 차이도 유지할 수 있으리라고 설명했다.

부리발로바가 물었다. "벌목 업계를 생물 다양성에 더 친화적으로 바꾸려면 어떻게 해야 할까요? 환경 친화적 벌목에 관심을 가진 회사들조차도 생물 다양성 모니터링에 대해서는 할 수 있는 일이 별로 없어요. 비용이 너무 많이 들고 과정이 까다롭거든요. 하지만 음향 녹음을 하면 그들이 하는 일을 더 쉽게 측량할 수 있답니다."

환경 운동 진영에서 벌목 반대론에 치우친 사람들은 보르네오 우림에서 목재 회사들과 협력하는 환경보전 운동가들이 오판했다고 생각할지도 모르겠다. 미국에서는 목재 업계의 탐욕스러운 벌목이 거센 역풍을 불렀다. 이를테면 시에라클럽은 연방 소유 토지에서의 상업적 벌목에 반대하는데, 심지어 숲의 공공 감시를 지원하기 위한 토지에 대해서도 막무가내다. 북아메리카의 숲 관련 작품에서는 소설과 비소설을 막론하고 벌목부들이 늘 악당으로 등장한다.

하지만 사슬톱은 역설적으로 숲의 구원자가 될 수 있다. 보르네오에서는 선별적 벌목을 통해 상업적 가치가 있는 거목을 벤다. 나머지는 너무 작거나 가치가 없거나 법적 보호수여서 내버려둔다. (종종 두세 번) 벌목된 적이 있는 이런 '이차림'에는 일차림 못지않게 많은 종이 서식한다. 이런 식의 벌목에 생태적 대가가 따른다는 것은 분명하다. 일부 종, 특히 가장 큰 나무에서만 사는 딱따구리와 열매 먹는 새들은 사라진다. 벌목용 도로는 침식을 악화할 수 있으며 소규모 경작지를 위해 땅을 개간하려는 사람들의 유입 통로가 될 수 있다.

그럼에도 벌목을 제대로 하면 숲이 재생할 수 있다. 4억 년에 걸친 진화는 회복하는 법을 숲에 가르쳐주었다. 기회가 생기면 생물 다양성은 다시 급등할 수 있다. 테네시의 경우 선별적으로 벌목한 숲은 조류 다양성이 크지만 단순림은 그렇지 못하다. 보르네오의 이차림은 산업적 규모의 야자림 및 펄프림에 내몰린 자생종의 피난처다. 이를테면 말레이시아 보르네오에서 조류 조사를 반복했더니 기름야자 농장에서는 멸종 위협에 처한 조류 종수가 선별적으로 벌목한 숲의 200분의 1에 불과했다. 심지어 농장 내에 조각숲을 남겨두는 '야생 친화적' 농장에서도 이런 새들의 개체수가 60분의 1밖에 되지 않았다. 농장은 개구리와 곤충의 서식처로도 열악하다.

부리발로바와 게임 둘 다 주변 토지의 포괄적 맥락이 매우 중요하다는 사실을 대화 중에 강조했다. 농장으로 둘러싸인 이차림은 숲 지대에 포함된 경우에 비해 생물학적으로 빈약하다. 마찬가지로 이차림의 바다에 떠 있는 일차림은 농장에 에워싸인 경우에 비해 생태 공동체가 더 번성한다.

벌목은 지역 공동체의 생계 수단이며 흙과 나무의 재생력에 기반한 일자리와 소득원이다. 기름야자 농장과 광산도 소득원이지만, 땅심과 토양 다양성에 미치는 악영향이 더 크다.

우리는 식량, 에너지, 거처의 필요성으로부터 자유로운 존재가 아니다. 나무는 재활용할 수 있지만 화석 연료, 철강, 플라스틱, 콘크리트는 대체로 그렇지 못하다. 그렇다면 '보호 구역'에 있는 많은 숲을 사람들이 이용하지 못하도록 묶어두는 것은 우리 스스로를 생명 공동체로부터 추방하여 합성 재료나 수입산 임산물과의 지속 불가능한 관계 속으로 더 깊숙이 밀어넣는 셈이다. 이것은 우리의 소비로 인한 비용을 우리의 감각 범위 밖에 있는 사람과 숲에 전가하는 꼴이다.

문제는 나무를 베어야 하느냐 말아야 하느냐가 아니라 어디서 어떻게 베어야 하는가다. 넓은 지역을 톱날이 닿지 않게 내버려두어야 하는 것은 분명하다. 토지를 훼손하는 막무가내 벌목을 금지하기 위한 정책과 현장 단속도 필요하다. 하지만 미래의 번영을 위해 우리는 여느 동물 종과 마찬가지로 소비자로서 숲 공동체에 참여해야 한다. 이것은 생태적·경제적 현실주의의 문제다.

우리는 땅에서 생기를 끌어다 쓴다. 사람들에게는 일자리가 필요하다. 부유한 외국인들이 해외로 날아가 즐기는 생태 관광을 비롯하여 임산물 추출의 대안으로 종종 언급되는 방안들은 일부 분야에서는 도움이 되지만 다른 분야에서는 숲 파괴를 부추기며 대다수 열대 지방의 현지인들에게 현실적 소득원이 되지 못한다. 또한 증가 일로에 있는 부자들의 해외 여행이 지속 가능하다는 잘못된 전제에 기초하고 있다.

미래에는 숲과 임산물의 생태적 건전성을 감시하고 '인증'하고자 하는 정부, 지역 공동체, 기업, 단체가 감시를 강화하는 데 녹음이 활용될 수 있을 것이다.

현재의 숲 인증 체계는 '지속 가능성'과 '책임성'이라는 애매한 기준을 적용한다. 감독관들은 현장에 할애하는 시간이 제한적이며, 도로가 침식이 최소화되도록 건설되었는가, 노동자가 안전 장구를 착용하고 있는가, 관리 사무소에 비치된 지도가 관리 계획에 부합하는가, 토지의 권리 관계가 명확한가, 개울과 습지 같은 특수 구역이 보호되는가, 서면 계획이 숲의 장기적 생존을 지향하는가 등 비교적 쉽게 관찰할 수 있는 지표 위주로 점검한다. 이것들은 중요한 판단 기준이지만 숲에 서식하는 대다수 종의 존재 여부를 평가하지 않으며 그들의 안녕이나 흥망은 더더욱 고려하지 않는다.

이에 반해 소리경관 녹음은 기술과 통계학이라는 매개체를 통해 살아 있는 지구 공동체의 목소리에 귀 기울인다. 하지만 이러한 우림 소리의 우레 같은 다양성은 서류 작업에서는 침묵의 더미로 쌓일 뿐이다. 이 부조화한 결합에서 벗어나면 모두에게 더 활기찬 미래가 펼쳐질 것이다.

녹음은 토지 관리에 현실적으로 중요할 뿐 아니라 숲의 소리를 보르네오 숲지붕 너머에서 ─ 남쪽으로 자바해를 가로질러, 북쪽으로 남중국해를 가로질러, 동쪽으로 태평양을 가로질러 ─ 들어야 하는 사람들의 귓속에 실어 보낸다. 후원자, 정책 입안자, 보조금 관리자들은 발굴된 소리를 듣고서 감명받아 행동을 취한다. 상상 못할 부와 정치 권력을 가지지 못한 우리 같은 사람들도 이 소리들을 통해 이해하고 연결된다.

뭍의 생명을 떠받치는 식물 광합성의 3분의 1이 열대림에서 일어난다. 우리의 주택, 종이, 가구에 쓰이는 나무는 주로 동남아시아에 뿌리 내리고 있던 것들이다. 화장품의 팜유, 가공식품, 바이오디젤, 가축 사료는 우림을 개간한 땅에서 재배된다. 하지만 우리는 우리를 지탱하는 이 숲과의 모든 직접적인 감각적 연결을 끊어버렸다. 이런 현실에서 소리는 우리를 체화된 감각적 이해의 길로 어느 정도 데려가 줄 수 있다. 그러면 우리는 곁에 있는 원료와 에너지가 아니라 지평선 너머 먼 곳에서 생산된 임산물을 어떻게 이용해야 하는지, 아니 과연 이용해야 하는지에 대해 더 현명한 판단을 내릴 수 있을 것이다.

에디가 몸을 앞으로 숙이며 말한다. "사람들은 소리가 생물 다양성과 관계가 있다는 것을 실제로 깨닫습니다. 이 소리 데이터 덕에 숲 감시에 대해 그 무엇보다 실질적인 대화를 나눌 수 있었습니다. 그들은 숲을 경험합니다. 숲이 시시각각 얼마나 시끌벅적한지 알면 눈이 휘둥그레지지요."

그는 말을 멈추고 눈을 치뜬 채 낱말을 찾는다.

"'생물 다양성'이라는 개념은 정의하는 것이 거의 불가능하지만, 소리를 통해서라면 어떤 수치, 그래프, 사진보다도 이 개념에 **가까이** 다가갈 수 있습니다."

귀 기울이기

변화하는 숲에 대한 수천 시간 분량의 '데이터'를 '처리'할 수 있는 또 다른 '알고리즘'이 있다. 그것은 인간의 생생한 경험이다. 거의 모든 열대 지역에서 그곳을 보금자리 삼아 살아가는 사람들은 수백 년이나 수천 년 동안 숲속에서 살았던 조상들의 후손이다. 이 문화 중 상당수가 지금 사면초가 신세다. 따라서 숲 보전은 인권 문제다.

서구 전통에서는 숲을 어둠의 장소, 산적과 추방자의 은신처로 여긴다. 온갖 종류의 늑대들. 문명의 끄트머리. 숲은 혼돈으로 가득한 그늘진 장소다. 단테는 어둡고 야만적인 숲에서 길을 잃었다. 아이들은 그림 형제의 숲에서 방향 감각을 상실했다. 신석기 농업 혁명 이후로 우리는 초지, 논밭, 도시를 짓기 위해 나무를 베었다.

서구 문화는 나무나 숲을 보전하려고 땅을 관리할 때조차 대개 사업의 관점에서 접근하며 정작 그곳에 사는 사람들을 배제한다. 이를테면 미국에서는 국유림과 국립공원을 조성하면서 경계 안에 살던 주민을 모조리 내쫓았다. 국립공원 내의 사유지인 '인홀딩'(inholding)을 보유한 사람이나 공원 단지 주택 건설에 고용된 사람들만 예외였다. '숲'에 있는 땅을 관리하는 대가로 부여되는 현행 주세(州稅) 감면 혜택은 해당 납세자가 숲속에 살고 있을 때는 종종 백지화된다. 미국

정부와 국제연합 식량농업기구의 공식 통계에 따르면 주택이 들어선 숲이나 사람들이 식량을 재배하는 숲은 '유실된' 숲으로 치부되지만 조림지 농장과 개벌(皆伐) 이후에 남은 빈터는 '숲'으로 간주된다.

이런 서구식 사고방식이 열대림과 만나면 인적 재난이 곧잘 뒤따른다. 정부는 숲을 **테라 눌리우스**(terra nullius), 즉 빈 땅으로 공표하여, 수백 년이나 수천 년간 그곳에서 살아온 사람들의 보금자리를 식민지화할 '물꼬'를 튼다. 영리 자원 기업과 비영리 환경보전 단체를 막론한 기관들은 토지 소유권을 차지하고는 주민들을 몰아낸다. 이런 불의는 나무배, 머스킷 총, 병원균에 감염시킨 담요의 시절에만 자행된 것이 아니다. 오늘날에도 원주민들은 번질나게 공격에 시달리고, 자신의 땅과 목숨을 무력과 살육에, 국민국가의 법률과 세계 경제가 휘두르는 폭력에 빼앗긴다.

보르네오의 인도네시아 영토인 칼리만탄에서는 2020년 토착민 공동체를 대표하는 15개 단체 연맹이 국제연합 인종차별철폐위원회에 제출한 긴급 청원서에서 "도로 건설, 농장, 채굴을 위해 토착민의 토지를 대규모로 침탈하는 일이 벌어지고 있으며 이 모든 만행은 다야크족을 비롯한 토착 부족들에게 즉각적이고 중대하고 돌이킬 수 없는 피해를 입힐 위험성이 있다"라고 주장했다.

브라질에서도 2020년에 수십 개 토착민 집단 대표들이 "토착민의 토지를 착취에 내어주는" 새 법률에 격렬히 반대했다. 브라질에서는 숲 파괴 속도가 몇 년간 감소하다가 다시 급속히 증가하고 있으며, 1만

1000제곱킬로미터 이상이 유실된 2020년에는 10년 만에 최고치를 기록했다. 브라질의 토착민 지도자 셀리아 샤크리아바가 말한다. "지금은 새들의 노래를 들을 수 있지만, 이 노래는 고통과 슬픔의 노래이기도 합니다. 대부분의 새들이 외롭기 때문입니다. 그들은 짝을 잃었습니다.… 그리고 우리 토착민은 점점 외로워지고 있습니다. 광부, 벌목부, 목장주들이 우리에게서 사람들을 빼앗아가기 때문입니다."

2019년 영국 우림재단의 발표에 따르면 콩고민주공화국에서는 "중앙아프리카 최대의 국립공원 인근에 사는 사람들이 공원 관리인인 파크 레인저에 의한 살인, 윤간, 고문에 시달렸"으며 "'생태 지킴이'에 의해 신체적·성적 학대가 만연하게" 일어난 자연보전 공원은 애초에 토착민을 숲에서 몰아내어 조성된 곳이었다.

비영리 단체 글로벌위트니스는 2019년 토지 수호자 212명이 살해되었다고 기록했다. 희생자 중에서는 토착민의 비율이 월등히 컸는데, 이것은 낮잡은 수치다. 많은 살해 사건이 언론의 시야 밖에서 일어나기 때문이다. 열대림 토지를 둘러싼 분쟁은 콜롬비아, 필리핀, 브라질에서 가장 많이 일어났다. 환경보존 단체 아마존워치는 2019년 "전례 없는 폭력과 위협의 물결"이 일고 있다고 보고했는데, 마흔 건 이상의 살인, 토착민 지도자 일곱 명의 암살, 채굴, 벌목, 농지 조성용 개벌로부터 숲을 지키려는 사람과 그들의 재산에 대한 다수의 폭력이 저질러졌다. 2020년 폭력 증가와 민간인 지도자 200여 명의 살해에 항의하는 시위에서 콜롬비아 토착민 지도자 에르메스 페테는 이렇게 말했다. "세상 앞에 서서 '이런 일이 벌어지고 있습니다'라고 말하지 않으면 우리는 절멸할 것입니다."

열대림에 사는 토착 부족들의 목소리는 걸핏하면 묵살될 뿐 아니라 많은 장소에서 노골적으로 탄압받는다. 이 사람들의 목소리와 그들이 숲에 대해 가진 지식에 대해 귀머거리가 되는 것은 팽창하는 산업 활동과 토지 침탈의 단순한 부산물이 아니다. 침묵시키기는 전략이다. 이에 반해 귀 기울이기는 토착민들의 존재와 권리를 인정하는 일이며, 단기적 채굴 경제, 토지 강탈, 통제권의 외부 이전 등에 저항할 수 있는 존재 방식에 문을 열어준다.

그렇다면 말하기와 듣기는 실천을 뒷받침할 수 있는 저항 행위다. 듣기는 부족들 사이에, 또한 사람들과 생명 공동체 사이에 생기를 불어넣는 앎의 흐름을 복원할 수 있다. 하지만 모든 형태의 듣기가 억압받는 이들의 목소리에 동등하게 열려 있는 것은 아니다. 우리의 듣기 방식은 불의를 부추기는 게 아니라 바로잡아야 한다.

과학이 현지 주민의 귀를 숲 평가로부터 점차 배제함에 따라—처음에는 생물 다양성의 '표본'을 채집하려고 날아가는 외국인 자연 애호가의 관행을 통해서, 지금은 '인공 지능'에 연결된 전자 귀를 통해서—우리는 숲의 많은 장단과 억양을 수백 년간 듣고 알아들었을 뿐 아니라 숲의 생태 속에서 태어났고 숲의 문화 속에서 살아가는 사람들의 감각과 지성을 종종 외면한다. 이 숲의 흙과 생물 다양성은 어떤 면에서 토착민들이 수천 년간 보살핀 산물이다. 현재의 많은 듣기 기술은 인간 감각을 필요로 하지 않기 때문에 숲에서의 생생한 인간 경험이 과학과 정책 결정의 절차에서 무의미한 것으로 치부된다.

기술과 과학적 방법이 반드시 불의를 낳는 것은 아니지만, 그것들은 우리를 주관적이고 체화된 지식과 동떨어지게 하여 압제자의 비인도적 연장통 속으로 쑥 미끄러져 들어가게 한다. 그래야만 할 이유는 없다. 국제연합에 도움을 청한 칼리만탄 토착민 공동체는 "사업 허가의 조건이 되는 환경·사회 영향 평가"가 최근 생략되었다고 비판했다. 이러한 법적 변화로 인해 목재 회사와 기름야자 회사들이 토착민 공동체를 그들의 땅에서 몰아내고 숲을 파괴하는 일이 더 잦아질 것이다. '환경·사회 영향 평가'는 여러 경우에 과학적 방법과 통찰을 필요로 한다. 이를테면 파푸아뉴기니 현지 공동체에 녹음기를 지급한다는 에디 게임의 계획은—현재 미국 국제개발처와 제휴하여 자금을 지원받고 있다—통제권을 빼앗는 것이 아니라 현지 주민들이 자신의 땅을 관리하기 위해 필요한 정보에 접근할 수 있도록 하는 것을 목표로 삼는다.

듣기 기술이 긍정적 결과를 낼 가능성이 가장 큰 때는 권력 불균형을 바로잡을 때다. 현재는 숲의 통제권이 대부분 자원 채취 기업, 정부, (지역에 따라서는) 대규모 구호 기관과 환경보전 단체의 손에 들어가 있다. 숲의 많은 목소리—인간의 목소리와 인간 아닌 존재들의 목소리—가 이 조직들 속으로 뚫고 들어갈 수 있다면 모두에게 유익할 것이다. 무엇보다 다른 곳에서 계획을 실행할 때처럼 듣기를 현지 공동체에 대한 생색내기식 의견 청취로 전락시키지 않는다면 더욱 효과적일 것이다. 하지만 사람과 숲의 관계를 바로잡는 더 확실한 방법은 토착민의 땅과 미래에 대한 통제권을 그들에게 돌려줌으로써 근본적 권력관계를 바꾸는 것이다.

그런 정의를 이루려면 갈 길이 멀다. 권리및자원계획의 2015년 연구에 따르면 조사 대상인 64개국의 절반에서 토착민 공동체는 자신의 땅에 대해 권리를 취득할 법적 절차가 전무했다. 인도네시아에서는 토지의 0.25퍼센트 미만이 공동체의 소유이거나 통제하에 있었다(인도네시아 헌법재판소에서 공동체의 관습적 숲 관리권을 인정하는 판결을 내렸기에 앞으로 개선될 전망이 있긴 하지만). 미국에서는 토착민 공동체가 소유하거나 통제하는 토지가 전체 면적의 2퍼센트, 오스트레일리아는 20퍼센트, 콜롬비아, 페루, 볼리비아는 약 3분의 1, 파푸아뉴기니는 97퍼센트다.

이 수치는 나라별로 편차가 크다는 것을 보여주지만, 광물과 목재를 원하는 정부와 기업의 권리 침해를 비롯하여 토착민 공동체의 토지 관리에 많은 회색 지대와 허점이 있음을 얼버무린다. 하지만 일반적으로는 수십 개국에서 숲 통제권을 탈집중화하고 있기에 이 비율은 점차 증가하고 있다. 이런 변화의 원인으로는 지역 공동체의 운동, 외국 후원자와 기관의 압박, 중앙 정부의 제한된 행정 역량 등이 있다.

토지 소유권과 통제권이 토착민 공동체에게 반환된 곳에서는 종종 숲 파괴 속도가 감소한다. 이를테면 페루 아마존에서는 1970년대 이래로 1100만 헥타르의 토지가 1000여 곳의 토착민 공동체에 반환되었다. 2000년대에 위성으로 측정했더니 이 땅에서 벌어지는 숲 개간의 속도가 4분의 3이나 감소했다. 1990년대 에콰도르 아마존 북부에서 숲 개간이 활발히 이루어지던 기간에도 보호 구역과 겹치는 토착민 영토는 숲 파괴 속도가 낮았다. 그러나 이런 공식적 보호를 받지 못한 토착민 영토는 숲 유실 속도가 훨씬 높았다. 여기에는 지역 공동체가 채굴과 벌목의 공격을 막아낼 수 없었던 탓도 있고 일부 공동체가 경작을 위해 토지 개간을 선택한 탓도 있다.

2021년 국제연합 보고서에서는 토착민 공동체가 통제하는 라틴아메리카 숲이 다른 곳보다 더 효과적으로 보호되고 있긴 하지만 숲이 제공하는 탄소 저장과 생물 다양성 같은 유익에 대해 공동체에 보상을 지급해야 할 시급한 필요성이 있다고 발표했다. 네팔에서는 지역 공동체가 숲 관리를 통제할 때 빈곤과 숲 파괴가 둘 다 감소했는데, 더 넓은 숲을 일정 기간 동안 공동체에 맡겼을 때 효과가 더욱 컸다. 지역 공동체의 필요와 권리를 존중하는 것은 그 자체로 목적이며 서식처의 보호 및 복원 작업을 위해 꼭 필요한 전제 조건이다.

부리발로바와 동료들의 음향 모니터링 연구에서 '비벌목' 지역은 다야크 문화권의 토착민 부족 웨헤아족이 관리하는 3만 8000헥타르의 숲에 포함되어 있었다. 웨헤아족 족장 레지에 타크는 2017년 언론인 요반다와의 인터뷰에서 1970년대와 1980년대에 불법 벌목과 그 이후의 기름야자 농장 때문에 숲 대부분이 헐벗고 사람들이 제 땅에서 쫓겨나 산업 노동자가 될 수밖에 없었다고 회상했다. 하지만 그는 이렇게 덧붙였다. "다야크 사람들은 숲에서 떨어질 수 없습니다. 숲은 생명의 창고입니다. … 우리는 힘을 얻어 조상님들의 조각상을 세웠습니다. 웨헤아 숲을 관습림(customary forest)*으로 선포했습니다. 모두를 위한, 특히 현지 주민들을 위한 규칙을 만들었죠." 이 규칙들은 사냥, 벌목, 경작을 위한 개간, 외부인의 접근을 통제한다.

2004년 물라와르만 대학교 연구진, 자연보호협회, 지방 정부의 도움으로 웨헤아 숲은 인도네시아에서 가장 큰 숲이자 토착민 공동체가 통제하는 몇 안 되는 숲 중 하나가 되었다. 부리발로바와 동료들은 발표 자료에서 웨헤아 숲을 '비벌목' 지역으로, 상업적 목재 채취가 실시된 숲을 '선별적 벌목' 지역으로 지칭했다. 달리 구분하자면 "토착민 공동체가 통제하는 토지"와 "중앙 정부 및 기업이 통제하는 토지"로 명명할 수 있을 것이다(벌목 허가권은 인도네시아 정부에 있다).

웨헤아족이 보호하는 숲 주변에서는 기름야자 농장, 재목(材木) 농장, 광산이 여전히 팽창하여 숲을 희생시키며 세계 경제에 원료를 공급하고 있다. 산불도 피해를 일으키는데, 기후 변화와 보르네오 이탄 숲의 축축한 흙에 판 4500킬로미터 이상의 배수로가 사태를 악화하고 있다. 최악의 해 중 하나인 2015년에는 칼리만탄에서 2만 2000제곱킬로미터의 숲이 소실(燒失)되었다. 동남아시아에 사는 4000만 명이 흙탕물만큼 뿌연 연기 장막을 헤치고 몇 주일 동안 피난해야 했다. 수

---

* 해당 지역에 주민이 존재하는 한 정부에서 소유권을 인정하는 국유림.

백 킬로미터 떨어진 도시에서는 불타는 숲과 모든 생물의 원혼 같은 유독한 연기가 사람들이 숨을 쉴 때마다 몸속에 들어왔다. 연기 속의 탄소를 화학적으로 분석했더니 불탄 숲 이탄은 1000년 넘게 흙 속에 묻혀 있던 것이었다.

도시화는 상업용 토지 개벌과 산불의 끔찍한 피해를 가중할 것이다. 앞으로 10년 뒤면 자카르타가 가라앉을 것이며 웨헤아 숲에서 약 200킬로미터 떨어진 곳에 조만간 건설될 새 인도네시아 수도에 100만 명 이상이 이주해야 할 것이다.

우림의 소리가 지닌 장엄한 다양성은 과거 수백만 년에 걸친 생물학적 진화의 산물만이 아니다. 전통적 토지 수호자, 이 소리 다양성의 일부인 멸종 위기 언어를 지키는 사람들의 노력이 소리로 표현된 것이기도 하다. 이 사람들의 인권이 존중받는 곳에서는 생명과 소리가 대체로 번성한다. 지구에서 가장 풍성한 이 소리경관의 미래 생명력은 우리가 숲 사람들의 권리와 권한을 복원하느냐에 달렸다.

이것은 서유럽 낭만주의 운동에서 탄생한 '고귀한 야만인' 개념(토착민과 토착 문화가 문명의 손에 타락하지 않고 '자연'과 조화하는 어린아이 같은 원시적 문화라고 여기는 개념)의 환생이 아니다. 오히려 식민주의 문화에 속한 우리야말로 여러 형태의 문명이 전 세계에서 발전했으며 그 모두가 살인, 토지 강탈, 권리 박탈로부터의 자유를 누릴 권리가 있음을 깨닫지 못하는 것 아닐까?

식민주의 문화와 산업 문화가 지구의 생명 토대인 숲, 바다, 공기를 보호하지 못하고 있음이 분명한 세상에서는 더 나은 실적을 거둔 문화로 하여금 적어도 자신과 조상들이 수백 년간 살아온 땅을 관리하도록 하는 것이 현명해 보인다. 이곳은 '태곳적' 땅이 아니다. 어떤 인류 문화도 다른 종에게 영향을 미치지 않으면서 살 수는 없다. 인류가 전 세계에 퍼져 나가면서 우리가 도착하는 곳마다 가장 맛있고 쉽게 사냥할 수 있는 동물이 감소하거나 멸종했다.

하지만 일부 문화는 인간의 욕구를 다스리고 가라앉혀 생명 공동체의 책임 있는 구성원이 되는 더 효과적이고 생산적인 방법을 발견했다. 생태 붕괴의 시대에 우리는 이 목소리들의 인도와 조언을 받아들여야 한다. 하지만 식민주의와 자원 채굴이 여전히 사람들을 약탈하고 죽이고 쫓아내면서 그 목소리들이 우리에게 살려달라고 애원하고 있다. 2019년 400만 헥타르 가까운 일차 열대림이 지구상에서 사라졌다. 우리는 지난 20년간 그와 비슷한 양을 해마다 잃어왔다.

이 숲들은 수많은 토착 문화의 보금자리다. 열대림은 세계 대부분의 육상 종이 서식하는 종 다양성의 보고이자 거대한 탄소 저장고이기도 하다. 이 숲이 사라지면서 기후 위기가 더 빨라지고 있다. 현재의 통치·교역 체제는 가장 기본적인 임무에 실패하고 있다. 그것은 사람들의 권리와 터전을 보호하는 것이요, 살아 있는 지구의 다양한 경이로움과 생명력을 고스란히 우리 후손에게 물려주는 것이다.

레지에 타크가 말한다. "문화와 자연은 웨헤아 다야크족이 가진 주요 재산입니다. 우리가 그것들을 돌보고 자녀와 손자녀들에게 일찌감치 전해주지 않으면 우리는 무엇 하나 전해줄 수 없을 겁니다."

인류 문화의 존엄과 가치. 자연의 풍요. 그것들을 돌보고 전해주는 것. 그러려면 조류 조사와 숲속 뭇 동물의 목소리 녹음을 통해 우리의 동물 사촌들에게 귀를 기울여야 한다. 물론 서구 과학에 뿌리를 둔 이 연구와 더불어 인간 형제자매에게도 귀를 기울여야 한다. 그들에게는 자신의 숲 보금자리에 대해 우리에게 알려줄 지식이 있다. 귀를 기울이는 것은 말하는 사람에게 존중을 표하는 것이다. 그들의 권한을 부정하고 그들의 생명의 원천인 숲을 없애면서 그렇게 할 수는 없다. 열대림에 귀를 기울이는 것은 정의의 필요성을 듣는 것이다.

거대한 묵살 행위가 열대림에서 벌어지고 있다. 인간과 인간 아닌 존재들이 사라지거나 훼손되면서 그들 속의 다양한 목소리도 사라지고 있다. 위험에 처한 이 숲에서 급속히 감소하는 것은 곤충, 조류, 양서류, 인간 아닌 포유류의 소리만이 아니다. 인류의 풍성한 음향도 감소하고 있다. 열대림은 언어 다양성이 유난히 크기 때문에 숲 파괴는 인간 언어를 위험에 빠뜨리는 주요 원인이다. 그렇다면 열대림의 소리가 처한 운명은 인간과 인간 아닌 존재의 생명이 앙상해지고 획일화되고 있음을 드러낸다.

❀

헤드폰을 벗는다. 창밖에서 유럽찌르레기 한 마리가 휘파람 소리와 딸깍 소리를 내뱉으며 교외 길거리를 순찰하는 황조롱이를 흉내 낸 **키-키-키** 소리를 곁들인다. 인근 주택들의 잔디밭을 관리하는 다섯 곳의 서비스 회사 중 하나가 콘크리트 보도에서 풀 부스러기를 송풍기로 치우고 있다. 사슴벌레 턱처럼 생긴 쓰레기통 집게가 달린 쓰레기차가 윙윙 덜컹덜컹 하면서 청소 구역을 돈다. 하지만 집 안은 대체로 고요하다. 냉장고 압축기와 노트북 팬 돌아가는 소리만이 이곳의 한결같은 소리경관이다.

이것들은 교외를 아우르는 소리다. 소란스러운 세상에서 우리의 감각은 이곳의 친숙함과 예측 가능성에 위안을 받는다. 바깥세상의 감각적 극단과 변덕을 막아줄 보금자리를 만들고 싶어하는 것은 보편적 인간 욕구다. 구석기 동굴에서 현대의 아파트에 이르기까지 인류의 거처는 우리를 감싸고 추위, 바람, 소음, 외부의 공격 같은 위협과 불편으로부터 안전하게 지켜준다. 하지만 산업의 위력은 이 완충 작용의 효과를 완벽하게 끌어올리느라 오히려 단절을 일으켜 감각 경험과 인간 윤리 사이의 밀접한 관계를 훼손한다.

이제 많은 사람들은 다른 사람, 다른 종, 우리를 지탱하는 땅으로부터 감각적으로 거의 완전히 고립된 채 살아간다. 건물은 벽으로 우리를 차단하지만 더 심각한 문제는 물질적 재화를 위한 공급망, 에너지를 위한 수송관과 전선, 교외와 도시의 대다수 지역에서 자연 서식처를 배제하는 토지 이용 계획에 의한 단절이다. 클릭 한 번에 배달되는 인터넷 쇼핑은 심지어 상인이나 가게 점원과의 접촉으로부터도 우리를 분리한다. 우리 현관문에 배달된 골판지 상자는 식민주의적 교역의 절정이요, 사람이나 땅과 맺은 살아 있는 관계의 흔적이 모조리 깎여나간 상품이다.

소나무 농장에서 온 종이 펄프나 보르네오 숲에서 온 목재를 쓰는 나 같은 소비자는 자신의 제품이 어디서 왔는지 거의 알지 못한다. 집 안의 물건들을 둘러본다. 정원 채소 몇 가지를 제외하면 내가 소유한 모든 것의 유래는 내 몸이나 감각과 아무 관계도 없다. 이 무지와 고립은 세계화된 교역의 산물일 뿐 아니라 파괴적 경제를 떠받치는 데 필요한 감각적 소외의 원천이기도 하다. 우리는 윤리의 뿌리가 되고 방향을 알려주는 정보와 감각으로부터 감각이 단절된 채 떠다닌다. 그리하여 생태적 파괴와 인간적 불의가 삶의 관계에 의해 다스려지지 않은 채 계속된다. 식민주의 시대와 산업 시대 이전에만 해도 인류의 환경 윤리를 매개한 것은 이러한 감각 연결이었다.

교외 주택의 방에서 보르네오 숲에 처음 귀 기울였을 때 한 세계에서 다른 세계로 휙 옮겨지는 기분이었다. 하지만 둘은 깊숙이 연결된 같은 세계다. 교외의 고요한 평안은 숲과 그 밖의 서식처에서 휘몰아치는 폭풍의 결과다. 우리가 고요를 짓고 떠받치려고 동원하는 자원은 생태계와 인간 사회를 황폐화시키며 채취한 것들이다. 만들어진 고요와 예측 가능성은 지평선 너머, 감각 너머에서 파괴가 계속되는 데 필요한 조건을 공급한다.

바다

레코드판에 바늘을 내린다. 공업용 다이아몬드가 폴리염화비닐에 갇힌 소리를 만난다. 턴테이블 바늘의 발톱이 나선형 골을 따라간다. 보석이 구불구불한 플라스틱 고랑을 따라가는 동안 현미경적 좌우 움직임 하나하나가 카트리지의 자석과 전선에 전달된다. 불타는 석탄 과 메탄이 하늘을 가로질러 매달린 전선을 따라 흘러 내 앰프에 전력 을 공급한다.

공장, 유정, 탄광의 동력이 하나로 모인다. 혹등고래의 노래가 깨어 나 바다에서 공중으로 도약하며 1950년대를 뚫고 나와 찰나의 경험 이 된다.

두 번의 긴 도입부 울음소리, 정적, 그다음 우르릉거리고 고동치는 박동이 이어진다. 첫 번째 울음소리는 3초간 계속된다. 수십 개 주파 수가 겹쳐 있는데, 하나하나가 저마다의 장단으로 올라섰다 내려앉았다 한다. 높은 음이 미끄러져 내려가 신음 소리가 된다. 낮은 음은 일정하게 유지되며 웅웅거리다 빙글빙글 올라가 끝을 강조한다. 해저 계곡의 벽이나 해수면에 부딪힌 메아리가 잔향을 더한다. 두 번째 울음소리는 약간 짧고 단순하다. 층층이 쌓인 주파수가 일제히 흘러간다. 하강하는 가락은 일정한 흐느낌으로 이어졌다가 위아래로 들썩거리는 **위이오**가 되었다가 메아리로 잦아든다. 으르렁거리는 소리가 밑에 깔려 힘을 더해가다 일련의 타악으로 해소된다. 다양한 음높이와 빠르기를 구불구불 넘나드는 낮고 풍성한 텅텅 소리가 트릴을 이룬다.

이 고래의 노래가 포착된 것은 냉전 덕분이었다. 당시 동물학자와 음악학자들의 작업은 이 소리로 대중적 상상력을 자극했으며 우리의 바닷속 사촌들에 대한 인류의 윤리적 관심을 일깨웠다. 훗날 노래는 고래잡이 금지라는 형태로 바다에 돌아갔다. 이 음반은 한 종이 다른 종에게 귀 기울일 수 있음을 보여주는 개가(凱歌)다.

하지만 내 턴테이블에서 돌아가는 레코드판은 바다의 소리경관이 내 생전에 얼마나 망가졌는가를 보여주는 기록이기도 하다. 1950년대의 바다는 지금보다 몇 배나 고요했다. 음향 지옥이라는 것이 있다면 그것은 오늘날의 바닷속일 것이다. 우리는 음향적으로 가장 정교하고 예민한 동물의 보금자리를 아수라장으로, 벗어날 수 없는 인간 소음의 도가니로 만들었다.

혹등고래의 노래

음반의 처음을 장식한 혹등고래의 노래를 녹음한 사람은 1600년대 영국에서 버뮤다로 이주한 고래잡이의 후손 프랜시스 와틀링턴이다. 와틀링턴은 1950년대와 1960년대 버뮤다에서 미 해군을 위해 일하면서 대서양에서 음파를 청취하는 수중청음기를 발명하고 설치하고 감독했다. 수중청음 장비에 대한 특허 여러 건이 그의 이름으로 등록되어 있다. 자료 사진을 보면 그는 전선과 모니터로 에워싸인 비좁은 방에 앉아 있는데, 창의적인 전자공학자의 서식처에서 편안해 보인다.

와틀링턴과 동료들은 육지의 실험실에서 케이블을 끌어와 3킬로미터 떨어진 앞바다의 수중청음기에 연결하여 700미터 아래 해저로 내렸다. 이 수심에서 그들은 '심해음파통로'를 맞닥뜨렸다. 이것은 압력과 온도 기울기에 의해 형성된 렌즈로, 소리를 바닷속으로 수천 킬로미터까지 전달한다. 그들의 전자 귀는 적의 선박이나 잠수함이 내보내는 엔진음과 수중 음파 신호를 탐지했다. 수중청음기는 이 군사 정보와 더불어 혹등고래가 봄철에 카리브해에서 북쪽 섬이장(攝餌場)*까지 이동하면서 내는 소리를 포착했다.

해안에 있던 와틀링턴은 고래들이 수중청음기에 콧김을 불고 건드

---

* 먹이를 먹는 곳

리는 것을 볼 수 있었다. 그의 실험실에 들어온 신호는 혹등고래의 소리였다. 인간의 귀가 그렇게 깊은 곳의 소리를 (녹음하는 것은 고사하고) 들은 적은 거의 없었다. 와틀링턴은 이 소리에 매혹되어 녹음된 자기(磁氣) 테이프를 보관했다. 테이프의 작은 산화철 얼룩에는 고래의 노래를 담은 자국이 찍혀 있었다. 1953년부터 1964년에 걸친 녹음 기록이었다. 1968년에 그는 혹등고래의 소리를 녹음하려고 버뮤다를 찾은 동물학자 캐서린 페인과 로저 페인에게 테이프를 건넸다(당시는 테이프가 기밀에서 해제된 뒤였다).

페인 부부는 수학자 헬라 맥베이와 과학자 스콧 맥베이 부부와 함께 자기 테이프를 소노그래프*에 걸었다. 이것은 제2차 세계대전에 개발된 기술로, 녹음된 소리를 기다란 종이 두루마리에 잉크로 표시한다. 두루마리마다 시간의 경과에 따라 소리 주파수가 종이의 짧은 방향으로 오르락내리락하는 선과 얼룩으로 표시된다. 고래의 울음소리는 세운 발톱으로 할퀸 자국처럼 생겼는데, 평행한 줄무늬들은 여러 층의 배음을 나타낸다. 울음소리가 웅웅거림이나 휘파람 소리로 잦아들면 선이 하나만 보인다. 단일 주파수라는 뜻이다. 쿵쿵 소리는 목탄으로 굵게 그은 수직선이다. 딸깍 소리는 펜으로 살짝 그린 선이다. 두루마리는 악보처럼 각 소리의 형태와 울음소리, 휘파람 소리, 쿵 소리, 달가닥 소리 사이의 관계를 시각적으로 보여준다.

• 소리를 구성하는 성분 주파수를 시각적으로 보여 주는 장치

종이 위에서 고래 소리의 내부 구조가 드러난다. 기다란 소리 연쇄가 몇 분마다 되풀이된다. 페인 부부와 맥베이 부부는 단일한 펄스나 음, 더 복잡한 울음소리나 휘파람 소리, 이 짧은 요소들이 모인 악절 같은 덩어리, 악절의 연쇄, 마지막으로, 길게 이어지는 곡에 이르는 다섯 가지 수준에서 소리가 집단화되고 반복되는 것을 발견했다. 가장 짧은 요소는 몇 초간 지속되었으며 일부 곡은 여러 시간 동안 이어졌다. 혹등고래의 소리에는 인간과 조류의 소리처럼 반복 구조가 들어 있었기 때문에 페인 부부와 맥베이 부부는 이 소리를 노래라고 불렀다.

로저 페인은 최상의 녹음을 취합하여 1970년에 〈혹등고래의 노래〉 음반을 발표했으며 그것이 지금 내 턴테이블에서 돌고 있는 레코드판이다. 이 고래 소리는 인간 아닌 동물 개체의 소리를 통틀어 가장 많은 사람들에게 들려지고 있을 것이다. 음반은 100만 장 이상 팔렸다. 1979년 《내셔널 지오그래픽》 지에 부록으로 실린 (컴퓨터용) 플로피디스크 발췌본은 1000만 명 이상에게 배포되었다. 녹음 업계 역사상 최대 규모의 제작 의뢰였다. 오늘날에도 디지털 다운로드, CD, 해적판 등을 통해 수백만 명의 귀에 전달되고 있다.

1970년대에는 학술지 《사이언스》에 소개되었고, 주디 콜린스의 노래 〈페어웰 투 타와시(Farewell to Tarwathie)〉에 삽입되었으며, 작곡가 앨런 호바네스에게 영감을 주어 뉴욕 필하모닉에 의해 연주되었고, 지구의 소리를 담은 미 항공우주국 금박 구리 음반에 새겨져 보이저 호에 실린 채 우주로 날아갔다. 턴테이블과 레코드판 복각판이 우리 태양계 너머에 도달할 때를 대비하여 금박 음반에는 카트리지와 바늘이 동봉되었다. 고래잡이배를 방해하던 그린피스 보트에서도 울려퍼졌으며 미 의회에서는 고래 보호에 대한 토론회에서 증언으로서 재생되었다. 고래의 노래는 커져가는 환경 운동의 구호이자 인간의 상상력을 바다의 신비와 고래의 사람됨에 연결하는 다리가 되었다.

와틀링턴의 조상들은 고래를 사냥하여 풍부한 기름을 유럽과 북아메리카의 도시로 보냈다. 그곳에서 고래의 고기와 기름은 사람의 몸과 산업 기계를 먹이고 밝히고 윤활하여 인구 증가를 떠받쳤다. 우리는 고래잡이 하면 으레 허먼 멜빌이 묘사한 범선과 보트의 고래 추격 장면을 떠올린다. 하지만 1900년부터 1960년까지 죽임당한 향유고래는 30만 마리에 이르렀으며 이는 그전 200년간 잡힌 전체 마릿수와 맞먹었다. 1960년대에도 30만 마리가 목숨을 잃었다.

20세기 산업화로 쾌속선, 고래 몸속에서 터지는 포경포(捕鯨砲), 해상과 연안의 가공 공장이 등장하면서 고래잡이는 어업보다는 전쟁에 가까운 활동이 되었다. 20세기 첫 10년간 고래잡이배는 5만 2000마리의 고래를 죽였으며 1960년대의 10년간 죽임당한 고래의 마릿수는 70만 마리 이상으로 늘었다. 도합 300만 마리가량의 고래가 20세기에 죽임당했다. 남극대왕고래 같은 일부 개체군은 풍부하던 과거에 비해 1000분의 1로 줄었다(지금은 약 100분의 1까지 회복했다). 나머지도 대부분 90퍼센트 이상 감소했다. 노래하는 존재 수십만 마리의 목소리가 바다에서 지워진 것이다.

1970년대가 되자 고래 개체군이 괴멸되고 플라스틱, 산업적 축산, 합성 윤활유가 널리 보급되면서 고래의 뼈, 고기, 기름은 대부분 쓸모가 없어졌다. 신체적 굶주림 또한 다른 것으로 충족할 수 있었기에 우리에게는 더는 고래의 물질적 실체가 필요하지 않았다. 와틀링턴은 새로운 종류의 고래잡이가 되어 고래의 몸이 아니라 소리를 포획하고 저장했으며 선조들과 같은 시장에 원료를 공급했다. 와틀링턴과 페인의 녹음은 연민, 호기심, 완만한 도덕관 변화를 먹이고 밝히고 윤활했다. 여러 세대의 사람들에게 신체적 필요를 충족해주던 고래는 1970년대에 (특히, 산업화된 영어 문화권에서) 윤리적 자극이자 뮤즈이자 은유가 되었다.

혹등고래의 노래를 들은 사람들은 파괴에 대한 절망과 미래에 대한 희망을 격정적으로 토로했다. 미국에서는 음반이 발표된 바로 그해에 수년에 걸친 운동의 성과로 환경보호국이 신설되고 지구의날이 제정되었다. 그와 동시에 국제연합에서는 첫 환경 회의를 기획했다. 여기에는 혹등고래의 소리가 사람의 귀에 구슬프게 들린다는 사실이 한몫했다. 그들은 신음하고 흐느끼고 울부짖었다. 그것은 파도 아래서 들려오는 탄식과 비가(悲歌)였다.

포크 가수 피트 시거는 이렇게 노래했다. "전 세계 마지막 고래의 심장에서 격정적 통곡이 들려오는구나." 하지만 페인이 다른 고래의 소리를 음반으로 발표했다면 사업은 좌초하고 레코드판은 팔리지 않은 채 창고에 처박혔을 것이다.

향유고래는 서로 소통하고 반향정위로 주변을 탐색할 때 딸깍 소리의 연쇄와 덩어리를 이용한다. 낡은 문짝 경첩처럼 삐걱거리고 메트로놈처럼 딱딱거리며 집단으로 노래할 때면 마치 광란에 빠진 딱따구리 수십 마리가 두드리고 쪼는 소리를 낸다. 원래 음량으로 재생하면 귀청이 터질 수도 있다. (알려진) 동물 소리 중에서 가장 우렁차기 때문이다. 밍크고래는 펑, 둥둥, 쿵쿵, 윙 소리를 내며 그들의 부름소리는 흐느적거리고 다다닥거린다. 수염고래는 **우프** 소리와 끌끌 소리를 내는데, 너무 낮아서 사람 귀에는 들리지 않는다. 북대서양참고래의 신음 소리는 길고 울리는 하수관을 통해 들리는 듯하다. 대구경 소총의 '총성'을 내기도 한다. 귀신고래의 흔들흔들 투정하는 소리는 열받은 황소나 사납게 하악질하는 고양이처럼 으르렁거린다.

이 소리들은 대부분 인간의 소리 지각과 감정 반응에 호소하는 최적점이 없다. 복잡한 구조는 우리의 귀와 신경 처리 부위에 낯설게 들린다. 이를테면 향유고래의 딸깍 소리는 풍부한 의미를 담고 있어서 신원, 무리, 가족, 그리고 (아마도) 끊임없이 달라지는 사회적·행동적 의도 등의 정보를 전달한다. 하지만 우리 인간에게는 기계가 삐걱거리는 소리로 들릴 뿐이다. 반면에 혹등고래 소리의 빠르기, 주파수, 억양, 음색은 인간의 말이나 음악과 상당히 겹치기에 공감을 불러일으킨다.

우리는 자신과 비슷한 소리로 소통하는 종에게 유대감을 느끼는 감각적 편향이 있다. 관심은 공감을 바짝 뒤따르는 법이므로 우리의 감각은 윤리를 빚어낸다. 감각적 연결이 없으면 우리는 윤리적 고려와 올바른 행동의 토대인 체화된 관계를 맺을 수 없다. 하지만 이 감각은 다른 존재를 고려할 때 편견과 배제를 불러일으켜 어떤 종은 부각하고 다른 종은 간과할 우려가 있다.

인간의 행위가 지구의 미래를 좌우할 결정적 힘이 된 지금 우리의 감각적 편향과 신체적 굶주림은 세상의 형태를 새로 만들고 있다. 우리의 감각을 사로잡는 부분은 보전하고 나머지는 버리거나 훼손하는 것이다.

우리의 감각은, 따라서 윤리는 바다 앞에서 두 가지 난관에 직면했다. 첫째는 바다의 생명들이 우리의 감각으로부터 거의 완전히 동떨어져 있다는 것이다. 바닷가에 가본들 물 아래 무엇이 사는지에 대해서는 알 수 있는 것이 거의 없다. (고래 소리의 초기 녹음은 이 장벽에 부분적으로나마 균열을 냈다.) 두 번째 난관은 우리가 바다 밑 세상과 맺은 얼마 안 되는 감각적 연결조차도 바다의 현재 상태를 충실히 나타내지 못한다는 것이다.

1950년대와 1960년대의 고래 소리는 다른 세상에서, 해저 소음이 갓 생기기 시작한 시절에 녹음되었다. 현재의 '고래 소리' 음반과 자연 다큐멘터리 사운드트랙은 소음을 피하고 제거하기 위해 신중하게 녹음되고 편집된다. 온라인 음반 매장에서 '고래 소리(whale sounds)'를 검색하면 이완, 수면, 고요한 명상, 이명과 스트레스 완화, '전일적' 치유

등을 약속하는 수백 장의 앨범이 뜬다. 혹등고래가 스타인 것은 놀랄 일이 아니다. 향유고래의 폭발적인 반향정위 펄스에 몸이 강타당하고 근육이 마비당하면서 스트레스가 해소되는 사람은 거의 없을 테니 말이다.

이 음반들에 담긴 "진정한 자연의 소리"에는 진짜 고래를 있는 그대로 경험할 수 있는 굉음과 불협화음이 빠져 있다. 9·11 공격으로 펀디만의 대형 선박 운항이 줄자 대서양참고래의 스트레스 호르몬 수치가 떨어졌다. 이 호르몬 시료를 채취하기 위해, 훈련받은 탐지견이 작은 보트의 뱃머리 밖으로 고개를 내밀고서 참고래 똥을 찾았다. 그들의 코는 고래 스트레스의 부유(浮遊) 기록으로 인간 과학자들을 안내했다. 고래 사운드트랙이 만일 **진정**하다면 우리의 혈액을 경고성 화학물질로 채우고 우리의 마음을 불안과 두려움, 우리가 고래 세계에 펌프질하는 맹렬한 소음에 대한 번뇌로 적셔야 마땅하다. 그런데 정작 우리는 감각을 위한 진통제로서, 윤리적 고려와 행동을 위한 자극제로서 합성 진정제에 해당하는 청각 자극을 스스로에게 주입하고 있다.

1970년대와 1980년대에 운동가들은 고래의 완전 멸종을 막아내는 데 성공했다. 일부 종은 개체수가 반등했다. 이를테면 북태평양의 귀신고래와 혹등고래 같은 일부 개체군은 고래잡이 이전 수준이나 심지어 그 이상으로 회복했다. 하지만 대부분의 고래 개체군은 예전 수치를 훨씬 밑돈다. 고래 전체로 보자면 그렇다는 얘기다. 일부 개체군의 경우 생존 전망이 나아지기도 했지만 다른 개체군은 파국을 목전에 두고 있다. 하지만 고래 한 마리 한 마리로 보자면 지금 세상은 무척이나 열악해졌다. 상당수가 버려진 밧줄에 감기는 등 플라스틱에 의해 자유를 빼앗기거나 상처를 입는다. 해수면에서 자거나 떠다니다가는 부상을 입기 일쑤다. 선박 충돌은 고래의 주요 사망 원인이다. 고래잡이가 절정이던 때에도 바닷속 소음 수준은 고래의 조상들이 수백만 년간 겪어온 것과 비슷했지만, 그 세상은 이제 사라졌다.

고래가 말하는 법

아, 바다의 내음은 또 어떤가. 바닷말의 유황 냄새. 갈매기 떼의 암모니아 악취. 폐를 오그라들게 하는 산성의 경유 매연. 콧속 위쪽에 감도는 빌지수(bilge water)*의 번들거리는 기름내. 정박지 뒤의 바위 언덕에 낮게 옹송그린 미송에서 불어오는 신선한 숲 내음, 이끼와 축축한 양치식물의 그늘진 숨.

전원 승선! 우리는 배낭, 아이스박스, 카메라를 난간에 부딪히며 금속 도교(渡橋)**를 덜거덕덜거덕 지나간다. 우리의 관광용 크루저는 여섯 시간 동안 운항할 계획이지만 우리가 가져온 짐만 보자면 족히 여

---

* 선창의 청소에 사용된 물의 잔수, 선창 내의 수증기가 액화된 것, 또는 하역 설비나 용기로부터 배출된 오수를 총칭하여 일컫는 말
** 배와 부두 또는 창고 사이에 가설한 다리나 사다리

러 날을 묶을 테세다. 바닥짐*은 걱정할 필요가 없겠다.

플라스틱 벤치에 끼여 앉아 선착장의 난간을 바라본다. 나와 같은 승객 스무남은 명이 벤치에 줄줄이 앉거나 작은 조타실에 기대 서 있다. 배가 출항하자 감자칩 봉지가 바스락거리고 식초 냄새가 엔진 배기가스와 뒤섞인다.

선박 엔진의 진동음이 우리의 가슴 속에서 둥둥거린다. 소리가 하도 깊어서 대부분 귀에는 들리지 않은 채 근육과 장기의 신경에 감지된다. 웅웅거리는 소리에 처음에는 마음이 차분해진다. 자궁에서 듣던 혈행과 심장 박동을 몸이 기억하기 때문일까. 하지만 몸속이 마구 흔들리다보니 시간이 지날수록 차분함은 기진맥진으로 바뀐다.

바다로 나오니 회의실과 컴퓨터에서 벗어나 물 위에 있다는 기쁨이 솟아오른다. 우리 배가 항로를 밟는 동안 샌환제도의 낮은 언덕들이 스쳐 지나간다. 뱃머리가 청회색 바닷물을 가르자 바다오리와 흰줄날개바다오리 떼가 놀라 잽싸게 날아오른다. 바다에 떠 있는 대왕다시마와 거머리말 무리가 옆으로 지나간다. 떨어져 나온 바닷말 타래 위에 게들이 보일 때도 있다. 섬의 작은 만에서 해무가 어른거린다. 배가 속력을 내자 찌릿한 바다 내음이 훅 밀려든다. 바닷말의 요오드와 짠 개흙 냄새다.

• 배에 실은 화물의 양이 적어 배의 균형을 유지하기 어려울 때 안전을 위하여 배의 바닥에 싣는 중량물

우리는 샐리시해 곳곳의 선착장에서 온 여남은 척의 소함대에 합류하여 카메라로 고래를 잡는다. 고래의 드넓은 소리 그물망을 막연하게나마 모사한 듯 선박 무전기의 지직지직 삑삑 하는 소리가 물 위에 그물을 드리운다. 모든 선장은 전자기파로 중계되는 나머지 모든 선장의 음성을 듣는다. 사냥감은 달아날 곳이 없다. '고래 관찰 보장'이라는 문구가 해변 광고판에 선명하다.

엔진이 둥둥거리며 배가 앞으로 나아간다. 우리는 섬의 곶을 돌아 구불구불 바다 위를 누빈다. 저기 샌환섬 남서쪽 해안 … 가까이서 … 보인다. 쌍안경으로 보니 등지느러미가 물을 낫처럼 가르고는 아래로 사라진다. 등지느러미가 또 하나 보이고 날숨이 안개처럼 솟아오른다. 그런 뒤에는 아무 흔적도 없다. 하지만 고래의 위치는 쉽게 알 수 있다. 선박 여남은 척이 무리 지어 느릿느릿 서쪽으로 항해하며 해변에서 멀어진다. 동력으로 가까이 다가간 뒤에 엔진 속도를 점점 낮춰 급기야 항적을 일으키지 않는 채 나아가며 요트와 크루저 무리 바깥쪽에 자리를 잡는다.

수면 바로 아래에서 대리석 판 하나가 미끄러지듯 지나간다. 기름처럼 맨들맨들하다. 검은색 잉크가 흘러 뿌연 병유리 같은 수면 아래에 번지는 듯하다. 갈라진 꼬리가 쌩 하고 나타났다 사라질 때만 나의 의식은 고래를 포착한다. 고래의 접근은 순전히 근육으로 빚어낸 몸짓이다. 짐말이 발질하듯 물을 박차 동력을 얻는다. 반질반질한 강가 조약돌이 얼음 위로 미끄러지듯 마찰 없는 움직임. **프라프**! 15미터 앞에서 수면 위로 올라온 날숨은 폭발적이고 거칠다.

열 마리 남짓한 무리가 수면으로 올라온다. 우리 선장 말로는 범고래 L 무리의 일부라고 한다. 시애틀과 밴쿠버 사이 샐리시해에서 '남부 주민들'을 이루는 세 무리 중 하나로, 샌환제도 주변에서 연어를 사냥하는 광경이 종종 목격된다. 연안을 누비는 '뜨내기들'과 태평양에서 주로 먹이를 찾는 '앞바다 주민들'도 정기적으로 찾아온다. L 무리는 해로 해협을 향해 서쪽으로 나아간다. 움직이는 모습이 파도 같다. 고개를 쳐들고 숨을 뻐끔 내뿜더니 등과 등지느러미를 활처럼 구부린 채 머리를 처박고 꼬리를 쳐들었다가 물을 찰싹 때린다. 물결 같은 움직임은 한가롭고 수월해 보이지만 속도로 보건대 고래들이 물을 장악한 것이 분명하다. 카약으로 저 속도를 따라잡을 수 있는 사람은 아무도 없다. 엔진을 부르릉거리며 선박들이 U자 대형을 이뤄 범고래 무리 앞쪽으로 퇴로를 열어놓은 채 추격한다.

저들을 뭐라고 부를까? 살인자고래(killer whale)라고? 하지만 모든 짐승은 살려면 죽여야 한다. 산호와 북아메리카점박이도롱뇽처럼 광합성 조류(藻類)를 피부 밑에 맞아들인 극소수만이 예외다. 혹등고래는 저 고래들이 몇 달간 물고기나 물범을 사냥하여 잡아먹는 것보다 많은 동물(플랑크톤)을 한 입에 삼켜 살육한다. 범고래(orca)라고? 이 이름은 지하 세계를 다스리고 깨진 맹세를 징벌하는 로마의 신 오르쿠스(Orcus)에서 유래했다. 끊어진 관계에 대한 기억이 이름 속에 담겨 있다. 아메리카 원주민 루미 네이션은 **퀠홀메첸**(qwe'lhol'mechen), 즉 "파도 밑에 사는 우리 친척"이라고 부른다. 각 이름은 그 이름을 부르는 문화—살인자라고 부르는 문화, 약속을 깨는 자라고 부르는 문화, 친척이라고 부르는 문화—에 거울을 들이댄다.

우리는 뱃전 너머로 수중청음기를 내린다. 선에 연결된 플라스틱 케이스에 작은 스피커가 들어 있다. 고래 소리다! 엔진 소음도 아주 많이 들린다.

금속 깡통을 두드리는 듯한 딸깍 소리가 우르르 몰려온다. 이 소리는 고래의 반향정위 탐조등이다. 분수공 아래 공기주머니에서 내뿜은 공기가 '소리입술(phonic lips)'을 지나면서 짜부라지고 진동한다. 이 소리는 머리를 뚫고 앞으로 발사되어 지방 렌즈를 통과하는데, 점도가 다른 여러 층이 음파를 모아 이마에서 쏘아 보낸다. 이 소리 탄환은 단단한 물체에 부딪히면 튕겨 나와 고래에게 돌아온다. 아래턱의 지방 조직과 길쭉한 뼈는 마치 스펀지와 반사판처럼 소리를 받아 가운데 귀로 보낸다. 물체마다 소리가 반사되는 방식이 다르며, 고래는 이 메아리를 이용하여 뿌연 물속을 꿰뚫어 볼 뿐 아니라 우리가 촉각을 이용하듯 소리를 이용하여 주변 물체가 얼마나 말랑말랑한지 팽팽한지 빠른지 떨리는지 알아낸다.

음파는 물속에서 살을 쉽게 통과하므로 이 촉각은 다른 동물도 꿰뚫는다. 소리로 전해지는 엑스선 감각이랄까. 돌고래, 쇠돌고래, 외뿔고래, 향유고래, 부리고래 등 72종의 이빨고래류는 이 능력을 가졌지만 혹등고래, 대왕고래, 참고래, 밍크고래 등 15종의 수염고래류는 반향정위 능력이 없다. 그래도 이 고래들은 소리에 무척 민감하기에 주변 소리의 3차원 구조를 귀로 들어 어두운 심해에서 방향을 찾는다. 고래의 발성과 듣기는 마치 우리가 촉각, 운동감각, 시각, 청각을 두루 구사하여 주변 나무들의 움직임, 동물 친구들의 내부 형태, 멀리 떨어진 바위와 건물의 질감을 몸속으로 끌어들이는 것과 같다.

고래의 스타카토 딸깍 소리에 휘파람 소리와 높은 끽끽 소리가 섞인다. 소리들은 물결치고 내쏘고 구부러져 올라가고 소용돌이쳐 내려간다. 이 휘파람 소리는 고래들이 흥겹게 어울리는 소리다. 가까이서 친교를 나눌 때 가장 흔히 들을 수 있다. 먹이를 찾느라 더 멀리 떨어져 있을 때는 휘파람 소리를 줄이고 짧은 소리 펄스를 터뜨려 소통한다. 이 소리의 유대는 각 무리의 구성원을 연결할 뿐 아니라 자신의 무리를 다른 무리들과 구별하기도 한다.

고래 무리는 모계 사회다. 독특한 음조, 휘파람 소리와 펄스의 패턴 같은 공유된 사투리는 해당 개체가 어미와 할미로 이루어진 집단에 속해 있음을 나타낸다. '남부 주민들' 무리들의 구성원 일흔 마리는 모두 풍성한 휘파람 소리와 억센 끼루룩 소리 같은 부름소리 유형을 공유하는 반면에 밴쿠버섬 북부의 섬과 만에 서식하는 '북부 주민들' 무리들은 더 쇤 소리를 낸다. 이 바다에서 헤엄치는 '뜨내기들'과 '앞바다 주민들'도 제 나름의 소리 문화가 있으며 자기네 무리와만 어울린다. 이 차이는 보수적이어서 몇십 년, 어쩌면 더 오래 지속되며 무리 사이의 단단한 경계를 이룬다. "파도 밑에 사는 우리 친척"이 살아가는 사회의 계층 구조는 소리의 의해 매개되는 동시에 보존된다.

각 무리는 사냥 행동도 저마다 다르다. '남부 주민들'은 왕연어를 주로 잡아먹으며 그 밖에도 일부 물고기와 오징어를 먹는다. '북부 주민들'의 주식도 물고기다. '뜨내기들'은 해양 포유류를 잡아먹는데, 물범과 쇠돌고래를 유난히 좋아하며 바닷새도 즐겨 먹는다. 이 포유류 사냥꾼들은 '남부 주민들'에 비해 무척 조용하여─특히, 먹이를 몰래 따라다닐 때─반향정위나 대화를 주고받지 않은 채 귀를 기울인다. 먹잇감을 죽인 뒤에는 환성을 터뜨리긴 하지만. '앞바다 주민들' 무리는 청새리상어와 잿빛잠상어를 비롯하여 다양한 물고기를 사냥한다.

우리가 이 문화를 일컫는 이름에는 오해의 소지가 있다. '주민들'은 앞바다로 먼 여행을 떠나기도 하며(남부 무리는 캘리포니아까지, 북부 무리는 알래스카까지), '뜨내기들'이라고 해서 남들보다 떠돌이 생활을 많이 하는 것은 아니다. 이 고래들은 모두 같은 종에 속하지만 각자의 무리 속에서 살며 이 무리를 구분하는 주요 특징은 소리의 문화와 사냥 방식의 문화다. 거의 전 세계에 퍼져 있는 이 종의 다른 개체군도 마찬가지다. 남극에는 다섯 무리가 살지만 좀처럼 섞이지 않은 채 저마다 다른 고래, 물범, 바다사자, 펭귄, 물고기를 전문적으로 사냥한다. 이 무리들은 유전적으로 갈라졌는데, 종 서식 범위의 북쪽 끝과 남쪽 끝에서 가장 큰 차이가 나타난다.

소음에 잠겨 사는 수생 생물

이곳 샌환섬 앞바다 고래의 음성은 프로펠러와 모터 소리의 두꺼운 데님에 고운 비단을 박음질한 것 같다. 딸깍 소리와 휘파람 소리를 이따금 들을 순 있지만, 엔진의 촘촘한 직물 속으로 사라지기 일쑤다. 수중청음기로 들으면 우리 배에서는 균형이 안 맞는 선풍기처럼 불안정하게 회전하는 소리가 난다. 피스톤 소리들이 어우러져 낮게 삑삑거린다. 다른 선박 수십 척도 고래를 추격하려고 일제히 엔진 동력으로 전환하여 웅웅 윙윙 덜거덕덜거덕 소리를 엮어낸다. 내연기관들이 고래들을 도망치지 못하게 꽁꽁 에워싼다.

U자 소함대가 고래들을 따르는 동안 '사운드워치'(사운드워치 선박 이용객 교육 프로그램(Soundwatch Boater Education Program)의 약자)라는 글자를 측면에 새긴 고속단정이 나머지 배들 사이를 누빈다. 갑판 위의 세 사람이 선박 난간에 모인 관광객들에게 손을 흔든다. 그러다 크루저 한 대가 고래들의 경로 앞으로 끼어든다. 고속단정이 선외기를 급가동하여 호를 그리며 말썽꾼을 막아선다. 몇 마디 우호적인 손짓말 뒤에 장대로 소책자를 건넨다. 이용객 교육이 완료되었다. 고속단정은 무리로 돌아가 개인 모터보트들 사이를 왔다 갔다 하며 소책자를 더 건넨다.

1990년대 초 이후 사운드워치는 고래와 탐경인(探鯨人)들이 가장 선호하는 지역에 소형 선박을 배치하여 연평균 400시간 이상을 순찰한다. 그 기간 동안 고래를 찾는 개인 선박과 상업용 선박의 수는 늘었지만 고래 무리에 가까이 접근하는 수는 줄었다. 이것은 운항 속도와 접근 거리를 줄이도록 유도하는 규제와 자발적 지침 덕분일 것이다. 1980년대에 고무보트로 고래잡이배 주위를 맴돌던 그린피스 운동가들의 도발적 전술과 달리 사운드워치의 목표는 "정중하게 소통을 시도"하여 탐경인들에게 고래를 최대한 방해하지 않는 법을 알려주는 것이다. 그들은 탐경인 행동에 대한 데이터도 수집한다. 오랫동안 '접근 금지' 구역과 운항 속도 제한을 가장 많이 어긴 사람들은 개인용 선박의 선장들이었다. 대개는 조업이나 섬 관광을 위해 지나는 길이었다.

갑판 위에서 엔진의 고동을 발바닥으로 느끼며, 이 고래들을 부분적으로 에워싼 채 통통거리는 엔진의 합창이 설령 '가이드라인'을 지킬지언정 고래들에게 달가울 리 없음을 깨닫는다. 프로펠러 날이 돌아갈 때마다 (우리가 아무리 느릿느릿 가고 접근을 삼가더라도) 지방으로 채워져 진동에 민감한 고래의 아래턱에 충격이 전달된다. 나는 "정중하게 소통을 시도"하여 우리의 상냥한 선장에게 소리와 고래에 대해 질문한다. "웬걸요. 저희는 고래를 성가시게 하지 않습니다. 거리를 두고 천천히 가면 문제 될 게 없어요. 보세요. 잘 놀고 있잖습니까."

멀리 대형 선박이 두 척 보인다. 컨테이너선과 유조선인데, 북쪽으로 해로 해협을 통과하여 인근 최대 항구인 밴쿠버항을 향하는 듯하다. 우리 수중청음기의 휴대용 스피커는 이 배들의 낮은 소음을 고스란히 전달하기에는 너무 작지만, 헤드폰을 쓰자 끊임없는 배경 잡음이 들린다. 이 두 척 말고도 7000여 척의 대형 선박들이 해마다 1만 2000회 이상 해협을 통과한다. 배의 종류는 벌크선, 컨테이너선, 유조선 등을 아우르며 상당수는 길이가 200~300미터에 이른다. 해로 해협 서쪽으로도 대형 선박이 다니는데, 목적지는 시애틀과 터코마 안팎의 항구와 정유소다.

각 선박이 내는 소리는 수십, 때로는 수백 킬로미터 떨어진 물속에서도 들린다. 소형 유람선이 해가 진 뒤 대개 정박해 있는 것과 달리 이 대형 선박들은 밤낮으로 소음을 일으키며 주로 밤중에 가장 활발하고 가장 소란하다. 가장 큰 컨테이너선은 약 190수중데시벨* 이상의 소음을 내쏘는데, 이것은 육상에서 우렛소리나 제트기 이륙하는 소리와 맞먹는다. 이에 반해 유람선과 여객선의 소음은 각각 약 160 수중데시벨과 170수중데시벨이다. 데시벨 척도는 로그 곡선이어서 가장 큰 선박은 소형 선박의 수천 배에 이르는 소리 에너지를 발산한다.

소음은 배의 여러 부위에서 발생한다. 선체는 물을 가르면서 뒤흔들어 낮은 굉음을 낸다. 연료가 실린더 안에서 폭발하여 사무용 건물만 한 엔진이 가동되면 금속성 소음이 난다. 프로펠러가 고속으로 돌

---

* 물속에서는 소리크기를 계산하는 방법이 다르기 때문에 일반적인 소리 세기 단위인 '데시벨'과 구분하기 위해 '수중데시벨'로 표기했다.

아가면 날 끝에서 기포가 생겨 공기 방울이 부풀어 터지는데, 이때 웅웅 쉿 하는 소리가 난다. 이 소리들은 고래의 반향정위와 소통을 둘 다 차단한다.

이 수역을 중심으로 살아가는 '남부 주민들' 고래 무리는 소음을 견디지 못한다. 장기적으로는 도저히 불가능하다. 이들은 개체수가 줄고 있으며 세상이 더 우호적으로 바뀌지 않으면 멸종을 맞을 것이다. 1990년대에는 무리가 90여 마리를 헤아렸지만 해마다 한두 마리가 새끼를 남기지 못한 채 죽어 지금은 70여 마리로 줄었다. 2005년에는 멸종위기종에 등록되었다. 어느 한 요인을 꼬집어 말할 순 없지만, 현재로서는 선박 소음, 먹이 감소, 화학 물질 오염이 상승 작용을 일으켜 그들의 미래를 어둡게 만들고 있다.

이 고래들은 바다의 매와 같아서, 날렵하고 재빠른 먹잇감인 왕연어를 잡으려고 제 몸을 100미터 이상 쏜살같이 내리꽂는다. 어둑어둑하고 뿌연 심해는 시계가 열악하지만 물고기의 부레는 반향정위 음파에 닿으면 소리를 반사하는 공기 방울이 되어 밝게 빛난다. 그런데 선박 소음은 고래가 먹잇감을 반향정위로 찾기 위해 이용하는 딸깍 소리와 주파수가 겹친다. 소음은 안개를 피워 올려 사냥꾼들의 눈을 멀게 한다. 고래가 컨테이너선으로부터 200미터, 선외기 엔진을 단 소형 선박으로부터 100미터 이내에 있으면 반향정위 범위가 95퍼센트나 감소한다.

이 현상은 전 세계에서 동일하지만 해로 해협 안팎에서는 더욱 심각한 문제다. 운송 현황을 모델링했더니 이 수역에서는 고래 사냥을 방해하는 소음의 3분의 2가 대형 선박에서 발생했다. 나머지 소음은 소형 선박에서 발생했는데, 고래를 따라다니는 탐경인들도 그중 하나였다. 전 세계적으로 소형 선박은 해안과 혼잡한 항구 근처의 고래에게만 음향 문제를 일으킨다. 대부분의 해역에서 고래의 귀를 안개로 막는 것은 대형 선박의 소음이다.

공기 중에서 우리에게 들리는 것은 지나가는 배들의 낮은 신음 소리뿐이다. 이 소리는 대부분 파도 아래로 전달되며 공중에 올라온 부분은 금세 흩어진다. 하지만 수면 아래서는 동력선의 음향 폭력이 물분자의 맥동과 움직임을 통해 빠르고 멀리 이동하는데, 이 운동은 수생 생물 속으로 직접 흘러든다. 공기 중의 소리는 육상 동물에게 부딪히면 대부분 공기와 피부를 가로막는 단단한 장벽에 가로막혀 반사된다. 우리의 귓속뼈와 귀청은 이 장벽을 뛰어넘도록 특수 설계되어, 공기 중 소리를 모아 속귀의 수중 매질에 전달한다. 따라서 우리에게 소리는 머리 속 기관 몇 개에 주로 집중된다.

하지만 수생 동물은 소리에 말 그대로 잠겨 있다. 소리는 외부의 물에서 내부의 물로 막힘없이 흐른다. '듣기'는 온몸으로 느끼는 경험이다. 이빨고래류는 소리의 품을 더 깊이 느낀다. 내 창밖을 덜컹거리며 지나는 요란한 트럭이 검댕 묻은 소음을 내 눈과 피부에 눌러대듯 선박의 소음은 고래의 반향정위 '시각'과 '촉각'을 에워싼다.

대부분의 고래, 대부분의 물고기와 무척추동물은 눈을 쓸 일이 별로 없다. 까마득한 심해의 동물들은 먹물 속을 헤엄치는 셈이다. 또한 해안가에서는 물이 하도 탁해서 기껏해야 앞에 있는 동물의 크기밖에 보이지 않는다. 바닷속의 형태, 에너지, 경계, 다른 생물을 보여주는 것은 소리다. 소리는 소통의 끈이기도 하다. 울창한 잎이 시야를 가리는 우림에서와 마찬가지로 바다에서도 소리는 보이지 않는 짝, 친족, 경쟁자를 당신과 연결하며 근처에 먹잇감과 포식자가 있다고 알려준다. 하지만 오늘날 대부분의 바다가 처한 상황은 우림에서 나무 한 그루 한 그루마다 줄기에 선박 엔진을 달아 굉음을 울리는 꼴이다.

❀

연어가 풍부하다면 이 모든 소음이 별 문제 아닐지도 모른다. 눈먼 매라도 새 떼가 우글거릴 때는 사냥감을 낚아챌 수 있을 테니 말이다. 하지만 이곳 고래의 주식인 왕연어는 위기에 처해 있다. 댐, 도시화, 농업, 벌목으로 연어가 알을 낳고 첫 몇 달간 살아가는 민물 강과 개울이 대부분 끊기거나 훼손되었다. 스몰트(smolt)*와 성어가 민물에서 강어귀로, 바다로 나갔다가 돌아오는 회유(回游)는 3년여가 걸리는 순환인데, 오염, 조업, 해수 온난화 때문에 이 고기들이 도중에 죽어간다. 이 수역의 왕연어 개체수는 1980년대 이후 60퍼센트 감소했다. 20

---

* 처음 바다로 나가는 두 살배기 연어

세기 초에 비하면 90퍼센트 이상 감소했을 것이다.

여기에 오염 물질이 고층을 더한다. 이 수역에 서식하는 고래의 몸은 동물을 통틀어 독성 물질이 가장 많이 농축되어 있다. PCB가 공업의 유산이라면 DDT는 과거 농업의 산물이다. 주택의 난연제는 휘발하여 먼지에 달라붙은 채 하류로 씻겨 내려간다. 이 유독성을 비롯한 여러 원인으로 고래 무리는 새끼를 거의 낳지 못하며 낳더라도 금방 죽는다.

소음, 먹잇감 감소, 오염 물질의 조합은 치명적이다. 모형의 예측에 따르면 지금 조건에서 '남부 주민들' 개체군은 아슬아슬한 상황을 맞을 것이다. 거기에 또 다른 스트레스라도 더해지면 멸종할 것이다. 고래를 예전만큼 풍부하게 늘리려면 왕연어 개체수를 1970년대 이후 최고 수준이나 그 이상으로 유지해야 할 것이다. 하지만 연어는 오히려 감소하고 있다. 소음과 오염 물질을 부쩍 줄이면 개체수를 끌어올릴 수 있겠지만, 그러려면 선박 운항 속도를 대폭 줄이고 한 세기에 걸친 오염을 되돌려야 한다.

이 조치들이 합류하는 곳에 희망이 있다. 모형에 따르면 음향 교란을 절반으로 줄이고 왕연어 개체수를 6분의 1만큼 늘리면 고래 개체수를 다시 한번 생존 가능한 수준으로 증가시킬 수 있을 것이다. '북부 주민들' 개체군은 현재 더 조용하고 덜 오염된 물에서 더 풍부한 물고기를 잡아먹으며 훨씬 나은 삶을 살고 있다.

2017년부터 2020년까지 밴쿠버 항에서는 해로 해협을 통과하는 선박의 운항 속도를 자발적으로 제한했다. 30해리의 구간에서 대형 선박들이 속력을 줄여야 했는데, 이 때문에 운항 시간이 약 20분 늘었다. 선박 소음은 속력에 비례해 증가하므로 스로틀을 닫으면 '남부 주민들'이 종종 먹이를 찾는 수역에서 소음이 줄어든다. 80퍼센트 이상의 선박의 이 조치를 따랐으며, 해협 인근에 설치한 수중청음기에 따르면 소음 수준이 실제로 감소했다.

하지만 이 수역의 통행량이 해마다 늘고 있어서 각 선박의 소음을 줄여서 얻은 고요가 깨지고 있다. 2018년에 밴쿠버의 원유 수출량은 3분의 2나 급증했는데, 대부분 중국과 한국으로 향했다. 2019년 캐나다 정부는 앨버타 타르샌드 지역 석유의 대부분을 공급하는 송유관 용량을 세 배 가까이 늘리는 계획을 승인했다. 밴쿠버 항은 규모를 키우고 있으며 2020년에는 50퍼센트 증축을 위한 승인과 예산 편성을 기다리고 있었다. 2019년 비영리 단체 샌환의친구들은 지역 내 컨테이너, 석유, 액화가스, 곡물, 칼리, 크루즈선, 석탄, 자동차 운반선을 위한 화물 터미널을 신축하고 증축하려는 계획이 스무 건 이상 된다고 발표했다. 이 계획들이 승인되면 통행량이 35퍼센트 증가할 것이다. 예인선, 바지선, 페리 운항은 제외하고도 말이다.

증가한 운송량이 밴쿠버에서 막힌다면, 그와 더불어 물품 수요가 감소하지 않는다면 선박들은 다른 항구를 찾을 것이며 그중에는 지금껏 중공업으로부터 안전하던 곳도 있을 것이다. 이를테면 밴쿠버 안팎의 액화천연가스 화물 터미널 신축 계획들이 철회되거나 불허되

없음에도, 반대가 덜 심한 지역에서 새 가스관과 항로가 개발되고 있다. 밴쿠버 북쪽으로 700킬로미터 올라가면 키티맷 항으로 연결되는 피오르가 있는데, 비교적 깨끗하고 조용한 이 해역은 여러 종의 고래가 사는 서식처다. 그곳에 건설 중인 액화천연가스 터미널이 완공되면 대형 선박 통행이 700건 늘어 13배 이상 증가할 것으로 예측된다. 이것은 바위가 많은 피오르에서 탱커를 끌고 다닐 힘센 예인선을 제외한 수치다.

미 해군도 폭발물과 시끄러운 음파탐지기를 운용하는 등 이 지역에서의 작전을 확대할 계획이다. 자체 추정에 따르면 퍼시픽노스웨스트 해안 전역에서—여기에는 '남부 주민들'이 즐겨 찾는 해역이 포함된다—해군의 '음향 및 폭파' 작전으로 3000마리 가까운 해양 포유류가 죽거나 부상을 당하고 175만 마리가 먹이 찾기, 짝짓기, 이동, 양육에 지장을 받을 것이다. 바다의 매들은 짙어지는 안개와 자신의 눈을 영영 멀게 하려는 해군을 한꺼번에 맞닥뜨리고 있다.

샌환제도와 해로 해협은 아시아와 북아메리카를 오가는 교역의 상당 부분이 집중되는 곳이며 중동과 유럽에서 출발하는 일부 선박도 이곳을 지난다. 대륙과 대륙 사이를 이동하는 소비재와 벌크 화물의 절대다수가 선박을 이용한다. 나의 소유물을 돌아본다. 노트북, 식기, 물뿌리개, 가구, 승용차 등 환태평양의 어느 나라에서 제조된 물품 하나가 도착할 때마다 고래들은 해로 해협이나 로스앤젤레스 앞바다에서 그 소리를 들었다. 대서양에 사는 고래들은 사무용 의자, 책, 포도주, 올리브유처럼 유럽과 북아프리카에서 운송되는 물품의 소리에 에워싸였다. 나는 바다에서 차로 몇 시간 들어가야 하는 내륙에서 일생의 대부분을 살았기에 고래를 보거나 소리를 들은 적이 거의 없었다. 하지만 고래들은 내 소리를 들었다. 내가 구입한 물건이 수평선 너머에서 들어오는 소리를 평생 매일같이 들어야 했다.

항로들이 교차하는 주요 해항(海港) 주변은 대양을 아우르는 소음 문제의 초점이다. 와틀링턴이 버뮤다 앞바다에서 혹등고래의 소리를 녹음한 1950년대에는 약 3만 척의 상선이 전 세계 바다를 누비고 있었다. 지금은 약 10만 척이 오가고 있으며, 그중 상당수는 훨씬 큰 엔진을 달았다. 화물 톤수는 열 배 늘었다.

북아메리카의 태평양 해안에서 수중청음기에 포착되는 환경 소음은 측정이 시작된 1960년대 이후로 약 10데시벨 이상 증가했다. 일부 추정에 따르면 전 세계 바다의 소음 공해 에너지는 20세기 중엽 이후 10년마다 두 배로 늘었다. 이를테면 북태평양과 대서양 전역의 주요 항구를 연결하는 주요 항로 주변의 소음이 특히 심하지만, 소리는 물속에서 더 쉽게 전파되기 때문에 그 소음은 수백 킬로미터까지 뻗어나간다. 대형 해운 선박이 대륙붕을 지나면 그 소리가 수 킬로미터 아래 심해저까지 내려가 퇴적층에서 반사되어 심해음파통로에 들어간다. 이 통로는 소음을 수천 킬로미터까지 실어 나른다. 이것은 방 안의 연기와 비슷한데, 연무는 흡연자 주변이 가장 자욱하지만 발생원에서 퍼져 나가 온 방을 채운다.

엔진, 에어건, 음파탐지기가 침투하는 바다

현재 전 세계 대부분의 해역에서는 바람에 의한 '배경 잡음'의 수준을 측정하는 것이 불가능하다. 반면 일부 수역, 특히 남극 주변의 남반구 해역이나 섬과 해산(海山)˙이 소리를 막아주는 곳에서는 선박 소음이 덜 두드러진다.

내가 탐경선(探鯨船) 갑판에서 발견했듯 해안 근처에서는 소형 선박이 또 다른 고음의 소리 층을 더한다. 미국의 레저 보트 수는 지난 30년간 해마다 1퍼센트씩 증가했다. 오스트레일리아 연안에서는 소형 선박의 연평균 증가량이 최근 3퍼센트에 이르렀다. 이 소형 선박의 소리는 멀리 전파되지는 않지만, 연안수에 서식하는 많은 동물에게는 심각한 소음원이다. 음파탐지기 ─ 해저, 어군(魚群), 적 잠수함을 탐지하는 선박 장비 ─ 도 가까운 거리에서는 높은 소음을 발생시킨다. 일부 해군용 음파탐지기는 근거리에서 해양 동물의 청력을 영구적으로 손상할 만큼 요란한 소리를 낸다.

급기야 이 지구적 소음의 수렁에 인간의 소음을 통틀어 가장 시끄러운 소음이 찾아왔으니, 그것은 땅속에 묻힌 햇볕을 찾는 산업적 탐색의 타악기 장단이다.

고래가 반향정위 딸깍 소리로 먹잇감을 찾듯 인간 탐광자(探鑛者)는

• 대양의 밑바닥에 원뿔 모양으로 우뚝 솟은 봉우리

바다 속에 소리를 발사하여 퇴적층 아래 묻힌 석유와 가스를 찾는다. 예전에는 뱃전에서 다이너마이트를 던졌지만 지금은 배들이 에어건*을 끌고 다니며 압축 공기 거품을 물속에 발사한다. 거품은 부풀어 터지면서 물속에 음파를 내뿜는데, 내가 세인트캐서린스 섬에서 들은 딱총새우 집게발의 펑펑 소리를 산업적 규모로 키웠다고 보면 된다. 이 음파는 물속에서 사방으로 퍼져 나간다. 아래로 내려가는 음파는 해저를 뚫고 들어갔다가 반사면에 부딪히면 되튄다.

지질학자들은 배에서 이 반사파를 측정함으로써 물기둥을 꿰뚫어 볼 수 있을 뿐 아니라 해저 수십 킬로미터, 심지어 수백 킬로미터 아래의 다양한 진흙, 모래, 암석, 석유 지층에 대한 3차원 영상을 만들 수도 있다. 고래가 왕연어의 반사음을 나침반으로 삼듯 석유 회사와 가스 회사들도 소리를 이용하여 매장지를 찾는다. 하지만 이 탄성파 탐사**는 고래의 딸깍 소리와 달리 4000킬로미터 떨어진 곳에서도 들을 수 있다.

에어건의 폭발음은 측량선 뒤에 매달린 1미터 길이의 미사일 모양 통에서 터져 나온다. 이 소리는 260수중데시벨에 이를 수 있는데, 가장 시끄러운 선박의 예닐곱 배에 해당한다. 에어건은 보통 예순 개까

• 해상에서 지하 구조를 탐사하기 위한 장치로, 압축 공기를 급격히 방출하여 충격파를 일으키게 한다

•• 지하 구조를 조사하는 일로, 화약을 폭발하거나 무거운 물건을 떨어뜨려 인공적인 지진을 일으켜 그 파동이 지하로 전달되는 상태를 기록하여 알아낸다

지 설치된다. 이 다연장 포가 10~20초마다 발사되는 것이다. 측량선은 잔디깎이처럼 바다를 기계적으로 왔다 갔다 하며 몇 달에 걸쳐 쉬지 않고 수만 제곱킬로미터의 바다 속을 측량한다.

심해 석유 탐사 장비의 수가 늘어만 가는 이 시대에 으레 그렇듯 탐사 영역이 대륙붕 너머 난바다로 확대되면, 소리는 심해음파통로에 흘러들어 선박 소음처럼 해분을 가로질러 퍼져 나간다. 몇 년간 북대서양에서 수십 건의 석유 탐사가 한꺼번에 진행되었는데, 이때 미국, 캐나다, 일부 유럽 북부, 아프리카 서해안 연안에서 무차별적으로 벌어지는 탄성파 탐사의 소리를 수중청음기 하나로 들을 수 있었다. 오스트레일리아, 북해, 동남아시아, 중동, 남아프리카를 비롯하여 번들거리는 보물이 바다 밑에 묻혀 있을지도 모르는 모든 곳에서 탄성파 탐사가 널리 쓰이고 있다.

수중 탄성파 탐사는 석유와 가스를 이용하는 우리 모두에게 혜택을 준다. 그럼에도 우리는 이 화석 연료 갈망이 낳는 결과에 대해 어떤 감각적 경험도 하지 못한다. 바닷가에 서 있어도 탄성파 탐사의 소리는 들리지 않을 것이다. 배를 타고 먼바다로 나가도 물의 반사 경계면이 소리를 차단하고 공기에 적응된 우리의 귀가 우리를 보호한다.

비유를 동원해도 감이 잡히지 않는다. 당신 집에서 항타기(杭打機)*가 몇 달간 쉼 없이 돌아간다고 생각해보라. 그러면 얼마나 요란하고

---

* 기초 공사에서 해머나 동력을 사용해 말뚝을 땅에 박는 기계

지긋지긋할지 감이 올 것이다. 그나마 우리는 언제든 집에서 벗어날 수 있다. 심지어 기계 옆에 서 있더라도 그 충격은 대부분 우리 귀에만 미친다.

이에 반해 수생 생물에게 소리는 시각이자 촉각이자 고유감각(固有感覺)˙이자 청각이다. 그들은 물을 떠날 수 없다. 수백 킬로미터를 헤엄쳐 피신할 수 있는 물고기는 거의 없다. 항타기는 일 분 일 분 모든 신경종말과 세포에 연결되어 몇 달 내리 폭발의 폭력을 퍼뜨릴 것이다.

해양 생물, 특히 해안이나 혼잡한 교역로 근처에 서식하는 생물은 해저 화산 근처나 지진 발생시를 제외하면 듣도 보도 못했던 소음 속에서 살아가고 있다. 해양 생물은 바람에 이는 파도, 얼음 깨지는 소리, 지진, 물기둥 속 거품의 움직임, 고래와 딱총새우의 소리에는 적응해 있다. 하지만 에어건의 폭발음, 음파탐지기의 찌르고 베는 소리, 덜덜거리는 엔진음은 새로운 소리이며 대부분의 장소에서 수십 년 전보다 훨씬 커졌다.

소음이 가장 심한 해역은 이제 대부분의 해양 생물이 감당할 수 있는 수준을 넘어섰다. 고래는 탄성파 탐사가 실시되면 다른 해역으로 피신한다. 아일랜드 남서해안 연안을 조사했더니 탄성파 탐사가 실시되는 기간에는 탄성파를 이용하지 않는 '통제' 탐사 기간에 비해 수염

˙ 자기 수용체를 통하여 이루어지는 감각으로, 이 감각에 의하여 자기 몸의 위치와 자세, 운동 상태를 알 수 있다.

고래류 관측이 90퍼센트 가까이, 이빨고래류 관측은 절반으로 줄었다.

　에어건은 바다 먹이사슬의 토대인 플랑크톤과 해양 무척추동물 애벌레도 몰살한다. 태즈메이니아 연안에서 실시한 실험에 따르면 에어건 한 방에 반경 1킬로미터 이내의 모든 애벌레—남반구 바다 먹이사슬의 핵심 먹잇감 동물—가 전멸하고 플랑크톤도 대부분 죽었다. 폭발에서 발생한 음파가 동물을 뒤흔들어 죽음에 이르게 했을 것이다. 첫 충격에서 살아남은 플랑크톤들도 몸을 덮은 감각모가 갈기갈기 뜯긴 탓에 세상을 듣거나 느낄 능력을 잃은 채 금세 죽었다. 바닷가재 같은 대형 무척추동물의 감각계도 탄성파 탐사에 노출되면 영구 손상을 입을 수 있다.

　그럼에도 석유 탐사에 종사하는 업계 단체들은 대규모 탐사가 "해양 생물에 미치는 악영향은 전혀 알려지지 않았다"라면서 탄성파 탐사 규제 완화를 위해 로비를 벌이고 있다. 또한 그들은 폭발이 10초에 한 번씩 일어나고 충격이 10분의 1초간 지속되므로 "소리는 전체 탐사 기간의 1퍼센트 동안에만 발생한다"고 주장한다. 이 논리대로라면 권투 경기는 폭력적 스포츠가 아니고 삑삑거리는 화재 감지기는 대부분의 시간 동안 침묵한다고 말해야 할 것이다.

　해군용 음파탐지기—반사음을 통해 물속을 '보기' 위해 이용하는 고진폭 폭발—가 가동되면 고래가 허겁지겁 잠수했다가 수면으로 떠오르다가 혈관이 질소 거품으로 부풀고 결합조직이 분해되며 장기에서 출혈이 일어난다. 소리는 내출혈을 일으켜 고래의 목숨을 앗는다.

일부 고래는 음파탐지기의 공격을 받으면 파도에 뛰어들거나 바위 뒤에 숨거나 고통스러운 소음을 피하려고 스스로 해변에 몸을 던진다. 물에서 벗어나려는 발버둥과 스트랜딩(stranding)*은 고래를 인간의 시각 영역으로 들여온다. 이것은 인간 감각이 파도 아래의 위기에 접근할 수 있는 드문 경우다.

소리는 즉각적으로 치명적이진 않더라도 큰 피해를 일으킬 수 있다. 고래, 돌고래, 물범을 비롯한 150여 종의 해양 포유류를 최근 조사했더니 소음은 식사량을 감소시키고 반향정위를 차단하고 이동 시간을 늘리고 휴식을 줄이고 잠수 리듬을 변화시키고 에너지 비축량을 고갈시켰다. 어떤 종은 선박 소음을 들으면 부름소리의 크기와 속도를 키우는가 하면 어떤 종은 침묵했다.

고래는 사회적 동물로서 가족 및 문화 집단과 끊임없이 음향 접촉을 하며 살아간다. 고래잡이는 이 사회의 복잡성과 풍요를 부쩍 감소시켰다. 소음은 사회적 유대를 더욱 훼손하고 단절한다. 사회성이 높은 육상 동물의 경우 동료와의 연결을 줄이거나 없애면 서로 부상을 입히거나 극단적인 경우 목숨을 빼앗는다는 사실이 밝혀졌다. 고래의 생리와 심리는 육상 동물에 비해 덜 알려졌지만, 소음은 고통을 증가시키고 장기적으로는 고래 문화의 번성과 진화에 필요한 소리 경로를

• 고래나 바다표범, 물개 따위의 해양 포유동물이 육지로 올라와 식음을 전폐하는 방식으로 자살하는 현상을 이르는 말

좁힐 가능성이 있다.

소음은 어류의 행동과 생리도 변화시킨다. 어류는 시끄러운 환경에서 곧잘 불안해하며 마치 포식자가 가까이 있는 듯 쏜살같이 내달린다. 하지만 정작 진짜 포식자가 나타났을 때는 평상시와 달리 재빨리 달아나지 못하여 스스로를 지키지 못한다. 소리를 번식 과시에 이용하는 어류의 경우는 소음이 다양한 영향을 미친다. 부름소리를 키우는 종도 있고—아마도 배경 잡음을 이기기 위해서일 것이다—침묵하는 종도 있다. 많은 종은 소리를 전달할 수 있는 범위가 가로막히거나 부쩍 줄어든다. 일부 어류는 소음이 커지면 강박적으로 보금자리를 청소하고 새끼를 돌본다.

이러한 활동량 증가는 헤엄치는 양을 늘릴 때와 마찬가지로 에너지와 시간을 소모시킨다. 먹이를 찾을 때 소음에 노출된 어류는 먹잇감을 많이 잡지 못하고 사냥 효율이 떨어지며 좋은 먹이와 나쁜 먹이를 구별하는 능력이 낮아진다. 시끄러운 장소에 있는 어류는 스트레스 호르몬 수치가 높으며 청각 발달이 지체된다. 일부 종은 이러한 변화들이 어우러져 사망률이 두 배로 증가한다.

소음의 부정적 영향은 바다 퇴적층에까지 스며든다. 땅에 굴을 파는 백합, 새우, 거미불가사리를 연구했더니 시끄러운 조건에서는 움직임과 식사량을 줄이는 쪽으로 행동을 변화시킨다는 사실이 밝혀졌다. 이 동물들은 바다 밑 진흙에서 눈에 띄지 않은 채 살아가지만 이 변화의 결과는 생태계 전체로 퍼져 나간다. 굴 파는 행동과 진흙 거르는 행동은 생태계의 영양소 이동에 관여한다. 이 화학 물질이 생명의 그물에서 얼마나 빨리 재활용되고 얼마나 깊이 묻히는가도 그중 하나다. 이 연구가 보편적 관찰 결과를 대표한다면 바다의 소란은 우리 시대 이후에 남을 암석에조차 자국을 남길지도 모른다. 미래의 지질학자들은 진흙과 암석의 화학 조성 변화와 더불어 우리가 파도에 내던진 플라스틱, 오염 물질, 산성수를 통해 이 자국을 발견할 것이다.

❀

샌환섬 서해안 앞바다에서 우리의 탐경선이 소함대를 이탈한다. 관람에 배정된 시간이 끝났다. 고래들은 북쪽으로 헤엄쳐 섬 쪽으로 빙 둘러 갔다. 고래 수행단이 멀찍이서 뒤따랐다. 가까이 접근하는 고래를 보지는 못했지만, 고래들이 수면에서 장난하는 동안 알록달록한 등과 꼬리를 볼 수 있었다.

해안으로 돌아오자 가만히 있는 아스팔트가 흔들리는 것처럼 느껴졌다. 몇 시간 만에 나의 근육과 속귀가 물의 움직임을 이해하고 예상하게 된 탓이었다. 충분히 안정을 되찾은 뒤 차에 올라타 시동을 걸었다. 휘발유가 실린더 속으로 뿜겨져 나온다. 이 휘발유는 바지선에 실린 채 퓨젓사운드 만을 통과하여 이곳으로 왔을 것이다. 타이어의 나무 라텍스와 화석 석유가 도로 위에서 빙글빙글 돌며 불침투성 노면에 고무 먼지를 흩뿌린다. 이 고운모래는 언젠가 바다로 씻겨 내려갈 것이다. 호텔에 돌아와, 배에 실려 태평양을 건너 수입된 노트북의 플러그를 콘센트에 꽂는다. 화면에 빛을, 마이크로칩에 온기를 공급하는 것은 연어로 가득하던 강에 건설된 댐의 터빈이며, 우라늄 원자의 분열과 석탄과 가스의 연소도 한몫했다. 난연제가 스며 있는 매트리스에 몸을 누인다.

헤드폰을 쓴다. 딸깍. Orcasound.net에 접속한다. 딸깍. '생중계 듣기'를 클릭한다. 하늘이 우중충한 잿빛에서 보안등의 진줏빛으로 흐려지는 동안 나는 샌환섬 서해안으로부터 30미터 떨어진 수중청음기에서 물이 똑딱거리고 찰랑거리는 소리를 들으며 떠다닌다. 살며시 두드리는 소리가 난다. 게 한 마리가 다시마 주변을 돌아다니고 있는 걸까? 전기 모터 같은 고음의 끼끽 소리가 2분간 계속되다 끊긴다. 선외기 엔진 몇 대가 무조(無調)의 윙윙 소리를 내며 지나간다. 밤새 소리의 끈이 내 잠을 들락날락한다. 배를 물 위로 내쏘는 프로펠러의 붕붕 철벅철벅 소리가 들려 새벽 전에 얼떨떨한 채 잠에서 깬다.

소리의 악몽에서 당신을 구할 수 있을까?

오늘 바다의 소음은 지독하지만, 희망이 아예 없는 것은 아니다. 우리가 매일같이 수면 아래 세상에 흘려보내는 음향 악귀는 막을 수 있다. 수백 년간 사라지지 않는 화학 오염 물질, 수천 년간 남아 있는 플라스틱, 수백만 년이 지나도 돌이킬 수 없는 산호초의 죽음과 달리 소음 공해는 단번에 차단할 수 있다.

　하지만 인간이 침묵할 것 같지는 않다. 자신이 바다에 의존하고 있음을 알든 모르든 우리는 해양 생물이다. 우리의 신체와 경제를 떠받치는 에너지와 물질은 대부분 배로 운반된다. 우리의 석유, 가스, 식량도 대부분 해로를 따라 대륙 사이를 오간다. 따라서 소음이 완전히 그칠 전망은 희박하다. 하지만 바다를 더 고요하게 만들 수는 있다.

　소음을 거의 내지 않는 선박을 건조하는 것은 가능하다. 해군에서 수십 년 전부터 해온 일이다. 일부 잠수함은 어찌나 살금살금 이동하던지, 근처에 있는 돌고래의 귀를 멀게 할 만큼 요란한 수중 음파탐지기로만 찾아낼 수 있다. 어류의 개체수와 행동을 측량하는 어업 연구자들은 물고기들을 놀래지 않으려고 저소음 엔진, 기어, 프로펠러를 선박에 장착한다. 이 배들은 효율과 속력을 정숙함과 맞바꿨다.

　대형 상선도 면밀한 설계를 통해 소음을 적잖이 줄일 수 있다. 프로펠러를 정기적으로 수리하고 연마하면 소음의 주원인인 공동(cavitation)* 거품의 형성을 줄일 수 있다. 엔진 설치 방식을 바꾸고 프로펠러 날의 형태를 변경하고 프로펠러 축덮개를 개량하고 항적(航跡)의 흐름을 조절하고 프로펠러와 키의 연동을 조정하고 공동 현상이 감소하는 속도로 프로펠러를 작동시키면 소음을 더 줄일 수 있다. 운항 속

---

* 빠른 속도로 액체가 운동할 때 액체의 압력이 증기압 이하로 낮아져서 액체 내에 증기 기포가 발생하는 현상

도를 10~20퍼센트만 줄이더라도 소음을 절반까지 낮출 수 있다. 게다가 이 조치의 상당수는 연료를 절감하여 해운사에 직접적 이익을 가져다준다(값비싼 개조 비용을 언제나 상쇄할 수 있는 것은 아니지만). 바다 소음의 절반 이상은 낡고 비효율적인 일부—10분의 1에서 6분의 1 사이—선박에서 발생한다. 이 요란한 일부를 조용히 시키면 소음을 부쩍 줄일 수 있다.

하지만 통행량을 줄이지 않으면 조용한 선박은 (고래가 임박한 위험을 소리로 감지하지 못할 경우) 고래와 선박의 충돌 증가로 이어질지도 모른다. 수백만 년간 고래들에게 수면은 안전하게 이동하고 휴식할 수 있는 장소였다. 그런데 지금은 해상 운송 항로와 혼잡한 항구 주변에서 선체와의 충돌과 프로펠러로 인한 부상이 고래에게 심각한 위험을 일으키고 있다. 기술적 해결책은 예기치 않은 결과를 낳을 수 있다. 전세계 물류가 계속 증가한다면 부작용이 더욱 커질 것이다.

음파탐지기의 가장 해로운 영향을 (적어도 대형 해양 포유류에 대해) 줄이는 방법은 해양 동물이 먹이를 먹고 새끼를 키우는 수역 밖으로 해군 작전 구역을 옮기고, 고래를 추적하여 고래가 가까이 있을 때는 모의 전쟁 훈련을 중단하고, (처음부터 큰 소리를 내는 것이 아니라) 동물이 피할 시간을 벌 수 있도록 소음 수준을 점진적으로 높이고, 같은 동물이 고진폭 음파탐지를 반복적으로 겪지 않도록 하여 장기적 노출을 줄이는 것이다. 선박 소음과 마찬가지로, 작전을 수행하는 군함의 전체 대수를 줄이면 가장 유의미한 효과를 거둘 수 있을 것이다.

심지어 탄성파 탐사도 소리 죽여 실시할 수 있다. 우리가 지구의 검은 젖과 결별한다면 죽음의 음선(音線)으로 바다를 훑을 필요가 사라질 것이다. 설령 그러지 못하더라도 다른 방법으로 수면 아래의 지형을 파악할 수도 있다. 저주파 진동을 물기둥에 발사하는 기계는 에어건에 비해 소음을 덜 내면서도 매장층의 지질 특성을 훌륭히 파악할 수 있다. 이 '바이브로사이스'(vibroseis)* 기술은 육상에서는 본격적으로 이용되고 있지만 바다에서는 아직 널리 보급되지 않았다. 해양 바이브로사이스에서 발생하는 소리는 동물의 감각 신호나 소통 신호와 겹치지만 소리 전파 면적과 주파수 범위가 좁아서 피해가 적다.

이 조치들은 대부분 실험적이거나 가설 수준이거나 소규모 해역에서 시행되고 있을 뿐이다. 해양 소음 규제는 나라별로 찔끔찔끔 실시되고 있으며, 구속력 있는 국제 기준이나 목표는 전무하다. 바다의 소음은 나날이 악화한다. 워싱턴주 인근 해역에 대한 미 해군의 2020년 음파탐지 계획은 어찌나 의욕적이던지 주지사와 주정부 기구 다섯 곳의 수장이 해양수산국에 시정 조치를 요구하는 서한을 보냈다. 여기에는 기존의 실시간 고래 경보 시스템을 이용하고 고에너지 음파탐지기 부표(浮標) 주변의 완충 거리를 확대하는 방안이 포함되었다.

2016년 전 세계 선박 소음 추정치에 따르면 2030년에는 소음이 두

---

* 특정 시간 동안 특정 진동수 범위 내에서 시간에 따라 변하는 진동을 지면에 밀착된 플레이트를 통해 땅에 인가해 탄성파를 발생시키는 대표적인 진동형 탄성파 탐사 송신원

배에 육박할 것으로 전망된다. 2013년 조사에 따르면 탄성파 탐사 지출은 해마다 20퍼센트 가까이 증가하여 연간 100억 달러를 웃돌았으며 지난 20년간의 급성장까지도 넘어섰다. 유가 하락과 코로나 19 대유행으로 한풀 꺾이긴 했지만, 유가가 상승하면 탐사 수요가 다시 급증할 것이다. 미군은 잠수정 유도를 위해 조만간 모든 해분에 끊임없이 소음을 내보낼 계획이다.

늘어만 가는 바다 소음은 다른 곳, 특히 열대림의 생명 다양성 소멸과 감소에 직접적으로 연결되어 있다. 보르네오에서는 숲을 터전 삼은 지역 공동체가 벌목, 채굴, 나무 농장에 밀려 사멸하고 있다. 여기서 생산된 상품들은 모두 세계 경제에 투입되며 선박으로 운송된다. 국제 교역량이 나날이 증가하여 전 세계 지역 경제가 위축하면 숲 파괴, 지역 공동체의 토지 소유권 상실, (소음을 비롯한) 온갖 종류의 해양 오염이 일어난다. 그렇다면 뭍과 물의 소리 다양성 저하는 같은 위기의 두 측면이다. 그러므로 활기찬 지역 경제를 재건하면 원료와 에너지를 바다 너머로 운송할 필요가 감소할 것이다. 또한 우리는 자신의 행동으로 인한 인간적·생태적 비용을 체감할 것이며 이는 현명한 윤리적 판단의 탄탄한 토대가 될 것이다. 이렇게 경제를 재편한다고 해서 우리가 일으키는 많은 문제를 해결할 수는 없겠지만 해결책과 해답을 찾는 길에 더 가까이 다가설 수는 있을 것이다.

우리는 소음을 줄이는 데 필요한 기술과 경제 메커니즘을 이미 가지고 있다. 하지만 당면 문제와 감각적·상상적 연결을 맺지는 못했다.

'파도 밑에 사는 우리 친척'과 연대할 의지를 품지 못하는 것은 이 때문이다.

※

턴테이블이 돌아간다. 혹등고래의 노래가 헤드폰에서 소생한다. 이 짐승들이 지금 어디에 있는지 상상하려 애쓴다. 와틀링턴과 페인 부부가 이 소리를 녹음한 것은 1950년대와 1960년대였으므로 고래들은 20세기의 첫 몇십 년 동안에 태어났을 것이다. 이 짐승들은 고래 살육의 절정기를 헤쳐 왔다. 1900년부터 1959년까지 20만 마리 넘는 혹등고래가 죽임당했다. 1960년대에는 4만 마리 가까이 살해되었다. 턴테이블 위의 음반에서 들리는 노래의 주인공들은 1960년대에 (운이 나빴다면) 죽임당해 비누, 미션 오일, 직물 공장 윤활유, 방청제, (기름을 수소화하여) 마가린이 되었을지도 모른다. 그들의 친척 중 상당수가 이 운명을 맞았을 것은 분명하다.

음반의 소리꾼들이 만일 살아남았다면 여전히 우리 곁에 있을지도 모른다. 이 짐승들은 20세기 중엽 이전 바다의 음향적 장관을 회상할 것이다. 수명이 수백 년에 이르는 북극고래의 세상에서 일어난 소리 혁명은 더 극적이다. 어릴 적 이 짐승들 중 일부는 엔진, 에어건, 음파 탐지기가 침투하기 전의 바다를 알고 있었다. 당시에, 그리고 그 이전 수백만 년 동안 고래들은 바다를 소리로 채웠다. 고래는 지금보다 최

대 100배 풍부했으며 총 개체수는 100만 마리에 달했다(오늘날에는 해
분을 통틀어 고래 한 마리의 소리만 들리는 경우도 있지만).

이런 짐승 수백만 마리가 소리를 낸다고 상상해보라. 바다의 모든
물 분자가 고래의 소리에 끊임없이 떨린다. 지금은 멸종한 수다쟁이
물고기들이 번식지에서 수십억 마리씩 노래하며 고래의 부름소리에
자신의 소리를 더한다. 바다는 노래로 맥동하고 일렁이고 들끓는다.
에어건, 음파탐지기, 선박 소음과 달리 이 소리는 생명 공동체를 죽이
거나 귀먹게 하거나 난도질하지 않는다. 오히려 모든 생명 공동체에서
와 마찬가지로 동물들을 연결하여 생산적이고 창조적인 그물을 얽는
다. 기회를 주면 이 풍경을 되살릴 수 있다.

로저 페인을 비롯한 20세기 중엽 고래 노래 전도사들의 노력은 우
리의 상상력을 바다로 이끌었다. 고래의 노래를 들은 사람들은 행동
하지 않을 수 없었다. 이제 바다는 새로운 위기로 만신창이가 되었지
만 우리의 문화적 상상력은 우리가 만들어낸 소란으로부터 동떨어
져 있다. 연안에 설치되어 가정, 교실, 박물관에 소리를 전해주는 수
중청음기 네트워크가 이 단절을 치유하고 있다. 린다 메이프스와 〈시
애틀 타임스〉의 동료들 같은 언론인들은 연안 고래와 그들의 환경을
근사한 멀티미디어로 재현하고 있다. 이것은 영감을 불러일으키는 촉
매다. 하지만 바다를 음향적으로 파괴하여 이익을 얻는 대부분의 사
람들—소비자와 주주에서 규제 당국과 기업 총수에 이르기까지 산
업 사회를 살아가는 거의 모든 사람들—은 우리가 만들어가는 세상

의 끔찍한 현실을 좀처럼 체감하지 못한다. 심지어 해양 운동가들조차 탄성파 탐사, 음파탐지기의 굉음, 프로펠러 공동 현상의 폭발음이 일어나는 원인을 지목하기보다는 현수막을 걸고 호소문을 쓰는 등의 시각적 도구를 캠페인에 활용하는 데 그친다.

바늘이 플라스틱 원반의 골을 따라 움직이는 광경을 지켜본다. 속귀의 바닷물을 통해 내게 들어온 소리는 나를 고래의 몸에 (신경 대 신경으로, 사촌 대 사촌으로) 연결한다. 우리는 당신의 목소리를 우주에 쏘아 올릴 만큼 당신을 사랑했어. 당신의 마지막 남은 핏줄을 구하기 위해 걸신들린 욕구를 억눌렀어. 자, 이제 우리가 귀 기울이고 행동할 수 있을까? 소리의 악몽에서 당신을 구할 수 있을까?

도시

연립주택의 열린 창문에서 휘파람 가락이 2초간 들려오다 뒤늦게 생각난 듯 조용한 지저귐이 뒤따른다. 다시 2초가량 쉬었다가 노래가 반복된다. 휘휘 피리 소리가 새롭게 편곡되어 은은한 **쨱쨱** 소리로 장식된다. 노래는 10분간 이어지는데, 악구 하나하나는 휘파람 소리와 짧은 트릴의 변주다.

대륙검은지빠귀 한 마리가 연립주택 홈통에 앉아 마당을 향해 노래를 부른다. 이 포장된 구역은 사방이 높은 담장으로 막혀 있어서 소리가 갇히고 반사되어 내게 풍성하게 돌아온다. 힘찬 음들이 5층 창문까지 올라온다. 그가 노래하는 동안 앙상한 담장이 황금빛으로 물들고 5월 아침의 이슬 머금은 서늘한 공기가 빛을 발한다.

평소 같으면 파리 연립주택 단지에 있는 이 중앙 마당은 음향적으로 짜증스러운 곳이다. 쓰레기통이 콘크리트 블록에 부딪히는 소리와 지나가는 주민들의 이야깃소리가 뒤섞여 모든 창문에 전달되기 때문이다. 하지만 대륙검은지빠귀는 이 공간을 활용하여 가장자리에 자리 잡은 채 노래를 쏟아낸다. 이 현대판 무개(無蓋) 동굴은 가이센클뢰스테를레에서 검은머리휘파람새의 노래를 들었을 때보다 잔향이 더 풍성하고 오래간다. 뜻밖의 장소에서 이렇게 아름다운 음향의 새소리를 듣다니 놀랍다. 마당에는 나무가 한 그루도 없지만 노래는 마치 이곳이 숲 계곡인 듯 낭랑하게 울려퍼진다. 이 새의 프랑스어 이름 **메를**(merle)에는 새소리의 정수가 담겨 있다. 그의 도입부 휘파람 소리처럼 혀를 굴려 발음해야 하니 말이다. 영어 이름 **검은지빠귀**(blackbird)는 수컷의 새까만 깃털을 있는 그대로 묘사했지만, 부리는 황금색—때로는 호박색—이고 눈자위는 노른자색이며 암컷은 칙칙한 갈색이다.

검은지빠귀 노랫소리의 기억

파리의 이 작은 연립주택을 며칠간 빌리기로 할 때만 해도 가족을 방문하는 동안 편하게 머물 곳 이상으로는 전혀 기대하지 않았다. 하지만 검은지빠귀의 노래는 나의 가장 어릴 적 기억 중 하나를 깨웠다. 마당에서 들려오는 휘파람 가락과 풍성한 음조는 오랫동안 묻혀 있던 감각적 기억, 어릴 적 경험의 한 조각을 끄집어냈다. 이유는 알 수 없었지만 이 소리는 무척이나 친근하게 느껴졌다. 어릴 때 먹은 음식의 냄새가 가족의 포근한 기억을 떠올리게 하듯 말이다.

나는 어릴 적 파리의 비슷한 연립주택에서 살았지만, 지금까지는 그곳의 어떤 새에 대해서도 의식적 기억을 가져본 적이 없었다. 그런데 훗날 우리 어머니는 아니라고, 해마다 봄이 되면 검은지빠귀 한 마리가 티펜 가(街)에 있는 우리 연립주택 뒤쪽의 마당과 작은 옥상 정원에서 노래했다고 확인해주었다. 어머니는 검은지빠귀의 노래를 들으면 당신이 어릴 적 잉글랜드 시골에서 듣던 풍성한 새벽 합창이 떠오른다고 말했다. 검은지빠귀의 노래는 봄을 맞이하는 환영 인사이지만, 외로워서 울적하기도 하다. 도시 밖에서 검은지빠귀와 함께 노래하는 수십 종의 소리와 어우러지지 못했기 때문이다.

마당에서 검은지빠귀 노랫소리를 마지막으로 들은 지 반 세기 가까이 지났지만, 그 가락과 음색은 내 신경세포의 지질 막 위에 있는 전하의 번득임 속에 간직된 채 그 시절 내내 나와 함께 여행했다. 이 소리가 오랜 세월 뒤에 다시 내게 찾아오자 이 에너지가 깨어나 기쁨과 따스함의 감정을 의식 속으로 밀어넣었다. 고마워요, 내 기억이여. 감동적이었어요.

청각 경험을 오래도록 기억하는 인간 능력은 우리와 가까운 친척인 영장류에게서는 찾아볼 수 없지만 새와 고래 같은 다른 음성학습자에게는 있을지도 모른다. 유인원과 원숭이는 시각 경험과 촉각 경험에 대한 기억력이 뛰어나지만, 이 능력이 소리에까지 확장되지는 않는 듯하다. 장기 기억은 더더욱 부실하다. 하지만 인간은 소리의 뉘앙스까지도 대번에 떠올릴 수 있다. 이 기억은 대부분 단기 기억이지만 어떤 기억은 평생 가기도 한다. 사랑하는 사람의 목소리. 어릴 적이나 청소년기에 들은 가락. 낱말의 발음과 의미(심지어 수십 년 동안 말하거나 듣지 않았어도). 도시 길거리와 뒷마당의 소리경관. 다른 종의 음성에 깃든 변화와 질감. 이것들은 우리 안에 머물며 정적 저장물로서가 아니라 찰나적으로 활성화되어 감각 경험의 의미를 일깨우는 생생한 길잡이로서 작용한다.

우리의 소리 기억이 여느 영장류와 다른 이유는 청각 문화를 더 효율적으로 구사할 수 있도록 진화가 우리 뇌를 빚어냈기 때문이다. 많은 명금과 마찬가지로 인류 문화는 시각과 촉각뿐 아니라 소리에 의해서도 전해진다. 하지만 원숭이와 유인원의 문화는 거의 전적으로 시각적이거나 촉각적이다. 그렇기에 인간과 조류는 소리의 지각과 이해를 관장하는 뇌 영역들 사이에 연결이 잘 발달해 있는 반면 인간 아닌 영장류는 이 연결이 훨씬 약하다. 뇌를 스캔하면 장기적 청각 기억에 이 신경 경로가 필요하다는 것을 알 수 있다. 내가 검은지빠귀를 수십 년간 기억할 수 있었던 것은 간접적으로 인간 언어 덕이다.

그렇다면 우리가 인간 세계와 인간 너머 세계를 이해하고 헤쳐 갈 수 있는 것은 청각 기억 덕분이다. 소리를 장기간 기억하는 인간 능력은 새로운 지역을 탐사하는 데 유리했을지도 모른다. 우리 조상들은 소리 하나하나와 소리경관의 느낌을 떠올려 이것을 새로운 환경을 평가하고 이해할 기준점으로 삼았다. 일부 문화에서는, 무엇보다 오스트레일리아의 일부 원주민 부족에서는 노래가 이 소리지리(geography of sound)의 일부가 되었다. 노랫길은 인간과 인간 너머의 소리와 이야기를 여러 세대에 걸친 기억으로 엮어냈다. 보르네오 등지에서 녹음한 수천 시간 분량의 디지털 음성을 분석하기 위해 과학자들이 이용하는 컴퓨터는 소리를 통한 장소 읽기라는 고대인의 능력을 연장한 셈이다.

검은지빠귀의 풍성한 음성에 귀를 기울이면서, 인간 소리꾼이 공연할 때 음향적으로 유리한 지점을 찾듯 그가 공간을 유리하게 활용한다는 느낌이 강하게 들었다. 지인들에게 듣자하니 검은지빠귀는 베를린과 런던에서도 마당 가장자리에서 지저귀며 근사한 청각적 과시를 한다고 한다. 하지만 그의 의도를 입증하기란 쉬운 일이 아니다. 이 새들은 자기 영역 안에서 아무 데나 앉다가 이따금 잔향이 풍부한 공간을 우연히 맞닥뜨리는지도 모른다.

그러나 1월에 본격적으로 시작하여 4월과 5월에 절정에 이르렀다가 여름과 가으내 사그라들기까지 거의 1년 내내 노래하느라 에너지를 쏟는 새가 그렇게 무심할 리 만무하다. 그는 자신의 음성이 세상에서 어떻게 들리는지에 대해 감식안을 가진 것이 틀림없다. 어쩌면 어릴 적 귀를 쫑긋 세워 노래를 배우고 연습을 통해 부지런히 갈고닦았을 때와 마찬가지로 귀 기울이고 기억하고 바로잡고 있는 것 아닐까?

도시를 이렇게 즉흥적이고 유연하게 활용하는 것은 새의 다른 생물학적 특징과도 맞아떨어진다. 1850년대 이전 파리에서는 독립생활 검은지빠귀에 대한 기록이 전혀 없다(새장에 갇혀 노래하는 관상 조류가 몇 마리 사육되기는 했지만). 검은지빠귀를 포획한 사람들은 휘파람과 수동 미니 오르간 — 검은지빠귀용은 **메를린**(merline), 카나리아 같은 핀치용은 **세리네트**(serinette)라고 불렀다 — 을 이용하여 새에게 노래를 가르쳤다.

이제 검은지빠귀는 건물 사이로 나무가 흩어져 있는 곳이나 도심의 크고 작은 공원에서 흔히 볼 수 있다. 서유럽 여러 지역도 마찬가지다. 19세기 전까지만 해도 검은지빠귀는 숲 특화종이어서 나무가 우거진 시골에서만 살았다. 하지만 도시에 정착하면서 음성, 행동, 생리가 달라졌다. 내가 어릴 적부터 기억하는 노래는 도시의 흔적을 간직하고 있다.

도시에 정착한 새들

검은지빠귀의 도시 정착은 겨울에 시작되었다. 19세기에 모험심 많은 몇 마리가 대부분의 동료와 달리 유럽 남부와 북아프리카로 떠나지 않고 도시에 머물렀다. 아마도 온기와 먹이에 이끌렸을 것이다. 도시는 온도가 시골보다 대체로 몇 도 높다. 정원과 공원의 씨앗과 열매, 가축과 인간이 남긴 먹이도 쏠쏠했다. 검은지빠귀는 방울새, 푸른박새, 청둥오리 같은 새들의 겨울철 도시 이주 행렬에 합류했다. 이 혁신가들은 번성했으며 금세 도시에서 번식하기 시작하여 조상의 숲과 습지를 버리고 도시 생물이 되었다.

다른 대륙의 새들도 비슷하게 도시 생활에 적응했는데, 대체로 시골 지역에 비해 번식 밀도가 높았다. 집참새, 유럽찌르레기, 공작비둘기는 지구에서 가장 넓은 지역에 분포하는 동물 중 하나다. 오스트레일리아의 오색앵무와 따오기, 북아메리카의 해오라기와 하라비앵무, 아시아의 직박구리와 쇠찌르레기, 아프리카의 쥐새, 솔개, 흰털발제비, 전 세계의 여러 까마귀와 까치를 비롯하여 다양한 분류군에 속한 종들도 도시를 보금자리로 삼았다.

파리에서 검은지빠귀의 도시 정착에 한몫한 것은 19세기 중엽 공원과 넓은 가로수길의 건설이었다. 조르주 외젠 오스만은 나폴레옹 3세의 지시를 받아 파리를 대대적으로 뜯어고쳐 좁고 뒤엉킨 길거리를 공원과 광장에 연결된 질서 정연한 대로망으로 탈바꿈시켰다. 이주민 수십만 명을 수용하고 자신의 원대한 구상을 실현하기 위해 나폴레옹은 1859년과 1860년 인근 도시들을 합병하여 파리를 지금의 경계선으로 확장했다.

내가 어릴 적 지금의 제15아롱디스망(arrondissement)*에서 검은지빠귀의 노래를 들은 거리는 1850년대에는 센강 옆 습지와 도시 남쪽 경계의 성벽 및 통행료 징수소 사이에 있는 작은 독립시(independent town)였다. 빽빽한 건물의 정면 외벽 사이로 인도나 가로수도 없이 이어진 좁은 길거리에서는 검은지빠귀가 한 마리도 노래하지 않았을 것이다.

오스만이 공사를 마치고 나자 가로수가 늘어선 대로가 북쪽 끝을

---

* 프랑스의 행정 구역으로, 대한민국의 시와 군에 해당한다.

가로지르며 작은 공원과 연립주택 건물을 연결했으며 일부 건물에는 초목이 자라는 마당이 딸렸다. 1970년대에 내가 들었던 소리의 주인공은 이 새로운 파리에 정착한 새들의 한 세기 뒤 후손이었을 것이다. 도심과 인근 타운을 현대식 도시 공간으로 탈바꿈시킨 오스만의 사업은 역설적으로 예전에는 숲에서만 노래하던 새의 도시 진출과 때를 같이했으며 이를 촉진했다.

도시의 검은지빠귀는 시골에서보다 더 높고 크고 빠르게 노래했다. 이 달아오른 분위기에는 여러 원인이 있는데, 모두가 새로운 도시 서식처에 적응한 결과다.

교통 소음은 도시와 주변 지역의 가장 뚜렷한 음향적 차이다. 엔진, 아스팔트 위 타이어, 도로 건설의 굉음은 저주파 위주의 소음으로 벽을 세운다. 나는 도시에 있을 땐 이 요란한 배경 잡음을 대개 알아차리지 못한다. 내 관심은 이따금 들려오는 사이렌, 경적, 외침에 쏠린다. 하지만 컴퓨터에 연결한 마이크는 우리의 마음이 평소에 걸러내는 것을 드러낸다. 도시에 있을 때 우리는 언제나 낮은 소음의 바다에서 헤엄친다.

도시의 저음은 침투성이 너무 커서 땅속으로 1킬로미터나 파고든다. 코로나 19 봉쇄로 사람들의 이동과 산업 활동이 느려졌을 때 지질학자들의 지진파 장비에는 일찍이 본 적 없는 지구적 고요가 기록되었다. 코끼리와 고래처럼 저주파의 지상발(發) 음파와 수중발 음파를 감지하는 동물도 이 변화를 알아차린 것이 분명하다. 이것이 그들의 행동에 어떤 영향을 미쳤는지는 아직 알 수 없지만. 공중발 음파의 세계에도 고요가 내려앉았으나 우리가 암석의 파멸적 진동(지진)에 촉각을 곤두세우는 것과 달리 공기 중의 소리 모니터링을 위한 표준화된 국제 네트워크는 존재하지 않는다. 하지만 세계 곳곳에서 사람들이 문득 인간 너머 세상의 음성을 훨씬 생생하게 자각하기 시작했다. 이 종들은 늘 거기에 있었지만 그들의 소리는 그동안 소음과 우리의 무관심에 차단되었다.

낮은 소리는 파장이 길어서 장애물을 에돌아 흐를 수 있다. 도시의 저음 고동은 멀리 퍼져 나간다. 혼잡한 도로, 철도, 건설 현장에서 떨어진 길거리에서조차 저주파 소음이 공기에 배어 있다. 도시에서 떨어진 숲이나 초원에서는 전반적 소음 수준이 더 낮으며, 나무와 풀을 스치는 바람 소리인 중역대가 불룩하게 두드러진다.

도시 새들의 높은 소리는 저음의 벽을 뛰어넘는다. 사람이 고함을 질러 엔진 소음을 이기듯 새소리는 소리크기의 힘으로 아우성을 뚫고 나아갈 수 있다. 또한 음높이를 높임으로써—대체로 인간 음계에서 한두 음을 올린 것에 해당한다—교통 소음에 덜 가려지는 주파수를 이용할 수 있다. 이런 식으로 도시에 적응하는 행동은 노랫소리를 키우고 높이는 것에 국한되지 않는다. 새들은 노래의 구성도 바꿔 고음의 요소들을 더 많이 구사한다. 검은지빠귀는 낮은 음 도입부를 뒤에 나오는 높은 트릴에 비해 줄인다. 도시는 새의 노래의 활력, 주파수, 형태에 자국을 남겼다.

샌프란시스코에서 들은 흰정수리북미멧새의 경우에도 배경 잡음이 지난 50년간 꾸준히 증가했다. 이 변화는 노래의 문화적 진화를 새로운 방향으로 유도했다. 멧새는 바닷가 근처에서든 요란한 도로 근처에서든 시끄러운 환경에서는 노래의 낮은 음 요소를 없애기 위해 악절을 빼버리거나 오히려 음을 높여서 부른다. 바다는 늘 있었지만 차량 소음은 도시 전역에서 증가했기에, 예전에 조용한 곳에 살던 멧새들이 이젠 높은 수준의 소음에 노출된 것이다.

베이에어리어에서는 소음이 심한 지역의 멧새들이 1960년대와 1970년대보다 더 쉰된 소리를 낸다. 이 변화는 새로운 소리경관에 적응하기 위한 것이지만, 이제 그들의 노래는 멧새 치고는 덜 인상적이다. 노래의 낮은 종결부를 잘라냄으로써 멧새들은 낮은 음에서 높은 음으로 다시 낮은 음으로 빠르게 오르락내리락하며 활력을 과시하는 방법 한 가지를 잃었다. 도시의 흰정수리북미멧새는 이를 상쇄하기 위해 장식과 악센트를 덧붙여 노래 요소 낱낱의 복잡성을 증가시키는 등 공연 능력을 뽐내는 다른 방법을 모색했다.

2020년 봄 코로나 19 대유행으로 샌프란시스코 교통의 상당수가 봉쇄되자 배경 잡음이 1950년대 수준으로 돌아갔다. 이에 멧새들은 더 조용하고 낮은 노래로 돌아섰는데, 이것은 수십 년 만에 처음 들어보는 것이었다. 우리는 이 변화가 새 한 마리 한 마리의 유연성 덕분인지, 자동차가 거의 사라진 소리경관에서 효과를 발휘하는 노래를 어린 새들이 우선적으로 복제하는 문화적 진화 때문인지 알지 못한다.

소음을 무작위로 들려주는 실험 연구를 거듭 실시했더니 이 소음 반응은 단순한 상관관계가 아니었다. 일부 영역에서는 교통 소음이나 산업 소음을 시끄럽게 틀고 일부 영역에서는 그러지 않았더니 소음의 공격을 받은 새들은 더 높고 시끄럽게 노래했다. 즉, 인과관계가 확인된 것이다. 이 효과는 일찌감치 시작된다. 심지어 새끼 새조차 소란스러운 곳에서는 스트레스 호르몬이 더 높다. 소음 속에서 자란 새끼들은 노화를 나타내는 염색체의 유전 지표인 텔로미어 길이도 짧다.

다른 종도 소음의 영향을 느낀다. 2016년과 2019년 200여 건의 학술 연구를 검토했더니 양서류, 파충류, 어류, 포유류, 절지류, 연체동물이 모두 영향을 받았다. 소음은 먹이 먹기, 이동, 발성에 영향을 미침으로써 결국 동물 개체군의 생식 능력과 생존 능력에도 타격을 가한다. 지나친 도시 소음은 심지어 다른 감각에도 방해가 될 수 있다. 박새는 시끄러운 곳에서는 위장한 먹잇감을 쉽게 찾지 못한다.

우리는 소음의 이런 성격을 직관적으로 안다. 우리 몸도 같은 일을 겪기 때문이다. 지나가는 버스의 거듭되는 엔진음이나 북적대는 식당의 날카로운 소음에 친구의 목소리가 묻힐 때 우리는 달갑잖은 소리의 마스킹 효과를 실감한다. 그러면 우리는 소음이 지나가길 기다리며 말을 중단하거나 목청을 높인다. 우리는 소음 속에서 대화를 시도할 때 본능적으로 소리크기와 음높이를 키운다. 새들과 마찬가지로 우리 또한 도시에서 소란하고 새된 소리를 내는 것이다. 모음도 길게 빼어 소음 속으로 밀어붙이고 높은 배음이 잘 나도록 음색을 변화시킨다. 이 모든 변화는 의식적 자각 없이 일어나는데, 이 과정을 주도하는 뇌간은 주변의 소리를 기준으로 우리의 음성을 조정한다.

시끄러운 곳에서 목소리가 커지는 현상을 처음 서술한 사람은 청력 상실을 연구한 프랑스의 이비인후과 의사 에티엔 롬바르다. 롬바르 효과는 무의식적이기 때문에 거짓으로 흉내 낼 수 없다. 법적 문제로 귀먹은 시늉을 하는 나이롱환자들은 그에게 발각되었다. 롬바르가 시끄러운 소리를 그들의 귀에 대고 틀자 이 사기꾼들은 더 힘주어 말했으며, 이 때문에 고용주와 정부를 속이려던 그들의 시도는 자신의 뇌간에 의해 물거품이 되었다. 소음에 의해 달라지는 것은 목소리만이 아니다. 주위가 시끄러우면 음식에 양념과 소금도 더 많이 치는데, 이것은 지배적 감각인 청각을 다른 주요 감각으로 억누르려는 반응일 것이다.

롬바르 효과는 어류, 조류, 포유류 같은 척추동물에서 나타난다(일부 종에서는 사라졌지만). 이 효과는 소음을 단기적으로 상쇄하고 수용함으로써 장기적인 유전적·문화적·생리적 적응을 보완한다. 롬바르 효과는 음높이, 음량, 음색, 강조 음절 등 소리의 수많은 요소를 바꾸기 때문에, 이 중에 무엇이 야생동물에게 실제로 도움이 되는지 가려내기 힘들다.

롬바르 효과가 이렇게 복잡한 것은 발성의 에너지와 해부적 측면 때문이다. 예를 들어 걸음마쟁이라면 본능적으로 알듯 높은 소리로 우는 것은 낮은 소리로 우는 것보다 힘이 덜 든다. 부모의 귀청을 때리고 싶다면? 포효하거나 으르렁거리지 말고 비명을 지르고 꽥꽥거리라. 이 새된 고함은 낮은 소리만큼 멀리 이동하지는 못하지만 최소의 노력으로 압도적인 음량을 뽑아낼 수 있다. 인간 아닌 동물이 소음에 둘러싸였을 때도 마찬가지다. 크고 낮은 소리를 내려면 높은 부름소리에 비해 에너지가 많이 들기 때문에, 높은 주파수로 고함치는 것이 가장 효율적이다.

어쩌면 소음 속에서 동물의 소리가 높아지는 것은 매 발성에 에너지를 더 많이 쏟는 행위의 부차적 결과인지도 모르겠다. 빈 인근의 대륙 검은지빠귀를 연구했더니 숲에서는 노랫소리가 150미터 이상 전해졌지만 가장 시끄러운 도시 구역에서는 60미터밖에 가지 못했다. 음높이를 높이면 노래를 소음 위로 띄워 도달 거리를 66미터로 늘릴 수 있었다. 하지만 소리크기를 5데시벨 키우는 것이 더 효과적이었다. 도달 거리가 90미터로 증가했기 때문이다. 5데시벨은 도시 소음 속에서 명금이 추가적으로 키우는 음량과 엇비슷하다.

이렇게 볼 때 검은지빠귀가 도심 소리경관에 일차적으로 적응한 행동은 노랫소리를 키우는 것인 듯하다. 주파수가 높아지는 것은 소리크기의 부수적 효과이며 여기에 보너스로 마스킹 효과를 극복하는 이점도 생긴다. 노래 구성의 변화도 마찬가지다. 도시의 새들은 노래에서 음량이 큰 요소를 우선적으로 이용하는데, 이 요소는 음높이가 높은 경향이 있다.

도시와 시골을 구분하는 것은 소음만이 아니다. 도심 검은지빠귀는 종종 개체군 밀도가 더 높아서 이웃 새들과 매일같이 맞닥뜨리는 횟수가 증가한다. 그들의 노래는 부분적으로 이러한 사회적 맥락 변화의 결과이기도 하다. 심지어 시골에서도 이웃 새들이 많으면 노래가 높고 빨라진다.

도시는 검은지빠귀의 호르몬에도 스며든다. 이유는 알 수 없지만 도시의 암컷 검은지빠귀가 낳은 알은 숲에 서식하는 사촌에 비해 테스토스테론 같은 안드로겐이 적게 들어 있다. 한편 도시의 성체 수컷 검은지빠귀는 시골에 비해 테스토스테론 수치가 낮다. 스트레스 호르몬 수치도 높은데, 여기에는 오염된 도시의 납과 카드뮴에 노출되는 탓도 있지만 이런 호르몬 덕에 그들의 혈액은 화학적 스트레스를 흡수하고 완충하는 능력이 더 뛰어나다. 호르몬은 노래와 사회적 상호작용에 대한 생리적 자극이지만, 도심 검은지빠귀에서 정확히 어떻게 노래와 행동에 영향을 미치는지는 아직 밝혀지지 않았다.

❊

도시는 바다에서 새로 올라온 화산섬과 같다. 하와이 제도나 갈라파고스 제도의 초기 모습처럼 말이다. 새로 생긴 이 전초 기지에 정착한 종은 소수에 불과하다. 이런 섬들은 생물학적 혁신의 부화장이다. 새로 들어온 동물은 재빨리 적응하여 자신이 발견한 신세계에 맞게 행동과 몸을 변화시킨다. 서유럽 도시의 대륙검은지빠귀는 숲에 살던 조상들과 다른 노래를 부를 뿐 아니라 밤중에 가로등 아래서 노래하며 먹이를 찾고, 번식기가 두세 주 일찍 시작되고, 이주 습성을 버리고, 텃새의 단거리 비행에 알맞게 날개가 뭉툭하고, 조심스럽고 낯선 것을 경계하는 성향이 크면서도 모이통의 씨앗이나 사람이 버린 곡물과 음식물 쓰레기를 포식하고 관상수의 이국적 과일을 음미하는 등 새로운 먹이를 먹는다.

하지만 도심 검은지빠귀 개체수가 증가하여 그 수를 계속 유지하고 심지어 부풀리기에 충분한 새끼를 낳더라도 한 마리 한 마리는 피해를 입는다. 도시의 검은지빠귀는 시골 숲보다 빨리 늙는데, 이 퇴행은 염색체에서 드러난다. 염색체 끄트머리 ─ 인간에서 조류에 이르는 동물의 노화 지표인 텔로미어 ─ 가 도시에서 빨리 짧아지는 이유는 끊임없는 감각적·화학적 폭격 속에서 살아가야 하는 생리적 스트레스 때문일 것이다. 하지만 도시는 포식자와 진드기, 조류 말라리아 발병이 적기 때문에, 도심 검은지빠귀는 비록 염색체가 손상되었더라도 시골의 새들보다 대체로 오래 산다. 그들은 나이 먹은 록 스타와 같아서, 젊은 시절에 시끄러운 소리를 듣고 정신없이 바쁘게 지내고 마약에 찌들어 사느라 몸이 망가졌어도 안락한 노후를 누린다.

지금까지는 이러한 변화 때문에 시골과 도시의 검은지빠귀 사이에 일어난 유전적 분기는 미미한 수준이다. 도시 새들의 DNA는 시골 새들에 비해 덜 다양한 경향이 있는데, 이것은 소수의 개체가 최근에 정착했음을 보여주는 흔적으로, 대양도(大洋島)에 서식하는 동물의 유전자도 비슷한 특징을 나타낸다. 도심 검은지빠귀에서 위험 감수와 불안에 관여하는 유전자에 변화가 일어난다는 일부 증거도 있다(이 미세한 DNA 변화가 행동에 영향을 미치는지, 만일 미친다면 어떤 영향을 미치는지는 밝혀지지 않았다).

도시 대륙검은지빠귀의 변모는 유전적 진화가 아니라 유전자와 나란히 진행되는 진화적 변화에 의한 것인 듯하다. 어미 새는 알에 호르몬을 공급함으로써 새끼의 노래와 행동에 영향을 미친다. 그렇다면 도시에서 검은지빠귀의 노래와 행동이 달라지는 것은 산란의 생리 작용 때문일 수도 있다. 흰정수리북미멧새의 노래 형식이 어린 새들의 듣기, 흉내 내기, 실험을 통해 장소에 적응하는 것과 마찬가지로 문화적 진화 또한 일정한 역할을 하는지도 모른다.

마지막으로, 새들은 순간순간에 맞게 자신의 행동을 빚어내어 소리경관의 변화에 따라 노래를 변화시키는데, 특히 소음이 적을 때 노래하는 것을 선호한다. 유난히 잔향이 큰 장소를 이용하여 노래를 꾸미는 검은지빠귀는 이 적응의 또 다른 사례인지도 모른다. 도시는 음향적으로 까다로운 장소이긴 하지만 소리를 향상시킬 기회를 제공하기도 한다.

일부 대륙검은지빠귀 개체군은 고작 100여 년 만에 도시민으로 탈바꿈했다. 앞으로 한두 세기가 더 지나면 유전적 변화가 이 변화를 따라잡고 강화할지도 모른다. 하지만 오스만이 19세기에 파리를 허물고 새로 지은 것처럼 급격한 변화가 일어나 다음 세기에 검은지빠귀의 행동, 생리, 유전적 진화를 새로운 방향으로 몰아갈 수도 있다. 파리를 비롯한 도시들은 계속 더워져 일부 종을 몰아내고 새로운 종을 들일 것인데, 그중에는 질병을 옮기는 아열대의 모기와 진드기도 있다. 일부 해충은 도시의 열기 속에서 번성할지도 모른다. 도시는 지금은 질병으로부터 안전한 피난처이지만 그때는 전염병의 온상이 될 것이다. 이를테면 지난 20년에 걸쳐 독일의 대륙검은지빠귀는 아프리카에서 새로 들어온 우수투 바이러스 때문에 15퍼센트나 감소했다. 온난한 해(年)와 지역에서는 감소세가 더 뚜렷하다.

열기를 식혀주는 가로수와 공원에 대한 사회적 수요가 증가할 것인데, 이 추세는 대부분의 주요 도시에서 관찰되고 있으며 이 덕분에 나무를 좋아하는 도심 동물들의 서식처가 확대되고 있다. 인구 밀도와 자원 이용은 수천 년간 그랬듯 예측할 수 없는 방식으로 달라질 것이다. 18세기의 어떤 자연 애호가도 미래의 파리가 녹음이 우거진 교외의 바다에 떠 있는 돌과 콘크리트의 섬이 되고 숲에만 살던 새의 노래(도시에 맞게 변형된 소리)로 가득하리라고는 예견하지 못했을 것이다. 검은지빠귀가 한두 세기 뒤에도 살아남는다면 그들의 노래에는 지금은 알 수 없는 미래 도시의 성격이 담길 것이다.

검은지빠귀를 비롯하여 도시에 정착한 새들은 길거리와 공원에서 번성하는 방법을 찾아낸 덕에 시간이 지남에 따라 번식 밀도를 증가시킬 수 있었다. 1800년대에 처음으로 유럽 도시에 정착한 조류 종은 번식 밀도가 시골에 서식하는 사촌보다 평균 30퍼센트 큰데, 이것은 생명의 적응력을 보여주는 인상적 사례다. 하지만 대부분의 야생동물은 도시에서 살 수 없다.

나는 검은지빠귀의 노래에서 유연성과 회복력을 듣는다. 우리 어머니는 파리 연립주택에서 같은 노래를 듣고서 무엇이 빠져 있는지 알아차렸다. 그것은 어머니가 시골에서 알던 수십 마리 새들의 가락이었다. 하지만 도시는 시골의 새들에게 도움이 되기도 한다. 도시는 인간 활동, 토지 이용, 소비를 집중시킴으로써 인간 아닌 동물이 다른 곳에서 살아갈 수 있도록 한다.

인간이 도심 생활을 포기하고 땅에 더 고르게 퍼진다면 생태 재난이 벌어져 수많은 종의 음성이 사라질 것이다. 이것은 사고 실험이 아니다. 교외 주거지는 땅에 대한 인간의 영향을 확장했으며, 교외 주민의 서식처 파괴, 에너지 소비, 자원 수요는 도시에 사는 사람들의 '생태 발자국'에 비해 훨씬 크다. 나는 시골 숲의 새벽 합창을 음미하면서 도시의 효율성에도 조금이나마 고마움을 느낀다.

전 세계 지표면에서 도시화된 면적은 약 4퍼센트에 불과하나 도시에 사는 인구는 절반이 넘는다. 사람들이 공동주택에서 북적대며 사는 덕에 넓은 숲과 들판이 교외의 주택, 도로, 잔디밭에 훼손되지 않고 보존될 수 있다. 게다가 도시 주민은 연료, 금속, 나무를 비롯하여 채굴하거나 땅에서 잘라내야 하는 원료를 덜 소비한다.

검은지빠귀의 노래에서 나는 도시 안에서 제자리를 찾는 동물을 듣는다. 노래 주변의 침묵은 다른 데서 생명이 계속될 가능성을 암시한다. 도시와 시골은 인간 경제에서뿐 아니라 더 폭넓은 생명 공동체에서도 호혜적으로 공존한다.

우린 뉴요커야. 시끄러운 건 우리의 본성이라고

파리에서 어린 시절을 보낸 지 50년 만에 뉴욕시의 아파트에서 같은 소리를 듣는다. 새들은 이 길거리에서는 좀처럼 노래하지 않지만, 저녁에 아파트 단지 위로 해오라기가 날아가며 허드슨강에 있는 주간(晝間) 쉼터를 떠나 동쪽의 브롱크스와 이스트강에서 먹이를 찾으려고 할렘을 가로지르는 모습이 보인다. 엔진음은 어디서나 들리며, 더운 여름에는 열어놓은 창문을 통해 소음과 매연이 집 안으로 들어온다.

어릴 적 내 침실은 길가에 면해 있었는데, 나는 밝은 색 조끼를 입은 청소부 **에부외르**(éboueurs)가 덜커덩거리는 초록색 트럭 뒤편의 발판에 뛰어올랐다 내렸다 하는 하는 모습에 매혹되었다. 트럭은 굶주린 매머드나 공룡을 떠올리게 하는 도심의 거대 동물이었다. 우리 연립주택은 번잡한 상업 지구에서 한 블록 떨어져 있었기에, 소음과 화려한 색깔이 가시처럼 불쑥불쑥 불거진 곳을 제외하면 부산할지언정 부드러웠다. 내가 지금 살고 있는 뉴욕시의 혼잡한 길거리에서는 이 매혹이 사그라들었으며, 도시의 생리 작용—거대한 금속·콘크리트 유기체의 영양분 섭취, 혈액 흐름, 근육 수축—이 발생시키는 소리 가운데에서 생명이 자아내는 흥분은 매혹적이기보다는 안쓰럽다.

새벽 두 시에 4층 창문 아래로 픽업트럭이 창문을 열어 요란한 라디오 소리와 함께 주차한다. 운전수는 트럭 짐칸에 놓인 펌프로 버스 정류장에 고압수(高壓水)를 뿜는다. 물청소는 10분이 걸리지만 트럭은 15분이 지나도록 스피커를 요란하게 울려댄다. 버스들은 새벽 전에 속력을 높이는데, 정차했다가 가파른 오르막을 오르느라 브레이크를 끽끽거리고 엔진을 부르릉거린다. 버스와 매일 지나가는 배달 트럭 수백 대의 엔진에서 내뿜는 검댕으로 창턱이 시커멓다. 쓰레기차는 해 뜨기 직전에 도착하여 도로 모퉁이에서 승합차만 한 쓰레기 더미를 싣는다. 쓰레기봉투가 다른 봉투 위에 털썩 얹히고 청소부들이 고함 지르고 유압 장치가 윙윙거리고 삑삑거린다. 플라스틱과 음식물 쓰레기가 매립지 가는 길에 부르는 새벽 합창이다.

오후 내내 소프트아이스크림 트럭이 길 건너에 주차되어 있다. 발전기는 무조(無調)의 웅웅 칙칙 소리를 내며, 배기관에서 쌕쌕거리며 내뿜는 매연은 아파트 창문까지 올라온다. 이름만 공원과 관계가 있는 교통의 동맥인 6차로 헨리 허드슨 공원도로와 야간 배달 트럭들이 유난히 좋아하는 브로드웨이는 고작 100미터 떨어진 곳에서 끊임없이 붕붕거리며 이 소리들의 배경을 이룬다. 여기에 사람 목소리가 섞여들지만 고함 소리조차 엔진음에 비하면 조용하다. 어두워진 뒤, 특히 주말 저녁이면 가족들이 작은 손수레에 스피커를 싣고서 동네에 하나 있는 작은 공원을 오가며 음악을 쩌렁쩌렁 울린다.

도시를 청소하는 소리, 대중교통 운행하는 소리, 장사꾼이 손님 부르는 소리, 식료품 운반 차량이 도시에 들어오는 소리, 사람들이 공공 장소에서 여가를 즐기는 소리 등은 대부분 사람들이 열심히 일하고 공동체가 탄탄하다는 증거다. 하지만 이 소리들이 하나로 어우러지면 수면을 방해하고 신경을 곤두세우기에 충분할 만큼 격렬하고 예측 불가능한 소음이 된다. 자정에 모든 차량을 놀라게 할 만큼 요란하게 개조한 오토바이 소리, 금방이라도 드잡이할 것만 같은 인도의 말다툼 소리, 무언가 심상찮게 부서지거나 창문이 와장창 깨지는 소리 같은 말썽의 소리가 이 건전한 소리에 양념처럼 곁들여지면 불안이 스멀스멀 피어오른다.

소음 공해는 인류 최초의 도시로 거슬러 올라가는 고충이다. 알려진 최초의 문자 기록 중 하나인 바빌로니아 점토판에는 신들이 인간의 소음에 노했다고 쓰여 있다. 학자 스테퍼니 데일리는 기원전 1700년의 설형문자를 번역하여 주신(主神) 엘릴이 이렇게 불평했다고 말한다. "인간의 소음이 너무 커졌다. 시끄러워서 잠을 못 자겠다." 신들은 "음매 하고 우는 황소처럼 소란한" 인간들을 조용히 시키려고 질병과 기근을 내렸다. 또한 최초의 누락을 바로잡아, 인구가 끝없이 늘지 못하도록 인간에게 수명을 부여했다. 이 기록으로 보건대 우리가 필멸자가 되어 질병의 멍에를 진 것은 도심의 소음 때문이다. 어쩌면 이웃의 음성, 음악, 잡담에 잠을 이루지 못한 도심의 필경사들이 자신의 불만을 복수 이야기로 풀어낸 것이려나?

이 이야기들이 점토판에 새겨졌을 당시 전 세계 인구는 3000만 명을 밑돌았으며 메소포타미아의 도시들에는 수만 명이나 수십만 명이 거주했다. 이제 전 세계 인구는 75억을 웃돌며 도시마다 인구가 수천만 명을 헤아린다. 현재 인구의 55퍼센트가 도시에 산다. 2050년이 되면 도시 인구의 비율은 3분의 2를 웃돌 것으로 전망된다. 도시의 소리경관은 이제 대다수 사람의 음향 맥락이다. 검은지빠귀와 마찬가지로 우리는 이 새로운 소리 세계에 적응하여 번성했으나 고통도 겪었다.

할렘에서 시내로 향하는 A호선에서 십 대 네 명이 낡은 지하철의 덜컹거리고 끽끽거리는 소리를 이기려고 목청껏 대화를 나눈다. 그중 하나가 "쉿!" 조용히 하라고 친구들에게 말하지만 그들은 그녀의 면전에서 웃음을 터뜨린다. "우린 뉴요커야. 시끄러운 건 우리의 본성이라고. 우리는 소음을 만들어내지." 주변의 기계들이 동의한다. 나는 콜럼버스서클 역에서 내려 소음 측정기 숫자를 확인한다. 열차가 무정차 통과할 때 98데시벨이다. 이 정도면 속귀 털세포를 손상시킬 만큼 시끄러운 음압이다. 몇 시간 이상 노출되면 청력이 영구적으로 손상될 수도 있다. 십 대들은 목소리를 높였지만, 고르지 않은 궤도를 따라 덜컹덜컹 속력을 내는 바퀴와 브레이크, 금속 상자의 힘 앞에서는 무력하기만 했다.

빠르고 예측 불가능한

도시는 정말로 시끄러운 장소이지만, 소리크기가 도시 소리경관만

의 특징은 아니다. 많은 열대림과 아열대림의 주변 소음 수준은 70데
시벨에 근접하거나 이를 뛰어넘는다. 일부 열대 매미는 지하철만큼 요
란해서 100데시벨의 굉음을 내뿜는다. 늦여름 밤 테네시의 여치 합
창은 몇 시간 내리 75데시벨을 유지한다. 도시 주민이 늦여름 테네시
시골을 방문하면 곤충 소음 때문에 잠을 못 자겠다고 불평할 것이다.
도시와 시골의 '소음'에 대한 일반적 서사가 뒤바뀌는 것이다. 비교적
조용한 아파트나 사무실은 (심지어 혼잡한 도시에서도) 이보다 조용하여
55~65데시벨에 머무른다.

'자연'이 조용하다는 통념은 북부 온대 지방에서의 기대와 경험이
낳은 산물이다. 일본, 서유럽, 뉴잉글랜드에서는 숲이 실제로 도시보
다 훨씬 조용하다. 곤충, 개구리, 새가 소리를 낮추거나 자취를 감추
는 추운 계절에는 더더욱 고요하다. 북극 지방이나, 폭풍이 지나가면
고요가 찾아오는 산악 지대도 마찬가지다. 하지만 식물상이 풍부하고
동물 다양성이 큰 곳은 대체로 소란하다.

도시 소음이 다른 소리경관과 가장 뚜렷하게 구별되는 특징은 빠
르기와 예측 불가능한 성격이다. 나는 소음 측정기를 손에 든 채 맨해
튼 미드타운을 걷는다. 콜럼버스서클 바로 남쪽에서 노동자들이 길
거리의 콘크리트를 부수고 있다. 수술 의사처럼 땅의 피부를 절개하
여 그 아래 동맥과 신경을 드러낸다. 그들의 수술칼은 잭해머(착암기)
로, 4미터 떨어진 인도에서 측정하니 94데시벨이다. 인부 다섯 명 중
두 명만 귀마개를 착용했다. 지나가는 소녀가 고통스러운 듯 얼굴을

찡그리며 손바닥으로 귀를 꽉 막는다. 성인들은 굴하지 않고 지나쳐 걸어간다. 한 블록 북쪽에서 버스가 나를 지나치면서 브레이크를 끼익 밟는다. 솜뭉치처럼 생긴 고양이가 깜짝 놀라 뛰쳐나가다 목줄에 목이 죈다.

두 블록을 걸어가자 건설 인부들이 비계(飛階)용 강관(鋼管)을 떨어뜨린다. 쿵 소리에 양복 차림 행인 커플의 평정이 깨진다. 두 사람은 움찔하더니 고개를 두리번거린다. 고급차가 이중 주차된 차량을 향해 경적을 울린다. 누군가의 고함 소리가 내 귓전을 때린다. 차량으로 가득한 대로의 맞은편에 있는 친구에게 목소리를 전하려고 안간힘을 쓰고 있다. 차단된 도로에서 똑똑히 볼 수 있는 잭해머를 빼면, 나는 이 중 어느 소리도 예상할 수 없었다. 시끄러운 소리는 스트레스와 (때로는) 고통을 가하는데, 폭발음과 타격음이 마구잡이로 들려오는 소리 경관도 그에 못지않다. 마치 어두운 공간을 걷고 있는데 보이지 않는 손들이 불쑥불쑥 뻗어 나와 나를 후려치고 흔들어대는 느낌이다.

이에 반해 인간이 지배하지 않는 장소에서는 갑작스러운 굉음이 흔치 않으며 대개는 경고음의 역할을 한다. 나무가 쓰러지는 소리. 숨어 있던 포식자가 갑자기 나타나는 소리. 벌에 쏘인 동료의 아픔에 겨운 비명 소리. 이런 소리를 들으면 우리는 아드레날린이 솟구친다. 하지만 숲을 비롯한 생태계에서 들리는 시끄러운 소리는 대부분 예측 가능하며 전혀 고통을 일으키지 않는다. 우림에서 왕부리새와 큰앵무가 드넓은 영역 위를 짝지어 날면서 내는 시끌벅적한 울음소리는 이 새들이 다가왔다가 떠남에 따라 커졌다 작아진다. 매미와 개구리의 합창이 차고 이우는 장단은 (이따금 압도적이긴 하지만) 우리 귀에 충격으로 다가오진 않는다. 격렬한 파도는 규칙적이기에 오히려 위안이 된다. 심지어 쾅 하고 우르릉거리는 우렛소리도 대개는 예측할 수 있다. 우리는 폭풍우가 다가오는 것을 보거나 느끼거나 들을 수 있다. 우렛소리가 난데없이 우리를 놀래는 일은 드물다. 숲과 사바나에서 진화한 인간 신경계는 지금의 도시에 적응이 되어 있지 않다. 맨해튼을 거니는 하루 동안 내가 듣는 갑작스러운 굉음은 우리 조상들이 평생 경험했을 것보다 많다.

도시 소음—인간 활동에서 발생하는 달갑지 않고 통제할 수 없는 소리—이 우리의 몸과 마음에 부정적 영향을 끼친다는 사실은 잘 알려져 있다. 시끄러운 소리는 청력 상실로 이어질 수 있다. 잭해머처럼 귀청을 찢는 기계에 의해 즉각적 손상이 일어날 수도 있고 전철역, 공사 현장, 혼잡한 도로의 소음에 수년간 노출되어 속귀 털세포가 천천히 닳을 수도 있다.

청력 상실은 사회적 관계의 상실이나 사고와 낙상 가능성 증가 같은 다른 문제로도 이어진다. 소음은 우리 귀의 털만 공격하는게 아니다. 비행기, 지나가는 트럭, 집 안의 소음 등 원치 않는 소리에 시달리면 혈압이 치솟는다. 이 현상은 심지어 곤히 자고 있을 때에도 일어난다. 소음은 수면을 파편화하며, 깨어 있는 시간에도 스트레스, 분노, 피로를 증가시킨다. 심장과 혈관도 해를 입는다. 소음에 노출되면 심장병과 발작이 증가하는데, 이는 만성적 소음 노출이 스트레스 호르몬을 증가시키고 혈압을 높이기 때문일 것이다. 도시 소음은 혈중 지질과 당 농도를 교란할 수도 있다. 소음은 인지 발달을 저해하여 아동에게 특히 큰 피해를 입힌다. 학교에서 비행기, 차량, 기차 소음에 만성적으로 노출되면 집중력, 기억력, 독해력, 시험 성적에 문제가 생길 수 있다.

쥐와 생쥐를 대상으로 실험했더니 소음은 생리를 변화시키고 뇌 발달을 저해했다. 이런 고통이 특히 문제가 되는 것은 소리의 성질 탓이다. 원치 않는 빛은 눈을 감거나 커튼을 치면 쉽게 차단할 수 있다. 원치 않는 냄새는 문을 꼭 닫으면 대개 물리칠 수 있다. 하지만 소음은 고체를 통과하여, 언제나 열려 있어서 언제나 듣고 있는 귀를 찾아낸다.

서유럽에서는 이런 영향에 대해 연구가 잘 되어 있는데, 유럽환경청은 질병과 조기 사망의 환경 요인으로서 소음이 미립자 오염 물질에 이어 두 번째이며, 연간 1만 2000건의 조기 사망과 4만 8000건의 심장병 신규 발병을 일으킨다고 추정한다. 소음으로 인해 6500만 명의 서유럽인이 만성적 수면 장애를 겪고 (열 명 중 한 명 꼴인) 2200만 명이 만성적 짜증을 겪는 것으로 추정된다.

유럽 이외 지역에서는 소음의 영향을 이처럼 정밀하게 측정한 경우가 거의 없지만 소음의 대가는 오히려 훨씬 심각할지도 모른다. 이를테면 아프리카 도시들의 소음 측정치는 유럽 도심의 소음 수준을 종종 뛰어넘는다. 유럽 데이터를 대입해보면—대략적인 어림이기는 하지만—전 세계적으로 도시 소음은 수억 명의 건강과 삶의 질을 떨어뜨리고 해마다 수십만 명의 목숨을 앗아간다고 볼 수 있다. 전반적으로 이러한 영향은 도로와 하늘이 혼잡해지고 산업 활동이 증대할수록 악화한다. 이를테면 1978년부터 2008년까지 항공 운항은 네 배로 증가했는데, 이 추세는 코로나 19 대유행 때까지 계속되었다.

소외 혹은 환영

도시 소음의 고통은 고르게 분담되지 않는다. 도시의 소음 공해는 일종의 불의다. 하지만 우리는 집의 소리경관을 사랑하는 종이기도 하다. 우리는 도시 소음에 적응하고 참아낼 뿐 아니라 이따금 소음을 문화와 장소의 대표적 특징이자 자기 동네의 음향적 분위기로 여겨 애착을 느낀다. 그렇다면 도시의 소리는 역설적으로 소외하는 동시에 환대할 수 있으며 피해의 원인일 뿐 아니라 소속감의 원천일 수도 있다.

웨스트할렘에 있는 친구의 아파트를 빌려 여름을 난 뒤에 브루클린 파크슬로프로 이동하여 이스트강 건너에 있는 또 다른 아파트에서 몇 주를 보낸다. 이 아파트에는 창문에서 몇 미터 떨어진 곳에 어떤 고속도로도 없다. 프로스펙트 공원의 200헥타르 넘는 숲, 잔디밭, 호수가 걸어서 몇 분 거리에 있다. 아이스크림 장수들은 우리 아파트 창문 아래에 오후 내내 주차하지 않는다. 이 새로운 동네의 버스들은 조용히 달리며 매연도 내뿜지 않는다. 지난 20년간 뉴욕시에서 수십 개의 버스 노선을 겪어봤지만, 파크슬로프에 오기 전까지는 출발할 때 나직이 읊조리고 깨끗한 배기가스를 내뿜으며 승객들에게 와이파이와 편안한 승차감을 제공하는 버스는 한 번도 타본 적이 없었다. 웨스트할렘은 주로 라틴계와 흑인 지역인데, 파크슬로프는 백인이 대부분이며 가계 소득 중위값이 두 배나 된다. 웨스트할렘의 주택은 80퍼센트 이상이 임대인 데 반해 파크슬로프의 임대 비율은 60퍼센트를 약간 웃돌 뿐이다.

도시 소음의 해로운 요인들이 불공정하게 분배되는 것은 도시 계획의 역사와 현재의 정책을 드러내는 감각적 표현이다. 많은 뉴욕 동네를 통과하는 고속도로는 소수 민족과 저소득층 거주 지역을 파괴하고 조각내어 많은 사람들을 떠나게 하고 남은 사람들에게는 소음과 대기 오염이 증가되도록 의도적으로 노선이 짜여 있다. 뉴욕에서 이 공사를 감독한 로버트 모지스는 이 정책에 백인 위주의 교외를 도시와 연결하고 (그의 표현에 따르면) '게토'와 '슬럼'을 파괴하는 이중의 유익이 있다고 여겼다.

모지스는 도시를 외곽 지역 승용차들을 위한 교통축으로 탈바꿈시켰는데, 이 작업은 미국 전역에서 되풀이되었으며 공사비의 90퍼센트는 연방정부에서 도심 고속도로 사업 명목으로 부담했다. 하지만 1960년대 후반 즈음 너무 많은 소수 민족 거주지가 고속도로에 난도

질당하자 운동가들이 들고일어났다. 그들의 구호 중 하나는 "더는 백인 고속도로가 흑인 침실을 통과하지 말라"였다.

이에 반해 공원은 대부분 부유층 동네 가까이에 조성되었다. 프로스펙트 공원이 건립된 1860년에 위원들이 브루클린 전역에 대해 추천한 공원 부지는 일곱 군데였다. 하지만 시의 관심은 프로스펙트 공원에 쏠려 있었다. 당시 인구 밀집 지역에서 멀리 떨어져 있었는데도 말이다. 공원 기획 담당자들은 많은 사람이 녹지에 쉽게 접근할 수 있도록 하기는커녕 철도·부동산 개발업자 에드윈 클라크 리치필드의 땅 옆에 있는 부지를 선정했다. 프로스펙트 공원의 건립 당시 명시적으로 내세운 목표 중 하나는 부유한 주민을 이 지역으로 더 많이 끌어들여 부동산 가치와 조세 수입을 끌어올리겠다는 것이었다.

이에 반해 웨스트할렘은 공원 접근권을 거듭거듭 박탈당했다. 로버트 모지스는 1937년부터 1941년까지 맨해튼 웨스트사이드를 재개발하면서 강기슭에 비교적 조용한 공원을 조성하여 50헥타르 이상의 녹지를 확보했는데, 이 혜택은 할렘의 흑인 거주 구역 경계선 바로 앞에서 멈췄다. 모지스의 사업에는 뉴욕의 모든 납세자가 자금을 지원했지만 혜택은 대부분 백인에게 돌아갔다. 이것은 배제이자 일종의 강탈이다.

이후 1986년 시는 노스강 하수처리장 위치를 웨스트할렘 강기슭으로 정했다. 10억 달러 규모의 이 공사는 애초에 백인 거주 구역에서 가까운 훨씬 남쪽에 건설될 예정이었다. 하수처리장은 악취와 (때로는) 유독성 가스를 발생시킬 뿐 아니라 동력원인 대형 엔진에서 매연을 내뿜는다. 이 부정적 영향의 일부를 상쇄하기 위해 달림길, 수영장, 기타 체육 시설이 처리장 옥상에 굴뚝과 나란히 지어졌다. 처리장은 해상이송시설 인근에 자리 잡았는데, 지금은 폐쇄된 이 시설은 쓰레기차가 쓰레기를 배에 부리는 24시간 하역장이었다.

남쪽으로 몇 블록 떨어진 곳에서는 뉴요커들이 도심에서 허드슨강으로 이어지는 주택 단지의 넓은 녹지 공간을 향유하지만 웨스트할렘 주민들은 좁은 강기슭에 들어가려면 하수처리장 옥상의 좁은 계단을 이용하거나 120계단을 내려가 컴컴한 터널을 지나야 한다. 옥상에 설치된 엘리베이터는 내가 그 동네에 머무는 동안 작동하지 않았다. 강기슭에 쉽게 접근할 수 있는 보행자 전용 다리는 1950년대에 불탔는데, 2016년까지도 복구되지 않았다. 이곳은 공원이 부족할 뿐 아니라 공원에 접근하는 것도 여간 힘들지 않다.

소음 공해는 도시에서 벌어지는 다른 형태의 환경 불의와도 맞물린다. 오래된 경유 버스는 소음과 미립자 오염 물질을 대기에 내뿜는다. 뉴욕시 버스 차고지의 75퍼센트는 유색인 거주지에 있는데, 이 지역들은 트럭 및 승용차 통행, 폐기물 운반 시설, 공업 단지에 유난히 시달리는 곳이기도 하다. 라틴계와 흑인 뉴요커는 평균적으로 백인의 두 배 가까운 차량 미립자 오염 물질을 흡입한다.

2018년 브루클린 자치구청장 에릭 애덤스를 비롯한 선출직 공직자들은 낡고 대기를 오염시키는 버스가 저소득층 거주지를 주로 통행하는 현실을 "용납할 수 없고 감내할 수 없다"고 선포했다. 이에 트랜짓 오소리티는* 오래된 버스의 일부를 더 일찍 폐차했으며 2040년까지 모든 차량을 전기차로 전환하겠다고 한다. 이렇게 하면 버스의 소음과 경유 매연으로부터 공기를 깨끗하게 할 수 있겠지만, 관건은 자금이다. MTA의 예산은 시가 아니라 뉴욕주에서 관할하는데, 뉴욕주는 MTA 예산을 부실 스키장 구제에 쓰는 등 수십 년째 시의 대중교통 기금을 전용했다.

뉴욕시 저소득층 주거지의 버스가 내뿜는 소음과 매연의 기원은 몇몇 (주로 백인인) 휴양객의 겨울철 레저로 거슬러 올라간다. 이것은 교외와 준(準)교외**를 위해 도시를 만신창이로 만드는 20세기 미국 토목 사업의 민낯이다. 2020년 전 세계 도시의 생태를 검토한 포괄적 학술 연구에 따르면 오염 패턴, 나무가 없는 열섬, 건강한 수로에 대한 접근, 기타 도시 생활의 환경적 차원 등을 "주로 좌우하는" 것은 사회적 불평등과 구조적 인종·계급 차별이었다.

차량 소음이 증가한다. 공원 면적이 감소한다. 웨스트할렘과 파크 슬로프의 소리경관이 이토록 대조적인 것은 150여 년에 걸친 불공정한 도시 계획의 결과다.

뉴욕시에서는 권력 불평등의 음향적 표현이 이따금 부유한 동네로

---

* 공식 명칭은 메트로폴리탄 트랜스포테이션 오소리티(Metropolitan Transportation Authority)다.
** 교외보다 더 떨어진 반(半)전원의 고급 주택지

확대되기도 한다. 빌딩 철거·건축 업계는 가장 유력한 주민들 말고는 누구에게도 아랑곳하지 않는다. 2018년 시는 빌딩 건축 공사를 오전 7시부터 오후 6시까지로 제한하는 규정의 예외를 6만 7000건 인정했다. 이것은 2012년 허용 건수의 두 배를 넘는다. 이 공사들은 이미 소음을 발생시키고 있었는데다, 이제는 철거 시간을 해 뜨기 전과 밤늦게까지로 확대했다. 이 허용 조치로 2000만 달러 이상의 수수료가 시 금고를 채웠다. 2019년 뉴욕주에서 쓰인 3억 달러 가까운 로비 자금 중에서 부동산·건설 분야는 예산 책정 로비에 이어 두 번째 규모를 자랑했다.

2016년 주 감사원은 시내 건설 공사와 관련한 소음 불만이 2010년부터 2015년까지 두 배 이상 증가했다고 보고했다. 그런데도 건설 현장에 파견된 감사관들은 소음 측정기를 휴대하지 않았으며 벌금도 좀처럼 부과하지 않았다. 소음 규제를 집행해야 하는 시청 담당과는 민원이 빗발치는데도 고질적 문제들을 적발하지 못했다. 도시의 부유층 거주지는 다른 동네에 비해 조용할지 모르지만, 그들도 연줄 좋은 개발업자들의 소음 공격으로부터 무사하지 못하다. 물론 건설과 증개축이 없으면 도시가 제 역할을 할 수 없다. 하지만 잭해머와 트럭이 생산적 업무나 재충전 수면의 여지를 모조리 앗아 가면 도시는 인간이 살 수 있는 거주지를 공급하는 기본적 임무에 실패한 것이다.

저항은 개인, 운동 단체, 선출직 지방 공직자에게서 터져 나왔다. 웨스트할렘에서는 지역사회 기반 비영리 단체 환경정의운동이 수십 년째 주민의 권리와 안녕을 위해 투쟁하여 하수처리장 건설 반대, 버스 차고지의 소음 및 청결 문제 해결, 천식 유발 대기 오염원 제거, 도심 지역 난방 불평등 해소 등을 쟁취했다. 시의원들은 최근 규정 시간 외 공사를 금지하는 법안을 통과시켰다. 이 법이 시행되면 소음이 더 엄격하게 규제될 것이다. 개인들은 소액재판소를 이용하여 시 당국이 외면하는 규제를 강제한다.

이 노력들의 바탕에는 성가신 소음을 줄이려는 오랜 역사가 있다. 1881년 지독히 시끄러운 맨해튼 고가철도 근처에서 살던 발명가 메리 월튼은 소음을 줄이는 철도 받침대에 특허를 등록했는데, 이 혁신은 뉴욕을 비롯한 여러 도시에서 채택되었다. 20세기 첫머리에 의사이자 운동가 줄리아 바넷 라이스는 선박과 도로 교통의 소음을 (특히 병원 주변에서) 제한하는 데 성공했으며 결국 연방 소음통제법안의 통과를 이뤄냈다. 20세기 초엽에는 길거리에서 덜컹거리는 소음을 줄이기 위해 말이 끄는 우유 배달 수레에 고무 바퀴를 장착했으며 말에게는 고무 신발을 신겼다. 헬리콥터와 비행기 소음이 하늘을 덮고 건설 소음이 땅을 울리는 지금 도시의 관점에서는 매혹적일 만큼 멋있는 조치였다.

1935년 피오렐로 라과디아 시장은 10월을 '소음 없는 밤'의 달로 선포하고, 소음을 줄이기 위해 뉴요커들에게 "협력, 예의, 선린의 정신"
을 촉구했다. 이듬해 소음 규제령이 시행되었다. 이 규제령은 증폭된
음악, 엔진, 건설, 트럭 하역, 야간 고성방가, 차량에 탑재된 스피커,
"지속적이고 비합리적인 [원동기] 경적" 등을 표적으로 삼았는데, 85
년 전에 제정되었는데도 마치 현재의 길거리를 묘사한 듯하다.

소음에 나타난 인종, 계급, 성별의 불평등

소음은 우리가 감각적, 사회적, 물리적 세계를 통제하지 못하고 있
음을 보여주는 현상이다. 통제권이 가장 약한 사람들은 종종 빈곤층
과 소외된 이들이다. 하지만 모든 '소음'이 나쁘고 모든 사람이 도시의
소리를 같은 방식으로 경험하는 것은 아니다. 이 차이는 지역 정체성
과 젠트리피케이션*을 둘러싼 치열한 투쟁에 뿌리를 둔다. 주택이 작
고 여름이 더운 지역에서 으레 그렇듯 가족과 상업 활동이 길거리로
쏟아져 나오면 목소리, 증폭된 음악, 차량 소음은 장소 감각을 정의하
는 성질, 즉 고향의 특색이 된다.

하지만 '고향'의 음향적 의미는 논란의 여지가 있다. 저마다 다른
기대가 부딪히면 갈등이 생긴다. 이러한 갈등은 인접 구역에 사는 주

---

* 중하류층이 생활하는 도심 인근의 낙후 지역에 상류층의 주거 지역이나 고급 상업가가
  새롭게 형성되는 현상으로, 최근에는 외부인이 유입되면서 본래 거주하던 원주민이 밀려
  나는 부정적인 의미로 많이 쓰이고 있다.

민들 간의 필연적 마찰에서 비롯하는 경우도 있다. 소리는 나무, 유리, 주택을 통과하고 깨진 유리창 너머로 비집고 들어가며 모퉁이와 지붕을 에돌기 때문에, 이웃들의 목소리와 활동은 우리 내면에, 우리 속귀의 유체 운동 속에 살아 있다. 이런 친밀감은 수면을 방해할 수도 있고 낮에는 사생활 침해나 분노를 유발할 수도 있다.

소리는 우리를 타인의 삶에 연결하기 때문에 우리는 자신의 감각 경험에 대한 통제권을 일부나마 그들에게 내어주어야 한다. 물론 이것은 숲이나 바닷가를 비롯한 어디에서나 마찬가지이지만, 그런 곳에서는 우리의 내적 동요가 오히려 가라앉는다. 소리가 나무, 곤충, 새, 물의 외국어로 찾아오기 때문이다. 만일 이 소리에서 쉭쉭거리는 소나무 바늘잎의 갈증, 매미의 호색적 오만, 까마귀의 집단적 욕설, 허리케인을 원망하는 바닷가 파도의 부글거림이 들린다면, 우리의 마음은 여기에 판단과 분석을 덧입혀 위안보다는 오히려 번뇌에 휩싸이지 않을까?

도시에서는 사람들이 소리의 원천과 의미를 너무나 잘 알기에 이웃에게 속상하거나 분노할 수 있다. 특히 그들의 소음이 무신경의 결과라고 판단될 때는 더더욱 그렇다. 베이스와 드럼 위주의 음악이 밤늦게 울려퍼진다. 벽에 손을 대니 진동이 느껴진다. 동트기 전, 양탄자를 깔지 않은 아파트 위층 바닥에서 신발 쿵쿵거리는 소리가 들린다. 복도 저쪽에서 언성을 높인 부부 싸움이 벌어진다. 한밤중에 아이들이 길모퉁이에서 폭죽을 터뜨린다. 열흘째 이러고 있다. 체력이 올림

픽 선수 뺨치는 소형견이 오후 내내 온 동네가 떠나가라 짖어댄다.

이웃 간의 관계가 건강한 동네에서는 소리가 집과 집의 경계를 넘어 흘러도 대개는 별 문제가 생기지 않는다. 우리는 공동체의 소리를 참아주며 때로는 즐기기도 한다. 문제가 생겨도 이튿날 문자 메시지를 보내거나 직접 만나 대화로 해결한다. 하지만 불화로 반목하는 동네에서는 소리가 더 큰 적대를 낳을 수 있다. 누군가에게는 지역 문화의 신나는 표현이 다른 누군가에게는 짜증스러운 소음일 수 있는 것이다. 이 갈라진 틈이 인종, 계층, 부의 경계선과 일치하면 이웃이 어떤 소리를 내야 하는가에 대한 저마다 다른 기대는 젠트리피케이션의 징후이자 원인이 된다.

내가 묵은 웨스트할렘 아파트가 있는 동네는 지금 라틴계가 대부분을 차지한다. 밤이면, 특히 주말이 되면 길거리의 삶은 작은 손수레에 실은 스피커나 깽깽거리는 휴대폰 스피커에서 흘러나오는 음악을 중심으로 돌아간다. 커졌다 작아지면서 지나가는 장단과 가락은 도시의 차량 소음에 주로 따라붙는 반주다. 미국독립기념일인 7월 4일 즈음에는 시내 한가운데서 밤마다 터지는 폭죽이 음악을 폭발적으로 장식했다. 폭발음은 높은 빌딩 사이의 협곡에서 메아리치고 울려퍼져 시각적 장관에 여운을 더한다. 이 동네의 백인 방문객으로서 나는 집값을 끌어올리고 상권을 백인 중심으로 유도하는 젠트리피케이션의 원흉이었다. 내가 시청 민원실 전화번호인 311에 연락하여 '그 소음'에 대해 불만을 제기했다면 그 행위는 무장한 공권력으로 하여금 문화적으로 부적절한 취향을 지역 공동체에 강요하라고 직접 요구하는 셈이었을 것이다. 나는 그들의 음악을 즐겼으며 전화할 생각은 조금도 없었지만, 설령 그런 생각이 있었더라도 손님이자 문화적 외부인으로서 그런 행동은 결례였을 것이다.

하지만 이 동네의 다른 백인 주민들은 나처럼 생각하지 않는다. 집값이 오르고 백인이 들어오면서 소음 민원이 (특히 2015년 이후) 급증했다. 인도에 접이식 탁자를 펼쳐놓고 도미노를 하면서 라디오를 쩌렁쩌렁 틀어두거나 아이들이 폭죽을 터뜨리는 수십 년 된 관습은 새로 이주한 백인 주민들에게 탐탁지 않다. 그중 상당수는 개조하거나 신축한 아파트 단지에서 거액의 임대료를 내며 산다.

같은 갈등 양상이 다른 도시들에서도 전개되는데, 여기에 장소 특유의 계층적·인종적 긴장이 반영된다. 뉴올리언스에서는 흑인들이 세컨드라인 퍼레이드(second-line parade)*와 길거리 파티를 벌이면 백인 주민들이 경찰에 전화하여 불만을 터뜨린다. 오스트레일리아 멜버른에 새로 들어선 주택 단지에서는 부유한 주민들이 이곳에서 오랫동안 진행되던 음악 공연에 대해 소음 민원을 제기한다. 이 단절은 인종을 넘어서서 사회 계층의 경계선을 따라 이어진다. 런던의 채플 마켓**에서는 개축 아파트에 새로 입주한 사람들이 고함 소리 — "사과 세 개에 1파

---

* 관악기 악단을 따라가며 춤추는 뉴올리언스의 전통 행사
** 런던 유일의 일일 길거리 장터

운드요!"—와 이른 아침부터 덜컹거리는 외발 수레에 대해 불평한다.

어느 장소에서든 달라진 것은 동네의 소리가 아니라 그 소리를 듣는 사람들의 욕망과 요구다. '소음'에 대한 인식은 권위자에 대한 청원을 통해 무기가 되어 현지인을 밀어내고 신규 입주민을 우대한다. 뉴욕시에서는 백인이 311에 전화하여 흑인의 소음에 대해 불만을 제기하면, 전화 건 사람은 아무 책임도 지지 않지만—공식 기록에는 발신자의 이름이 남지 않는다—불만의 대상자는 으레 폭력적이고 인종주의적인 공권력에 시달린다. 따라서 적당한 소음 수준과 부적당한 소음 수준이 얼마큼인가에 대한 우리의 판단과 이 판단에 대해 어떻게 행동할 것인가에 대한 우리의 선택은 관용의 매개체가 될 수도 있고 불의의 매개체가 될 수도 있다. 집값만 젠트리피케이션을 부추기는 것이 아니다. 감각적 표현과 기대의 문화적 차이도 마찬가지다.

❈

도시 생활은 소음에 성차(性差)가 있음을 우리에게 가르쳐주기도 한다. 교통 소음과 산업 소음을 흑인과 소수 민족 동네로 몰아넣는 도시 계획들은 남성의 손으로 수립되었다. 이른 아침과 늦은 밤까지 소음을 일으키는 건설 회사들은 남성이 경영한다. 폭죽과 (뉴욕 길거리에서 총소리를 내도록 개조한) 차량 소음기를 펑펑 터뜨리는 것은 대개 젊은 남성이다. 남성은 차에 앉아서 수십 개의 아파트 창문에 대고 음악을 울려대는 사람이자 소음을 극대화하도록 개조한 오토바이와 자동차로 좁은 길거리를 맹폭하는 사람이다. 도시 소음은 종종 호전적인 남성성의 소리다.

우리 문화는 남성이 타인의 감각 경계를 침범하는 것을 장려하고 용인하지만 여성의 목소리는 강제로 침묵시킨다. 그렇다면 도시의 함성에서 우리는 "여자는 일체 순종함으로 조용히 배우라"(디모데전서 2장 11절)라는 성경 말씀을 기록한 족장의 목소리를 듣는다. 이 관행은 메리 앤 에번스로 하여금 남성의 이름(조지 엘리엇)으로 글을 발표하도록 했고, 현대의 맨스플레인을 부추겼고, 여성혐오 대통령으로 하여금 여성 언론인들에게 "입 다물라"고 말하도록 했고, 여성을 관현악단과 지휘대에서 내몰았고, 로큰롤 명예의 전당의 90퍼센트 이상을 남성의 목소리로 채웠고, 이날까지도 젊은 여성들을 침묵시키고 젊은 남성들의 입담을 칭찬한다. 모든 생태계에서 소리는 근본적 에너지와 관계를 드러낸다. 도시에서 우리는 인종, 계급, 성별의 인간 불평등을 듣는다.

소음에 대한 반응에도 성차가 있다. 여성은 도심 소음을 줄이려는 노력을 (특히 뉴욕시에서) 수 세기 동안 주도했다. 19세기 메리 월튼의 발명, 20세기 초 줄리아 바넷 라이스의 발의, 페기 셰퍼드가 공동 창립하여 이끄는 오늘날 환경정의운동의 활약과 정책 제안, 시의원 헬런 로즌솔과 칼리나 리베라가 입안한 뉴욕시의회 조례에 이르기까지 여성들은 도시의 소리경관을 부쩍 개선했다.

세상의 소리를 빚어내는 과정에서 여성적 에너지가 행한 역할은 훨씬 오래전으로 거슬러 올라간다. 귀뚜라미에서 개구리와 새에 이르기까지 소리의 정교화와 다양화를 주도한 것은 많은 종에서 암컷의 미적 선택이었다. 포유류에게 근육질의 날렵한 목을 선사하여 인간의 말과 노래를 가능케 한 것은 어미의 젖이었다. 우리 세상의 소리는 모든 성별이 낳은 산물이지만, 암컷은 우리가 소리경관에서 경탄하고 필요로 하는 많은 것에 압도적으로 큰 영향을 미쳤다. 동물 소리의 다양성, 음성 표현의 아름다움, 도시의 음향적 활력이 존재할 수 있었던 것은 상당 부분 생물학적 진화와 인류 문화에서 발휘된 여성적 힘 덕분이다.

도시 소음은 일반인과 다른 감각계와 신경계를 가진 사람들에게 적대적 환경을 조성하기도 한다. 요즘은 많은 식당이 너무 시끄러워서 청력이 조금만 상실된 사람조차도 소란의 와중에 상대방의 언어 패턴을 파악하지 못해 대화에서 단절된다. 이런 장소의 소음은 휠체어가 통과할 수 없는 높은 현관문 계단과 같은데, 이 경우는 일반인과 다른 귀를 가진 사람들에게 장애물이 된다. 이 식당들에서는 많은 손님이 배제될 뿐 아니라 직원들도 청력을 손상시키는 수준의 소음에 매일같이 노출된다.

신경전형인(neurotypical)*과 불안 장애에 시달리지 않는 사람들은 소

---

* 자폐증 범주에 속하지 않는 사람을 일컫는 표현

음의 에너지에서 오히려 힘을 얻는다. 하지만 자폐 스펙트럼에 속해 있거나 불안을 늘 달고 사는 사람들에게 소음은 종종 견딜 수 없는 고통이다. 소음은 사람들이 도시의 삶에 참여하지 못하도록 담장을 세울 수 있는데, 이 벽은 눈에 보이지 않아도 엄연한 현실이다. 도시의 소음을 감당할 수 없는 사람들 중 일부는 도피라는 특권을 누리지만 이 소리경관에서 태어나는 모든 아동, 직장이나 가족 때문에 도시를 떠날 수 없는 모든 성인은 담장에 갇힌 채 불안과 (때로는) 공포에 사로잡힌다. 도시의 일부 지역에서 소음은 다수가 소수를 억압하는 수단이 되기도 한다.

※

지하철역에서 나와 맨해튼 미드타운에 발을 디디면 주변 소리들의 활기에 붕 뜬 기분이 든다. 인간의 노동과 사회가 음향적으로 수렴하여 나를 밀어올리는 듯하다. 하지만 똑같은 소리경관이 나를 공황의 초기 단계에 밀어넣기도 한다. 소리의 바이스(vise)*가 나의 심장과 호흡을 죄고 나를 광적이고 필사적인 도피 욕구로 채운다. 도시는 내 자율신경계로 통하는 창문으로, 나의 몸과 감각을 무의식적으로 조절한다. 소음 수준은 우리 사회의 역동성뿐 아니라 우리 정신의 짜임도

---

* 기계공작에서 공작물을 끼워 고정하는 기구

드러낸다. 그렇다면 도시에 대한 나의 다양한 반응은 도시의 음향적 역설에 대한 신체 증상이다.

도시는 나의 인간성 속으로 더욱 깊이 나를 끌어당긴다. 도시가 문화들을 융합하고 예술과 산업의 축 역할을 하면서 내가 타인과 맺는 연결이 확장된다. 수십 가지 언어가 들리는 길거리, 세계 음악의 첨단과 고전이 살아 숨 쉬는 거리, 살아 있는 구어의 힘이 찬양받는 극장이 내게 양분을 공급한다. 브로드웨이에 울음소리를 흩뿌리는 황조롱이, 브루클린 옥상들에서 법석을 떠는 도래까마귀, 할렘 위로 날갯짓하며 꺽꺽 우는 해오라기까지 생명의 적응력과 회복력을 보여주는 도심의 새소리가 나를 고양한다.

우리는 호기심과 공감 능력을 갖춘 공생공락(共生共樂)의 종이다. 상상력, 창조력, 협동심 같은 인간 특질은 도시의 강화된 사회 연결망에서 번성한다. 메소포타미아에서 최초의 도시들에 살던 사람들도 이와 똑같이 솟구치는 잠재력을 느꼈을 거라 상상해본다. 도심이라는 새로운 거주지에서 우리는 역설적으로 더 온전한 자신이 될 수 있다. 인류의 귀향이랄까.

그러나 도시는 인류 최악의 특질들로 우리를 옭아매기도 한다. 그 올무 안에서 도시는 끊임없이 우리 머리 위로 말을 쏟아낸다. 그 에너지가 어찌나 큰지 우리의 혈액 화학 조성과 신경 긴장 상태를 급변시켜 때로는 질병과 사망에 이르게 하기도 한다. 우리가 목청을 높여 자신의 존재와 능력을 내세워야겠다는 필요성을 느끼는 것은 놀랄 일이 아니다. 하지만 이렇게 하면서 우리는 타인이 겪는 음향적 고통의 원인이 된다.

소음의 공격이 더더욱 막강한 것은 감각들이 조합되기 때문이다. 소음이 극심한 곳에서 매캐한 차량 매연이 우리의 코와 입에 스며든다. 이것은 폐에서도 감지된다. 빵빵 경적을 울리는 SUV, 배달 트럭, 승용차로 꽉 막힌 길거리를 걷고 있으면 우리의 폐는 꽉 죄인 채 공기를 (헛되이) 갈구한다. 어떤 운전자는 경적에 체중을 실은 채 손을 떼려 들지 않는다. 경적을 빵빵빵 세 번 연속으로 울리거나 분노를 소리로 표현하듯 장단을 맞추는 운전자도 있다. 구급차 한 대가 지나가려 하지만 앵앵거리는 소리는 뒤엉킨 차량 행렬 속에서 무력하기만 하다. 배기가스의 구름이 도로의 협곡에 걸려 있다. 밤이 되면 별은 고작 한두 개 보일 뿐 나머지는 빛의 돔에 가렸다. 미립자 오염 물질의 오라(aura)가 전구 수십억 개의 에너지를 반사한다. 발밑의 땅은 무지막지하게 딱딱하다. 이곳의 발소리는 도시 밖에서 낙엽층, 바위, 자갈, 모래, 이끼를 밟는 신발과 발의 온갖 소리와 달리 언제나 군인 같고 공격적이고 딱딱 끊어진다. 도시는 모든 감각신경종말을 움켜쥔 채 이렇게 말한다. 넌 내게서 벗어날 수 없어.

도시에서 감각을 침범당하는 느낌과 불쾌감은 '파도 밑에 사는 우리 친척'과, 바다를 세포의 액체 속 기억으로만 간직하는 뭍짐승 같은 다른 종을 공감적으로 이해하는 소통의 문이다.

소리의 폭력에 잠긴 나는 달갑지 않은 진동, 낯선 에너지에 밤낮으로 온몸이 후들거리는 고래다. 우리 조상의 오랜 소리 경험은 여기에 대처할 방안을 내게 마련해주지 않았다.

단일 종의 소음에 지배되는 소리경관에서 살아가는 나는 수백만 년 걸려 진화한 음성 다양성을 빼앗긴 숲이다. 나는 이제 절멸의 슬픔에 깊이 빠져든다.

얼마 남지 않은 종의 노래에 기뻐하는 나는 야생의 부서진 소리꾼 검은지빠귀다. 나는 이 새롭고 낯선 세상에서 목소리를 찾으려는 생명의 흥겹고 즉흥적인 충동에 이끌린다.

도시의 소리는 우리를 인간성 속으로 더욱 깊이 빠져들게 하는 것에 그치지 않는다. 우리가 그 영향에 주목한다면, 이 소리들은 말하고 듣는 모든 존재와의 신체적이고 감각적인 연대에 빠져들게도 한다. 하지만 나머지 존재들과 달리 우리 인간에게는 통제 수단이 있다. 우리는 다른 소리 미래를 선택할 수 있다. 고래는, 숲은, 새들은 그럴 수 없다.

PART 6

듣기

공동체 속에서 듣기

햇빛처럼 맑고 따스한 음이 커다란 동종에서 울려퍼진다. 이 울림에는 땡그랑거리거나 쨍그랑거리는 잡음이 하나도 없이 하나의 주파수뿐이다. 배음이 소리를 감미롭고 풍성하게 한다. 몇몇 음의 높이는 인간 발성 주파수 대역의 한가운데인 가온다보다 낮다. 종은 내게서 2미터 떨어져 있지만 소리는 마치 내 안에서 생겨나는 듯하다. 마음을 가라앉히고 집중시키는 빛이 가슴에서 사지 말단으로 퍼져나간 뒤에 내가 서 있는 공원에 대한 나의 지각 속으로 흘러든다.

술통 모양의 종은 높이가 1미터, 아가리 너비가 0.5미터 이상이며 탑의 뾰족 지붕에 매달려 있다. 종 옆에 수평의 당목(撞木)˙이 쇠사슬에 고정되어 떠 있다. 아이 하나가 발끝으로 선 채 팔을 뻗어 당목 아

˙ 절에서 종이나 징을 치는 나무 막대

래로 달랑거리는 밧줄을 잡아당긴다. 당겼다가 놓자 당목이 종을 때린다. 종소리가 다시 울린다. 순수하고 꾸준한 음이 약하게 맥동한다. 차분한 심장 박동보다 약간 느린 속도로 진폭이 커졌다 작아졌다 한다.

종소리는 입안의 단감이다. 붉은색에서 주황색으로 바뀌는 석양이다. 모든 존재의 무상(無常)이다. 『헤이케 이야기(平家物語)』에서 마사오카 시키의 하이쿠, 시인이자 교사 나카무라 우코의 노랫말에 이르기까지 일본의 문학 전통은 우리에게 그렇다고 말한다. 범종 소리는 우리를 부양(扶養)하고 부양(浮揚)하고 올바른 관계를 맺게 한다.

이 종은 일본의 인간국보(人間国宝) 고(故) 가토리 마사히코가 제작했다. 여느 인간국보와 마찬가지로 가토리의 예술성과 기교는 일본의 중요무형문화재로 간주된다. 정부에서 후원하는 이 제도는 특별한 예술성과 기교를 보유한 사람을 기린다. 건물, 풍경, 보존 가치가 있는 사물을 지정하여 기리는 여느 국가 제도와 달리 무형문화재 제도는 영속하는 물리적 대상이 아니라 사람들이 지닌 지식을 칭송하고 보호하고자 한다.

소리경관 보존하기

문화적 지식과 마찬가지로 소리도 보이지 않으며 단명한다. 장인이 죽으면 그의 근육과 신경에 저장된 지혜는 그와 더불어 사라진다. 이와 마찬가지로 음파는 소리 주인의 의미와 기억을 간직하지만 금세 사라진다. 장인이 다른 사람을 가르치면 지식은 전수되며 제자의 해석과 혁신에 의해 변형된다. 음파도 에너지를 전달한다. 파장은 소산(消散)하는 마찰열로서만 나타나기도 하지만 때로는 살아 있는 존재의 귀에 들려 그를 변화시키기도 한다. 종소리는 전기적 기울기와 분자구조의 형태로 나의 기억 속에서 살아간다. 이 모든 것을 지탱하는 것은 내 대사작용의 난로다. 내가 이 글을 쓰는 동안 종의 진동이 페이지로 흘러들고 이 글을 읽는 당신의 몸과 마음으로 흘러든다. 나무가 청동을 한 번 때리는 소리는 인간의 몸에서 살아간다. 가토리 마사히코의 문화적 지식이 현대 일본 장인들의 지식과 작업에 살아 있듯.

이 특별한 종―히로시마 평화기념공원에 설치된 평화의 종―의 소리는 가토리의 기예에 담긴 무형의 문화적 지식과 마찬가지로 정부의 공식 인정을 받았다. 이 종의 소리는 공원에 있는 다른 종들과 더불어 '일본 음풍경 100선'의 76번째 소리경관이다. 중요한 소리경관을 찾아 기리고 더 풍성한 듣기를 장려하기 위해 정부에서 주관하는 이 사업은 1996년에 시작되었으며 정부가 소리경관의 가치를 인정하는 드문 예다. 반면에 정부가 배경 소리와 맺는 전형적 관계는 소음 공해를 규제하려는 시도를 통해 나타나는데, 그것은 중요한 역할이지만 부정적 경험으로서의 소리에 치중한다.

전 세계적으로, 가치 있는 국가·지방 문화재를 보전하고 기념하려는 정책은 대부분 보고 만질 수 있는 사물과 물리적 공간에 국한된다. 보전과 전시의 관점에서 보자면 이런 선택과 집중은 이해할 만하다. 사물은 소장할 수 있고 마음대로 보여줄 수 있기 때문이다. 공원과 건물의 경계선은 뚜렷이 표시되고 엄격히 보호된다. 하지만 인류 문화와 생명 세계의 경이로움이 우리에게 다가오는 것은 여러 감각을 통해서다. 물질적 사물과 공간만 기념하면 삶에 기쁨과 의미를 부여하는 많은 것들을 배제하게 된다. 일본 음풍경 100선 사업처럼 우리도 인류 문화의 다른 표현들을 보전하고 인간을 넘어선 생명을 기념할 순 없을까?

인간 거주지와 자연 공동체의 독특한 소리. 숲과 바닷가에서 철마다 달라지는 미묘한 내음. 독특한 향토 음식의 맛. 겨울철 거리의 협곡을 불어 내려오거나 봄철 공원을 가로지르는 바람이 피부를 스치는 감촉. 발아래 지면의 다양한 감각. 변화하는 계절의 떨림이나 빛. 이것들도 관심과 칭송을 받을 가치가 있으며 경우에 따라서는 보전해야 할 가치도 있다. 소리는 분자의 화학적 조합과 마찬가지로 기록되고 보관될 수 있지만 이 정적인 기록은 감각 환경의 살아 있고 변화하는 존재를 포착하지 못한다.

일본 음풍경 100선은 지방정부와 기업, 개인이 추천한 700여 건의 후보 중에서 환경성 산하 위원회가 선정했다. 선정된 소리경관의 원천은 물리적, 생태적, 문화적 사물을 망라한다. 이렇게 범위를 넓히는 것이 적절한 이유는 소리가 언제나 통합적이기에 에너지의 파장이 인간의 지각을 만나 통합하고 자극하는 과정에서 경계를 흐릿하게 만들기 때문이다. 음풍경 100선 중에는 방울벌레의 감미로운 울음소리나 고토가하마 해변의 노래하는 모래처럼 찰나적인 것도 있고 엔슈여울의 해변에 부딪히는 파도 소리처럼 영원한 것도 있다. 소리 목록은 증기 기관 소리 같은 옛 시대의 소리나 뱃고동과 떠들썩한 축제 같은 현대의 소리를 비롯하여 인간 활동의 음향적 성질이 어떻게 달라지는지 포착하려 한다. 소리경관은 재산, 계층, 종교와 상관없이 누구나 들을 수 있다(물론 소리를 들으려면 직접 찾아가야 하지만). 문화적, 자연적 기념의 다른 형태들과 달리 기타카미강 갈대밭의 바람 소리나 데라마치 사원군의 종소리는 입장료를 요구하지 않는다.

2018년 조사에 따르면 원래의 음풍경 100선 중 다섯 개가 사라지거나 접근 불가능해졌다. 개구리는 사라졌고 광차(鑛車)는 다니지 않으며 지진 피해로 일부 명소는 갈 수 없게 되었다. 남은 명소들은 대부분 지방정부나 시민단체로부터 후원이나 보호를 받았다. 따라서 이 명단은 장기적 변화를 관찰하여 지역민의 관심과 인식을 고취하는 수단이 되었다.

이런 성공을 거두긴 했지만 일본 음풍경 100선 사업은 제정 이후 새로운 명소를 한 곳도 추가하지 않았다. 그럼에도 일본의 소리는 지난 사반세기 동안 현저히 달라졌다. 도시에서는 휴대폰의 벨 소리, 목소리, 음악이 사방에서 들려오고, 바다에서는 선박 운항이 늘었고, 자가용 소유 대수가 증가하다가 감소했고, 전염병 대유행으로 산업 소음이 잠시나마 멈췄고, 동물이 번성하거나 쇠퇴하면서 숲과 습지와 수변의 소리가 달라졌다. 그러니 국가 소리경관 명단을 정기적으로 보충하면 후손을 위해 이 변화를 기록할 수 있으며 사람들의 귀를 다시 세상으로 돌려 소리에 대한 호기심을 불러일으킬 수 있다.

명단은 (지금으로서는) 고정되어 있지만 사업은 일본과 해외에서 소리를 대하는 새로운 방법의 자극제가 되었다. 소리경관 연구자 도리고에 게이코는 선정위원회에서 활동했으며 이후에 일부 명소를 찾아가 지역사회가 음풍경 지정에 어떻게 대응했는지 들여다보았다.

일본 본토 동해안에 있는 하마오카 모래언덕에는 지방정부의 의뢰로 나미코조("파도 소년") 조각상이 건립되었다. 나미코조는 바다의 요괴인데, 파도 소리로 날씨를 알려준다고 한다. 도리고에는 무형의 정령을 콘크리트 조각으로 표현하는 것에 대해 양가적인 감정을 느꼈다. 물론 조각상 덕분에 방문객들이 소리경관을 찾아가 중요한 문화적 설화에 경의를 표하기는 하지만. 이곳에서는 댐 건설과 나무 농장으로 해안선이 위협받고 있어서 일부 주민들은 물이 모래를 때리는 소리가 위협받고 있다고 여긴다.

더 남쪽으로 내려가 이리오모테섬의 아열대숲에서는 새와 곤충의 소리가 국가 소리경관 명단에 포함된 뒤로 유람선 회사들이 강에서 모터보트 운항을 중단했다. 음풍경 100선 사업의 목표 중 하나는 연약한 소리 공동체에 관심을 유도하여 보호하는 것이었다. 이 사례에서는 강의 소리경관이 엔진 소음 감소로 직접적 혜택을 입었다.

북쪽 끝 홋카이도에서는 음풍경 100선 지정을 계기로 소리경관에 대한 토론이 벌어졌다. 이곳에서 명단에 오른 소리경관은 오호츠크해

의 겨울철 바다 얼음이 끽끽 끙끙 쉭쉭거리는 소리다. 하지만 지역 주민들에게 가장 인상적인 '소리'는 육중한 빙원(氷原)*에 의해 바다의 수다스러운 움직임이 조용해질 때 찾아오는 갑작스러운 정적이다. 이 과정은 종종 몇 시간 안에 일어나기도 한다. 그런데 이 정적의 문화적 의미가 달라졌다. 예전에는 얼음 때문에 조업이 중단되어 몇 달간의 굶주림과 가난을 예고하는 '하얀 악마(白い悪魔)'의 도착을 나타내는 신호였지만, 1960년대 이후 가리비 양식이 유행하면서 빙원은 가리비가 만에서 잘 자라도록 피난처를 제공한다. 이제 얼음의 소리와 정적은 바다의 생산성을 나타내는 표시다.

일본 음풍경 100선 사업은 공식 명단에 오른 지역 이외의 장소에 대한 감각적 인식 제고에도 한몫했다. 이를테면 일본음환경협회에서는 참가자들이 걸으면서 소리경관에 주의를 기울이는 행사 등을 후원하고 일본의 소리 다양성을 감상하고 이해하고 보호하는 방법에 대한 토론을 주최하여 더 깊은 듣기를 정기적으로 장려한다.

2001년 음풍경 명단의 성공에 고무된 환경성은 냄새 영역으로 사업을 확장했다. 일본의 '향기로운 풍경 100선'은 냄새에 특별한 문화적 의미나 자연적 의미가 있는 장소들이다. 명단에는 등나무 꽃 향기, 구운 장어 냄새, 유황천(硫黃泉), 도쿄 간다지구 진보초 고서점 거리의 헌책 냄새 등 다양한 향기가 실려 있다. 소리경관을 지정할 때와 마찬

---

* 지표의 전면이 두꺼운 얼음으로 덮여 있는 극지방의 벌판

가지로 이 사업의 동기는 일본의 감각적 풍성함을 드높이는 동시에 소음·악취 공해의 단속 필요성을 강조하는 것이었다. 이 사업들은 부정적 경험을 관리하는 데에만 정부의 노력을 집중할 것이 아니라 긍정적 경험을 찾고 포용해야 한다는 사실을 일깨운다.

일본이 감각적 풍성함을 인식하고 칭송하는 측면에서 세계를 선도하는 것은 놀랄 일이 아니다. 일본의 종교적, 문학적, 미학적 관습은 소리, 냄새, 빛의 뉘앙스에 천착하며 인간의 문화가 식물, 다른 동물, 물, 산에 붙박여 있다는 데 주목한다. 이를테면 마쓰오 바쇼의 하이쿠는 물에 뛰어드는 개구리, 노래하는 뻐꾸기, 우는 매미의 소리로 가득하다. 절과 신사는 우리의 감각을 나무의 영험, 물의 생명, 모래와 바위의 지혜 속으로 이끈다. '일조권(日照權)'은 법으로 보호되며, 건물을 지을 때 이웃에게 그늘을 너무 많이 드리우지 못하도록 금지한다. 이런 관습은 감각적 관심과 존중의 문화적 토대다.

일본 음풍경 100선 사업은 태평양 건너편에서도 영감을 끌어왔다. 1970년대에 캐나다의 작곡가 R. 머리 셰이퍼와 배리 트루액스는 **소리 경관**과 **음향생태학**이라는 용어를 대중화했으며 음악가와 음향 녹음 전문가들과 손잡고 캐나다와 유럽의 풍경을 아우르는 소리의 다양한 짜임을 연구했다. 셰이퍼는 이 작업이 "음환경을 총합적으로 이해하는" 것이며 그 목표는 "우리는 어떤 소리를 보존하고, 장려하고, 증폭시키길 원하는 것인가?"라는 질문을 모든 공동체에 던져 "청각 문화"를 장려하고 소음을 줄이는 것이라고 말했다. 도리고에 게이코를 비롯한 사람들은 이 서구적 접근법을 이미 존재하는 일본 문화—그녀의 말에 따르면 "소리의 세계에 열려 있는 문화"—에 접목했다.

주목할 만한 소리경관의 공식 명단은 사적인 감각 경험을 공동체속으로 끌어들인다. 우리는 먹고 기도하고 운동하고 미술품을 보고음악을 들으려고 모이듯 지구의 소리를 듣기 위해서도 모인다. 그것은바람, 물, (인간을 포함한) 살아 있는 존재의 음성이 놀랍도록 다양하게어우러지는 소리다. 이렇게 하지 않고서 어떻게 듣기의 문화를 창조할수 있겠는가?

듣는 것, 존중하는 것

우리는 오스트레일리아 퀸즐랜드의 쿠타라바 호숫가에 있는 피크닉 쉼터에 모인다. 동쪽으로 고작 7킬로미터 떨어진 해변에는 태평양의 파도가 밀려들지만, 누사강의 민물이 흘러드는 이곳의 물은 잔잔하기만 하다. 발밑에는 유칼립투스와 카수아리나속(Casuarina) 나무의낙엽이 모래와 뒤섞여 있다. 낙엽은 부드럽고 향기가 난다. 높게 깔린구름 아래로 물과 하늘이 우윳빛 은색으로 펼쳐져 있다. 다른 색이라고는 4킬로미터 넘게 떨어진 맞은편 기슭의 좁은 초록 띠가 전부다.

하지만 겉보기와 달리 물은 균일하지 않다. 이곳에 모인 스무남은명은 호수와 강의 다양한 소리를 들으러 왔다. 우리의 귀를 이용하여수면 아래의—또는 물과 인간의 관계에 대한—생명과 이야기에 연결되기 위해서다. 우리의 안내인은 사운드아트 예술가이자 연구자 리어 바클리인데, 무선 헤드폰을 한 아름 안고 도착한다. 우리는 각자 헤드폰을 쓰고 스위치를 눌러 올바른 채널—바클리가 허리에 차고 다니는 전자 기기 가방 속의 작은 송신기에서 발신되는 주파수—에 맞춘다. 이것은 DJ와 무용수들이 '사일런트 디스코'(silent disco)*에서 쓰는 것과 같은 방식이지만, 오늘 이 기술이 들려주는 것은 인간의 음악이 아니라 물의 여러 이야기다.

헤드폰으로 귀를 덮은 채 인사를 나누려니 어색해서 다들 멋쩍게 웃는다. 사람 목소리와 모래사장의 잔파도 같은 일부 주변 소리는 흘러들지만 대체로 우리는 모두가 하나의 음원에 연결된 청각 영역에 들어섰다. 그것은 바클리가 창조하여 우리의 헤드폰에 쏘아 보내는 사운드트랙이다. 그 뒤로 90분간 우리는 강기슭을 따라 천천히 걷는다. 발로는 모래, 판잣길, 포장로를 밟고 눈으로는 나무와 사람을 바라보지만, 귀는 여러 겹의 음향 녹음과 주로 수면 아래서 실시간으로 들려오는 수중청음기 소리에 빠져든다.

처음에는 꼴랑꼴랑 끽끽 딱딱 하는 소리가 우리를 감싼다. 바클리는 통역하지 않은 채, 소리가 그 자체로 존재하여 우리로 하여금 강의 생명력을 청각적으로 경험하도록 한다. 일전에 수중청음기 실험을 한

---

* FM 송신기로 전송되는 음악을 헤드폰으로 들으면서 춤을 추는 행위나 그런 행위를 통해 이루어지는 모든 행사를 총칭하는 이름

적이 있기에 나의 상상력은 퇴적층을 뚫고 솟아오르는 기포의 움직임과 곤충들이 물속에서 달그락달그락 헤엄치고 기어다니고 노래하는 장면을 떠올린다. 피크닉 장소에서 출발하여 작은 강수욕장을 지나 숲을 거니는 동안 다른 소리들이 등장한다. 모래를 빨아들이는 파도의 규칙적인 소리. 우레처럼 낮게 웅웅거리는 소리. 딱총새우의 딱딱 소리와 돌고래의 끽끽 소리, 물고기의 두드리고 때리는 소리. 이 소리들을 배경으로 구비구비족이 강에 대답하는 소리, 사람과 돌고래의 관계에 대한 이야기, 강의 짐승에 존경심을 표하는 대화의 토막 같은 인간의 목소리가 잠겨 들었다 나왔다 한다.

이 경험은 어떤 면에서 음악이기도 하고—바클리는 소리 샘플을 이용하여 장단, 조성, 가락을 짓는다—뚜렷한 박자나 서사가 없는 청각 공간을 빚어내는 건축처럼 느껴지기도 한다. 경험의 일부는 수중 청음기에서 매개체를 거치지 않고 우리 귀에 실시간으로 직접 전달되기도 한다.

호수의 단조로운 은빛 수면은 새로운 성격을 입는다. 뒤에서 활기찬 대화가 들려오는 닫힌 문처럼, 물은 이제 정적이거나 단조롭지 않고 개성과 가능성으로 가득해 보인다. 이것이 감각적 연결의 힘이다. 우리는 마음만으로는 깨닫기 힘든 것을 몸으로 이해한다. 물론 바클리와 함께 걷기 전에도 물이 생명과 움직임으로 가득하다는 것은 알고 있었다. 하지만 어떤 면에서 나는 이 추상적인 개념을 파악하지 못하고 있었다. 헤드폰에서 들려오는 소리는 나의 감각, 감정, 마음을 물에 대한 개념들뿐 아니라 물의 에너지에 직접 연결한다.

뜻밖에도 물의 소리를 들으면서 다른 감각들에 대한 경험도 달라진다. 잔파도에 문득 마음이 동하여 손을 물가에 잠그고 피부로 맥동을 느껴본다. 딱총새우와 곤충의 소리를 듣고 있자니 물방울의 염도와 맛을 알고 싶어진다. 이곳은 바닷물이 배어들어 생긴 내륙습지들이 모여 형성되었으며 색깔이 거무죽죽하다. 아이 하나가 물속으로 달려들어 모래를 축축한 둔덕에 뿌리는 광경과 소리가 헤드폰의 덜 친숙한 소리와 합쳐지자 인류가 물에 흠껍게 매혹되는 이유가 궁금해진다. 모래성에서 요트와 대양 크루저에 이르기까지 우리는 물과의 접촉을 갈망한다. 호수 쪽으로 삐죽 뻗은 곳에서 돌풍이 인다. 내 살갗을 할퀴는 바람과 그 순간 귀에 들리는 소리의 거칠고 격렬한 질감이 어우러지는 모습을 음미한다. 흠뻑 젖은 풀향기가 훅 들이닥친다. 어찌 된 영문인지 소리가 나의 코를 깨운다.

우리는 일상적 영역에서 소리가 일으키는 공감각적이고 정서적인 효과에 친숙하다. 안성맞춤의 음악은 음식을 더 맛나게 하고 피부를 데우고 촉각을 민감하게 하고 근육을 깨우거나 이완시키고 자신의 몸과 공동체에 대한 소속감을 높여준다. 바클리의 작업은 이 감각적이고 정서적인 연결을 낯선 장소에 가져와 우리의 공감과 상상력을 물속으로 확장했다.

헤드폰에서 들려오는 사람 목소리 중에서 하나가 유난히 인상적이었다. 구비구비족과 돌고래의 유대 관계를 회상하는 이야기였다. 식민지 침략으로 이 연결이 끊어지기 전까지만 해도 현지인들은 (19세기 유럽인 관찰자들의 말에 따르면) "물속 모래에 창을 찔러 넣어 괴상한 소리를 내"거나 창을 "물속에서 첨벙거려 독특한 소리를 내서" 돌고래를 불렀다. 그러면 돌고래는 이 소리를 듣고 이해했으며 가까이 헤엄쳐 와 사냥팀에 합류했다. 돌고래들이 물고기를 에워싸 기슭으로 몰아 가두면 사람들은 물을 철버덩철버덩 디디며 돌고래 떼에 갇힌 고기 떼를 창이나 그물로 잡았다. 돌고래는 제 몫을 받았으며, 창끝에 꿰어 내민 고기를 겁 없이 받아먹기도 했다.

인간과 돌고래는 둘 다 정교한 음성 문화가 있다. 그들의 사회는 소리를 매개로 한 호혜성과 협력적 행동을 통해 번성한다. 이 두 가지 위대한 동물 문화는 포유류 진화의 금자탑으로, 소리를 이용하여 자신의 지능을 협력적 행동으로 엮어냈다. 말하고 듣고 지능이 있는 세상, 다른 존재들과 소통하여 상호 이익을 도모할 수 있는 세상에 우리가 속해 있음을 인류 문화가 망각한 것은 최근 일이다. 이 지식으로 돌아가는 첫걸음은 더 열심히 듣고 다른 인간과 인간 아닌 존재의 문화를 새로이 존중하는 것이리라.

2만 명 넘는 사람들이 바클리의 '강의 소리를 들으며 걷기'를 경험했다. 나처럼 소규모로 직접 참여한 사람들도 있고 스마트폰 앱으로 셀프 투어를 한 사람들도 있다. 이곳 누사강에서 시작된 사업은 이제 오스트레일리아의 세 지역과 유럽, 북아메리카, 아시아태평양의 강들로 확대되었다.

녹음과 작곡 기술의 대가이며 매혹적인 공동체 경험을 빚어낼 줄 아는 바클리는 소리의 마법사다. 그녀는 물속에 감춰진 에너지를 끌어올려 사람들의 눈길을 사로잡는다. 그 결과는 뜻밖의 방식으로 사람들을 변화시킬 수 있다. 많은 현지 농민들은 도시에 기반을 둔 예술가와 과학자들이 "강에 귀 기울이려고" 찾아오는 것을 달갑잖게 여겼다. 농민들은 난해해 보이는 예술을 동원하지 않고도 일과 놀이를 통해 (때로는) 수십 년간 이곳을 잘 알고 있었기 때문이다.

하지만 이 낯익은 장소에 수중청음기를 떨어뜨리면 흥분과 호기심을 불러일으킬 수 있다. 수중청음기를 실시간 송신기에 연결하면 이 연결이 더욱 깊어진다. 바클리는 농민 여러 명이 근처 강에서 실시간으로 들려오는 소리를 부엌에 틀어놓은 채 하루를 시작한다고 내게 말했다. 생생한 현지의 소리를 듣는 것은 중요한 일이다. 녹음된 소리나 멀리 떨어진 곳에서 전달되는 소리가 잠깐은 흥미로울 수 있을지 몰라도, 직접적으로 연결되고 정서적 힘을 가진 것은 자기 고장의 소리다. 언젠간 수중청음기와 마이크로 쉽게 접할 수 있는 데이터가 기상대의 기온과 강수량 수치처럼 보편화되어 인간의 감각과 호기심을 위한 기술적 보조 수단이 될 수 있으려나?

강에 귀 기울이는 일은 과학자들의 행동도 변화시킬 수 있다. 생물학자들은 자신이 '대상'에게 끼치는 피해에 대해 무심할 때가 많다. 해부와 객관화를 정서적이고 감각적인 연결보다 중요시하는 교육과정에 시야가 가려진 탓이다. 나는 생물학을 공부하던 초창기에 쥐, 초

파리, 달팽이 같은 동물에 메스를 대거나 치사량의 에탄올을 주입하라는 지시를 수백 번 받으면서도 (다윈이 우리의 혈족이라고 가르친) 이 존재들과 대화해보라는 말은 한 번도 듣지 않았다. 현장 생물학자들은 강을 조사할 때 전기 충격기나 그물로 표본을 수집하면서 동물을 죽이기 일쑤다. 바클리에 따르면 많은 과학자들은 그녀의 장비로 강의 소리를 들은 뒤에 "음, 이번에는 그들을 산 채로 돌려보내야겠군"이라고 말한다고 한다. 물고기의 온갖 소리를 들으면 인간의 상상력이 확장된다. 우리는 그들을 표 위의 숫자로서가 아니라 소통하는 피조물로서 들으며 그들의 목소리에서 자아와 행위능력을 듣는다. 이것이 유대 관계에 대한 감각적 교훈이다.

그렇다면 음향 녹음 기술은 우리의 귀를 다른 존재들의 삶에 열어준다. 수중청음기는 우리와 수생 생물을 가로막는 단단한 감각적 장벽을 부순다. 뭍에서도 마이크로 포착한 소리를 다른 사람들과 함께 들으면 숨겨진 이야기를 드러내어 장소에 대한 연결을 증진할 수 있다. '자연의 소리' 음반, 인간 아닌 이웃들의 목소리를 알아차리고 이해하는 법을 알려주는 웹사이트, 주요 장소의 청각적 경험을 구성하여 길잡이 역할을 하는 앱 등의 녹음 기술은 세상의 아름다움과 고통에 대해 우리의 귀를, 그럼으로써 우리의 상상력과 공감을 열어준다. 찰나적 음파를 자기 테이프나 마이크로칩에 고정함으로써 우리는 부분적으로나마 이 소리에 대한 통제권을 쥔다. 그러면 우리는 소리의 여러 성질을 공유하고 변경하고 궁리하고 측정하고 칭송할 수 있다.

하지만 통제권이 너무 커지면 우리가 듣고자 하는 장소와 삶으로부터 오히려 멀어질 수 있다. 바클리는 최신 수중 녹음 장비와 정교한 분석 소프트웨어를 접목한 학생들에 대해 내게 이야기해주었다. 그들의 연구는 기술적으로 무척이나 능수능란했다. 하지만 그들 중에서 '연구 대상 소리경관'을 맨귀나 생짜 녹음으로 들은 사람은 단 한 명도 없었다. 우림에서의 수동적 음향 모니터링과 마찬가지로, 예술가와 과학자의 손에 들린 마이크와 컴퓨터 소프트웨어가 반드시 체화된 듣기를 대체할 수 있는 것은 아니다. 그러나 우리는 종종 이 기계들의 능력에 현혹되어 제 몸의 증언을 망각한다.

리어 바클리의 작업이 내게 유난히 인상적인 이유는 기술을 이용하여 사람들로 하여금 감각을 새로 경험하고 경관과 물에서 자신의 위치를 새로 정하도록 해주기 때문이다. 그녀의 토대는 애니어 록우드와 폴린 올리베로스 같은 선구자들의 작업이다. 그들의 음악은 주변의 장소들에, 특히 인간을 넘어선 세계의 음성에 더 온전히 귀 기울라고 우리에게 촉구한다.

이와 대조적으로 기술을 동원하여 '자연'을 소환하는 화면과 스피커는 우리를 흥미진진한 장소와 신나는 서사로 데려가지만 우리 고장의 이야기에 대해 우리 감각을 열어주는 경우는 거의 없다. 사실 수천 시간의 촬영과 녹음에서 알맹이만 추린 다큐멘터리 영화에 열광하고 나면 우리 곁에서 살아가는 생물들은 실망스러울 만큼 따분해 보일 수 있다. 물론 지루한 현실에서 벗어나는 것에도 나름의 의미가 있으며 예술의 목적에는 우리를 다른 장소와 시간으로 데려가주는 것도 있다. 하지만 제 고장의 가락과 이야기를 발견하는 것도 꼭 필요한 일이다. 이것은 기쁨의 토대일 뿐 아니라 신중한 윤리적 고려의 바탕이기도 하다.

강의 소리를 듣는 일은 논란을 불러일으키지 않으며─요란한 선외기 엔진이나 저주파 소음이나 난바다 컨테이너선은 어디에도 없다─인간의 감각적 주의력을 수생 영역에까지 확장하라는 열린 초대장이다. 이렇게 확장된 감각적·상상적 연결은 무척이나 필요한 일이다.

누사강 어귀 너머에서는 고래 번식지와 그레이트배리어리프 가장자리를 비롯하여 바다 생물이 풍부한 해안을 지나는 선박 통행량이 해마다 5퍼센트 가까이 증가하고 있다. 퀸즐랜드에서는 최근 여러 건의 내륙 채광이 승인되었으며 석탄과 광물을 선박으로 수출할 예정이다. 이 선박 한 척 한 척은 바다를 소음으로 뒤덮을 것이다. 모든 항로가 그렇듯 이 소음이 바다 생물에게 미치는 어마어마한 영향은 우리 눈에 보이지 않는다. 우리는 감각적 존재이기에, 자신의 행동으로 인한 결과를 직접 경험하지 않고서는 관심을 기울이지 못한다. 물건의 약 90퍼센트를 해로로 운반하는 인류가 바닷속 소리와 단절되면 명료한 도덕적 판단력과 올바른 행동이 크나큰 타격을 입는다. 소리의 물속 세계를 안내할 인간 가이드가 지금보다 더 필요한 적은 일찍이 없었다.

공동체로의 초대

비가 그치고 해가 났다. 뉴욕시의 11월 아침 치고는 끝내주는 날씨다. 이곳 뉴욕식물원의 나무들은 늦여름과 가을의 중간에 있다. 이제 황금빛이 완연한 은행잎에서 낮은 해가 반짝거린다. 그보다 큰 너도밤나무, 단풍나무, 참나무의 잎은 구리색과 유황색이 되었다. 하지만 어린나무는 늦여름의 초록을 간직하고 있다. 나이 많은 나무들이 서리를 맞아 잎을 떨구는 사이에 두어 주 더 광합성을 할 작정인가보다. 갓 떨어진 단풍나무 잎의 그윽한 내음과 바스락 소리가 발밑에서 올라온다.

식물원을 가로지르는 통로를 따라 인파가 밀려든다. 등줄기를 이루는 숲 좌우에 식물들이 본격적으로 전시되어 있다. 우리는 낙엽이 흩뿌려진 길과 넓은 대로가 갈라지는 숲 입구의 작은 탁자 주위에 모인다. 이곳에 온 것은 오후의 공연을 듣기 위해서다. 오늘 공연에서는 인간의 목소리에 인간 아닌 동물과 나무의 목소리가 어우러질 예정이다. 한 시간 동안 합창단, 스피커, 관람객 스마트폰의 앱, 작은 나무 '로봇' 악기가 숲을 통과하는 환상(環狀) 통로에 흥을 불어넣는다. 관람객들은 이 소리의 산책로를 각자의 보속(步速)에 따라 거닐고 내키는 대로 왔다 갔다 하며 자기만의 소리 서사를 만든다.

〈숲의 합창〉이라는 제목의 이 공연은 뉴욕식물원의 2019년 상주 작곡가 앙헬리카 네그론의 작품이다. 그녀는 우리와 숲의 소리가 맺는 관계에 자신의 음악적 아이디어를 접목하여 이곳을 위한 곡을 작곡했다. 나는 길을 따라 걸으며 머리 위를 덮은 소리의 돔을 지나친다. 각각의 돔은 합창단이나 스피커 세트를 중심으로 이루어진다. 돔들은 사이사이 공간에서 서로 합쳐져 숲과 도시의 배경 소리가 된다.

환상 통로 초입에서는 전자 장비가 들어 있는 상자 근처의 스피커에서 지직거리는 소리와 변화하는 순음이 뒤섞여 들린다. 만병초(萬病草)의 살아 있는 초록 잎에 연결된 전극을 건드리면 소리가 난다. 길을 따라 몇 발짝 내려가면 나무 자동인형이 작은 나무판과 금속 종에 대고 딱딱이를 때린다. 사운드아트 예술가 닉 율먼이 제작한 이 장치는 작은 나무처럼 생겼는데, 줄기와 양옆의 가지들은 톱질한 나무를 재활용하여 만들었다. 계속 걸어가면서 듣는 소리는 곤충이 딱딱 쓱쓱 나무를 갉는 소리, 바람과 얼음이 잎을 스치는 소리, 나무줄기 안에서 탕탕 진동하는 소리(를 증폭한 것)에다 훨씬 느리고 순수한 음이 겹쳐져 있다. 내가 나무에서 녹음하여 네그론에게 전해준 소리다. 그녀는 이 소리들을 해석하고 조합하여 음향 편집 소프트웨어로 빚어냈다. 또 다른 전자적 효과는 환상 산책로 후반부에 나타나는데, 관람객들이 어떤 번호로 전화하면 흰목참새를 비롯한 새들의 소리가 전화기에서 들려온다.

산책로를 따라 여섯 지점에서 합창단이 그녀가 작곡한 곡을 노래한다. 가까이 다가가면 노랫말과 악상이 들린다. 멀찍이 서 있으면 숲의 특징이 더해져 소리가 부드럽게 뭉개지고 잔향이 퍼진다. 곡마다 인간과 숲의 관계를 다른 차원에서 떠올리게 한다. 이를테면 〈각성 (Awaken)〉에서는 청년뉴요커합창단이 숲의 상호 연결을 묘사하는 수십 개의 문장을 노래로 표현한다. 다른 곡들도 나무, 생태정의, 인간 회복력을 탐구하는 시와 이야기에서 영감을 받았다. 도합 100여 명의 합창단원이 참가했는데, 몇몇은 지역 학교 합창단 소속이다. 산책로를 따라 두 곳에서는 단원들이 길 양쪽에 늘어서 있어서 관람객이 소리의 가로수 사이를 지나게 된다. 화성적으로 어우러진 인간의 노래에 감싸인 채 이 공간을 통과하는 동안 목소리들이 내 가슴에서 솟아오르는 것 같았다. 즐거운 공감의 진동이었다.

이것은 융합의 결과물이다. 전자 센서에 초 단위로 기록된 식물의 생리 활동을 율면의 장치와 내 나무 녹음의 타악기 소리와 합치니 숲의 물질성과 내면의 삶이 드러난다. 이 음악은 바이올린이나 피아노처럼 나무로 만든 악기의 음악에 대비되고 이를 보완한다. 악기도 나무의 물질성에 의지하긴 하지만 이것은 인간의 의도에 의해 고도로 매개된 형태다. 인간의 노래가 나무와 새의 소리와 어우러지면 음악적 형태에서 대비가 생겨난다. 인간 음성의 정서적 힘은 직접적이고 뚜렷한 반면에 인간 아닌 생물의 소리는 외국어와 같아서 인간 감각으로 파악하기 힘들다.

곡의 이 모든 요소를 하나로 묶는 것은 장소 자체의 소리다. 산들바람이 숲지붕의 마른 단풍나무 잎을 흔들며 쓱싹쓱싹 쉿쉿 소리를 낸다. 강 근처에서는 짧은 둑 위로 물이 보글거리는 소리가 들린다. 다람쥐들은 낙엽층을 돌아다니며 바스락거린다. 도로의 차량 소음과 이따금 들리는 사이렌 소리가 예측할 수 없는 파도처럼 식물원을 둘러싸지만 바람이 완충 역할을 한다. 관람객들은 합창 지점을 지나며 이야기를 나누고 새소리가 휴대폰에서 튀어나올 때 웃음을 터뜨리고 숲지붕이나 나무 자동인형을 올려다보며 서서 귓속말을 나눈다.

숲을 떠올리게 하는 음악적 표현들이 이렇게 어우러지는 것을 들으니 기쁘다. 하지만 이 경험에서 가장 인상적인 것은 통제와 개방성의 균형이다. '외부' 소리를 차단하려고 무척 공들이는 연주회장에서와 달리 이곳에서는 인간 창조력이 장소와, 또한 관람객의 움직이는 몸과 능동적 관계를 맺는다. 작곡가는 핵심적 목소리를 가지고 있지만 통제권은 부분적으로밖에 행사하지 못한다. 인간 창조력은 바람, 차량, 잡담을 나누는 관람객, 새, 식물의 내적 삶을 비롯한 여러 장소의 에너지 속에서 존재한다. 이 조합의 목표는 우리로 하여금 통제되지 않는 이 소리들에 주의를 기울이도록 하는 것이다.

앙헬리카 네그론은 자신의 기획에 대해 이야기하면서 손을 들어 허공에 인용 부호를 그렸다. "저의 원대한 바람은 사람들이 숲에서 나와 음악 소리가 '중단'되었을 때에도—그래서 음악이 '종료'되었을 때에도—여전히 그들 주위에서 늘 계속되고 있다는 걸 알아차리도록 하는 거예요." 이 작품을 경험한 3000명 넘는 사람들에게 이것은 귀기울이라는 초대장으로서의 음악이다. 공동체로 초대하는 음악이기도 하다.

우리는 어둠 속에서 남들과 격리된 채 앉아 있지 않다. 우리는 숲에 들어서기 전에 이어폰와 헤드폰을 벗는다. 대화나 웃음을 금지하는 규칙은 전혀 없다. 나는 혼자서 왔지만 관람객 여남은 명과 이 경험에 대해 짧은 대화를 나눴다. 이것은 도시의 공공장소에서나 링컨센터 같은 연주회장에서 음악회가 끝난 뒤에는 좀처럼 일어나지 않는 일이다.

작곡가 존 루서 애덤스도 관객이 마음대로 이동할 수 있는 자유로운 공간에서 음악이 연주될 때의 유쾌한 효과에 주목했다. 그는 버몬트의 숲 같은 장소에서 곧잘 연주되는 타악 연주회 **이눅수크**를를 회상하며 이렇게 썼다. "이눅수크를 처음 작곡했을 때는 이 작품이 강렬한 공동체 감각을 자아내리라고는 예상치 못했다." 음악이 인간 아닌 세상과의 관계 속에 자리 잡으면 인간 공동체도 탄탄해진다.

이 작품들은 전형적 공연 장소의 엄격하게 규정된 테두리를 넘어서서 귀 기울이라고 권함으로써 우리로 하여금 서로의 말을 더 귀담아듣고 서로와 더 끈끈하게 연결되도록 한다. 담장 하나가 허물어지면 다른 담장도 허물어지는 법이다. 이렇게 공간이 열리면 우리는 자신의 본성 속에 새로이 자리 잡게 된다.

감각의 담장을 낮추기

대부분의 사람들이 살아가는 장소에서는 조금이라도 집중하거나 평안을 누릴 수 있으려면 소리를 차단해야 한다. 차량 소음, 컴퓨터 돌아가는 소리, 난방기나 냉방기의 바람 소리, 이웃이나 동료가 수다 떨고 움직이는 소리, 머리 위로 제트기 지나가는 소리, 길 건너 건설 현장의 소음, 깨진 창문으로 들어오는 새와 곤충의 소리 등으로부터 주의를 돌리고 싶을 때 우리는 노이즈캔슬링 헤드폰을 쓰거나 문을 닫거나 방음벽을 설치하는 등 기술을 동원할 때도 있지만 대개는 행동을 취한다. 이 소리들 중 대부분에는 우리의 일이나 사회생활에 직접적으로 유의미한 정보가 전혀 담겨 있지 않다.

하지만 우리 조상들은 소리에 귀를 기울여야 식량을 찾고 주변 여건을 파악할 수 있었다. 오늘날에도 인간 아닌 존재의 세상과 친밀한 관계 속에서 살아가고 일하는 사람들에게는 여전히 그렇다. 우리 주변의 이야기를 인식하도록 하는 것이야말로 듣기의 애초 역할이다. 이런 상황에서 듣기를 차단하는 것은 산업화 시대의 인간이 인터넷과 텔레비전을 끄는 것과 같다. 그랬다가는 자신을 타인과 연결해주는 뉴스와 인맥으로부터 단절될 것이다.

산업적 세계와 생태적 세계에 양다리를 걸친 사람들은 여러 듣기 방식을 의도적으로 왔다 갔다 한다. 나는 도시를 떠나 인간 아닌 존재들이 지배하는 장소에 갈 때마다 나 자신에게 말한다. 마음을 열라. 듣고 만지고 냄새 맡고 보고, 이것을 다시 또다시 반복하라. 그래야만 숲, 들판, 바닷가와 연결되고 그 속에 제대로 깃들 수 있다. 타인에게도 이렇게 마음을 열면 인간 공동체와도 더 친밀한 관계를 맺을 수밖에 없다.

나는 인위적 환경에 다시 들어설 때면 감각에 다시 담장을 둘러 소음의 유입을 틀어막고 주목 대상을 꼼꼼히 거른다. 대개는 다른 사람들과 상호작용하지 않음으로써 그렇게 한다. 숲에서처럼 그들을 맞이하는 것은 힘겨운 일일 뿐 아니라 도시 생활의 사회적 관습에도 어긋날 것이다. 앙헬리카 네그론의 〈숲의 합창〉 같은 작업은 (우리가 이따금 세워야만 하는) 감각의 담장을 낮추라고 우리에게 권한다. 그녀는 인간 음성에 담긴 기쁨과 힘, 식물의 소리에 담긴 매혹적 낯섦—풍성한 음악적 형태의 경험와 우리 감각의 방향이 전환되는 경험—으로부터 이 초대장을 써냈다.

음악가이자 철학자 데이비드 로슨버그는 이 초대를 인간의 경계 너머까지 확장한다. 곤충, 새, 고래와 함께하는 그의 공연은 다른 종에게 참여를 요청한다. 예리한 귀와 연결을 갈망하는 음성을 가진 종은 우리 인간만이 아니다. 로슨버그의 손에서 클라리넷은 종 경계를 뛰어넘는 연결과 음향 혁신의 실험이 된다. 18세기와 19세기에 사람들에게 포획되어 메를린을 비롯한 버드 오르간으로 훈련된 새들과 달리, 로슨버그의 새들은 독립적으로 살아가며 그들의 창조적 과정은 쌍방향이어서 통제권의 일부를 서로에게 양도한다. 로슨버그는 생태주의적 사고방식을 가진 많은 현대 음악가들과 달리 단순히 미리 녹음된 인간 아닌 동물의 소리를 음악 연주에 겹치는 것이 아니라 살아 있는 동물을 찾아가 음향적 대화와 창조적 호혜성의 기회를 내민다.

로슨버그는 나와의 대화에서, 또한 자신의 글에서 듣기의 일차적 중요성을 강조한다. 그의 음악적 뿌리는 즉흥 재즈인데, 이 장르에서는 다른 연주자의 소리에 주의를 기울이는 것이 필수적이다. 다른 연주자의 소리를 듣고 함께 연주하는 것은 쉬운 일이 아니다. 게다가 수천만 년이나 수억 년 전에 계통상으로 갈라진 동물의 소리를 듣고 함께 연주할 때는 우리의 귀가 감각적·미적 경험의 커다란 간극의 끄트머리까지 가야 한다. 그의 작업이 발휘하는 힘은 대부분 거기에 있다. 이것은 실험적 생물학이자 감각 경험의 철학이다.

로슨버그가 가장 최근에 진행한 대규모 기획은 베를린의 도시공원에서 5년에 걸쳐 밤꾀꼬리와 함께한 연주회였다. 혼자서 새들과 연주할 때도 있었지만, 바이올린 연주자, 우드(oud)* 연주자, 성악가, 전자음악가 등과 함께 연주하기도 했다. 이 인간 연주자와 새들의 인터플레이(interplay)**를 듣고서―이 경험은 영화 〈베를린의 밤꾀꼬리들(Nightingales in Berlin)〉에 담겼다―나는 빠르기의 대비에 깊은 인상을 받았다.

새들이 우리의 소리를 듣는 것은 우리가 혹등고래의 소리를 듣는 것과 같아서, 새들이 보기에 우리의 시간은 느리게 흘러가고 우리의 청각적 주의력은 무척이나 굼뜨다. 밤꾀꼬리의 노래는 불쑥불쑥 터져

---

* 중세와 근대 이슬람 음악에서 유행한 현악기로, 유럽 류트의 조상격이다.
** 합주할 때 연주자들 사이의 음악적 상호 작용을 이르는 말

나오는 트릴, 휘파람 소리, 까르륵 하는 소리로 이루어졌는데, 세부 요소가 하도 빨라서 우리의 굼벵이 뇌로는 파악할 수 없다.

로슨버그는 새와 동료 음악가들에 대해 이렇게 묻는다. "무엇을 함께할 수 있을까요? 음악을 가지고서 질문을 던질 수 있을까요?" 밤꾀꼬리는 사람들과 리프(riff)*를 주고받고 있는 걸까? 인간 연주자와 새의 메기고 받기 상호작용은 외부에서 듣는 나의 귀로는 파악하기 힘들다. 새의 노래는 광적으로 빠르며 끊임없이 리믹스되는 전자음악처럼 복잡하다. 이 음향적 광란의 와중에 새들이 인간에게 어떻게 응답하는지 분간하는 것은 내 깜냥 밖이다. 하지만 로슨버그에 따르면 "밤꾀꼬리는 자신의 샘플과 조옮김 안팎에서 음악적으로 춤을 춘"다.

풍성한 음성 문화를 가진 두 종인 밤꾀꼬리와 인간이 창조적인 음악적 대화를 나눌 수 있을까? 로슨버그는 참여를 통해 이 물음을 탐구한다. 그가 말한다. "이번 기획에서 저의 가장 큰 바람은 이 음악이 낯선 게 아니라 낯익은 것으로서 마무리되는 것입니다. 모든 음악 교육, 음악을 공부하는 모든 사람은 지구상의 다른 음악가, 다른 동물들의 음악을 연구해야 합니다."

로슨버그는 소리의 풍부한 진화적 다양성에 경탄하며 새와 고래의 정교한 발성 학습과 인지를 진지하게 탐구한다. 인간, 새, 고래는 소리

---

* 두 소절 또는 네 소절의 짧은 구절을 몇 번이고 되풀이하는 재즈 연주법, 또는 그렇게 되풀이하는 멜로디

문화의 세 기둥이다. 그들이 서로 적극적 관계를 맺도록 하는 것은 존중과 유대의 행위이며 접근법 면에서는 심오하게 다원주의적이고 생태적이다. 하지만 도시공원에서 새들과 함께 음악을 연주하는 것은 산업화되고 기술적인 인류 문화의 맥락에서는 사뭇 기이하게 보인다. 그렇다면 그의 작업은 우리가 살아 있는 지구로부터 무척이나 소외되어 있음을 드러낸다. 정교한 음성 문화를 가진 종들과 함께 살면서도 소리 문화의 접점에 놓인 경험에는 좀처럼 다가가지 않으니 말이다.

또한 로슨버그의 연주는 동물 미감의 크나큰 다양성을 드러내고 부각한다. 종마다 좋아하는 음색, 빠르기, 양식이 다른데, 이 다양성은 적극적이고 체화된 대화를 통해 우리의 음색, 빠르기, 양식과 생생한 대조를 이룬다. 과학자들은 이론과 실험을 통해 이 다양한 미감이 유전적·문화적 진화의 엔진임을 밝혀냈다. 로슨버그의 음악 작업은 과학을 보완하여 내면으로부터 미감을 탐구한다. 재현 가능한 과학적 탐구는 객관적이지만 현실과 동떨어져 있기에 이런 탐구가 불가능하다. 연주자와 가창자의 관점에 서면 인간 음악에 대한 이해가 깊어지듯, 종 경계를 뛰어넘는 참여는 우리가 다른 종의 음악을 이해하는 데 도움이 될지도 모른다.

앙헬리카 네그론의 공연이 끝난 뒤 나는 산책로를 표시하는 나무 울타리에 기댄 채, 활동과 사람들의 물결이 지나간 뒤의 평온함을 음미했다. 북쪽의 숲에서 새로 찾아온 듯한 갈색지빠귀 한 마리가 갓 떨어진 단풍나무 낙엽 속 스피커 연결선 뭉치에서 작은 거미를 낚아챘다. 새는 내 옆의 나무 울타리 가로대로 날아가 크고 낮게 **처프** 소리를 냈다. 한 시간 전 이 지점에서 들린 인간 음성과 마찬가지로 갈색지빠귀의 소리는 귀를 즐겁게 할 만큼 두툼했으며 상쾌한 여운을 남겼다. 낙엽림에는 연주회장과 비슷한 음향적 따스함이 있다. 음파는 나무의 줄기와 잎에서 반사되어 생생한 현장감과 따뜻한 잔향을 자아낸다. 연주회장에서 우리는 수천만 년 전 우리 조상들의 소리 보금자리이던 숲의 음향적 성질을 재창조한다. 이날 오후에 우리가 들은 음악은 통상적 연주 공간의 심미적 기원으로 우리를 연결시킬 것이다.

하지만 소리와 과거의 연결은 인간이나 영장류 계통보다 더 깊다. 식물원에서 소리를 찬미하는 행사를 여는 것은 타당한 일이다. 4억 년 전 최초의 나무와 떨기나무 덕에 곤충은 위로 기어올라 날개를 진화시켰다. 이것은 지구 최초의 동물 노래로 이어졌다. 훗날 꽃식물이 촉발한 진화적 폭발은 새, 대부분의 곤충, 포유류의 소리로 지구를 감쌌다. 오늘 이 식물원에서는 뭍짐승의 소리가 보금자리로 돌아왔다.

우주적 과거와 미래에서 듣기

어느 달빛 없는 밤 샌타페이 남부의 단애(斷崖)에서 만난 하늘의 환한 빛이 어리둥절하다. 도시 빛 공해가 전혀 없고 구름도 별로 떠 있지 않고 시야를 가리는 먼지도 거의 없는 뉴멕시코 밤하늘은 은빛 안개에 밝은 점들이 어지러이 박혀 있는 모습이다. 쌍안경을 들어올린다. 안개는 수많은 별이 모여서 이루어진 것이다. 그 뒤에 있는 성운의 어마어마한 깊이에 두려움이 밀려든다. 쌀쌀하고 건조한 공기에 오한이 들어 더욱 거북하다. 호흡은 수월하고 중력이 나를 단단히 잡아주지만 왠지 붕 떠있는 듯한 느낌이다. 낮의 빛은 가면이다. 빛나는 낮하늘의 장막이 거둬진 뒤 나타나는 별들이 어찌나 풍부하고 찬란한지 우리의 감각과 상상력은 지구를 떠나 광대하고 압도적인 우주로 향한다.

내가 지금 서 있는 산맥에서는 2000년부터 슬론디지털전천탐사가 진행되고 있다. 지름 2.5미터의 거울을 이용하여 밤하늘의 빛을 모아들이는 사업이다. 거울 표면은 내 눈의 망막보다 약 2만 배 넓다. 망원경은 5년간 하늘을 훑으며 전자 센서로 은하의 좌표를 기록했다.

망원경은 연기처럼 빽빽한 별들 속에서 질서를 찾아냈다. 은하와 은하 사이의 거리는 5억 광년에 이르는 것으로 추정된다. 이 규칙성은 우주 최초의 소리가 남긴 파동 흔적이요 하늘의 패턴에 새겨진 초기 우주의 자국이다. 그렇다면 맑은 하늘에서 우리는 우주에 있는 소리의 기원을 올려다볼 수 있다.

이 최초의 소리들은 어디서 탄생했을까?

'빅뱅'에서는 아니다. 우주의 원초적 팽창을 둘러싼 것은 무(無)였다. 공간도, 시간도, 물질도 없었다. 하지만 소리는 공간과 시간 속에서만 존재하며 음파는 물질을 통과해서만 흐를 수 있다. 어떤 소리도 우주의 탄생을 선포할 수 없었다.

소리는 행성이나 지각의 떨림, 물의 진동, 세균 세포의 요동에서 탄생하지도 않았다. 이 모든 소리들은 원자로 이루어진 기체, 액체, 고체 같은 물질을 통과하여 이동한다. 하지만 소리는 원자보다 오래되었다.

탄생 이후의 유아기에 우주—모든 에너지와 모든 물질—는 하도 꽉꽉 압축되어 있었기에 온도가 수십억 도에 이르는 불덩어리였다. 이런 고열에서는 어떤 원자도 존재할 수 없다. 대신 양성자와 전자가 플라스마라는 뜨거운 용암을 휘젓고 다녔다. 플라스마는 아주 촘촘한 수렁이어서 빛 입자인 광자를 붙잡아두었다. 이 용광로 안에서 소리가 탄생했다.

플라스마의 불규칙한 구성은 펄스를 내보냈다. 각 펄스는 음파로서, 높은 압력과 낮은 압력의 파동이 진행하며 만들어내는 파면(波面)이다. 파동은 현재 지구에서보다 수십만 배 빠르게 플라스마 속을 이동했다.

우주가 팽창하면서 과밀이 해소되어 온도가 수십억 도에서 수백만 도로 뚝 떨어졌다. 우주의 기원으로부터 약 38만 년 뒤 우주가 충분히 냉각되자 플라스마는 우리에게 친숙한 물질로 변화했다. 양성자와 전자는 합쳐져 안정적인 원자가 되었다. 양성자의 체증이 해소되자 그동안 붙잡혀 있던 빛이 탈출했다.

원자가 형성될 때 플라스마를 통과해 흐른 파동은 흔적으로 남았다. 플라스마가 압축된 지점인 각각의 파구(波丘)에서는 원자가 빽빽했고 파구 사이사이의 파곡(波谷)*에서는 원자가 듬성듬성했다. 중력이 친교 명령을 내리자 원자 무리가 뭉쳐 기존의 파구를 더 빽빽한 군집으로 만들었다. 이 초기의 덩어리에서 별과 은하가 자라났다. 우리의 지구 시계로 따지면 이것은 느긋한 회합이었다. 1억 8000만 년이 지나서야 최초의 별들이 불타올랐으니 말이다. 은하가 하늘을 채운 것은 다시 수십억 년이 지나서였다. 135억 년이 흐른 지금 뉴멕시코의 솔숲 능선에서 망원경을 들여다보면 은하 사이의 거리를 측정하여

---

* 파구는 물결이나 음파 따위에서 가장 높은 부분을, 파곡은 가장 낮은 부분을 말한다.

옛 음파의 주기적 마루를 찾을 수 있다.

파동의 흔적은 플라스마를 탈출한 빛에서도 알아볼 수 있다. 이 빛 에너지는 우주 마이크로파 배경복사가 되었다. 지금도 우주에 퍼져 있는 이 희미한 빛은 아주 예민한 장비로만 검출할 수 있다. 배경복사의 빛은 균일하지 않으며, 완만한 마루와 골이 있는 물결 모양이다. 이 패턴은 은하의 간격과 마찬가지로 플라스마가 냉각되면서 빛이 탄생하던 순간의 복사에 새겨졌다.

모든 소리는 지나간 것을 중계하지만─심지어 일상 대화에서도 음성이 발화되는 시점부터 우리가 듣는 시점까지 몇 밀리초가 걸린다─이 파동은 지구 자체보다 오래되었다. 이 옛 소리가 존재하는 척도는 초자연적으로 느껴진다. 은하보다 큰 파동이라니? 옛 마이크로파 에너지가 검출되지 않은 채 우리를 통과하고 있다고? 우리의 감각은 지구에 붙박여 있기에 이런 초월적 현상을 결코 실감할 수 없다. 하지만 우리의 상상력은 과학적 지식의 도움을 받아 예전에는 꿈도 꾸지 못했던 장소와 시간으로 우리의 마음을 쏘아 보낸다. 최초의 음파를 곱씹는 뇌 자체도 이 파동으로부터 만들어졌다. 우리의 지구와 태양 또한 여느 행성과 항성처럼 원시 플라스마의 후손이기 때문이다. 그렇기에 우리의 몸은, 또한 몸속에서 생겨나는 생각은 플라스마 속에 있는 음향 파동의 잔여물로 만들어진 것이다. 옛 소리의 내부로부터 우리는 듣는다.

어떤 음파는 소산한다. 하지만 또 어떤 음파는 물질과 에너지를 새롭게 배열한다. 별의 씨앗을 뿌린 것은 옛 음파다. 소리는 언제나 창조적 힘이었다. 소리의 이 창조적 성질은 신비로운 것이 아니라 우리 우주의 물리 법칙에서 생겨난다. 별과 우주배경복사의 배열은 이 피조물 중 최초에 속하며, 우주가 장차 기록할 풍성한 소리 역사의 포문을 열었다.

플라스마가 냉각되고 130억 년 뒤 소리는 새로운 창조 동반자를 만났다. 바로 지구상의 생명이었다. 뒤이은 소리의 번성에는 우리가 아는 한 우주의 어느 시간과 공간도 필적할 수 없다. 세균의 진동에서 동물 음성의 확산, 연주회장의 인간 음악에 이르기까지 우리 지구는 귀 기울이는 존재와 소통을 위한 음성으로 가득한 소리의 행성이다. 소리가 이렇듯 유난히 만개한 것은 지구보다 훨씬 오래된 시대, 소리 자체의 옛 생성 능력에 뿌리를 둔다.

소리의 미래는 무엇일까?

우주학자들은 우주의 미래에 대해 의견이 제각각이지만, 현재의 물질 상태가 지속되지 않으리라는 데는 모두 동의한다. 우리는 붕괴하여 무한히 작아질 수도 있고 팽창하여 싸늘하고 균일해질 수도 있고 산산조각 나 소립자의 엷은 안개가 될 수도 있다. 모든 최후는 침묵으로 이어진다. 지구는 이 최종적 종말이 일어나기 오래전에 태양에 집어삼켜질 것이고 지구 위 생명의 온갖 노래들도 모두 같은 운명을 맞을 것이다.

살아 있는 모든 소리가 언젠가 사라질 운명이라면 지금 순간의 창조성, 다양성, 그것의 감소에 대해 걱정할 이유가 어디 있을까? 윤리적 허무주의는 존재의 덧없고 숙명적인 본성에 대한 한 가지 응답이다. 하지만 소리 자체는 또 다른 답을 내놓는다. 모든 소리 경험은 침묵에서 찰나적 존재로 다시 침묵으로 변화한다. 또한 침묵은 소리에 형태를 부여하여 음향 형태가 생겨나는 열린 공간을 만들어낸다.

검은지빠귀의 노래나 교향악단의 음악은 소리가 우주 속에서 걸은 여정을 재현한다. 이 여정은 무(無)에서 시작하여 짧은 삶을 거쳐 다시 침묵으로 돌아간다. 여기에 소리의 가치가 있다. 지구의 소리가 중요한 한 가지 이유는 질서와 서사의 찰나적 발현이기 때문이다. 이것은 비존재에서 형태와 운동을 거쳐 죽음으로 이어지는 우리의 개인적 여정이 가치가 있는 것과 일맥상통한다. 듣는 것은 여느 신체 감각과 달리 일시적 존재의 가치를 경험하는 것이다. 장면을 보거나 살갗을 만지거나 꽃향기를 맡는 감각은 적어도 잠시나마 머물러 있지만 소리는 도착하자마자 사라진다.

하지만 소리에는 특별한 가치를 부여하는 성질이 하나 더 있다. 음파는 순간적이지만 뒤에 남는 에너지와 패턴은 창조적이다. 소리는 별의 씨앗을 뿌렸고 원시 생명체에 음성을 부여했으며 동물에게서 음악과 언어를 만들어냈다.

그렇다면 소리에 가치가 있는 이유는 생성하기 때문이다. 옛 플라스마의 파동, 귀뚜라미와 고래의 노래, 새끼 멧새와 아기의 옹알이, 매머드 상아에 불어넣은 인간 숨결의 음—이것들은 모두 창조 행위다.

이것은 신의 창조가 아니라, 우주를 탄생시킨 살아 있고 물리적인 모든 과정으로서의 창조다.

소리의 다양성이 그토록 찬란한 것은 이 때문이다. 우리가 듣는 것은 창조의 결과만이 아니라 창조 **행위** 자체다. 우리는 순간의 독특함으로 표현된 우주의 생성력 속에 깃들어 있다. 따라서 지구의 많은 목소리를 죽이고 짓누르는 것은 우리를 만든 것을 침묵시키고 파괴하는 것이다.

듣기라는 행위는 겉으로는 단순해 보이지만 여기서 우리는 결말뿐아니라 현재의 연결과 창조성을 발견한다. 우리의 감각과 미감은 심층시간에서 비롯했다. 옛 음파에서 탄생한 원자로 이루어졌고, 세포의작은 털에 의해 생기를 얻었으며, 음향적 갈망으로 서로에게 다가간동물들의 오랜 진화에 의해 빚어졌다. 이 유산은 현재가 얼마나 아름답고 부서졌는지 보여주며 기쁨, 소속감, 실천의 감각적 토대가 된다.

감사의 글

이 책에서 나는 음향 위기에 네 가지 긴박하고 겹치는 차원이 있다고 주장한다. 그것은 생태적 서식처 유실과 인권 침해에—특히, 열대림에서—뒤이은 침묵시키기, 악몽 같은 바닷속 산업 소음, 도시의 소음 공해 불평등, 이야기를 가진 우리 세상의 감각적 풍성함을 듣고 찬미하지 못하는 개인적, 문화적 실패다. 나는 이 공격, 파편화, 상실을 치유하고 되돌리기 위해 노력하는 단체들에 이 책에서 발생하는 순수익의 절반 이상을 기부할 것이다.

이런 책은 표지에 저자 이름이 하나뿐이어도 그 안에 담긴 통찰은 한 개인이 아니라 공동체에서 비롯한다. 케이티 레먼의 동료애, 예리하고 호기심 많은 귀, 공감이 깃든 상상력, 명석한 정신 덕분에 나의 듣기, 깨닫기, 쓰기가 이루 말할 수 없이 깊어졌다. 폴 슬로백의 남다른 편집 작업은 이 책의 구상과 본문을 빚어내고 다듬었다. 그가 내 작업에 여러모로 활력과 명료함을 불어넣고 뒷받침해준 것에 무척 감사한다. 폴의 동료들인 바이킹 출판사 직원들은 이 책과 나의 전작들에 훌륭한 기여를 했다. 앨리스 마텔은 내가 바랄 수 있는 최고의 저작권 대리인으로, 지혜로운 조언, 효과적인 대리, 아낌없는 격려를 베풀었다. 마텔 에이전시의 스테퍼니 핀먼이 전염병 대유행의 어려움 속에서 보여준 지원과 조력에도 감사한다. 메건 빙클리는 원고를 집필하는 동안 귀중한 격려와 현실적 도움을 주었다. 우리 부모 진 해스컬과 조지 해스컬은 나의 어릴 적 호기심을 기르고 북돋아주었을 뿐 아니라 내가 인간과 인간 아닌 존재의 음악 속에 둘러싸여 자라게 해주었으며 최근에는 이 책의 연구에 유용한 실마리를 많이 던져주었다.

내 질문에 답하고 진화와 생태에 대한 전문 지식을 너그럽게 베풀어준 올리비에 베투(파리 자연사박물관), 루이스 알베르토 베자레스칼데론(엑서터 대학교), 마틴 브래조(임피리얼 칼리지 런던), 존 클라크(토룬 니콜라우스 코페르니쿠스 대학교), 렉스 코크로프트(미주리 대학교), 앨리슨 데일리(로잔 대학교), 새미 드 그레이브(옥스퍼드 대학교 자연사박물관), 그리고리 에지컴(런던 자연사박물관), 에릭 킨(사우스 대학교), 루디 리로세이오브릴(하버드 대학교), 로런 매슈스(우스터 공과대학교), 에릭 몬티(사우스캐롤라이나 대학교 보퍼트 캠퍼스), 에릭 파르멘티에(리에주 대학교), 실러 퍼테크(듀크 대학교), 아스 포퍼(메릴랜드 대학교), 리베카 사프란(콜로라도 대학교), 윌리엄 시어(햄든 시드니 대학), 커스티 완(엑서터 대학교), 마이클 웹스터(코넬 대학교)에게 감사한다. 생물학자이자 저술가 팀 로의 글과 우리가 나눈 대화는 내가 생각을 명확히 하는 데 무척 도움이 되었다.

주자나 부리발로바(위스콘신 대학교 매디슨 캠퍼스)와 에디 게임(자연보호협회)은 자신의 시간과 훌륭한 음향 녹음을 내어주었다. 이 데이터는 퀸즐랜드 공과대학교 생태음향연구소에 보관되어 있다. 웬디 어브(코넬 대학교 조류학연구소), 마사 스티븐슨(세계야생동물기금)도 열대림, 산불, 생물학적 보전에 대한 자신의 통찰을 너그럽게 베풀었다.

작곡가, 사운드아티스트, 음악가인 리어 바클리(선샤인코스트 대학교), 앙헬리카 네그론, 데이비드 로슨버그(뉴저지 공과대학교)는 공개 작업과 나와의 대화를 통해 나의 귀와 마음을 새롭게 열어주었다. 예술, 과학, 철학, 행동주의가 교차하는 그들의 작업은 미래로 향하는 즐겁고 희망찬 길을 보여준다. 숲의 소리에 대한 공연과 공개 토론을 의뢰하고 주최한 뉴욕식물원의 힐러리 오툴과 토머스 뮬헤어, 여러 면에서 내 작업을 격려하고 촉매 역할을 한 애니 노박에게 감사한다.

울프 하인과 아나 프리데리케 포텐고프스키는 매머드 상아 피리를 실험적으로 재현하고 연주하는 남다른 작업을 해냈으며 그들과 협업하는 것은 즐거운 경험이었다. 니컬러스 코너드(튀빙겐 대학교)는 독일 남부 구석기 동굴을 기꺼이 안내해주었으며 탁견을 제시했다.

나를 환대하고 대화를 나누고 현장 시범을 보여준 내셔널소더스트의 파올라 프레스티니, 가스 매컬리비, 홀리 헌터에게 감사한다. 존 마이어, 피에르 제르맹, 스티브 엘리슨, 제인 이글슨은 마이어음향연구소의 연구에 대한 통찰을 전해주었다. 제이슨 커 도브니는 뉴욕시 메트로폴리탄미술관에 소장된 악기들의 다층적 이야기와 연관성을 내게 보여주었다. 셰리 사일러(뉴욕 필하모닉)는 음악가들의 여러 관계와 악기의 물질성에 대한 관점을 자상하게 들려주었다.

청능사 숀 데넘 박사는 나의 속귀 털세포 탐구에 숙련되고 지혜로운 길잡이가 되어주었다.

소리의 여러 표현에 대해 흥미로운 대화를 나누고 나를 환대해준 조지프 보들리, 존 불턴, 서니바 불턴, 니콜 브라운, 드로어 버스타인, 앵거스 칼라일, 랭 엘리엇, 찰스 포스터, 피터 그레스테, 존 그림, 라이앤다 펀 린 하우프트, 홀리 호어스, 캐스퍼 헨더슨, 크리스틴 잭맨, 제시카 제이컵스, 제임스 리스, 애덤 로프턴, 샌퍼드 맥기, 폴 밀러, 인디나 나이두, 케이트 내시, 리어넌 필립스, 리처드 프럼, 마커스 셰퍼, 리처드 스미스, 스티븐 스파크스, 미첼 토머쇼, 메리 이블린 터커, 메리 앤 틴들, 이매뉴얼 보건 리, 소피 윌리엄스, 피터 웜버거, 커크 지글러에게 감사한다. 영감을 주는 작업을 진행하고 나와 생산적인 대화를 나누고 이 기획을 격려해준 데이비드 에이브럼에게 특별히 감사한다.

오스트레일리아 블랙 출판사의 발행인과 동료들, 바이런 작가 축제, 벤디고 작가 축제, 오스트레일리아 국립 도서관, 그리피스 대학교 인테그리티 20은 나를 오스트레일리아에 초청하여 너그럽게 대해주었다. 에콰도르에서는 산 프란시스코 데 키토 대학교 티푸티니생물다양성연구소의 관리자와 연구원들이 나를 동료로서 환대해주었다. 에콰도르에서 동료애를 베풀고 많은 통찰을 전해준 에스테반 수아레스, 안드레스 레예스, 히벤 아르페르, 크리스 에브돈에게도 감사한다.

옥스퍼드 대학교 학부생 시절 나의 멘토였던 앤드루 포미안코프스키와 윌리엄 해밀턴은 진화생물학의 남다른 위력과 아름다움, 특히 미감이 소리를 비롯한 동물 소통 형식을 빚어내고 다양화한 여러 방식을 내게 보여주었다. 그레그 부드니, 러스 샤리프, 크리스 클라크는 내가 코넬 대학교 대학원생으로서 음향 녹음 및 분석 기법을 배울 때 너그러운 길잡이였으며 코넬 대학교 생태학, 진화, 동물 행동 분야의 여러 동료들은 진화의 창조성에 대한 나의 이해를 깊게 해주었다.

이 책을 쓰기 위해 조사하면서 시워니 사우스 대학교와 볼더 콜로라도 대학교의 도서관을 두루 이용했다. 특히, 전염병 대유행의 난국에 도움을 베푼 직원들에게 감사한다. 사우스 대학교는 나의 독일 체류 비용을 지원했으며 이 집필 작업을 위한 유급 휴가를 승인해주었다.

나는 아라파호족의 영토에서 지내면서 이 책을 썼다. 과거, 현재, 미래의 연장자들에게 존경을 표한다.

이 글에 의해 불완전하게나마 환기되는 소리, 살아 있는 존재, 생각, 장소에 시간을 할애해준 독자들에게 감사한다. 이 책은 경이로움을 느끼고 실천하라는 초대장이며 그 길잡이는 당신 자신에게 들리는 소리다.

PART 1_ 기원

Aggio, Raphael Bastos Mereschi, Victor Obolonkin, and Silas Granato Villas-Bôas. "Sonic vibration affects the metabolism of yeast cells growing in liquid culture: a metabolomic study." *Metabolomics* 8 (2012): 670-78.

Cox, Charles D., Navid Bavi, and Boris Martinac. "Bacterial mechanosensors." *Annual Review of Physiology* 80 (2018): 71-93.

Fee, David, and Robin S. Matoza. "An overview of volcano infrasound: from Hawaiian to Plinian, local to global." *Journal of Volcanology and Geothermal Research* 249 (2013): 123-39.

Gordon, Vernita D., and Liyun Wang. "Bacterial mechanosensing: the force will be with you, always." *Journal of Cell Science* 132 (2019): jcs227694.

Johnson, Ward L., Danielle Cook France, Nikki S. Rentz, William T. Cordell, and Fred L. Walls. "Sensing bacterial vibrations and early response to antibiotics with phase noise of a resonant crystal." *Scientific Reports* 7 (2017): 1-12.

Kasas, Sandor, Francesco Simone Ruggeri, Carine Benadiba, Caroline Maillard, Petar Stupar, Hélène Tournu, Giovanni Dietler, and Giovanni Longo. "Detecting nanoscale vibrations as signature of life." *Proceedings of the National Academy of Sciences* 112 (2015): 378-81.

Longo, G., L. Alonso-Sarduy, L. Marques Rio, A. Bizzini, A. Trampuz, J. Notz, G. Dietler, and S. Kasas. "Rapid detection of bacterial resistance to antibiotics using AFM cantilevers as nanomechanical sensors." *Nature Nanotechnology* 8 (2013): 522.

Matsuhashi, Michio, Alla N. Pankrushina, Satoshi Takeuchi, Hideyuki Ohshima, Housaku Miyoi, Katsura Endoh, Ken Murayama et al. "Production of sound waves by bacterial cells and the response of bacterial cells to sound." *Journal of General and Applied Microbiology* 44 (1998): 49-55.

Norris, Vic, and Gerard J. Hyland. "Do bacteria sing?" *Molecular Microbiology* 24 (1997): 879-80.

Pelling, Andrew E., Sadaf Sehati, Edith B. Gralla, Joan S. Valentine, and James K. Gimzewski. "Local nanomechanical motion of the cell wall of *Saccharomyces cerevisiae*." *Science* 305 (2004): 1147-50.

Reguera, Gemma. "When microbial conversations get physical." *Trends in Microbiology* 19 (2011): 105-13.

Sarvaiya, Niral, and Vijay Kothari. "Effect of audible sound in form of music on microbial growth and production of certain important metabolites." *Microbiology* 84 (2015): 227-35.

통일성과 다양성

Avan, Paul, Béla Büki, and Christine Petit. "Auditory distortions: origins and functions." *Physiological Reviews* 93 (2013): 1563-619.

Bass, Andrew H., and Boris P. Chagnaud. "Shared developmental and evolutionary origins for neural basis of vocal–acoustic and pectoral–gestural signaling." *Proceedings of the National Academy of Sciences* 109 (2012): 10677-

84.

Bass, Andrew H., Edwin H. Gilland, and Robert Baker. "Evolutionary origins for social vocalization in a vertebrate hindbrain–spinal compartment." *Science* 321 (2008): 417–21.

Bezares-Calderón, Luis Alberto, Jürgen Berger, and Gáspár Jékely. "Diversity of cilia-based mechanosensory systems and their functions in marine animal behaviour." *Philosophical Transactions of the Royal Society B* 375 (2020): 20190376.

Bregman, Micah R., Aniruddh D. Patel, and Timothy Q. Gentner. "Songbirds use spectral shape, not pitch, for sound pattern recognition." *Proceedings of the National Academy of Sciences* 113 (2016): 1666–71.

Brown, Jason M., and George B. Witman. "Cilia and diseases." *Bioscience* 64 (2014): 1126–37.

Bush, Brian M. H., and Michael S. Laverack. "Mechanoreception." In *The Biology of Crustacea*, edited by Harold L. Atwood, and David C. Sandeman, 399–468. New York: Academic Press, 1982.

Ekdale, Eric G. "Form and function of the mammalian inner ear." *Journal of Anatomy* 228 (2016): 324–37.

Fine, Michael L., Karl L. Malloy, Charles King, Steve L. Mitchell, and Timothy M. Cameron. "Movement and sound generation by the toadfish swimbladder." *Journal of Comparative Physiology A* 187 (2001): 371–79.

Fishbein, Adam R., William J. Idsardi, Gregory F. Ball, and Robert J. Dooling. "Sound sequences in birdsong: how much do birds really care?" *Philosophical Transactions of the Royal Society B* 375 (2020): 20190044.

Fritzsch, Bernd, and Hans Straka. "Evolution of vertebrate mechanosensory hair cells and inner ears: toward identifying stimuli that select mutation driven altered morphologies." *Journal of Comparative Physiology A* 200 (2014): 5–18.

Göpfert, Martin C., and R. Matthias Hennig. "Hearing in insects." *Annual Review of Entomology* 61 (2016): 257–76.

Hughes, A. Randall, David A. Mann, and David L. Kimbro. "Predatory fish sounds can alter crab foraging behaviour and influence bivalve abundance." *Proceedings of the Royal Society B* 281 (2014): 20140715.

Jones, Gareth, and Marc W. Holderied. "Bat echolocation calls: adaptation and convergent evolution." *Proceedings of the Royal Society B* 274 (2007): 905–12.

Kastelein, Ronald A., Paulien Bunskoek, Monique Hagedoorn, Whitlow W. L. Au, and Dick de Haan. "Audiogram of a harbor porpoise (*Phocoena phocoena*) measured with narrow-band frequency-modulated signals." *Journal of the Acoustical Society of America* 112 (2002): 334–44.

Kreithen, Melvin L., and Douglas B. Quine. "Infrasound detection by the homing pigeon: a behavioral audiogram." *Journal of Comparative Physiology* 129 (1979): 1–4.

Ma, Leung-Hang, Edwin Gilland, Andrew H. Bass, and Robert Baker. "Ancestry of motor innervation to pectoral fin and forelimb." *Nature Communications* 1 (2010): 1–8.

Page, Jeremy. "Underwater Drones Join Microphones to Listen for Chinese Nuclear Submarines." *Wall Street Journal*, October 24, 2014.

Payne, Katharine B., William R. Langbauer, and Elizabeth M. Thomas. "Infrasonic calls of the Asian elephant (*Elephas maximus*)." *Behavioral Ecology and Sociobiology* 18 (1986): 297–301.

Popper, Arthur N., Michael Salmon, and Kenneth W. Horch. "Acoustic detection and communication by decapod crustaceans." *Journal of Comparative Physiology A* 187 (2001): 83–89.

Ramcharitar, John, Dennis M. Higgs, and Arthur N. Popper. "Sciaenid inner ears: a study in diversity." *Brain, Behavior and Evolution* 58 (2001): 152–62.

Ramcharitar, John Umar, Xiaohong Deng, Darlene Ketten, and Arthur N. Popper. "Form and function in the unique inner ear of a teleost: the silver perch (*Bairdiella chrysoura*)." *Journal of Comparative Neurology* 475 (2004): 531–39.

"'Sonar' and Shrimps in Anti-Submarine War." *The Age* (Melbourne, Australia), April 8, 1946.

Versluis, Michel, Barbara Schmitz, Anna von der Heydt, and Detlef Lohse. "How snapping shrimp snap: through cavitating bubbles." *Science* 289 (2000): 2114-7.

Washausen, Stefan, and Wolfgang Knabe. "Lateral line placodes of aquatic vertebrates are evolutionarily conserved in mammals." *Biology Open* 7 (2018): bio031815.

감각적 타협과 편향

Dallos, Peter. "The active cochlea." *Journal of Neuroscience* 12 (1992): 4575-85.

Dallos, Peter, and Bernd Fakler. "Prestin, a new type of motor protein." *Nature Reviews Molecular Cell Biology* 3 (2002): 104-11.

Dańko, Maciej J., Jan Kozłowski, and Ralf Schaible. "Unraveling the non-senescence phenomenon in *Hydra*." *Journal of Theoretical Biology* 382 (2015): 137-49.

Deutsch, Diana. *Musical Illusions and Phantom Words: How Music and Speech Unlock Mysteries of the Brain*. New York: Oxford University Press, 2019.

Fritzsch, Bernd, and Hans Straka. "Evolution of vertebrate mechanosensory hair cells and inner ears: toward identifying stimuli that select mutation driven altered morphologies." *Journal of Comparative Physiology A* 200 (2014): 5-18.

Graven, Stanley N., and Joy V. Browne. "Auditory development in the fetus and infant." *Newborn and Infant Nursing Reviews* 8 (2008): 187-93.

Hall, James W. "Development of the ear and hearing." *Journal of Perinatology* 20 (2000): S11-S19.

Kemp, David T. "Otoacoustic emissions, their origin in cochlear function, and use." *British Medical Bulletin* 63 (2002): 223-41.

Lasky, Robert E., and Amber L. Williams. "The development of the auditory system from conception to term." *NeoReviews* (2005): e141-e152.

Manley, Geoffrey A. "Cochlear mechanisms from a phylogenetic viewpoint." *Proceedings of the National Academy of Sciences* 97 (2000): 11736-43.

———. "Aural history." *Scientist* 29 (2015): 36-42.

———. "The Cochlea: What It Is, Where It Came from, and What Is Special about It." In *Understanding the Cochlea*, edited by Geoffrey A. Manley, Anthony W. Gummer, Arthur N. Popper, and Richard R. Fay, 17-32. New York: Springer, 2017.

Moon, Christine. "Prenatal Experience with the Maternal Voice." In *Early Vocal Contact and Preterm Infant Brain Development*, edited by Manuela Filippa, Pierre Kuhn, and Björn Westrup, 25-37. New York: Springer, 2017.

Parga, Joanna J., Robert Daland, Kalpashri Kesavan, Paul M. Macey, Lonnie Zeltzer, and Ronald M. Harper. "A description of externally recorded womb sounds in human subjects during gestation." *PLOS One* 13 (2018): e0197045.

Pickles, James. *An Introduction to the Physiology of Hearing*. Leiden: Brill, 2013.

Plack, Christopher J. *The Sense of Hearing*, 3rd ed. Oxford and New York: Routledge, 2018.

Robles, Luis, and Mario A. Ruggero. "Mechanics of the mammalian cochlea." *Physiological Reviews* 81 (2001): 1305-52.

Smith, Sherri L., Kenneth J. Gerhardt, Scott K. Griffiths, Xinyan Huang, and Robert M. Abrams. "Intelligibility of sentences recorded from the uterus of a pregnant ewe and from the fetal inner ear." *Audiology and Neurotology* 8 (2003): 347-53.

Wan, Kirsty Y., Sylvia K. Hürlimann, Aidan M. Fenix, Rebecca M. McGillivary, Tatyana Makushok, Evan Burns,

Janet Y. Sheung, and Wallace F. Marshall. "Reorganization of complex ciliary flows around regenerating *Stentor coeruleus*." *Philosophical Transactions of the Royal Society B* 375 (2020): 20190167.

PART 2. 동물 소리의 탄생

포식, 침묵, 날개

Bar-On, Yinon M., Rob Phillips, and Ron Milo. "The biomass distribution on Earth." *Proceedings of the National Academy of Sciences* 115 (2018): 6506-11.

Beraldi-Campesi, Hugo. "Early life on land and the first terrestrial ecosystems." *Ecological Processes* 2 (2013): 1-17.

Betancur-R, Ricardo, Edward O. Wiley, Gloria Arratia, Arturo Acero, Nicolas Bailly, Masaki Miya, Guillaume Lecointre, and Guillermo Orti. "Phylogenetic classification of bony fishes." *BMC Evolutionary Biology* 17 (2017): 162.

Béthoux, Olivier. "Grylloptera—a unique origin of the stridulatory file in katydids, crickets, and their kin (*Archaeorthoptera*)." *Arthropod Systematics & Phylogeny* 70 (2012): 43-68.

Béthoux, Olivier, and André Nel. "Venation pattern and revision of Orthoptera sensu nov. and sister groups. Phylogeny of Palaeozoic and Mesozoic Orthoptera sensu nov." *Zootaxa* 96 (2002): 1-88.

Béthoux, Olivier, André Nel, Jean Lapeyrie, and Georges Gand. "The Permostridulidae fam. n. (Panorthoptera), a new enigmatic insect family from the Upper Permian of France." *European Journal of Entomology* 100 (2003): 581-86.

Bocast, C., R. M. Bruch, and R. P. Koenigs. "Sound production of spawning lake sturgeon (*Acipenser fulvescens* Rafinesque, 1817) in the Lake Winnebago watershed, Wisconsin, USA." *Journal of Applied Ichthyology* 30 (2014): 1186-94.

Brazeau, Martin D., and Per E. Ahlberg. "Tetrapod-like middle ear architecture in a Devonian fish." *Nature* 439 (2006): 318-21.

Brazeau, Martin D., and Matt Friedman. "The origin and early phylogenetic history of jawed vertebrates." *Nature* 520 (2015): 490-97.

Breure, Abraham S. H. "The sound of a snail: two cases of acoustic defence in gastropods." *Journal of Molluscan Studies* 81 (2015): 290-93.

Clack, J. A. "The neurocranium of *Acanthostega gunnari* Jarvik and the evolution of the otic region in tetrapods." *Zoological Journal of the Linnean Society* 122 (1998): 61-97.

Clack, Jennifer A. "Discovery of the earliest-known tetrapod stapes." *Nature* 342 (1989): 425-27.

Clack, Jennifer A., Per E. Ahlberg, S. M. Finney, P. Dominguez Alonso, Jamie Robinson, and Richard A. Ketcham. "A uniquely specialized ear in a very early tetrapod." *Nature* 425 (2003): 65-69.

Clack, Jennifer A., Richard R. Fay, and Arthur N. Popper, eds. *Evolution of the Vertebrate Ear: Evidence from the Fossil Record*. New York: Springer, 2016.

Coombs, Sheryl, Horst Bleckmann, Richard R. Fay, and Arthur N. Popper, eds. *The Lateral Line System*. New York: Springer, 2014.

Daley, Allison C., Jonathan B. Antcliffe, Harriet B. Drage, and Stephen Pates. "Early fossil record of Euarthropoda and the Cambrian Explosion." *Proceedings of the National Academy of Sciences* 115 (2018): 5323-31.

Davranoglou, Leonidas-Romanos, Alice Cicirello, Graham K. Taylor, and Beth Mortimer. "Planthopper bugs use a fast, cyclic elastic recoil mechanism for effective vibrational communication at small body size." *PLOS Biology* 17 (2019): e3000155.

———. Response to "On the evolution of the tymbalian tymbal organ: comment on "Planthopper bugs use a fast, cyclic elastic recoil mechanism for effective vibrational communication at small body size" by Davranoglou et al. 2019." *Cicadina* 18 (2019): 17-26.

Desutter-Grandcolas, Laure, Lauriane Jacquelin, Sylvain Hugel, Renaud Boistel, Romain Garrouste, Michel Henrotay, Ben H. Warren et al. "3-D imaging reveals four extraordinary cases of convergent evolution of acoustic communication in crickets and allies (Insecta)." *Scientific Reports* 7 (2017): 1-8.

Downs, Jason P., Edward B. Daeschler, Farish A. Jenkins, and Neil H. Shubin. "The cranial endoskeleton of Tiktaalik roseae." *Nature* 455 (2008): 925-29.

Dubus, I. G., J. M. Hollis, and C. D. Brown. "Pesticides in rainfall in Europe." *Environmental Pollution* 110 (2000): 331-44.

Dunlop, Jason A., Gerhard Scholtz, and Paul A. Selden. "Water-to-land Transitions." In *Arthropod Biology and Evolution*, edited by Alessandro Minelli, Geoffrey Boxshall, and Giuseppe Fusco, 417-39. Berlin: Springer, 2013.

French, Katherine L., Christian Hallmann, Janet M. Hope, Petra L. Schoon, J. Alex Zumberge, Yosuke Hoshino, Carl A. Peters et al. "Reappraisal of hydrocarbon biomarkers in Archean rocks." *Proceedings of the National Academy of Sciences* 112 (2015): 5915-20.

Galtier, Jean, and Jean Broutin. "Floras from red beds of the Permian Basin of Lodève (Southern France)." *Journal of Iberian Geology* 34 (2008): 57-72.

Goerlitz, Holger R., Stefan Greif, and Björn M. Siemers. "Cues for acoustic detection of prey: insect rustling sounds and the influence of walking substrate." *Journal of Experimental Biology* 211 (2008): 2799-2806.

Goto, Ryutaro, Isao Hirabayashi, and A. Richard Palmer. "Remarkably loud snaps during mouth-fighting by a sponge-dwelling worm." *Current Biology* 29 (2019): R617-R618.

Grimaldi, David, and Michael S. Engel. *Evolution of the Insects*. Cambridge, UK: Cambridge University Press, 2005.

Gu, Jun-Jie, Fernando Montealegre-Z, Daniel Robert, Michael S. Engel, Ge-Xia Qiao, and Dong Ren. "Wing stridulation in a Jurassic katydid (Insecta, Orthoptera) produced low-pitched musical calls to attract females." *Proceedings of the National Academy of Sciences* 109 (2012): 3868-73.

Hochkirch, Axel, Ana Nieto, M. García Criado, Marta Cálix, Yoan Braud, Filippo M. Buzzetti, D. Chobanov et al. *European Red List of Grasshoppers, Crickets and Bush Crickets*. Luxembourg: Publications Office of the European Union, 2016.

Kawahara, Akito Y., and Jesse R. Barber. "Tempo and mode of antibat ultrasound production and sonar jamming in the diverse hawkmoth radiation." *Proceedings of the National Academy of Sciences* 112 (2015): 6407-12.

Ladich, Friedrich, and Andreas Tadler. "Sound production in *Polypterus* (Osteichthyes: Polypteridae)." *Copeia* 4 (1988): 1076-77.

Linz, David M., and Yoshinori Tomoyasu. "Dual evolutionary origin of insect wings supported by an investigation of the abdominal wing serial homologs in *Tribolium*." *Proceedings of the National Academy of Sciences* 115 (2018): E658-E667.

Lopez, Michel, Georges Gand, Jacques Garric, F. Körner, and Jodi Schneider. "The playa environments of the Lodève Permian basin (Languedoc-France)." *Journal of Iberian Geology* 34 (2008): 29-56.

Lozano-Fernandez, Jesus, Robert Carton, Alastair R. Tanner, Mark N. Puttick, Mark Blaxter, Jakob Vinther, Jørgen Olesen, Gonzalo Giribet, Gregory D. Edgecombe, and Davide Pisani. "A molecular palaeobiological exploration of arthropod terrestrialization." *Philosophical Transactions of the Royal Society B* 371 (2016): 20150133.

Masters, W. Mitchell. "Insect disturbance stridulation: its defensive role." *Behavioral Ecology and Sociobiology* 5 (1979): 187-200.

Minter, Nicholas J., Luis A. Buatois, M. Gabriela Mángano, Neil S. Davies, Martin R. Gibling, Robert B. MacNaughton, and Conrad C. Labandeira. "Early bursts of diversification defined the faunal colonization of land." *Nature Ecology & Evolution* 1 (2017): 0175.

Moulds, M. S. "Cicada fossils (Cicadoidea: Tettigarctidae and Cicadidae) with a review of the named fossilised Cicadidae." *Zootaxa* 4438 (2018): 443-70.

Near, Thomas J., Alex Dornburg, Ron I. Eytan, Benjamin P. Keck, W. Leo Smith, Kristen L. Kuhn, Jon A. Moore et al. "Phylogeny and tempo of diversification in the superradiation of spiny-rayed fishes." *Proceedings of the National Academy of Sciences* 110 (2013): 12738-43.

Nedelec, Sophie L., James Campbell, Andrew N. Radford, Stephen D. Simpson, and Nathan D. Merchant. "Particle motion: the missing link in underwater acoustic ecology." *Methods in Ecology and Evolution* 7 (2016): 836-42.

Nel, André, Patrick Roques, Patricia Nel, Alexander A. Prokin, Thierry Bourgoin, Jakub Prokop, Jacek Szwedo et al. "The earliest known holometabolous insects." *Nature* 503 (2013): 257-61.

Parmentier, Eric, and Michael L. Fine. "Fish Sound Production: Insights." In *Vertebrate Sound Production and Acoustic Communication*, edited by Roderick A. Suthers, W. Tecumseh Fitch, Richard R. Fay, and Arthur N. Popper, 19–49. Berlin: Springer, 2016.

Pennisi, Elizabeth. "Carbon dioxide increase may promote 'insect apocalypse.'" *Science* 368 (2020): 459.

Pfeifer, Lily S. "Loess in the Lodeve? Exploring the depositional character of the Permian Salagou Formation, Lodeve Basin (France)." *Geological Society of America Abstracts with Programs* 50 (2018).

Plotnick, Roy E., and Dena M. Smith. "Exceptionally preserved fossil insect ears from the Eocene Green River Formation of Colorado." *Journal of Paleontology* 86 (2012): 19-24.

Prokop, Jakub, André Nel, and Ivan Hoch. "Discovery of the oldest known Pterygota in the Lower Carboniferous of the Upper Silesian Basin in the Czech Republic (Insecta: Archaeorthoptera)." *Geobios* 38 (2005): 383-87.

Prokop, Jakub, Jacek Szwedo, Jean Lapeyrie, Romain Garrouste, and André Nel. "New middle Permian insects from Salagou Formation of the Lodève Basin in southern France (Insecta: Pterygota)." *Annales de la Société Entomologique de France* 51 (2015): 14-51.

Rust, Jes, Andreas Stumpner, and Jochen Gottwald. "Singing and hearing in a Tertiary bushcricket." *Nature* 399 (1999): 650.

Rustán, Juan J., Diego Balseiro, Beatriz Waisfeld, Rodolfo D. Foglia, and N. Emilio Vaccari. "Infaunal molting in Trilobita and escalatory responses against predation." *Geology* 39 (2011): 495-98.

Senter, Phil. "Voices of the past: a review of Paleozoic and Mesozoic animal sounds." *Historical Biology* 20 (2008) 255-87.

Siveter, David J., Mark Williams, and Dieter Waloszek. "A phosphatocopid crustacean with appendages from the Lower Cambrian." *Science* 293 (2001): 479-81.

Song, Hojun, Christiane Amédégnato, Maria Marta Cigliano, Laure Desutter-Grandcolas, Sam W. Heads, Yuan Huang, Daniel Otte, and Michael F. Whiting. "300 million years of diversification: elucidating the patterns of orthopteran evolution based on comprehensive taxon and gene sampling." *Cladistics* 31 (2015): 621-51.

Song, Hojun, Olivier Béthoux, Seunggwan Shin, Alexander Donath, Harald Letsch, Shanlin Liu, Duane D. McKenna et al. "Phylogenomic analysis sheds light on the evolutionary pathways towards acoustic communication in Orthoptera." *Nature Communications* 11 (2020): 1-16.

Stewart, Kenneth W. "Vibrational communication in insects: epitome in the language of stoneflies?" *American Entomologist* 43 (1997): 81-91.

van Klink, Roel, Diana E. Bowler, Konstantin B. Gongalsky, Ann B. Swengel, Alessandro Gentile, and Jonathan M. Chase. "Meta-analysis reveals declines in terrestrial but increases in freshwater insect abundances." *Science* 368 (2020): 417–20.

van Klink, Roel, Diana E. Bowler, Konstantin B. Gongalsky, Ann B. Swengel, Alessandro Gentile, and Jonathan M. Chase. "Erratum for the Report 'Meta-analysis reveals declines in terrestrial but increases in freshwater insect abundances.'" *Science* 370 (2020). DOI: 10.1126/science.abf1915.

Vermeij, Geerat J. "Sound reasons for silence: why do molluscs not communicate acoustically?" *Biological Journal of the Linnean Society* 100 (2010): 485-93.

Welti, Ellen A. R., Karl A. Roeder, Kirsten M. de Beurs, Anthony Joern, and Michael Kaspari. "Nutrient dilution and climate cycles underlie declines in a dominant insect herbivore." *Proceedings of the National Academy of Sciences* 117 (2020): 7271-75.

Wendruff, Andrew J., Loren E. Babcock, Christian S. Wirkner, Joanne Kluessendorf, and Donald G. Mikulic. "A Silurian ancestral scorpion with fossilised internal anatomy illustrating a pathway to arachnid terrestrialisation." *Scientific Reports* 10 (2020): 1-6.

Wessel, Andreas, Roland Mühlethaler, Viktor Hartung, Valerija Kuštor, and Matija Gogala. "The Tymbal: Evolution of a Complex Vibration-producing Organ in the Tymbalia (Hemiptera excl. Sternorrhyncha)." In *Studying Vibrational Communication*, edited by Reginald B. Cocroft, Matija Gogala, Peggy S. M. Hill, and Andreas Wessel, 395-444. Berlin: Springer, 2014.

Wipfler, Benjamin, Harald Letsch, Paul B. Frandsen, Paschalia Kapli, Christoph Mayer, Daniela Bartel, Thomas R. Buckley et al. "Evolutionary history of Polyneoptera and its implications for our understanding of early winged insects." *Proceedings of the National Academy of Sciences* 116 (2019): 3024-29.

Zhang, Xi-guang, David J. Siveter, Dieter Waloszek, and Andreas Maas. "An epipodite-bearing crown-group crustacean from the Lower Cambrian." *Nature* 449 (2007): 595-98.

Zhang, Xi-guang, Andreas Maas, Joachim T. Haug, David J. Siveter, and Dieter Waloszek. "A eucrustacean metanauplius from the Lower Cambrian." *Current Biology* 20 (2010): 1075-79.

Zhang, Yunfeng, Feng Shi, Jiakun Song, Xugang Zhang, and Shiliang Yu. "Hearing characteristics of cephalopods: modeling and environmental impact study." *Integrative Zoology* 10 (2015): 141-51.

Zhang, Zhi-Qiang. "Animal biodiversity: An update of classification and diversity in 2013." *Zootaxa* 3703 (2013): 5-11.

꽃, 바다, 젖

Alexander, R. McNeill. "Dinosaur biomechanics." *Proceedings of the Royal Society B* 273 (2006): 1849-55.

Bambach, Richard K. "Energetics in the global marine fauna: a connection between terrestrial diversification and change in the marine biosphere." *Geobios* 32 (1999): 131-44.

Barba-Montoya, Jose, Mario dos Reis, Harald Schneider, Philip C. J. Donoghue, and Ziheng Yang. "Constraining uncertainty in the timescale of angiosperm evolution and the veracity of a Cretaceous Terrestrial Revolution." *New Phytologist* 218 (2018): 819-34.

Barney, Anna, Sandra Martelli, Antoine Serrurier, and James Steele. "Articulatory capacity of Neanderthals, a very recent and human-like fossil hominin." *Philosophical Transactions of the Royal Society B* 367 (2012): 88-102.

Barreda, Viviana D., Luis Palazzesi, and Eduardo B. Olivero. "When flowering plants ruled Antarctica: evidence from Cretaceous pollen grains." *New Phytologist* 223 (2019): 1023-30.

Bateman, Richard M. "Hunting the Snark: the flawed search for mythical Jurassic angiosperms." *Journal of Experimental Botany* 71 (2020): 22-35.

Battison, Leila, and Dallas Taylor. "Tyrannosaurus FX." *Twenty Thousand Hertz*. Podcast. https://www.20k.org/episodes/tyrannosaurusfx.

Bergevin, Christopher, Chandan Narayan, Joy Williams, Natasha Mhatre, Jennifer K. E. Steeves, Joshua GW Bernstein, and Brad Story. "Overtone focusing in biphonic Tuvan throat singing." *eLife* 9 (2020): e50476.

Bowling, Daniel L., Jacob C. Dunn, Jeroen B. Smaers, Maxime Garcia, Asha Sato, Georg Hantke, Stephan

Handschuh et al. "Rapid evolution of the primate larynx?" *PLOS Biology* 18 (2020): e3000764.

Boyd, Eric, and John W. Peters. "New insights into the evolutionary history of biological nitrogen fixation." *Frontiers in Microbiology* 4 (2013): 201.

Bracken-Grissom, Heather D., Shane T. Ahyong, Richard D. Wilkinson, Rodney M. Feldmann, Carrie E. Schweitzer, Jesse W. Breinholt, Matthew Bendall et al. "The emergence of lobsters: phylogenetic relationships, morphological evolution and divergence time comparisons of an ancient group (Decapoda: Achelata, Astacidea, Glypheidea, Polychelida)." *Systematic Biology* 63 (2014): 457–79.

Bravi, Sergio, and Alessandro Garassino. "Plattenkalk of the Lower Cretaceous (Albian) of Petina, in the Alburni Mounts (Campania, S Italy) and its decapod crustacean assemblage." *Atti della Società italiana di Scienze naturali e del Museo civico di Storia naturale in Milano* 138 (1998): 89–118.

Brummitt, Neil A., Steven P. Bachman, Janine Griffiths-Lee, Maiko Lutz, Justin F. Moat, Aljos Farjon, John S. Donaldson et al. "Green plants in the red: a baseline global assessment for the IUCN sampled Red List Index for plants." *PLOS One* 10 (2015): e0135152.

Bush, Andrew M., and Richard K. Bambach. "Paleoecologic megatrends in marine metazoa." *Annual Review of Earth and Planetary Sciences* 39 (2011): 241–69.

Bush, Andrew M., Gene Hunt, and Richard K. Bambach. "Sex and the shifting biodiversity dynamics of marine animals in deep time." *Proceedings of the National Academy of Sciences* 113 (2016): 14073–78.

Chen, Zhuo, and John J. Wiens. "The origins of acoustic communication in vertebrates." *Nature Communications* 11 (2020): 1–8.

Clarke, Julia A., Sankar Chatterjee, Zhiheng Li, Tobias Riede, Federico Agnolin, Franz Goller, Marcelo P. Isasi, Daniel R. Martinioni, Francisco J. Mussel, and Fernando E. Novas. "Fossil evidence of the avian vocal organ from the Mesozoic." *Nature* 538 (2016): 502–5.

Coiro, Mario, James A. Doyle, and Jason Hilton. "How deep is the conflict between molecular and fossil evidence on the age of angiosperms?" *New Phytologist* 223 (2019): 83–99.

Colafrancesco, Kaitlen C., and Marcos Gridi-Papp. "Vocal Sound Production and Acoustic Communication in Amphibians and Reptiles." In *Vertebrate Sound Production and Acoustic Communication*, edited by Roderick A. Suthers, W. Tecumseh Fitch, Richard R. Fay, and Arthur N. Popper, 51–82. Berlin: Springer, 2016.

Conde-Valverde, Mercedes, Ignacio Martínez, Rolf M. Quam, Manuel Rosa, Alex D. Velez, Carlos Lorenzo, Pilar Jarabo, José María Bermúdez de Castro, Eudald Carbonell, and Juan Luis Arsuaga. "Neanderthals and Homo sapiens had similar auditory and speech capacities." *Nature Ecology & Evolution* (2021): 1–7.

Corlett, Richard T. "Plant diversity in a changing world: status, trends, and conservation needs." *Plant Diversity* 38 (2016): 10–16.

Cryan, Jason R., Brian M. Wiegmann, Lewis L. Deitz, and Christopher H. Dietrich. "Phylogeny of the treehoppers (Insecta: Hemiptera: Membracidae): evidence from two nuclear genes." *Molecular Phylogenetics and Evolution* 17 (2000): 317–34.

Dowdy, Nicolas J., and William E. Conner. "Characteristics of tiger moth (Erebidae: Arctiinae) anti-bat sounds can be predicted from tymbal morphology." *Frontiers in Zoology* 16 (2019): 45.

Dunn, Jacob C., Lauren B. Halenar, Thomas G. Davies, Jurgi Cristobal-Azkarate, David Reby, Dan Sykes, Sabine Dengg, W. Tecumseh Fitch, and Leslie A. Knapp. "Evolutionary trade-off between vocal tract and testes dimensions in howler monkeys." *Current Biology* 25 (2015): 2839–44.

Feldmann, Rodney M., Carrie E. Schweitzer, Cory M. Redman, Noel J. Morris, and David J. Ward. "New Late Cretaceous lobsters from the Kyzylkum desert of Uzbekistan." *Journal of Paleontology* 81 (2007): 701–13.

Feng, Yan-Jie, David C. Blackburn, Dan Liang, David M. Hillis, David B. Wake, David C. Cannatella, and Peng Zhang. "Phylogenomics reveals rapid, simultaneous diversification of three major clades of Gondwanan frogs at the Cretaceous–Paleogene boundary." *Proceedings of the National Academy of Sciences* 114 (2017):

E5864-E5870.

Field, Daniel J., Antoine Bercovici, Jacob S. Berv, Regan Dunn, David E. Fastovsky, Tyler R. Lyson, Vivi Vajda, and Jacques A. Gauthier. "Early evolution of modern birds structured by global forest collapse at the end-Cretaceous mass extinction." *Current Biology* 28 (2018): 1825-31.

Fine, Michael, and Eric Parmentier. "Mechanisms of Fish Sound Production." In *Sound Communication in Fishes*, edited by Friedrich Ladich, 77-126. Vienna: Springer, 2015.

Fitch, W. Tecumseh. "Empirical approaches to the study of language evolution." *Psychonomic Bulletin & Review* 24 (2017): 3-33.

———. "Production of Vocalizations in Mammals." In *Encyclopedia of Language and Linguistics*, edited by K. Brown, 115-21. Oxford, UK: Elsevier, 2006.

Fitch, W. Tecumseh, Bart De Boer, Neil Mathur, and Asif A. Ghazanfar. "Monkey vocal tracts are speech-ready." *Science Advances* 2 (2016): e1600723.

Frey, Roland, and Alban Gebler. "Mechanisms and evolution of roaring-like vocalization in mammals." *Handbook of Behavioral Neuroscience* 19 (2010): 439-50.

Frey, Roland, and Tobias Riede. "The anatomy of vocal divergence in North American elk and European red deer." *Journal of Morphology* 274 (2013): 307-19.

Fu, Qiang, Jose Bienvenido Diez, Mike Pole, Manuel García Ávila, Zhong-Jian Liu, Hang Chu, Yemao Hou et al. "An unexpected noncarpellate epigynous flower from the Jurassic of China." *eLife* 7 (2018): e38827.

Ghazanfar, Asif A., and Drew Rendall. "Evolution of human vocal production." *Current Biology* 18 (2008): R457-R460.

Griesmann, Maximilian, Yue Chang, Xin Liu, Yue Song, Georg Haberer, Matthew B. Crook, Benjamin Billault-Penneteau et al. "Phylogenomics reveals multiple losses of nitrogen-fixing root nodule symbiosis." *Science* 361 (2018): eaat1743.

Hoch, Hannelore, Jürgen Deckert, and Andreas Wessel. "Vibrational signalling in a Gondwanan relict insect (Hemiptera: Coleorrhyncha: Peloridiidae)." *Biology Letters* 2 (2006): 222-24.

Hoffmann, Simone, and David W. Krause. "Tongues untied." *Science* 365 (2019): 222-23.

Jézéquel, Youenn, Laurent Chauvaud, and Julien Bonnel. "Spiny lobster sounds can be detectable over kilometres underwater." *Scientific Reports* 10 (2020): 1-11.

Johnson, Kevin P., Christopher H. Dietrich, Frank Friedrich, Rolf G. Beutel, Benjamin Wipfler, Ralph S. Peters, Julie M. Allen et al. "Phylogenomics and the evolution of hemipteroid insects." *Proceedings of the National Academy of Sciences* 115 (2018): 12775-780.

Kaiho, Kunio, Naga Oshima, Kouji Adachi, Yukimasa Adachi, Takuya Mizukami, Megumu Fujibayashi, and Ryosuke Saito. "Global climate change driven by soot at the K-Pg boundary as the cause of the mass extinction." *Scientific Reports* 6 (2016): 28427.

Kawahara, Akito Y., David Plotkin, Marianne Espeland, Karen Meusemann, Emmanuel F. A. Toussaint, Alexander Donath, France Gimnich et al. "Phylogenomics reveals the evolutionary timing and pattern of butterflies and moths." *Proceedings of the National Academy of Sciences* 116 (2019): 22657-663.

Kikuchi, Mumi, Tomonari Akamatsu, and Tomohiro Takase. "Passive acoustic monitoring of Japanese spiny lobster stridulating sounds." *Fisheries Science* 81 (2015): 229-34.

Labandeira, Conrad C. "A compendium of fossil insect families." *Milwaukee Public Museum Contributions in Biology and Geology* 88 (1994): 1-71.

Lefèvre, Christophe M., Julie A. Sharp, and Kevin R. Nicholas. "Evolution of lactation: ancient origin and extreme adaptations of the lactation system." *Annual Review of Genomics and Human Genetics* 11 (2010): 219-38.

Li, Hong-Lei, Wei Wang, Peter E. Mortimer, Rui-Qi Li, De-Zhu Li, Kevin D. Hyde, Jian-Chu Xu, Douglas E.

Soltis, and Zhi-Duan Chen. "Large-scale phylogenetic analyses reveal multiple gains of actinorhizal nitrogen-fixing symbioses in angiosperms associated with climate change." *Scientific Reports* 5 (2015): 14023.

Li, Hong-Tao, Ting-Shuang Yi, Lian-Ming Gao, Peng-Fei Ma, Ting Zhang, Jun-Bo Yang, Matthew A. Gitzendanner et al. "Origin of angiosperms and the puzzle of the Jurassic gap." *Nature Plants* 5 (2019): 461.

Lima, Daniel, Arthur Anker, Matúš Hyžný, Andreas Kroh, and Orangel Aguilera. "First evidence of fossil snapping shrimps (Alpheidae) in the Neotropical region, with a checklist of the fossil caridean shrimps from the Cenozoic." *Journal of South American Earth Sciences* (2020): 102795.

Lürling, Miquel, and Marten Scheffer. "Info-disruption: pollution and the transfer of chemical information between organisms." *Trends in Ecology & Evolution* 22 (2007): 374-79.

Lyons, Shelby L., Allison T. Karp, Timothy J. Bralower, Kliti Grice, Bettina Schaefer, Sean P. S. Gulick, Joanna V. Morgan, and Katherine H. Freeman. "Organic matter from the Chicxulub crater exacerbated the K–Pg impact winter." *Proceedings of the National Academy of Sciences* 117 (2020): 25327-34.

Martínez, Ignacio, Juan Luis Arsuaga, Rolf Quam, José Miguel Carretero, Ana Gracia, and Laura Rodríguez. "Human hyoid bones from the middle Pleistocene site of the Sima de los Huesos (Sierra de Atapuerca, Spain)." *Journal of Human Evolution* 54 (2008): 118-24.

McCauley, Douglas J., Malin L. Pinsky, Stephen R. Palumbi, James A. Estes, Francis H. Joyce, and Robert R. Warner. "Marine defaunation: animal loss in the global ocean." *Science* 347 (2015): 1255641.

McKenna, Duane D., Seunggwan Shin, Dirk Ahrens, Michael Balke, Cristian Beza-Beza, Dave J. Clarke, Alexander Donath et al. "The evolution and genomic basis of beetle diversity." *Proceedings of the National Academy of Sciences* 116 (2019): 24729-37.

Mugleston, Joseph D., Michael Naegle, Hojun Song, and Michael F. Whiting. "A comprehensive phylogeny of Tettigoniidae (Orthoptera: Ensifera) reveals extensive ecomorph convergence and widespread taxonomic incongruence." *Insect Systematics and Diversity* 2 (2018): 1-27.

Müller, Johannes, Constanze Bickelmann, and Gabriela Sobral. "The evolution and fossil history of sensory perception in amniote vertebrates." *Annual Review of Earth and Planetary Sciences* 46 (2018): 495-519.

Nakano, Ryo, Takuma Takanashi, and Annemarie Surlykke. "Moth hearing and sound communication." *Journal of Comparative Physiology A* 201 (2015): 111-21.

Near, Thomas J., Alex Dornburg, Ron I. Eytan, Benjamin P. Keck, W. Leo Smith, Kristen L. Kuhn, Jon A. Moore et al. "Phylogeny and tempo of diversification in the superradiation of spiny-rayed fishes." *Proceedings of the National Academy of Sciences* 110 (2013): 12738-43.

Nishimura, Takeshi, Akichika Mikami, Juri Suzuki, and Tetsuro Matsuzawa. "Descent of the hyoid in chimpanzees: evolution of face flattening and speech." *Journal of Human Evolution* 51 (2006): 244-54.

Novack-Gottshall, Philip M. "Love, not war, drove the Mesozoic marine revolution." *Proceedings of the National Academy of Sciences* 113 (2016): 14471-73.

O'Brien, Charlotte L., Stuart A. Robinson, Richard D. Pancost, Jaap S. Sinninghe Damsté, Stefan Schouten, Daniel J. Lunt, Heiko Alsenz et al. "Cretaceous sea-surface temperature evolution: constraints from TEX86 and planktonic foraminiferal oxygen isotopes." *Earth-Science Reviews* 172 (2017): 224-47.

O'Connor, Lauren K., Stuart A. Robinson, B. David A. Naafs, Hugh C. Jenkyns, Sam Henson, Madeleine Clarke, and Richard D. Pancost. "Late Cretaceous temperature evolution of the southern high latitudes: a TEX86 perspective." *Paleoceanography and Paleoclimatology* 34 (2019): 436-54.

Patek, Sheila N. "Squeaking with a sliding joint: mechanics and motor control of sound production in palinurid lobsters." *Journal of Experimental Biology* 205 (2002): 2375-85.

Patek, S. N., and J. E. Baio. "The acoustic mechanics of stick–slip friction in the California spiny lobster (Panulirus interruptus)." *Journal of Experimental Biology* 210 (2007): 3538-46.

Pereira, Graciela, and Helga Josupeit. "The world lobster market." *Globefish Research Programme* 123 (2017).

Perrone-Bertolotti, Marcela, Jan Kujala, Juan R. Vidal, Carlos M. Hamame, Tomas Ossandon, Olivier Bertrand, Lorella Minotti, Philippe Kahane, Karim Jerbi, and Jean-Philippe Lachaux. "How silent is silent reading? Intracerebral evidence for top-down activation of temporal voice areas during reading." *Journal of Neuroscience* 32 (2012): 17554–62.

Pickrell, John. "How the earliest mammals thrived alongside dinosaurs." *Nature* 574 (2019): 468–72.

Rai, A. N., E. Söderbäck, and B. Bergman. "Tansley Review No. 116: Cyanobacterium–plant symbioses." *New Phytologist* 147 (2000): 449–81.

Ramírez-Chaves, Héctor E., Vera Weisbecker, Stephen Wroe, and Matthew J. Phillips. "Resolving the evolution of the mammalian middle ear using Bayesian inference." *Frontiers in Zoology* 13 (2016): 39.

Reidenberg, Joy S., and Jeffrey T. Laitman. "Anatomy of the hyoid apparatus in odontoceli (toothed whales): specializations of their skeleton and musculature compared with those of terrestrial mammals." *Anatomical Record* 240 (1994): 598–624.

Rice, Aaron N., Stacy C. Farina, Andrea J. Makowski, Ingrid M. Kaatz, Philip S. Lobel, William E. Bemis, and Andrew Bass. "Evolution and Ecology in Widespread Acoustic Signaling Behavior Across Fishes." https://www.biorxiv.org/content/biorxiv/early/2020/09/14/2020.09.14.296335.full.pdf.

Riede, Tobias, Heather L. Borgard, and Bret Pasch. "Laryngeal airway reconstruction indicates that rodent ultrasonic vocalizations are produced by an edge-tone mechanism." *Royal Society Open Science* 4 (2017): 170976.

Riede, Tobias, Chad M. Eliason, Edward H. Miller, Franz Goller, and Julia A. Clarke. "Coos, booms, and hoots: the evolution of closed-mouth vocal behavior in birds." *Evolution* 70 (2016): 1734–46.

Ruiz, Michael J., and David Wilken. "Tuvan throat singing and harmonics." *Physics Education* 53 (2018): 035011.

Shcherbakov, Dmitri E. "The earliest leafhoppers (Hemiptera: Karajassidae n. fam.) from the Jurassic of Karatau." *Neues Jahrbuch für Geologie und Paläontologie* 1 (1992): 39–51.

Soltis, Douglas E., Pamela S. Soltis, David R. Morgan, Susan M. Swensen, Beth C. Mullin, Julie M. Dowd, and Peter G. Martin. "Chloroplast gene sequence data suggest a single origin of the predisposition for symbiotic nitrogen fixation in angiosperms." *Proceedings of the National Academy of Sciences* 92 (1995): 2647–51.

Stüeken, Eva E., Michael A. Kipp, Matthew C. Koehler, and Roger Buick. "The evolution of Earth's biogeochemical nitrogen cycle." *Earth-Science Reviews* 160 (2016): 220–39.

Takemoto, Hironori. "Morphological analyses and 3D modeling of the tongue musculature of the chimpanzee (Pan troglodytes)." *American Journal of Primatology* 70 (2008): 966–75.

Vajda, Vivi, and Antoine Bercovici. "The global vegetation pattern across the Cretaceous–Paleogene mass extinction interval: a template for other extinction events." *Global and Planetary Change* 122 (2014): 29–49.

Vega, Francisco J., Rodney M. Feldmann, Pedro García-Barrera, Harry Filkorn, Francis Pimentel, and Javier Avendano. "Maastrichtian Crustacea (Brachyura: Decapoda) from the Ocozocuautla Formation in Chiapas, southeast Mexico." *Journal of Paleontology* 75 (2001): 319–29.

Vermeij, Geerat J. "The Mesozoic marine revolution: evidence from snails, predators and grazers." *Paleobiology* (1977): 245–58.

Veselka, Nina, David D. McErlain, David W. Holdsworth, Judith L. Eger, Rethy K. Chhem, Matthew J. Mason, Kirsty L. Brain, Paul A. Faure, and M. Brock Fenton. "A bony connection signals laryngeal echolocation in bats." *Nature* 463 (2010): 939–42.

Webb, Thomas J., and Beth L. Mindel. "Global patterns of extinction risk in marine and non-marine systems." *Current Biology* 25 (2015): 506–11.

Wing, Scott L., Leo J. Hickey, and Carl C. Swisher. "Implications of an exceptional fossil flora for Late Cretaceous vegetation." *Nature* 363 (1993): 342–44.

Zhou, Chang-Fu, Bhart-Anjan S. Bhullar, April I. Neander, Thomas Martin, and Zhe-Xi Luo. "New Jurassic mammaliaform sheds light on early evolution of mammal-like hyoid bones." *Science* 365 (2019): 276-79.

PART 3_ 진화의 창조성
공기, 물, 나무

Amoser, Sonja, and Friedrich Ladich. "Are hearing sensitivities of freshwater fish adapted to the ambient noise in their habitats?" *Journal of Experimental Biology* 208 (2005): 3533-42.

Bass, Andrew H., and Christopher W. Clark. "The Physical Acoustics of Underwater Sound Communication." In *Acoustic Communication*, edited by A. M. Simmons, A. N. Popper, and R. R. Fay, 15-64. New York: Springer, 2003.

Blasi, Damián E., Steven Moran, Scott R. Moisik, Paul Widmer, Dan Dediu, and Balthasar Bickel. "Human sound systems are shaped by post-Neolithic changes in bite configuration." *Science* 363 (2019): eaav3218.

Charlton, Benjamin D., Megan A. Owen, and Ronald R. Swaisgood. "Coevolution of vocal signal characteristics and hearing sensitivity in forest mammals." *Nature Communications* 10 (2019): 1-7.

Čokl, Andrej, Janez Prešern, Meta Virant-Doberlet, Glen J. Bagwell, and Jocelyn G. Millar. "Vibratory signals of the harlequin bug and their transmission through plants." *Physiological Entomology* 29 (2004): 372-80.

Conner, William E. "Adaptive Sounds and Silences: Acoustic Anti-predator Strategies in Insects." In *Insect Hearing and Acoustic Communication*, edited by Berthold Hedwig, 65-79. Berlin: Springer, 2014.

Derryberry, Elizabeth Perrault, Nathalie Seddon, Santiago Claramunt, Joseph Andrew Tobias, Adam Baker, Alexandre Aleixo, and Robb Thomas Brumfield. "Correlated evolution of beak morphology and song in the neotropical woodcreeper radiation." *Evolution* 66 (2012): 2784-97.

Feighny, J. A., K. E. Williamson, and J. A. Clarke. "North American elk bugle vocalizations: male and female bugle call structure and context." *Journal of Mammalogy* 87 (2006): 1072-77.

Greenfield, Michael D. "Interspecific acoustic interactions among katydids *Neoconocephalus*: inhibition-induced shifts in diel periodicity." *Animal Behaviour* 36 (1988): 684-95.

Heffner, Rickye S. "Primate hearing from a mammalian perspective." *The Anatomical Record Part A: Discoveries in Molecular, Cellular, and Evolutionary Biology: An Official Publication of the American Association of Anatomists* 281 (2004): 1111-22.

Hill, Peggy S. M. "How do animals use substrate-borne vibrations as an information source?" *Naturwissenschaften* 96 (2009): 1355-71.

Hua, Xia, Simon J. Greenhill, Marcel Cardillo, Hilde Schneemann, and Lindell Bromham. "The ecological drivers of variation in global language diversity." *Nature Communications* 10 (2019): 1-10.

Lugli, Marco. "Habitat Acoustics and the Low-Frequency Communication of Shallow Water Fishes." In *Sound Communication in Fishes*, edited by F. Ladich, 175-206. Vienna: Springer, 2015.

Lugli, Marco. "Sounds of shallow water fishes pitch within the quiet window of the habitat ambient noise." *Journal of Comparative Physiology A* 196 (2010): 439-51.

Maddieson, Ian, and Christophe Coupé. "Human spoken language diversity and the acoustic adaptation hypothesis." *Journal of the Acoustical Society of America* 138 (2015): 1838.

McNett, Gabriel D., and Reginald B. Cocroft. "Host shifts favor vibrational signal divergence in Enchenopa binotata treehoppers." *Behavioral Ecology* 19 (2008): 650-56.

Morton, Eugene S. "Ecological sources of selection on avian sounds." *American Naturalist* 109 (1975): 17-34.

Peters, Gustav, and Marcell K. Peters. "Long-distance call evolution in the Felidae: effects of body weight, habitat, and phylogeny." *Biological Journal of the Linnean Society* 101 (2010): 487-500.

Podos, Jeffrey. "Correlated evolution of morphology and vocal signal structure in Darwin's finches." *Nature* 409 (2001): 185-88.

Porter, Cody K., and Julie W. Smith. "Diversification in trophic morphology and a mating signal are coupled in the early stages of sympatric divergence in crossbills." *Biological Journal of the Linnean Society* 129 (2020): 74-87.

Riede, Tobias, Michael J. Owren, and Adam Clark Arcadi. "Nonlinear acoustics in pant hoots of common chimpanzees (*Pan troglodytes*): frequency jumps, subharmonics, biphonation, and deterministic chaos." *American Journal of Primatology* 64 (2004): 277-91.

Riede, Tobias, and Ingo R. Titze. "Vocal fold elasticity of the Rocky Mountain elk (*Cervus elaphus nelsoni*)—producing high fundamental frequency vocalization with a very long vocal fold." *Journal of Experimental Biology* 211 (2008): 2144-54.

Roberts, Seán G. "Robust, causal, and incremental approaches to investigating linguistic adaptation." *Frontiers in Psychology* 9 (2018): 166.

Zapata-Ríos, G., R. E. Suárez, B. V. Utreras, and O. J. Vargas. "Evaluación de amenazas antropogénicas en el Parque Nacional Yasuní y sus implicaciones para la conservación de mamíferos silvestres." *Lyonia* 10 (2006): 47-57.

야우성

Amézquita, Adolfo, Sandra Victoria Flechas, Albertina Pimentel Lima, Herbert Gasser, and Walter Hödl. "Acoustic interference and recognition space within a complex assemblage of dendrobatid frogs." *Proceedings of the National Academy of Sciences* 108 (2011): 17058-63.

Aubin, Thierry, and Pierre Jouventin. "How to vocally identify kin in a crowd: the penguin model." *Advances in the Study of Behavior* 31 (2002): 243-78.

Barringer, Lawrence E., Charles R. Bartlett, and Terry L. Erwin. "Canopy assemblages and species richness of planthoppers (Hemiptera: Fulgoroidea) in the Ecuadorian Amazon." *Insecta Mundi* (2019) 0726: 1-16.

Bass, Margot S., Matt Finer, Clinton N. Jenkins, Holger Kreft, Diego F. Cisneros-Heredia, Shawn F. McCracken, Nigel CA Pitman et al. "Global conservation significance of Ecuador's Yasuní National Park." *PLOS One* 5 (2010): e8767.

Blake, John G., and Bette A. Loiselle. "Enigmatic declines in bird numbers in lowland forest of eastern Ecuador may be a consequence of climate change." *PeerJ* 3 (2015): e1177.

Brumm, Henrik, and Marc Naguib. "Environmental acoustics and the evolution of bird song." *Advances in the Study of Behavior* 40 (2009): 1-33.

Brumm, Henrik, and Hans Slabbekoorn. "Acoustic communication in noise." *Advances in the Study of Behavior* 35 (2005): 151-209.

Carlson, Nora V., Erick Greene, and Christopher N. Templeton. "Nuthatches vary their alarm calls based upon the source of the eavesdropped signals." *Nature Communications* 11 (2020): 1-7.

Colombelli-Négrel, Diane, and Christine Evans. "Superb fairy-wrens respond more to alarm calls from mate and kin compared to unrelated individuals." *Behavioral Ecology* 28 (2017): 1101-12.

Cottingham, John. "'A brute to the brutes?': Descartes' treatment of animals." *Philosophy* 53 (1978): 551-59.

Dalziell, Anastasia H., Alex C. Maisey, Robert D. Magrath, and Justin A. Welbergen. "Male lyrebirds create a complex acoustic illusion of a mobbing flock during courtship and copulation." *Current Biology* (2021). https://doi.org/10.1016/j.cub.2021.02.003.

Evans, Samuel, Carolyn McGettigan, Zarinah K. Agnew, Stuart Rosen, and Sophie K. Scott. "Getting the cocktail party started: masking effects in speech perception." *Journal of Cognitive Neuroscience* 28 (2016): 483-500.

Farrow, Lucy F., Ahmad Barati, and Paul G. McDonald. "Cooperative bird discriminates between individuals based purely on their aerial alarm calls." *Behavioral Ecology* 31 (2020): 440-47.

Flower, Tom P., Matthew Gribble, and Amanda R. Ridley. "Deception by flexible alarm mimicry in an African bird." *Science* 344 (2014): 513-16.

Greene, Erick, and Tom Meagher. "Red squirrels, *Tamiasciurus hudsonicus*, produce predator-class specific alarm calls." *Animal Behaviour* 55 (1998): 511-18.

Hansen, John H. L., Mahesh Kumar Nandwana, and Navid Shokouhi. "Analysis of human scream and its impact on text-independent speaker verification." *Journal of the Acoustical Society of America* 141 (2017): 2957-67.

Hedwig, Berthold, and Daniel Robert. "Auditory Parasitoid Flies Exploiting Acoustic Communication of Insects." In *Insect Hearing and Acoustic Communication*, edited by Hedwig Berthold, 45-63. Berlin: Springer, 2014.

Hulse, Stewart H. "Auditory scene analysis in animal communication." *Advances in the Study of Behavior* 31 (2002): 163-201.

Jain, Manjari, Swati Diwakar, Jimmy Bahuleyan, Rittik Deb, and Rohini Balakrishnan. "A rain forest dusk chorus: cacophony or sounds of silence?" *Evolutionary Ecology* 28 (2014): 1-22.

Krause, Bernard L. "Bioacoustics, habitat ambience in ecological balance." *Whole Earth Review* (57) 14-18.

Krause, Bernard L. "The niche hypothesis: a virtual symphony of animal sounds, the origins of musical expression and the health of habitats." *Soundscape Newsletter* 6 (1993): 6-10.

Lindsay, Jessica, "Why Do Caterpillars Whistle? Acoustic Mimicry of Bird Alarm Calls in the Amorpha juglandis Caterpillar" (2015). University of Montana, Missoula, Undergraduate Theses, Professional Papers, and Capstone Artifacts. https://scholarworks.umt.edu/utpp/60.

Magrath, Robert D., Tonya M. Haff, Pamela M. Fallow, and Andrew N. Radford. "Eavesdropping on heterospecific alarm calls: from mechanisms to consequences." *Biological Reviews* 90 (2015): 560-86.

McLachlan, Jessica R., and Robert D. Magrath. "Speedy revelations: how alarm calls can convey rapid, reliable information about urgent danger." *Proceedings of the Royal Society B* 287 (2020): 20192772.

Price, Tabitha, Philip Wadewitz, Dorothy Cheney, Robert Seyfarth, Kurt Hammerschmidt, and Julia Fischer. "Vervets revisited: a quantitative analysis of alarm call structure and context specificity." *Scientific Reports* 5 (2015): 13220.

Schmidt, Arne K. D., and Rohini Balakrishnan. "Ecology of acoustic signalling and the problem of masking interference in insects." *Journal of Comparative Physiology A* 201 (2015): 133-42.

Schmidt, Arne KD, Klaus Riede, and Heiner Römer. "High background noise shapes selective auditory filters in a tropical cricket." *Journal of Experimental Biology* 214 (2011): 1754-62.

Schmidt, Arne K. D., Heiner Römer, and Klaus Riede. "Spectral niche segregation and community organization in a tropical cricket assemblage." *Behavioral Ecology* 24 (2013): 470-80.

Suarez, Esteban, Manuel Morales, Rubén Cueva, V. Utreras Bucheli, Galo Zapata-Ríos, Eduardo Toral, Javier Torres, Walter Prado, and J. Vargas Olalla. "Oil industry, wild meat trade and roads: indirect effects of oil extraction activities in a protected area in north-eastern Ecuador." *Animal Conservation* 12 (2009): 364-73.

Summers, Kyle, S. E. A. McKeon, J. O. N. Sellars, Mark Keusenkothen, James Morris, David Gloeckner, Corey Pressley, Blake Price, and Holly Snow. "Parasitic exploitation as an engine of diversity." *Biological Reviews* 78 (2003): 639-75.

Swing, Kelly. "Preliminary observations on the natural history of representative treehoppers (Hemiptera, Auchenorrhyncha, Cicadomorpha: Membracidae and Aetalionidae) in the Yasuní Biosphere Reserve, including first reports of 13 genera for Ecuador and the province of Orellana." *Avances en Ciencias e Ingenierias* 4 (2012): B10-B38.

Templeton, Christopher N., Erick Greene, and Kate Davis. "Allometry of alarm calls: black-capped chickadees encode information about predator size." *Science* 308 (2005): 1934-37.

Tobias, Joseph A., Robert Planqué, Dominic L. Cram, and Nathalie Seddon. "Species interactions and the structure of complex communication networks." *Proceedings of the National Academy of Sciences* 111 (2014): 1020-25.

Zuk, Marlene, John T. Rotenberry, and Robin M. Tinghitella. "Silent night: adaptive disappearance of a sexual signal in a parasitized population of field crickets." *Biology Letters* 2 (2006): 521-24.

성과 아름다움

Archetti, Marco. "Evidence from the domestication of apple for the maintenance of autumn colours by coevolution." *Proceedings of the Royal Society B* 276 (2009): 2575–80.

Baker, Myron C., Merrill SA Baker, and Laura M. Tilghman. "Differing effects of isolation on evolution of bird songs: examples from an island-mainland comparison of three species." *Biological Journal of the Linnean Society* 89 (2006): 331–42.

Beasley, V. R., R. Cole, C. Johnson, L. Johnson, C. Lieske, J. Murphy, M. Piwoni, C. Richards, P. Schoff, and A. M. Schotthoefer. "Environmental factors that influence amphibian community structure and health as indicators of ecosystems." Final Report EPA Grant R825867 (2001). https://cfpub.epa.gov/ncer_abstracts/index.cfm/fuseaction/display.highlight/abstract/274/report/F.

Biernaskie, Jay M., Alan Grafen, and Jennifer C. Perry. "The evolution of index signals to avoid the cost of dishonesty." *Proceedings of the Royal Society B* 281 (2014): 20140876.

Boccia, Maddalena, Sonia Barbetti, Laura Piccardi, Cecilia Guariglia, Fabio Ferlazzo, Anna Maria Giannini, and D. W. Zaidel. "Where does brain neural activation in aesthetic responses to visual art occur? Meta-analytic evidence from neuroimaging studies." *Neuroscience & Biobehavioral Reviews* 60 (2016): 65-71.

Butterfield, Brian P., Michael J. Lannoo, and Priya Nanjappa. "*Pseudacris crucifer*. Spring Peeper." AmphibiaWeb. Accessed May 23, 2020. http://amphibiaweb.org.

Conway, Bevil R., and Alexander Rehding. "Neuroaesthetics and the trouble with beauty." *PLOS Biology* 11 (2013): e1001504.

Cresswell, Will. "Song as a pursuit-deterrent signal, and its occurrence relative to other anti-predation behaviours of skylark (*Alauda arvensis*) on attack by merlins (*Falco columbarius*)." *Behavioral Ecology and Sociobiology* 34 (1994): 217-23.

Cummings, Molly E., and John A. Endler. "25 Years of sensory drive: the evidence and its watery bias." *Current Zoology* 64 (2018): 471-84.

Darwin, Charles. *On the Origin of Species by Means of Natural Selection, or the Preservation of Favoured Races in the Struggle for Life*. London: Murray, 1859. (한국어판은 『종의 기원』 사이언스북스, 2019) http://darwin-online.org.uk/.

Eberhardt, Laurie S. "Oxygen consumption during singing by male Carolina wrens (*Thryothorus ludovicianus*)." *Auk* 111 (1994): 124-30.

Fisher, Ronald A. "The evolution of sexual preference." *Eugenics Review* 7 (1915): 184-92.

Forester, Don C., and Richard Czarnowsky. "Sexual selection in the spring peeper, *Hyla crucifer* (Amphibia, Anura): role of the advertisement call." *Behaviour* 92 (1985): 112-27.

Forester, Don C., and W. Keith Harrison. "The significance of antiphonal vocalisation by the spring peeper, *Pseudacris crucifer* (Amphibia, Anura)." *Behaviour* 103 (1987): 1-15.

Fowler-Finn, Kasey D., and Rafael L. Rodríguez. "The causes of variation in the presence of genetic covariance between sexual traits and preferences." *Biological Reviews* 91 (2016): 498-510.

Grant, Peter R., and B. Rosemary Grant. "The founding of a new population of Darwin's finches." *Evolution* 49 (1995): 229-40.

Gray, David A., and William H. Cade. "Sexual selection and speciation in field crickets." *Proceedings of the National Academy of Sciences* 97 (2000): 14449-54.

Henshaw, Jonathan M., and Adam G. Jones. "Fisher's lost model of runaway sexual selection." *Evolution* 74 (2019): 487–94.

Hill, Brad G., and M. Ross Lein. "The non-song vocal repertoire of the white-crowned sparrow." *Condor* 87 (1985): 327–35.

Humfeld, Sarah C., Vincent T. Marshall, and Mark A. Bee. "Context-dependent plasticity of aggressive signalling in a dynamic social environment." *Animal Behaviour* 78 (2009): 915–24.

Kirkpatrick, Mark. "Sexual selection and the evolution of female choice." *Evolution* 82 (1982): 1-12.

Kruger, M. Charlotte, Carina J. Sabourin, Alexandra T. Levine, and Stephen G. Lomber. "Ultrasonic hearing in cats and other terrestrial mammals." *Acoustics Today* 17 (2021): 18-25.

Kuhelj, Anka, Maarten De Groot, Franja Pajk, Tatjana Simčič, and Meta Virant-Doberlet. "Energetic cost of vibrational signalling in a leafhopper." *Behavioral Ecology and Sociobiology* 69 (2015): 815-28.

Laland, Kevin N. "On the evolutionary consequences of sexual imprinting." *Evolution* 48 (1994): 477-89.

Lande, Russell. "Models of speciation by sexual selection on polygenic traits." *Proceedings of the National Academy of Sciences* 78 (1981): 3721-25.

Lemmon, Emily Moriarty. "Diversification of conspecific signals in sympatry: geographic overlap drives multidimensional reproductive character displacement in frogs." *Evolution* 63 (2009): 1155-70.

Lemmon, Emily Moriarty, and Alan R. Lemmon. "Reinforcement in chorus frogs: lifetime fitness estimates including intrinsic natural selection and sexual selection against hybrids." *Evolution* 64 (2010): 1748-61.

Ligon, Russell A., Christopher D. Diaz, Janelle L. Morano, Jolyon Troscianko, Martin Stevens, Annalyse Moskeland, Timothy G. Laman, and Edwin Scholes III. "Evolution of correlated complexity in the radically different courtship signals of birds-of-paradise." *PLOS Biology* 16 (2018): e2006962.

Lykens, David V., and Don C. Forester. "Age structure in the spring peeper: do males advertise longevity?" *Herpetologica* (1987): 216-23.

Marshall, David C., and Kathy BR Hill. "Versatile aggressive mimicry of cicadas by an Australian predatory katydid." *PLOS One* 4 (2009).

Matsumoto, Yui K., and Kazuo Okanoya. "Mice modulate ultrasonic calling bouts according to sociosexual context." *Royal Society Open Science* 5 (2018): 180378.

Mead, Louise S., and Stevan J. Arnold. "Quantitative genetic models of sexual selection." *Trends in Ecology & Evolution* 19 (2004): 264-71.

Miles, Meredith C., Eric R. Schuppe, R. Miller Ligon IV, and Matthew J. Fuxjager. "Macroevolutionary patterning of woodpecker drums reveals how sexual selection elaborates signals under constraint." *Proceedings of the Royal Society B* 285 (2018): 20172628.

Odom, Karan J., Michelle L. Hall, Katharina Riebel, Kevin E. Omland, and Naomi E. Langmore. "Female song is widespread and ancestral in songbirds." *Nature Communications* 5 (2014): 1-6.

Pašukonis, Andrius, Matthias-Claudio Loretto, and Walter Hödl. "Map-like navigation from distances exceeding routine movements in the three-striped poison frog (*Ameerega trivittata*)." *Journal of Experimental Biology* 221 (2018).

Pašukonis, Andrius, Katharina Trenkwalder, Max Ringler, Eva Ringler, Rosanna Mangione, Jolanda Steininger, Ian Warrington, and Walter Hödl. "The significance of spatial memory for water finding in a tadpole-transporting frog." *Animal Behaviour* 116 (2016): 89-98.

Patricelli, Gail L., Eileen A. Hebets, and Tamra C. Mendelson. "Book review of Prum, RO 2018. The evolution of beauty." *Evolution* 73 (2019): 115-24.

Pomiankowski, Andrew, and Yoh Iwasa. "Evolution of multiple sexual preferences by Fisher's runaway process of sexual selection." *Proceedings of the Royal Society of London*. Series B 253 (1993): 173-81.

Proctor, Heather C. "Sensory exploitation and the evolution of male mating behaviour: a cladistic test using water mites (Acari: Parasitengona)." *Animal Behaviour* 44 (1992): 745-52.

Prokop, Zofia M., and Szymon M. Drobniak. "Genetic variation in male attractiveness: it is time to see the forest for the trees." *Evolution* 70 (2016): 913-21.

Prokop, Zofia M., Łukasz Michalczyk, Szymon M. Drobniak, Magdalena Herdegen, and Jacek Radwan. "Meta-analysis suggests choosy females get sexy sons more than 'good genes.'" *Evolution* 66 (2012): 2665-73.

Prum, Richard O. "Aesthetic evolution by mate choice: Darwin's really dangerous idea." *Philosophical Transactions of the Royal Society B* 367 (2012): 2253-65.

Prum, Richard O. *The Evolution of Beauty*. Doubleday: New York, 2017. (한국어판은 『아름다움의 진화』 동아시아, 2019)

Prum, Richard O. "The Lande–Kirkpatrick mechanism is the null model of evolution by intersexual selection: implications for meaning, honesty, and design in intersexual signals." *Evolution* 64 (2010): 3085-100.

Purnell, Beverly A. "Intersexuality in female moles." *Science* 370 (2020): 182.

Reeder, Amy L., Marilyn O. Ruiz, Allan Pessier, Lauren E. Brown, Jeffrey M. Levengood, Christopher A. Phillips, Matthew B. Wheeler, Richard E. Warner, and Val R. Beasley. "Intersexuality and the cricket frog decline: historic and geographic trends." *Environmental Health Perspectives* 113 (2005): 261-65.

Rendell, Luke, Laurel Fogarty, and Kevin N. Laland. "Runaway cultural niche construction." *Philosophical Transactions of the Royal Society B* 366 (2011): 823-35.

Riebel, Katharina, Karan J. Odom, Naomi E. Langmore, and Michelle L. Hall. "New insights from female bird song: towards an integrated approach to studying male and female communication roles." *Biology Letters* 15 (2019): 20190059.

Rothenberg, David. *Survival of the Beautiful*. New York: Bloomsbury Press, 2011. (한국어판은 『자연의 예술가들』 궁리, 2015)

Roughgarden, Joan. "Homosexuality and Evolution: A Critical Appraisal." In *On Human Nature*, edited by Michel Tibayrenc and Francisco J. Ayala, 495-516. New York: Academic Press, 2017.

Ryan, Michael J. "Coevolution of sender and receiver: effect on local mate preference in cricket frogs." *Science* 240 (1988): 1786.

Schoffelen, Richard L. M., Johannes M. Segenhout, and Pim Van Dijk. "Mechanics of the exceptional anuran ear." *Journal of Comparative Physiology A* 194 (2008): 417-28.

Short, Stephen, Gongda Yang, Peter Kille, and Alex T. Ford. "A widespread and distinctive form of amphipod intersexuality not induced by known feminising parasites." *Sexual Development* 6 (2012). 320-24.

Skelly, David K., Susan R. Bolden, and Kirstin B. Dion. "Intersex frogs concentrated in suburban and urban landscapes." *EcoHealth* 7 (2010): 374-79.

Solnit, Rebecca. *Recollections of My Nonexistence*. New York: Viking, 2020. (한국어판은 『세상에 없는 나의 기억들』 창비, 2022)

Starnberger, Iris, Doris Preininger, and Walter Hödl. "The anuran vocal sac: a tool for multimodal signalling." *Animal Behaviour* 97 (2014): 281-88.

Stewart, Kathryn. "Contact Zone Dynamics and the Evolution of Reproductive Isolation in a North American Treefrog, the Spring Peeper (*Pseudacris crucifer*)." (PhD diss., Queen's University, 2013).

Taborsky, Michael, and H. Jane Brockmann. "Alternative Reproductive Tactics and Life History Phenotypes." In *Animal Behaviour: Evolution and Mechanisms*, edited by Peter M. Kappeler, 537-86. Berlin: Springer, 2010.

Wilczynski, Walter, Harold H. Zakon, and Eliot A. Brenowitz. "Acoustic communication in spring peepers." *Journal of Comparative Physiology A* 155 (1984): 577–84.

Zamudio, Kelly R., and Lauren M. Chan. "Alternative Reproductive Tactics in Amphibians." In *Alternative Reproductive Tactics: An Integrative Approach*, edited by Rui F. Oliveira, Michael Taborsky, and Jane Brockmann, 300–31. Cambridge: Cambridge University Press, 2008.

Zhang, Fang, Juan Zhao, and Albert S. Feng. "Vocalizations of female frogs contain nonlinear characteristics and individual signatures." *PLOS One* 12 (2017).

Zimmitti, Salvatore J. "Individual variation in morphological, physiological, and biochemical features associated with calling in spring peepers (*Pseudacris crucifer*)." *Physiological and Biochemical Zoology* 72 (1999): 666–76.

발성 학습과 문화

Bolhuis, Johan J., Kazuo Okanoya, and Constance Scharff. "Twitter evolution: converging mechanisms in birdsong and human speech." *Nature Reviews Neuroscience* 11 (2010): 747–59.

Brakes, Philippa, Sasha R. X. Dall, Lucy M. Aplin, Stuart Bearhop, Emma L. Carroll, Paolo Ciucci, Vicki Fishlock et al. "Animal cultures matter for conservation." *Science* 363 (2019): 1032–34.

Cavitt, John F., and Carola A. Haas (2020). Brown Thrasher (*Toxostoma rufum*). In *Birds of the World*, edited by A. F. Poole. https://doi.org/10.2173/bow.brnthr.01.

Cheney, Dorothy L., and Robert M. Seyfarth. "Flexible usage and social function in primate vocalizations." *Proceedings of the National Academy of Sciences* 115 (2018): 1974–79.

Chilton, G., M. C. Baker, C. D. Barrentine, and M. A. Cunningham (2020). White-crowned Sparrow (*Zonotrichia leucophrys*). In *Birds of the World*, edited by A. F. Poole and F. B. Gill. https://doi.org/10.2173/bow.whcspa.01.

Crates, Ross, Naomi Langmore, Louis Ranjard, Dejan Stojanovic, Laura Rayner, Dean Ingwersen, and Robert Heinsohn. "Loss of vocal culture and fitness costs in a critically endangered songbird." *Proceedings of the Royal Society B* 288 (2021): 20210225.

Derryberry, Elizabeth P. "Ecology shapes birdsong evolution: variation in morphology and habitat explains variation in white-crowned sparrow song." *American Naturalist* 174 (2009): 24–33.

Ferrigno, Stephen, Samuel J. Cheyette, Steven T. Piantadosi, and Jessica F. Cantlon. "Recursive sequence generation in monkeys, children, US adults, and native Amazonians." *Science Advances* 6 (2020): eaaz1002.

Gentner, Timothy Q., Kimberly M. Fenn, Daniel Margoliash, and Howard C. Nusbaum. "Recursive syntactic pattern learning by songbirds." *Nature* 440 (2006): 1204–7.

Gero, Shane, Hal Whitehead, and Luke Rendell. "Individual, unit and vocal clan level identity cues in sperm whale codas." *Royal Society Open Science* 3 (2016): 150372.

Kroodsma, Donald E. "Vocal Behavior." In *Handbook of Bird Biology*, 2nd ed. Ithaca, NY: Cornell Lab of Ornithology, 2004.

Lachlan, Robert F., Oliver Ratmann, and Stephen Nowicki. "Cultural conformity generates extremely stable traditions in bird song." *Nature Communications* 9 (2018): 1–9.

Lipshutz, Sara E., Isaac A. Overcast, Michael J. Hickerson, Robb T. Brumfield, and Elizabeth P. Derryberry. "Behavioural response to song and genetic divergence in two subspecies of white-crowned sparrows (*Zonotrichia leucophrys*)." *Molecular Ecology* 26 (2017): 3011–27.

Marler, Peter. "A comparative approach to vocal learning: song development in white-crowned sparrows." *Journal of Comparative and Physiological Psychology* 71 (1970): 1.

May, Michael. "Recordings That Made Waves: The Songs That Saved the Whales." National Public Radio, *All Things Considered*. December 26, 2014.

Nelson, Douglas A. "A preference for own-subspecies' song guides vocal learning in a song bird." *Proceedings of the*

National Academy of Sciences 97 (2000): 13348-53.

Nelson, Douglas A., Karen I. Hallberg, and Jill A. Soha. "Cultural evolution of Puget sound white-crowned sparrow song dialects." *Ethology* 110 (2004): 879-908.

Nelson, Douglas A., Peter Marler, and Alberto Palleroni. "A comparative approach to vocal learning: intraspecific variation in the learning process." *Animal Behaviour* 50 (1995): 83-97.

Otter, Ken A., Alexandra Mckenna, Stefanie E. LaZerte, and Scott M. Ramsay. "Continent-wide shifts in song dialects of white-throated sparrows." *Current Biology* 30 (2020): 3231-35.

Paxton, Kristina L., Esther Sebastián-González, Justin M. Hite, Lisa H. Crampton, David Kuhn, and Patrick J. Hart. "Loss of cultural song diversity and the convergence of songs in a declining Hawaiian forest bird community." *Royal Society Open Science* 6 (2019): 190719.

Rosenberg, Kenneth V., Adriaan M. Dokter, Peter J. Blancher, John R. Sauer, Adam C. Smith, Paul A. Smith, Jessica C. Stanton et al. "Decline of the North American avifauna." *Science* 366 (2019): 120-24.

Safina, Carl. *Becoming Wild*. New York: Henry Holt, 2020.

Simmons, Andrea Megela, and Darlene R. Ketten. "How a frog hears." *Acoustics Today* 16 (2020): 67-74.

Slabbekoorn, Hans, and Thomas B. Smith. "Bird song, ecology and speciation." *Philosophical Transactions of the Royal Society of London*. Series B 357 (2002): 493-503.

Thornton, Alex, and Tim Clutton-Brock. "Social learning and the development of individual and group behaviour in mammal societies." *Philosophical Transactions of the Royal Society B* 366 (2011): 978-87.

Trainer, Jill M. "Cultural evolution in song dialects of yellow-rumped caciques in Panama." *Ethology* 80 (1989): 190-204.

Tyack, Peter L. "A taxonomy for vocal learning." *Philosophical Transactions of the Royal Society B* 375 (2020): 20180406.

Uy, J. Albert C., Darren E. Irwin, and Michael S. Webster. "Behavioral isolation and incipient speciation in birds." *Annual Review of Ecology, Evolution, and Systematics* 49 (2018): 1-24.

Whitehead, Hal, Kevin N. Laland, Luke Rendell, Rose Thorogood, and Andrew Whiten. "The reach of gene–culture coevolution in animals." *Nature Communications* 10 (2019): 1-10.

Whiten, Andrew. "A second inheritance system: the extension of biology through culture." *Interface Focus* 7 (2017): 20160142.

Wickman, Forrest. "Who Really Said You Should 'Kill Your Darlings'?" *Slate Magazine*, October 18, 2013. https://slate.com/culture/2013/10/kill-your-darlings-writing-advice-what-writer-really-said-to-murder-your-babies.html.

심층시간의 자국

Batista, Romina, Urban Olsson, Tobias Andermann, Alexandre Aleixo, Camila Cherem Ribas, and Alexandre Antonelli. "Phylogenomics and biogeography of the world's thrushes (Aves, *Turdus*): new evidence for a more parsimonious evolutionary history." *Proceedings of the Royal Society B* 287 (2020): 20192400.

Cigliano, María M., Holger Braun, David C. Eades, and Daniel Otte. *Orthoptera Species File*. Version 5.0/5.0. June 22, 2020. http://Orthoptera.SpeciesFile.org.

Curtis, Syndey, and H. E. Taylor. "Olivier Messiaen and the Albert's Lyrebird: from Tamborine Mountain to Éclairs sur l'au-delà.'" In *Olivier Messiaen: The Centenary Papers*, edited by Judith Crispin, 52-79. Newcastle upon Tyne, UK: Cambridge Scholars Publishing, 2010.

Ducker, Sophie. *The Contented Botanist: Letters of W. H. Harvey about Australia and the Pacific*. Melbourne: Miegunyah Press, 1984.

Fuchs, Jérôme, Martin Irestedt, Jon Fjeldså, Arnaud Couloux, Eric Pasquet, and Rauri C. K. Bowie. "Molecular phylogeny of African bush-shrikes and allies: tracing the biogeographic history of an explosive radiation of corvoid birds." *Molecular Phylogenetics and Evolution* 64 (2012): 93-105.

Heads, Sam W., and Léa Leuzinger. "On the placement of the Cretaceous orthopteran *Brauckmannia groeningae* from Brazil, with notes on the relationships of Schizodactylidae (Orthoptera, Ensifera)." *ZooKeys* 77 (2011): 17.

Hill, Kathy B. R., David C. Marshall, Maxwell S. Moulds, and Chris Simon. "Molecular phylogenetics, diversification, and systematics of Tibicen Latreille 1825 and allied cicadas of the tribe Cryptotympanini, with three new genera and emphasis on species from the USA and Canada (Hemiptera: Auchenorrhyncha: Cicadidae)." *Zootaxa* 3985 (2015): 219-51.

Hopper, Stephen D. "OCBIL theory: towards an integrated understanding of the evolution, ecology and conservation of biodiversity on old, climatically buffered, infertile landscapes." *Plant and Soil* 322 (2009): 49-86.

Jønsson, Knud Andreas, Pierre-Henri Fabre, Jonathan D. Kennedy, Ben G. Holt, Michael K. Borregaard, Carsten Rahbek, and Jon Fjeldså. "A supermatrix phylogeny of corvoid passerine birds (Aves: Corvides)." *Molecular Phylogenetics and Evolution* 94 (2016): 87-94.

Kearns, Anna M., Leo Joseph, and Lyn G. Cook. "A multilocus coalescent analysis of the speciational history of the Australo-Papuan butcherbirds and their allies." *Molecular Phylogenetics and Evolution* 66 (2013): 941-52.

Low, Tim. *Where Song Began: Australia's Birds and How They Changed the World*. New Haven, CT: Yale University Press, 2016.

Marshall, David C., Max Moulds, Kathy B. R. Hill, Benjamin W. Price, Elizabeth J. Wade, Christopher L. Owen, Geert Goemans et al. "A molecular phylogeny of the cicadas (Hemiptera: Cicadidae) with a review of tribe and subfamily classification." *Zootaxa* 4424 (2018): 1-64.

Mayr, Gerald. "Old World fossil record of modern-type hummingbirds." *Science* 304 (2004): 861-64.

McGuire, Jimmy A., Christopher C. Witt, J. V. Remsen Jr., Ammon Corl, Daniel L. Rabosky, Douglas L. Altshuler, and Robert Dudley. "Molecular phylogenetics and the diversification of hummingbirds." *Current Biology* 24 (2014): 910-16.

Nicholson, David B., Peter J. Mayhew, and Andrew J. Ross. "Changes to the fossil record of insects through fifteen years of discovery." *PLOS One* 10 (2015): e0128554.

Oliveros, Carl H., Daniel J. Field, Daniel T. Ksepka, F. Keith Barker, Alexandre Aleixo, Michael J. Andersen, Per Alström et al. "Earth history and the passerine superradiation." *Proceedings of the National Academy of Sciences* 116 (2019): 7916-25.

Orians, Gordon H., and Antoni V. Milewski. "Ecology of Australia: the effects of nutrient-poor soils and intense fires." *Biological Reviews* 82 (2007): 393-423.

Ratcliffe, Eleanor, Birgitta Gatersleben, and Paul T. Sowden. "Predicting the perceived restorative potential of bird sounds through acoustics and aesthetics." *Environment and Behavior* 52 (2020): 371-400.

Sætre, G-P., S. Riyahi, Mansour Aliabadian, Jo S. Hermansen, S. Hogner, U. Olsson, M. F. Gonzalez Rojas, S. A. Sæther, C. N. Trier, and T. O. Elgvin. "Single origin of human commensalism in the house sparrow." *Journal of Evolutionary Biology* 25 (2012): 788-96.

Scheffers, Brett R., Brunno F. Oliveira, Ieuan Lamb, and David P. Edwards. "Global wildlife trade across the tree of life." *Science* 366 (2019): 71-76.

Toda, Yasuka, Meng-Ching Ko, Qiaoyi Liang, Eliot T. Miller, Alejandro Rico-Guevara, Tomoya Nakagita, Ayano Sakakibara, Kana Uemura, Timothy Sackton, Takashi Hayakawa, Simon Yung Wa Sin, Yoshiro Ishimaru, Takumi Misaka, Pablo Oteiza, James Crall, Scott V. Edwards, William Buttemer, Shuichi Matsumura, and Maude W. Baldwin. "Early Origin of Sweet Perception in the Songbird Radiation." *Science* 373 (2021):

226–31.

Wang, H., Y. N. Fang, Y. Fang, E. A. Jarzembowski, B. Wang, and H. C. Zhang. "The earliest fossil record of true crickets belonging to the Baissogryllidae (Insecta, Orthoptera, Grylloidea)." *Geological Magazine* 156 (2019): 1440-44.

Whitehouse, Andrew. "Senses of Being: The Atmospheres of Listening to Birds in Britain, Australia and New Zealand." In *Exploring Atmospheres Ethnographically*, edited by Sara Asu Schroer and Susanne Schmitt, 61-75. Abingdon, UK: Routledge, 2018.

PART 4_ 인간의 음악과 속함

뼈, 상아, 숨

Albouy, Philippe, Lucas Benjamin, Benjamin Morillon, and Robert J. Zatorre. "Distinct sensitivity to spectrotemporal modulation supports brain asymmetry for speech and melody." *Science* 367 (2020): 1043-47.

Aubert, Maxime, Rustan Lebe, Adhi Agus Oktaviana, Muhammad Tang, Basran Burhan, Andi Jusdi, Budianto Hakim et al. "Earliest hunting scene in prehistoric art." *Nature* (2019): 1-4.

Centre Pompidou. *Préhistoire, Une Énigme Moderne*. Exhibition. Paris, France (2019).

Conard, Nicholas., Michael Bolus, Paul Goldberg, and Suzanne C. Münzel. "The Last Neanderthals and First Modern Humans in the Swabian Jura." In *When Neanderthals and Modern Humans Met*, edited by Nicholas Conrad. Tübingen, Germany: Tübingen Publications in Prehistory, 2006.

Conard, Nicholas J., Michael Bolus, and Susanne C. Münzel. "Middle Paleolithic land use, spatial organization and settlement intensity in the Swabian Jura, southwestern Germany." *Quaternary International* 247 (2012): 236-45.

Conard, Nicholas J., Keiko Kitagawa, Petra Krönneck, Madelaine Böhme, and Susanne C. Münzel. "The importance of fish, fowl and small mammals in the Paleolithic diet of the Swabian Jura, southwestern Germany." In *Zooarchaeology and Modern Human Origins*, edited by Jamie Clark, and John D. Speth, 173-90. Dordrecht: Springer, 2013.

Conard, Nicholas J., and Maria Malina. "New evidence for the origins of music from caves of the Swabian Jura." *Orient-archäologie* 22 (2008): 13-22.

Conard, Nicholas J., Maria Malina, and Susanne C. Münzel. "New flutes document the earliest musical tradition in southwestern Germany." *Nature* 460 (2009): 737.

d'Errico, Francesco, Paola Villa, Ana C. Pinto Llona, and Rosa Ruiz Idarraga. "A Middle Palaeolithic origin of music? Using cave-bear bone accumulations to assess the Divje Babe I bone 'flute.'" *Antiquity* 72 (1998): 65-79.

d'Errico, Francesco, Christopher Henshilwood, Graeme Lawson, Marian Vanhaeren, Anne-Marie Tillier, Marie Soressi, Frédérique Bresson et al. "Archaeological evidence for the emergence of language, symbolism, and music—an alternative multidisciplinary perspective." *Journal of World Prehistory* 17 (2003): 1-70.

Dutkiewicz, Ewa, Sibylle Wolf, and Nicholas J. Conard. "Early symbolism in the Ach and the Lone valleys of southwestern Germany." *Quaternary International* 491 (2017): 30-45.

Floss, Harald. "Same as it ever was? The Aurignacian of the Swabian Jura and the origins of Palaeolithic art." *Quaternary International* 491 (2018): 21-29.

Guenther, Mathias. "N//àe ("Talking"): The oral and rhetorical base of San culture." *Journal of Folklore Research* 43 (2006): 241-61.

Güntürkün, Onur, Felix Ströckens, and Sebastian Ocklenburg. "Brain lateralization: a comparative perspective." *Physiological Reviews* 100 (2020): 1019-63.

Hahn, Joachim, and Susanne C. Münzel. "Knochenflöten aus dem Aurignacien des Geißenklösterle bei Blaubeuren,

Alb-Donau-Kreis." *Fundberichte aus Baden-Württemberg* 20 (1995): 1–12.

Hardy, Bruce L., Michael Bolus, and Nicholas J. Conard. "Hammer or crescent wrench? Stone-tool form and function in the Aurignacian of southwest Germany." *Journal of Human Evolution* 54 (2008): 648-62.

Henshilwood, Christopher S., Francesco d'Errico, Karen L. van Niekerk, Laure Dayet, Alain Queffelec, and Luca Pollarolo. "An abstract drawing from the 73,000-year-old levels at Blombos Cave, South Africa." *Nature* 562 (2018): 115.

Higham, Thomas, Laura Basell, Roger Jacobi, Rachel Wood, Christopher Bronk Ramsey, and Nicholas J. Conard. "Testing models for the beginnings of the Aurignacian and the advent of figurative art and music: the radiocarbon chronology of Geißenklösterle." *Journal of Human Evolution* 62 (2012): 664-76.

Jewell, Edward Alden. "Art Museum Opens Prehistoric Show." *New York Times*, April 28, 1937.

Kehoe, Laura. "Mysterious new behaviour found in our closest living relatives." *Conversation*, February 29, 2016.

Killin, Anton. "The origins of music: evidence, theory, and prospects." *Music & Science* 1 (2018): 2059204317751971.

Kühl, Hjalmar S., Ammie K. Kalan, Mimi Arandjelovic, Floris Aubert, Lucy D'Auvergne, Annemarie Goedmakers, Sorrel Jones et al. "Chimpanzee accumulative stone throwing." *Scientific Reports* 6 (2016): 1-8.

Malina, Maria, and Ralf Ehmann. "Elfenbeinspaltung im Aurignacian Zur Herstellungstechnik der Elfenbeinflöte aus dem Geißenklösterle." *Mitteilungen der Gesellschaft für Urgeschichte* 18 (2009): 93-107.

Mehr, Samuel A., Manvir Singh, Dean Knox, Daniel M. Ketter, Daniel Pickens-Jones, Stephanie Atwood, Christopher Lucas et al. "Universality and diversity in human song." *Science* 366 (2019): eaax0868.

Morley, Iain. *The Prehistory of Music: Human Evolution, Archaeology, and the Origins of Musicality.* Oxford, UK: Oxford University Press, 2013.

Münzel, Susanne, Nicholas J. Conrad, Wulf Hein, Frances Gill, Anna Friederike Potengowski. "Interpreting three Upper Palaeolithic wind instruments from Germany and one from France as flutes. (Re)construction, playing techniques and sonic results." *Studien zur Musikarchäologie* X (2016): 225-43.

Münzel, Susanne, Friedrich Seeberger, and Wulf Hein. "The Geißenklösterle Flute—discovery, experiments, reconstruction." *Studien zur Musikarchäologie* III (2002): 107-18.

Museum of Modern Art. *Prehistoric Rock Pictures in Europe and Africa,* 28 April to 30 May 1937. https://www.moma.org/interactives/exhibitions/2016/spelunker/exhibitions/3037/.

Novitskaya, E., C. J. Ruestes, M. M. Porter, V. A. Lubarda, M. A. Meyers, and J. McKittrick. "Reinforcements in avian wing bones: experiments, analysis, and modeling." *Journal of the Mechanical Behavior of Biomedical Materials* 76 (2017): 85-96.

Peretz, Isabelle, Dominique Vuvan, Marie-Élaine Lagrois, and Jorge L. Armony. "Neural overlap in processing music and speech." *Philosophical Transactions of the Royal Society B* 370 (2015): 20140090.

Potengowski, Anna Friederike, and Susanne C. Münzel. "Hörbeispiele, Examples 1–33." *Mitteilungen der Gesellschaft für Urgeschichte,* 2015. https://uni-tuebingen.de/fakultaeten/mathematisch-naturwissenschaftliche-fakultaet/fachbereiche/geowissenschaften/arbeitsgruppen/urgeschichte-naturwissenschaftliche-archaeologie/forschungsbereich/aeltere-urgeschichte-quartaroekologie/publikationen/gfu-mitteilungen/hoerbeispiele/.

Potengowski, A.F., and S. C. Münzel, 2015. Die musikalische "Vermessung" paläolithischer Blasinstrumente der Schwäbischen Albanhand von Rekonstruktionen. Anblastechniken, Tonmaterial und Klangwelt." *Mitteilungen der Gesellschaft für Urgeschichte* 24 (2015): 173–91.

Potengowski, Anna Friederike (bone flutes), and Georg Wieland Wagner (percussion). *The Edge of Time: Palaeolithic Bone Flutes of France and Germany,* compact disc. Edinburgh, UK: Delphian Records, 2017.

Rhodes, Sara E., Reinhard Ziegler, Britt M. Starkovich, and Nicholas J. Conard. "Small mammal taxonomy, taphonomy, and the paleoenvironmental record during the Middle and Upper Paleolithic at Geißenklösterle

Cave (Ach Valley, southwestern Germany)." *Quaternary Science Reviews* 185 (2018): 199-221.

Richard, Maïlys, Christophe Falguères, Helene Valladas, Bassam Ghaleb, Edwige Pons-Branchu, Norbert Mercier, Daniel Richter, and Nicholas J. Conard. "New electron spin resonance (ESR) ages from Geißenklösterle Cave: a chronological study of the Middle and early Upper Paleolithic layers." *Journal of Human Evolution* 133 (2019): 133-45.

Riehl, Simone, Elena Marinova, Katleen Deckers, Maria Malina, and Nicholas J. Conard. "Plant use and local vegetation patterns during the second half of the Late Pleistocene in southwestern Germany." *Archaeological and Anthropological Sciences* 7 (2015): 151-67.

Tomlinson, Gary. *A Million Years of Music: The Emergence of Human Modernity*. New York: Zone Books, 2015.

Zhang, Juzhong, Garman Harbottle, Changsui Wang, and Zhaochen Kong. "Oldest playable musical instruments found at Jiahu early Neolithic site in China." *Nature* 401 (1999): 366.

공명하는 공간

Anderson, Tim. "How CDs Are Remastering the Art of Noise." *Guardian*, January 18, 2007.

Barron, M. "The Royal Festival Hall acoustics revisited." *Applied Acoustics* 24 (1988): 255-73.

Boyden, David D., Peter Walls, Peter Holman, Karel Moens, Robin Stowell, Anthony Barnett, Matt Glaser et al. "Violin." *Grove Music Online*. January 20, 2001. https://www.oxfordmusiconline.com/.

Cooper, Michel, and Robin Pogrebin. "After Years of False Starts, Geffen Hall Is Being Rebuilt. Really." *New York Times*. December 2, 2019.

Díaz-Andreu, M., and T. Mattioli. "Rock Art Music, and Acoustics: A Global Overview." In *The Oxford Handbook of the Archaeology and Anthropology of Rock Art*, edited by Bruno David and Ian J. McNiven, 503-28. Oxford, UK: Oxford University Press, 2017.

Ellison, Steve. "Innovations: Meyer Sound Spacemap Go." *Pro Sound News* (2020). https://www.prosoundnetwork.com/gear-and-technology/innovations-meyer-sound-spacemap-go.

Emmerling, Caey, and Dallas Taylor. "The Loudness Wars." *Twenty Thousand Hertz*. Podcast. https://www.20k.org/episodes/loudnesswars.

Fazenda, Bruno, Chris Scarre, Rupert Till, Raquel Jiménez Pasalodos, Manuel Rojo Guerra, Cristina Tejedor, Roberto Ontañón Peredo et al. "Cave acoustics in prehistory: exploring the association of Palaeolithic visual motifs and acoustic response." *Journal of the Acoustical Society of America* 142 (2017): 1332-49.

Fei, Faye Chunfang. *Chinese Theories of Theater and Performance from Confucius to the Present*. Ann Arbor, MI: University of Michigan Press, 2002.

Giordano, Nicholas. "The invention and evolution of the piano." *Acoustics Today* 12 (2016): 12-19.

Henahan, Donal. "Philharmonic Hall Is Returning." *New York Times*, July 8, 1969.

Hill, Peggy S. M. "Environmental and social influences on calling effort in the prairie mole cricket (Gryllotalpa major)." *Behavioral Ecology* 9 (1998): 101-8.

Kopf, Dan. "How Headphones Are Changing the Sound of Music." *Quartz*, December 18, 2019.

Kozinn, Allan. "More Tinkering with Acoustics at Avery Fisher." *New York Times*, November 16, 1991.

Lardner, Björn, and Maklarin bin Lakim. "Tree-hole frogs exploit resonance effects." *Nature* 420 (2002): 475.

Lawergren, Bo. "Neolithic drums in China." *Studien zur Musik* V (2006): 109-27.

Manniche, Lise. *Music and Musicians in Ancient Egypt*. London: British Museum Press, 1991.

Manoff, Tom. "Do Electronics Have a Place in the Concert Hall? Maybe." *New York Times*, March 31, 1991.

McKinnon, James W. "Hydraulis." *Grove Music Online*. 2001. https://www.oxfordmusiconline.com/.

Michaels, Sean. "Metallica Album Latest Victim in 'Loudness War'?" *Guardian*, September 17, 2008.

Montagu, Jeremy, Howard Mayer Brown, Jaap Frank, and Ardal Powell. "Flute." *Grove Music Online*. 2001. https://www.oxfordmusiconline.com/.

Petrusich, Amanda. "Headphones Everywhere." *New Yorker*, July 12, 2016.

Pike, Alistair W. G., Dirk L. Hoffmann, Marcos García-Diez, Paul B. Pettitt, Jose Alcolea, Rodrigo De Balbin, César Gonzalez-Sainz et al. "U-series dating of Paleolithic art in 11 caves in Spain." *Science* 336 (2012): 1409–13.

Reznikoff, Iégor. "Sound resonance in prehistoric times: a study of Paleolithic painted caves and rocks." *Journal of the Acoustical Society of America* 123 (2008): 3603.

Reznikoff, Iégor, and Michel Dauvois. "La dimension sonore des grottes ornées." *Bulletin de la Société Préhistorique Française* 85 (1988): 238–46.

Ross, Alex. "Wizards of Sound." *New Yorker*, February 16, 2015.

Scarre, Chris. "Painting by resonance." *Nature* 338 (1989): 382.

Sound on Sound magazine. "Jeff Ellis: Engineering Frank Ocean," November 17, 2016. https://www.youtube.com/watch?v=izZMM5eHCtQ.

Tommasini, Anthony. "Defending the operatic voice from technology's wiles." *New York Times*, November 3, 1999.

Velliky, Elizabeth C., Martin Porr, and Nicholas J. Conard. "Ochre and pigment use at Hohle Fels cave: results of the first systematic review of ochre and ochre-related artefacts from the Upper Palaeolithic in Germany." *PLOS One* 13 (2018): e0209874.

Wu, Chih-Wei, Chih-Fang Huang, and Yi-Wen Liu. "Sound analysis and synthesis of Marquis Yi of Zeng's chime-bell set." *Proceedings of Meetings on Acoustics* ICA2013 19 (2013): 035077.

음악, 숲, 몸

Anthwal, Neal, Leena Joshi, and Abigail S. Tucker. "Evolution of the mammalian middle ear and jaw: adaptations and novel structures." *Journal of Anatomy* 222 (2013): 147–60.

Ball, Stephen M. J. "Stocks and exploitation of East African blackwood." *Oryx* 38 (2004): 1–7.

Beachey, Richard W. "The East African ivory trade in the nineteenth century." *Journal of African History* (1967): 269–90.

Bennett, Bradley C. "The sound of trees: wood selection in guitars and other chordophones." *Economic Botany* 70 (2016): 49–63.

Chaiklin, Martha. "Ivory in world history–early modern trade in context." *History Compass* 8 (2010): 530–42.

Christensen-Dalsgaard, Jakob, and Catherine E. Carr. "Evolution of a sensory novelty: tympanic ears and the associated neural processing." *Brain Research Bulletin* 75 (2008): 365–70.

Clack, Jennifer A. "Patterns and processes in the early evolution of the tetrapod ear." *Journal of Neurobiology* 53 (2002): 251–64.

Conniff, Richard. "When the music in our parlors brought death to darkest Africa." *Audubon* 89 (1987): 77–92.

Currie, Adrian, and Anton Killin. "Not music, but musics: a case for conceptual pluralism in aesthetics." *Estetika: Central European Journal of Aesthetics* 54 (2017).

Davies, Stephen. "On defining music." *Monist* 95 (2012): 535–55.

Dick, Alastair. "The earlier history of the shawm in India." *Galpin Society Journal* 37 (1984): 80–98.

Fuller, Trevon L., Thomas P. Narins, Janet Nackoney, Timothy C. Bonebrake, Paul Sesink Clee, Katy Morgan,

Anthony Tróchez et al. "Assessing the impact of China's timber industry on Congo Basin land use change." *Area* 51 (2019): 340-49.

Godt, Irving. "Music: a practical definition." *Musical Times* 146 (2005): 83-88.

Gracyk, Theodore, and Andrew Kania, eds. *The Routledge Companion to Philosophy and Music*. London: Taylor & Francis Group, 2011.

Hansen, Matthew C., Peter V. Potapov, Rebecca Moore, Matt Hancher, Svetlana A. Turubanova, Alexandra Tyukavina, David Thau et al. "High-resolution global maps of 21st-century forest cover change." *Science* 342 (2013): 850-53.

Jenkins, Martin, Sara Oldfield, and Tiffany Aylett. *International Trade in African Blackwood*. Cambridge, UK: Fauna & Flora International, 2002.

Kania, Andrew. "The Philosophy of Music." In *Stanford Encyclopedia of Philosophy* (Fall 2017 Edition), edited by Edward N. Zalta. Accessed October 16, 2020. https://plato.stanford.edu/archives/fall2017/entries/music/.

Levinson, Jerrold. *Music, Art, and Metaphysics*. Oxford, UK: Oxford University Press, 2011.

Luo, Zhe-Xi. "Developmental patterns in Mesozoic evolution of mammal ears." *Annual Review of Ecology, Evolution, and Systematics* 42 (2011): 355-80.

Mao, Fangyuan, Yaoming Hu, Chuankui Li, Yuanqing Wang, Morgan Hill Chase, Andrew K. Smith, and Jin Meng. "Integrated hearing and chewing modules decoupled in a Cretaceous stem therian mammal." *Science* 367 (2020): 305-8.

Mhatre, Natasha, Robert Malkin, Rittik Deb, Rohini Balakrishnan, and Daniel Robert. "Tree crickets optimize the acoustics of baffles to exaggerate their mate-attraction signal." *eLife* 6 (2017): e32763.

Mpingo Conservation and Development Initiative. Accessed October 12, 2020. http://www.mpingoconservation.org/.

New York Philharmonic. "Program Notes." (2019), January 26, 2019.

New York Philharmonic. "Sheryl Staples on Her Instrument." March 30, 2011. https://www.youtube.com/watch?v=UuWIIa27Fuo.

Nieder, Andreas, Lysann Wagener, and Paul Rinnert. "A neural correlate of sensory consciousness in a corvid bird." *Science* 369 (2020): 1626-29.

Page, Janet K., Geoffrey Burgess, Bruce Haynes, and Michael Finkelman. "Oboe." *Grove Music Online*. 2001. https://www.oxfordmusiconline.com/.

Spatz, H. Ch., H. Beismann, F. Brüchert, A. Emanns, and Th. Speck. "Biomechanics of the giant reed *Arundo donax*." *Philosophical Transactions of the Royal Society of London*. Series B 352 (1997): 1-10.

Thrasher, Alan R. "Sheng." *Grove Music Online*. 2001. https://www.oxfordmusiconline.com/.

Tucker, Abigail S. "Major evolutionary transitions and innovations: the tympanic middle ear." *Philosophical Transactions of the Royal Society B* 372 (2017): 20150483.

United Nations Office on Drugs and Crime. "World Wildlife Crime Report: trafficking in protected species." (2016) Vienna, Austria.

United States Environmental Protection Agency. "Durable goods: product-specific data." Accessed November 12, 2020. https://www.epa.gov/facts-and-figures-about-materials-waste-and-recycling/durable-goods-product-specific-data.

Urban, Daniel J., Neal Anthwal, Zhe-Xi Luo, Jennifer A. Maier, Alexa Sadier, Abigail S. Tucker, and Karen E. Sears. "A new developmental mechanism for the separation of the mammalian middle ear ossicles from the jaw." *Proceedings of the Royal Society B* 284 (2017): 20162416.

Wang, Haibing, Jin Meng, and Yuanqing Wang. "Cretaceous fossil reveals a new pattern in mammalian middle ear evolution." *Nature* 576 (2019): 102-5.

Wegst, Ulrike GK. "Wood for sound." *American Journal of Botany* 93 (2006): 1439-48.

Williams, Keith. "How Lincoln Center Was Built (It Wasn't Pretty)." *New York Times*, December 21, 2017.

World Wildlife Fund. "Timber: Overview." Accessed November 12, 2020. https://www.worldwildlife.org/industries/timber.

Zhu, Annah Lake. "China's rosewood boom: a cultural fix to capital overaccumulation." *Annals of the American Association of Geographers* 110 (2020): 277-96.

PART 5_ 감소, 위기, 불의

숲

Aliansi Masyarakat Adat Nusantara et al. "Request for consideration of the Situation of Indigenous Peoples in Kalimantan, Indonesia, under the Committee of the Elimination of Racial Discrimination's Urgent Action and Early Warning Procedure." July 2020. https://www.forestpeoples.org/sites/default/files/documents/Early%20Warning%20Urgent%20Action%20Procedure%20CERD%20submission%20Indonesia.pdf.

Astaras, Christos, Joshua M. Linder, Peter Wrege, Robinson Orume, Paul J. Johnson, and David W. Macdonald. "Boots on the ground: the role of passive acoustic monitoring in evaluating anti-poaching patrols." *Environmental Conservation* (2020): 1-4.

Austin, Peter K., and Julia Sallabank, eds. *The Cambridge Handbook of Endangered Languages*. Cambridge, UK: Cambridge University Press, 2011.

Bengtsson, J., J. M. Bullock, B. Egoh, C. Everson, T. Everson, T. O'Connor, P. J. O'Farrell, H. G. Smith, and Regina Lindborg. "Grasslands—more important for ecosystem services than you might think." *Ecosphere* 10 (2019): e02582.

Berry, Nicholas J., Oliver L. Phillips, Simon L. Lewis, Jane K. Hill, David P. Edwards, Noel B. Tawatao, Norhayati Ahmad et al. "The high value of logged tropical forests: lessons from northern Borneo." *Biodiversity and Conservation* 19 (2010): 985-97.

Blackman, Allen, Leonardo Corral, Eirivelthon Santos Lima, and Gregory P. Asner. "Titling indigenous communities protects forests in the Peruvian Amazon." *Proceedings of the National Academy of Sciences* 114 (2017): 4123-28.

Brandt, Jodi S., and Ralf C. Buckley. "A global systematic review of empirical evidence of ecotourism impacts on forests in biodiversity hotspots." *Current Opinion in Environmental Sustainability* 32 (2018): 112-18.

Browning, Ella, Rory Gibb, Paul Glover-Kapfer, and Kate E. Jones. "Passive acoustic monitoring in ecology and conservation." (2017). *WWF Conservation Technology Series* 1(2). WWF-UK, Woking, UK.

Burivalova, Zuzana, Edward T. Game, Bambang Wahyudi, Mohamad Rifqi, Ewan MacDonald, Samuel Cushman, Maria Voigt, Serge Wich, and David S. Wilcove. "Does biodiversity benefit when the logging stops? An analysis of conservation risks and opportunities in active versus inactive logging concessions in Borneo." *Biological Conservation* 241 (2020): 108369.

Burivalova, Zuzana, Michael Towsey, Tim Boucher, Anthony Truskinger, Cosmas Apelis, Paul Roe, and Edward T. Game. "Using soundscapes to detect variable degrees of human influence on tropical forests in Papua New Guinea." *Conservation Biology* 32 (2018): 205-15.

Burivalova, Zuzana, Bambang Wahyudi, Timothy M. Boucher, Peter Ellis, Anthony Truskinger, Michael Towsey, Paul Roe, Delon Marthinus, Bronson Griscom, and Edward T. Game. "Using soundscapes to investigate homogenization of tropical forest diversity in selectively logged forests." *Journal of Applied Ecology* 56 (2019): 2493-504.

Caiger, Paul E., Micah J. Dean, Annamaria I. DeAngelis, Leila T. Hatch, Aaron N. Rice, Jenni A. Stanley, Chris Tholke, Douglas R. Zemeckis, and Sofie M. Van Parijs. "A decade of monitoring Atlantic cod Gadus morhua spawning aggregations in Massachusetts Bay using passive acoustics." *Marine Ecology Progress Series* 635 (2020): 89-103.

Casanova, Vanessa, and Josh McDaniel. " 'No sobra y no falta': recruitment networks and guest workers in southeastern US forest industries." *Urban Anthropology and Studies of Cultural Systems and World Economic Development* (2005): 45-84.

Deichmann, Jessica L., Orlando Acevedo-Charry, Leah Barclay, Zuzana Burivalova, Marconi Campos-Cerqueira, Fernando d'Horta, Edward T. Game et al. "It's time to listen: there is much to be learned from the sounds of tropical ecosystems." *Biotropica* 50 (2018): 713-18.

de Oliveira, Gabriel, Jing M. Chen, Scott C. Stark, Erika Berenguer, Paulo Moutinho, Paulo Artaxo, Liana O. Anderson, and Luiz EOC Aragão. "Smoke pollution's impacts in Amazonia." *Science* 369 (2020): 634-35.

Ecosounds. "TNC—Indonesia, East Kalimantan Province." Accessed July 1–August 31, 2020. https://www. ecosounds.org/.

Edwards, David P., Jenny A. Hodgson, Keith C. Hamer, Simon L. Mitchell, Abdul H. Ahmad, Stephen J. Cornell, and David S. Wilcove. "Wildlife-friendly oil palm plantations fail to protect biodiversity effectively." *Conservation Letters* 3 (2010): 236-42.

Edwards, Felicity A., David P. Edwards, Trond H. Larsen, Wayne W. Hsu, Suzan Benedick, Arthur Chung, C. Vun Khen, David S. Wilcove, and Keith C. Hamer. "Does logging and forest conversion to oil palm agriculture alter functional diversity in a biodiversity hotspot?" *Animal Conservation* 17 (2014): 163-73.

Erb, W. M., E. J. Barrow, A. N. Hofner, S. S. Utami-Atmoko, and E. R. Vogel. "Wildfire smoke impacts activity and energetics of wild Bornean orangutans." *Scientific Reports* 8 (2018): 1-8.

Evans, Jonathan P., Kristen K. Cecala, Brett R. Scheffers, Callie A. Oldfield, Nicholas A. Hollingshead, David G. Haskell, and Benjamin A. McKenzie. "Widespread degradation of a vernal pool network in the southeastern United States: challenges to current and future management." *Wetlands* 37 (2017): 1093-1103.

FAO and FILAC. 2021. Forest Governance by Indigenous and Tribal People. An Opportunity for Climate Action in Latin America and the Caribbean. Santiago. https://doi.org/10.4060/cb2953en.

Game, Edward. "The encroaching silence." *Griffith Review* online (2019). https://griffithreview.atavist.com/the-encroaching-silence.

Global Forest Watch. "Indonesia: Land Cover." Accessed August 11, 2020. https://www.globalforestwatch.org/.

Global Forest Watch. "We lost a football pitch of primary rainforest every 6 seconds in 2019." June 2, 2020. https://blog.globalforestwatch.org/data-and-research/global-tree-cover-loss-data-2019.

Global Witness. "Defending Tomorrow." July 2020. https://www.globalwitness.org/documents/19939/Defending_Tomorrow_EN_low_res_-_July_2020.pdf.

Gorenflo, Larry J., Suzanne Romaine, Russell A. Mittermeier, and Kristen Walker-Painemilla. "Co-occurrence of linguistic and biological diversity in biodiversity hotspots and high biodiversity wilderness areas." *Proceedings of the National Academy of Sciences* 109 (2012): 8032-37.

Haskell, David G. "Listening to the Thoughts of the Forest." *Undark* (2017). https://undark.org/2017/05/07/listening-to-the-thoughts-of-the-forest/.

Haskell, David G., Jonathan P. Evans, and Neil W. Pelkey. "Depauperate avifauna in plantations compared to forests and exurban areas." *PLOS One* 1 (2006): e63.

Hewitt, Gwen, Ann MacLarnon, and Kate E. Jones. "The functions of laryngeal air sacs in primates: a new hypothesis." *Folia Primatologica* 73 (2002): 70-94.

Hill, Andrew P., Peter Prince, Jake L. Snaddon, C. Patrick Doncaster, and Alex Rogers. "AudioMoth: A low-cost acoustic device for monitoring biodiversity and the environment." *HardwareX* 6 (2019): e00073.

Holland, Margaret B., Free De Koning, Manuel Morales, Lisa Naughton-Treves, Brian E. Robinson, and Luis Suárez.

"Complex tenure and deforestation: implications for conservation incentives in the Ecuadorian Amazon." *World Development* 55 (2014): 21-36.

Junior, Celso H. L. Silva, Ana CM Pessôa, Nathália S. Carvalho, João BC Reis, Liana O. Anderson, and Luiz E. O. C. Aragão. "The Brazilian Amazon deforestation rate in 2020 is the greatest of the decade." *Nature Ecology & Evolution* 5 (2021): 144-45.

Konopik, Oliver, Ingolf Steffan-Dewenter, and T. Ulmar Grafe. "Effects of logging and oil palm expansion on stream frog communities on Borneo, Southeast Asia." *Biotropica* 47 (2015): 636-43.

Krausmann, Fridolin, Karl-Heinz Erb, Simone Gingrich, Helmut Haberl, Alberte Bondeau, Veronika Gaube, Christian Lauk, Christoph Plutzar, and Timothy D. Searchinger. "Global human appropriation of net primary production doubled in the 20th century." *Proceedings of the National Academy of Sciences* 110 (2013): 10324-29.

Loh, Jonathan, and David Harmon. *Biocultural Diversity: Threatened Species, Endangered Languages.* Zeist, The Netherlands: WWF Netherlands, 2014.

Lohberger, Sandra, Matthias Stängel, Elizabeth C. Atwood, and Florian Siegert. "Spatial evaluation of Indonesia's 2015 fire-affected area and estimated carbon emissions using Sentinel-1." *Global Change Biology* 24 (2018): 644-54.

McDaniel, Josh, and Vanessa Casanova. "Pines in lines: tree planting, H2B guest workers, and rural poverty in Alabama." *Journal of Rural Social Sciences* 19 (2003): 4.

McGrath, Deborah A., Jonathan P. Evans, C. Ken Smith, David G. Haskell, Neil W. Pelkey, Robert R. Gottfried, Charles D. Brockett, Matthew D. Lane, and E. Douglass Williams. "Mapping land-use change and monitoring the impacts of hardwood-to-pine conversion on the Southern Cumberland Plateau in Tennessee." *Earth Interactions* 8 (2004): 1-24.

Mikusiński, Grzegorz, Jakub Witold Bubnicki, Marcin Churski, Dorota Czeszczewik, Wiesław Walankiewicz, and Dries PJ Kuijper. "Is the impact of loggings in the last primeval lowland forest in Europe underestimated? The conservation issues of Białowieża Forest." *Biological Conservation* 227 (2018): 266-74.

National Indigenous Mobilization Network. "Statement in condemnation of draft Law nº 191/20, on the exploration of natural resources on indigenous lands." February 12, 2020. http://apib.info/2020/02/12/statement-in-condemnation-of-draft-law-no-19120-on-the-exploration-of-natural-resources-on-indigenous-lands/?lang=en.

Natural Resources Defense Council. "NRDC Announces Annual BioGems List of 12 Most Threatened Wildlands in the Americas" (2004). https://www.nrdc.org/media/2004/040226.

Normile, Dennis. "Parched peatlands fuel Indonesia's blazes." *Science* 366 (2019): 18-19.

Oldekop, Johan A., Katharine R. E. Sims, Birendra K. Karna, Mark J. Whittingham, and Arun Agrawal. "Reductions in deforestation and poverty from decentralized forest management in Nepal." *Nature Sustainability* 2 (2019): 421-28.

Open Space Institute. "Protecting the Plateau before it's too late." https://www.openspaceinstitute.org/places/cumberland-plateau.

Scriven, Sarah A., Graeme R. Gillespie, Samsir Laimun, and Benoît Goossens. "Edge effects of oil palm plantations on tropical anuran communities in Borneo." *Biological Conservation* 220 (2018): 37-49.

Sethi, Sarab S., Nick S. Jones, Ben D. Fulcher, Lorenzo Picinali, Dena Jane Clink, Holger Klinck, C. David L. Orme, Peter H. Wrege, and Robert M. Ewers. "Characterizing soundscapes across diverse ecosystems using a universal acoustic feature set." *Proceedings of the National Academy of Sciences* 117 (2020): 17049-55.

Song, Xiao-Peng, Matthew C. Hansen, Stephen V. Stehman, Peter V. Potapov, Alexandra Tyukavina, Eric F. Vermote, and John R. Townshend. "Global land change from 1982 to 2016." *Nature* 560 (2018): 639-43.

Turkewitz, Julie, and Sofia Villamil. "Indigenous Colombians, Facing New Wave of Brutality, Demand Government Action." *New York Times*, October 24, 2020.

V (formerly Eve Ensler). "'The Amazon Is the Entry Door of the World': Why Brazil's Biodiversity Crisis Affects Us All." *Guardian*, August 10, 2020.

Weisse, Mikaela, and Elizabeth Dow Goldman. "We lost a football pitch of primary rainforest every 6 seconds in 2019." *Global Forest Watch*, June 2, 2020. https://blog.globalforestwatch.org/data-and-research/global-tree-cover-loss-data-2019.

Weisse, Mikaela, and Elizabeth Dow Goldman. "The world lost a Belgium-sized area of primary rainforests last year." *World Resources Institute* (2019). https://www.wri.org/blog/2019/04/world-lost-belgium-sized-area-primary-rainforests-last-year.

Welz, Adam. "Listening to nature: the emerging field of bioacoustics." *Yale Environment 360*, November 5, 2019.

Wiggins, Elizabeth B., Claudia I. Czimczik, Guaciara M. Santos, Yang Chen, Xiaomei Xu, Sandra R. Holden, James T. Randerson, Charles F. Harvey, Fuu Ming Kai, and E. Yu Liya. "Smoke radiocarbon measurements from Indonesian fires provide evidence for burning of millennia-aged peat." *Proceedings of the National Academy of Sciences* 115 (2018): 12419-24.

Wihardandi, Aji. "Dayak Wehea: Kisah Keharmonisan Alam dan Manusia." Mongabay, Indonesia, April 16, 2012. https://www.mongabay.co.id/2012/04/16/dayak-wehea-kisah-keharmonisan-alam-dan-manusia/.

Wijaya, Arief, Tjokorda N. Samadhi, and Reidinar Juliane. "Indonesia is reducing deforestation, but problem areas remain." *World Resources Institute*, July 24, 2019. https://www.wri.org/blog/2019/07/indonesia-reducing-deforestation-problem-areas-remain.

Yovanda, "Jalan Panjang Hutan Lindung Wehea, Dihantui Pembalakan dan Dikepung Sawit (Bagian 1)." *Mongabay Indonesia*, April 18, 2017. https://www.mongabay.co.id/2017/04/18/jalan-panjang-hutan-lindung-wehea-dihantui-pembalakan-dan-dikepung-sawit/.

바다

Andrew, Rex K., Bruce M. Howe, and James A. Mercer. "Long-time trends in ship traffic noise for four sites off the North American West Coast." *Journal of the Acoustical Society of America* 129 (2011): 642-51.

Bernaldo de Quirós, Y., A. Fernandez, R. W. Baird, R. L. Brownell Jr, N. Aguilar de Soto, D. Allen, M. Arbelo et al. "Advances in research on the impacts of anti-submarine sonar on beaked whales." *Proceedings of the Royal Society B* 286 (2019): 20182533.

Best, Peter B. "Increase rates in severely depleted stocks of baleen whales." *ICES Journal of Marine Science* 50 (1993): 169-86.

Branch, Trevor A., Koji Matsuoka, and Tomio Miyashita. "Evidence for increases in Antarctic blue whales based on Bayesian modelling." *Marine Mammal Science* 20 (2004): 726-54.

Brody, Jane. "Scientist at Work: Katy Payne; Picking Up Mammals' Deep Notes." *New York Times*, November 9, 1993.

Buckman, Andrea H., Nik Veldhoen, Graeme Ellis, John K. B. Ford, Caren C. Helbing, and Peter S. Ross. "PCB-associated changes in mRNA expression in killer whales (*Orcinus orca*) from the NE Pacific Ocean." *Environmental Science & Technology* 45 (2011): 10194-202.

Carrigg, David. "Port of Vancouver Hopes Feds Back $2-Billion Expansion Project to Help COVID-19 Recovery." *Vancouver Sun*, April 16, 2020.

Commander, United States Pacific Fleet. "Request for regulations and letters of authorization for the incidental taking of marine mammals resulting from U.S. Navy training and testing activities in the Northwest training and testing study area." December 19, 2019. https://media.fisheries.noaa.gov/dam-migration/navyhstt_2020finalloa_app_opr1_508.pdf.

Cox, Kieran, Lawrence P. Brennan, Travis G. Gerwing, Sarah E. Dudas, and Francis Juanes. "Sound the alarm: a meta-analysis on the effect of aquatic noise on fish behavior and physiology." *Global Change Biology* 24 (2018): 3105-16.

Day, Ryan D., Robert D. McCauley, Quinn P. Fitzgibbon, Klaas Hartmann, and Jayson M. Semmens. "Seismic air guns damage rock lobster mechanosensory organs and impair righting reflex." *Proceedings of the Royal Society B* 286 (2019): 20191424.

Desforges, Jean-Pierre, Ailsa Hall, Bernie McConnell, Aqqalu Rosing-Asvid, Jonathan L. Barber, Andrew Brownlow, Sylvain De Guise et al. "Predicting global killer whale population collapse from PCB pollution." *Science* 361 (2018): 1373-76.

Duncan, Alec J., Linda S. Weilgart, Russell Leaper, Michael Jasny, and Sharon Livermore. "A modelling comparison between received sound levels produced by a marine vibroseis array and those from an airgun array for some typical seismic survey scenarios." *Marine Pollution Bulletin* 119 (2017): 277-88.

Ebdon, Philippa, Leena Riekkola, and Rochelle Constantine. "Testing the efficacy of ship strike mitigation for whales in the Hauraki Gulf, New Zealand." *Ocean & Coastal Management* 184 (2020): 105034.

Erbe, Christine, Sarah A. Marley, Renée P. Schoeman, Joshua N. Smith, Leah E. Trigg, and Clare Beth Embling. "The effects of ship noise on marine mammals—a review." *Frontiers in Marine Science* 6 (2019): 606.

Erisman, Brad E., and Timothy J. Rowell. "A sound worth saving: acoustic characteristics of a massive fish spawning aggregation." *Biology Letters* 13 (2017): 20170656.

Fish, Marie Poland. "Animal sounds in the sea." *Scientific American* 194 (1956): 93-104.

Foote, Andrew D., Michael D. Martin, Marie Louis, George Pacheco, Kelly M. Robertson, Mikkel-Holger S. Sinding, Ana R. Amaral et al. "Killer whale genomes reveal a complex history of recurrent admixture and vicariance." *Molecular Ecology* 28 (2019): 3427–44.

Ford, John K. B. "Vocal traditions among resident killer whales (*Orcinus orca*) in coastal waters of British Columbia." *Canadian Journal of Zoology* (1991): 1454-83.

Ford, John K. B. "Killer Whale: *Orcinus orca*." In *Encyclopedia of Marine Mammals* (3rd ed.), edited by Bernd Würsig, J.G.M. Thewissen, and Kit M. Kovacs, 531-37. London: Academic Press, 2017.

Ford, John K. B. "Dialects." In *Encyclopedia of Marine Mammals* (3rd ed.), edited by Bernd Würsig, J.G.M. Thewissen, and Kit M. Kovacs, 253-54. London: Academic Press, 2018.

"Francis W. Watlington; Recorded Whale Songs." Obituary, *New York Times*, November 24, 1982.

Friends of the San Juans. "Salish Sea vessel traffic projections." Accessed August 28, 2020. https://sanjuans.org/wp-content/uploads/2019/07/SalishSea_VesselTrafficProjections_July27_2019.pdf.

George, Rose. *Ninety Percent of Everything*. New York: Macmillan, 2013.

Giggs, Rebecca. *The World in the Whale*. New York: Simon & Schuster, 2020.

Goldfarb, Ben. "Biologist Marie Fish catalogued the sounds of the ocean for the world to hear." *Smithsonian*, April 2021.

Hildebrand, John A. "Anthropogenic and natural sources of ambient noise in the ocean." *Marine Ecology Progress Series* 395 (2009): 5-20.

International Association of Geophysical Contractors. "Putting Seismic Surveys in Context." Accessed September 1, 2020. https://iagc.org/.

International Association of Geophysical Contractors. "The time is now." Accessed September 1, 2020. http://modernizemmpa.com/.

International Maritime Organization. "Guidelines for the reduction of underwater noise from commercial shipping to address adverse impacts on marine life." MEPC.1/Circ.833 (2014) London, UK.

Jang, Brent. "B.C. Loses Another LNG Project as Woodside Petroleum Axes Grassy Point." *Globe and Mail: Energy and Resources*, March 6, 2018.

Jones, Nicola. "Ocean uproar: saving marine life from a barrage of noise." *Nature* 568 (2019): 158-61.

Kaplan, Maxwell B., and Susan Solomon. "A coming boom in commercial shipping? The potential for rapid growth of noise from commercial ships by 2030." *Marine Policy* 73 (2016): 119-21.

Kavanagh, A. S., M. Nykänen, W. Hunt, N. Richardson, and M. J. Jessopp. "Seismic surveys reduce cetacean sightings across a large marine ecosystem." *Scientific Reports* 9 (2019): 1-10.

Keen, Eric M., Éadin O'Mahony, Chenoah Shine, Erin Falcone, Janie Wray, and Hussein Alidina. "Response to the COSEWIC (2019) reassessment of Pacific Canada fin whales (*Balaenoptera physalus*) to 'Special Concern.'" Manuscript in preparation (2020).

Keen, Eric M., Kylie L. Scales, Brenda K. Rone, Elliott L. Hazen, Erin A. Falcone, and Gregory S. Schorr. "Night and day: diel differences in ship strike risk for fin whales (*Balaenoptera physalus*) in the California current system." *Frontiers in Marine Science* 6 (2019): 730.

Ketten, Darlene R. "Cetacean Ears." In *Hearing by Whales and Dolphins*, edited by Whitlow W. L. Au, Arthur N. Popper, and Richard R. Fay, 43-108. New York: Springer, 2000.

Konrad, Christine M., Timothy R. Frasier, Luke Rendell, Hal Whitehead, and Shane Gero. "Kinship and association do not explain vocal repertoire variation among individual sperm whales or social units." *Animal Behaviour* 145 (2018): 131-40.

Lacy, Robert C., Rob Williams, Erin Ashe, Kenneth C. Balcomb III, Lauren JN Brent, Christopher W. Clark, Darren P. Croft, Deborah A. Giles, Misty MacDuffee, and Paul C. Paquet. "Evaluating anthropogenic threats to endangered killer whales to inform effective recovery plans." *Scientific Reports* 7 (2017): 1-12.

Leaper, R. C., and M. R. Renilson. "A review of practical methods for reducing underwater noise pollution from large commercial vessels." *Transactions of the Royal Institution of Naval Architects* 154, Part A2, *International Journal of Maritime Engineering*, Paper: T2012-2 Transactions (2012).

Leaper, Russell, Martin Renilson, and Conor Ryan. "Reducing underwater noise from large commercial ships: current status and future directions." *Journal of Ocean Technology* 9 (2014): 51-69.

Lotze, Heike K., and Boris Worm. "Historical baselines for large marine animals." *Trends in Ecology & Evolution* 24 (2009): 254-62.

MacGillivray, Alexander O., Zizheng Li, David E. Hannay, Krista B. Trounce, and Orla M. Robinson. "Slowing deep-sea commercial vessels reduces underwater radiated noise." *Journal of the Acoustical Society of America* 146 (2019): 340-51.

Mapes, Lynda V. "Washington state officials slam Navy's changes to military testing program that would harm more orcas." *Seattle Times*, July 29, 2020. https://www.seattletimes.com/seattle-news/environment/washington-state-officials-slam-navys-changes-to-military-testing-program-that-would-harm-more-orcas/.

Mapes, Lynda V., Steve Ringman, Ramon Dompor, and Emily M. Eng, "The Roar Below." *Seattle Times*, May 19, 2019. https://projects.seattletimes.com/2019/hostile-waters-orcas-noise/.

McBarnet, Andrew. "How the seismic map is changing." *Offshore Engineer* (2013). https://www.oedigital.com/news/459029-how-the-seismic-map-is-changing.

McCauley, Robert D., Ryan D. Day, Kerrie M. Swadling, Quinn P. Fitzgibbon, Reg A. Watson, and Jayson M. Semmens. "Widely used marine seismic survey air gun operations negatively impact zooplankton." *Nature Ecology & Evolution* 1 (2017): 0195.

McCoy, Kim, Beatrice Tomasi, and Giovanni Zappa. "JANUS: the genesis, propagation and use of an underwater standard." *Proceedings of Meetings on Acoustics* (2010).

McDonald, Mark A., John A. Hildebrand, and Sean M. Wiggins. "Increases in deep ocean ambient noise in the Northeast Pacific west of San Nicolas Island, California." *Journal of the Acoustical Society of America* 120 (2006): 711–18.

McKenna, Megan F., Donald Ross, Sean M. Wiggins, and John A. Hildebrand. "Underwater radiated noise from modern commercial ships." *Journal of the Acoustical Society of America* 131 (2012): 92–103.

Merchant, Nathan D. "Underwater noise abatement: economic factors and policy options." *Environmental Science & Policy* 92 (2019): 116-23.

Mitson R. B., ed. *Underwater Noise of Research Vessels: Review and Recommendations*, 1995 ICES Cooperative Research Report 209. Copenhagen, Denmark: International Council for the Exploration of the Sea, 1995.

National Marine Fisheries Service. "Puget Sound Salmon Recovery Plan, I (2007). https://repository.library.noaa.gov/view/noaa/16005.

National Marine Fisheries Service. Southern Resident Killer Whales (*Orcinus orca*) 5-Year Review: Summary and Evaluation. (National Marine Fisheries Service West Coast Region, Seattle, 2016) http://www.westcoast.fisheries.noaa.gov/publications/status_reviews/marine_mammals/kw-review-2016.pdf.

NATO. "A new era of digital underwater communications." April 20, 2017. https://www.nato.int/cps/bu/natohq/news_143247.htm.

Nieukirk, Sharon L., David K. Mellinger, Sue E. Moore, Karolin Klinck, Robert P. Dziak, and Jean Goslin. "Sounds from airguns and fin whales recorded in the mid-Atlantic Ocean, 1999–2009." *Journal of the Acoustical Society of America* 131 (2012): 1102-12.

Nowacek, Douglas P., Christopher W. Clark, David Mann, Patrick J. O. Miller, Howard C. Rosenbaum, Jay S. Golden, Michael Jasny, James Kraska, and Brandon L. Southall. "Marine seismic surveys and ocean noise: time for coordinated and prudent planning." *Frontiers in Ecology and the Environment* 13 (2015): 378–86.

Odell, J., D. H. Adams, B. Boutin, W. Collier II, A. Deary, L. N. Havel, J. A. Johnson Jr. et al. "Atlantic Sciaenid Habitats: A Review of Utilization, Threats, and Recommendations for Conservation, Management, and Research." Atlantic States Marine Fisheries Commission Habitat Management Series No. 14 (2017), Arlington, VA.

Ogden, Lesley Evans. "Quieting marine seismic surveys." *BioScience* 64 (2014): 752.

Owen, Brenda, and Alastair Spriggs "For Coast Salish communities, the race to save southern resident orcas is personal." *Canada's National Observer*, September. 17, 2019.

Parsons, Miles J. G., Chandra P. Salgado Kent, Angela Recalde-Salas, and Robert D. McCauley. "Fish choruses off Port Hedland, Western Australia." *Bioacoustics* 26 (2017): 135–52.

Payne, Roger. *Songs of the Humpback Whale*. Vinyl music album. CRM Records, 1970.

Port of Vancouver. "Centerm Expansion Project and South Shore Access Project." Accessed August 28, 2020. https://www.portvancouver.com/projects/terminal-and-facilities/centerm/.

Port of Vancouver. "2020 voluntary vessel slowdown: Haro Strait and Boundary Pass." Accessed August 28, 2020. https://www.portvancouver.com/wp-content/uploads/2020/05/2020-05-15-ECHO-Program-slowdown-fact-sheet.pdf.

Rocha, Robert C., Phillip J. Clapham, and Yulia V. Ivashchenko. "Emptying the oceans: a summary of industrial whaling catches in the 20th century." *Marine Fisheries Review* 76 (2014): 37–48.

Rolland, Rosalind M., Susan E. Parks, Kathleen E. Hunt, Manuel Castellote, Peter J. Corkeron, Douglas P. Nowacek, Samuel K. Wasser, and Scott D. Kraus. "Evidence that ship noise increases stress in right whales." *Proceedings of the Royal Society B* 279 (2012): 2363-68.

Ryan, John. "Washington tribes and Inslee alarmed by Canadian pipeline approval." *KUOW*, June 19, 2019. https://www.kuow.org/stories/washington-tribes-and-inslee-alarmed-by-canadian-pipeline-approval.

Schiffman, Richard. "How ocean noise pollution wreaks havoc on marine life." *Yale Environment 360*, March 31, 2016.

Seely, Elizabeth, Richard W. Osborne, Kari Koski, and Shawn Larson. "Soundwatch: eighteen years of monitoring whale watch vessel activities in the Salish Sea." *PLOS One* 12 (2017): e0189764.

Slabbekoorn, Hans, John Dalen, Dick de Haan, Hendrik V. Winter, Craig Radford, Michael A. Ainslie, Kevin D. Heaney, Tobias van Kooten, Len Thomas, and John Harwood. "Population-level consequences of seismic surveys on fishes: an interdisciplinary challenge." *Fish and Fisheries* 20 (2019): 653-85.

Solan, Martin, Chris Hauton, Jasmin A. Godbold, Christina L. Wood, Timothy G. Leighton, and Paul White. "Anthropogenic sources of underwater sound can modify how sediment-dwelling invertebrates mediate ecosystem properties." *Scientific Reports* 6 (2016): 20540.

Soundwatch Program Annual Contract Report, 2019: *Soundwatch Public Outreach/Boater Education Project*. The Whale Museum. https://cdn.shopify.com/s/files/1/0249/1083/files/2019_Soundwatch_Program_Annual_Contract_Report.pdf.

Southall, Brandon L., Amy R. Scholik-Schlomer, Leila Hatch, Trisha Bergmann, Michael Jasny, Kathy Metcalf, Lindy Weilgart, and Andrew J. Wright. "Underwater Noise from Large Commercial Ships—International Collaboration for Noise Reduction." *Encyclopedia of Maritime and Offshore Engineering* (2017): 1-9.

Stanley, Jenni A., Sofie M. Van Parijs, and Leila T. Hatch. "Underwater sound from vessel traffic reduces the effective communication range in Atlantic cod and haddock." *Scientific Reports* 7 (2017): 1-12.

Susewind, Kelly, Laura Blackmore, Kaleen Cottingham, Hilary Franz, and Erik Neatherlin. "Comments submitted electronically Re: Taking Marine Mammals Incidental to the U.S. Navy Training and Testing Activities in the Northwest Training and Testing Study Area, NOAA-NMFS-2020-0055." July, 2020. https://www.documentcloud.org/documents/7002861-NMFS-7-16-20.html.

Thomsen, Frank, Dierk Franck, and John K. Ford. "On the communicative significance of whistles in wild killer whales (Orcinus orca)." *Naturwissenschaften* 89 (2002): 404-7.

United States Environmental Protection Agency. "Chinook Salmon." Accessed August 26, 2020. https://www.epa.gov/salish-sea/chinook-salmon.

Veirs, Scott, Val Veirs, Rob Williams, Michael Jasny, and Jason Wood. "A key to quieter seas: half of ship noise comes from 15% of the fleet." *PeerJ Preprints* 6 (2018): e26525v1.

Veirs, Scott, Val Veirs, and Jason D. Wood. "Ship noise extends to frequencies used for echolocation by endangered killer whales." *PeerJ* 4 (2016): e1657.

Wilcock, William S. D., Kathleen M. Stafford, Rex K. Andrew, and Robert I. Odom. "Sounds in the ocean at 1–100 Hz." *Annual Review of Marine Science* 6 (2014): 117-40.

Wladichuk, Jennifer L., David E. Hannay, Alexander O. MacGillivray, Zizheng Li, and Sheila J. Thornton. "Systematic source level measurements of whale watching vessels and other small boats." *Journal of Ocean Technology* 14 (2019).

도시

Ayers, B. Drummond. "White Roads Through Black Bedrooms." *New York Times*, December 31, 1967.

Basner, Mathias, Wolfgang Babisch, Adrian Davis, Mark Brink, Charlotte Clark, Sabine Janssen, and Stephen Stansfeld. "Auditory and non-auditory effects of noise on health." *Lancet* 383 (2014): 1325-32.

"Bird Organ." Object Record, Victoria and Albert Museum. May 16, 2001. http://collections.vam.ac.uk/item/O58971/bird-organ-boudin-leonard/.

Caro, Robert. *The Power Broker: Robert Moses and the Fall of New York*. New York: Knopf, 1974.

Casey, Joan A., Rachel Morello-Frosch, Daniel J. Mennitt, Kurt Fristrup, Elizabeth L. Ogburn, and Peter James. "Race/ethnicity, socioeconomic status, residential segregation, and spatial variation in noise exposure in the contiguous United States." *Environmental Health Perspectives* 125 (2017): 077017.

Census Reporter. New York. Accessed September 23, 2020. https://censusreporter.org/profiles/04000US36-new-york/.

Clark, Sierra N., Abosede S. Alli, Michael Brauer, Majid Ezzati, Jill Baumgartner, Mireille B. Toledano, Allison F. Hughes et al. "High-resolution spatiotemporal measurement of air and environmental noise pollution in Sub-Saharan African cities: Pathways to Equitable Health Cities Study protocol for Accra, Ghana." *BMJ open* 10 (2020): e035798.

Commissioners of Prospect Park. First Annual Report (1861). http://home2.nyc.gov/html/records/pdf/govpub/3985annual_report_brooklyn_prospect_park_comm_1861.pdf.

Costantini, David, Timothy J. Greives, Michaela Hau, and Jesko Partecke. "Does urban life change blood oxidative status in birds?" *Journal of Experimental Biology* 217 (2014): 2994-97.

Dalley, Stephanie, editor and translator. *Myths from Mesopotamia. Creation, the Flood, Gilgamesh, and Others*, rev. ed. Oxford, UK: Oxford University Press, 2000.

Derryberry, Elizabeth P., Raymond M. Danner, Julie E. Danner, Graham E. Derryberry, Jennifer N. Phillips, Sara E. Lipshutz, Katherine Gentry, and David A. Luther. "Patterns of song across natural and anthropogenic soundscapes suggest that white-crowned sparrows minimize acoustic masking and maximize signal content." *PLOS One* 11 (2016): e0154456.

Derryberry, Elizabeth P., Jennifer N. Phillips, Graham E. Derryberry, Michael J. Blum, and David Luther. "Singing in a silent spring: birds respond to a half-century soundscape reversion during the COVID-19 shutdown." *Science* 370 (2020): 575-79.

Doman, Mark. "Industry warns noise complaints could see Melbourne's music scene shift to Sydney." *ABC News*, January 4, 2014. https://www.abc.net.au/news/2014-01-05/noise-complaints-threatening-melbourne-live-music/5181126.

Dominoni, Davide M., Stefan Greif, Erwin Nemeth, and Henrik Brumm. "Airport noise predicts song timing of European birds." *Ecology and Evolution* 6 (2016): 6151–59.

Evans, Karl L., Kevin J. Gaston, Alain C. Frantz, Michelle Simeoni, Stuart P. Sharp, Andrew McGowan, Deborah A. Dawson et al. "Independent colonization of multiple urban centres by a formerly forest specialist bird species." *Proceedings of the Royal Society B* 276 (2009): 2403-10.

Evans, Karl L., Kevin J. Gaston, Stuart P. Sharp, Andrew McGowan, Michelle Simeoni, and Ben J. Hatchwell. "Effects of urbanisation on disease prevalence and age structure in blackbird *Turdus merula* populations." *Oikos* 118 (2009): 774-82.

Evans, Karl L., Ben J. Hatchwell, Mark Parnell, and Kevin J. Gaston. "A conceptual framework for the colonisation of urban areas: the blackbird *Turdus merula* as a case study." *Biological Reviews* 85 (2010): 643-67.

Fritsch, Clémentine, Łukasz Jankowiak, and Dariusz Wysocki. "Exposure to Pb impairs breeding success and is associated with longer lifespan in urban European blackbirds." *Scientific Reports* 9 (2019): 1-11.

Guse, Clayton. "Brooklyn's poorest residents get stuck with the MTA's oldest buses." *New York Daily Post*, March 17, 2019.

Halfwerk, Wouter, and Kees van Oers. "Anthropogenic noise impairs foraging for cryptic prey via cross-sensory interference." *Proceedings of the Royal Society B* 287 (2020): 20192951.

Haralabidis, Alexandros S., Konstantina Dimakopoulou, Federica Vigna-Taglianti, Matteo Giampaolo, Alessandro Borgini, Marie-Louise Dudley, Göran Pershagen et al. "Acute effects of night-time noise exposure on blood pressure in populations living near airports." *European Heart Journal* 29 (2008): 658-64.

Hart, Patrick J., Robert Hall, William Ray, Angela Beck, and James Zook. "Cicadas impact bird communication in a noisy tropical rainforest." *Behavioral Ecology* 26 (2015): 839-42.

Heinl, Robert D. "The woman who stopped noises: an account of the successful campaign against unnecessary din in New York City." *Ladies' Home Journal*. April 1908.

Hu, Winnie. "New York Is a Noisy City. One Man Got Revenge." *New York Times*, June 4, 2019

Ibáñez-Álamo, Juan Diego, Javier Pineda-Pampliega, Robert L. Thomson, José I. Aguirre, Alazne Díez-Fernández, Bruno Faivre, Jordi Figuerola, and Simon Verhulst. "Urban blackbirds have shorter telomeres." *Biology Letters* 14 (2018): 20180083.

Injaian, Allison S., Paulina L. Gonzalez-Gomez, Conor C. Taff, Alicia K. Bird, Alexis D. Ziur, Gail L. Patricelli, Mark F. Haussmann, and John C. Wingfield. "Traffic noise exposure alters nestling physiology and telomere attrition through direct, but not maternal, effects in a free-living bird." *General and Comparative Endocrinology* 276 (2019): 14-21.

Jackson, Kenneth, ed. *The Encyclopedia of New York City*, 2nd ed. New Haven, CT: Yale University Press, 2010.

Kunc, Hansjoerg P., and Rouven Schmidt. "The effects of anthropogenic noise on animals: a meta-analysis." *Biology Letters* 15 (2019): 20190649.

Lecocq, Thomas, Stephen P. Hicks, Koen Van Noten, Kasper van Wijk, Paula Koelemeijer, Raphael S. M. De Plaen, Frédérick Massin et al. "Global quieting of high-frequency seismic noise due to COVID-19 pandemic lockdown measures." *Science* 369 (2020): 1338-43.

Legewie, Joscha, and Merlin Schaeffer. "Contested boundaries: explaining where ethnoracial diversity provokes neighborhood conflict." *American Journal of Sociology* 122 (2016): 125-61.

"London market traders in gentrification row as Islington residents complain about street noise." *Telegraph*, October 9, 2016.

López-Barroso, Diana, Marco Catani, Pablo Ripollés, Flavio Dell'Acqua, Antoni Rodríguez-Fornells, and Ruth de Diego-Balaguer. "Word learning is mediated by the left arcuate fasciculus." *Proceedings of the National Academy of Sciences* 110 (2013): 13168-73.

Lühken, Renke, Hanna Jöst, Daniel Cadar, Stephanie Margarete Thomas, Stefan Bosch, Egbert Tannich, Norbert Becker, Ute Ziegler, Lars Lachmann, and Jonas Schmidt-Chanasit. "Distribution of Usutu virus in Germany and its effect on breeding bird populations." *Emerging Infectious Diseases* 23 (2017): 1994.

Luo, Jinhong, Steffen R. Hage, and Cynthia F. Moss. "The Lombard effect: from acoustics to neural mechanisms." *Trends in Neurosciences* 41 (2018): 938-49.

Luther, David, and Luis Baptista. "Urban noise and the cultural evolution of bird songs." *Proceedings of the Royal Society B* 277 (2010): 469-73.

Luther, David A., and Elizabeth P. Derryberry. "Birdsongs keep pace with city life: changes in song over time in an urban songbird affects communication." *Animal Behaviour* 83 (2012): 1059-66.

McDonnell, Evelyn. "It's Time for the Rock & Roll Hall of Fame to Address Its Gender and Racial Imbalances." *Billboard*, November 15, 2019.

Meillère, Alizée, François Brischoux, Paco Bustamante, Bruno Michaud, Charline Parenteau, Coline Marciau, and Frédéric Angelier. "Corticosterone levels in relation to trace element contamination along an urbanization gradient in the common blackbird (*Turdus merula*)." *Science of the Total Environment* 566 (2016): 93-101.

Meillère, Alizée, François Brischoux, Cécile Ribout, and Frédéric Angelier. "Traffic noise exposure affects telomere length in nestling house sparrows." *Biology Letters* 11 (2015): 20150559.

Miller, Vernice D. "Planning, power and politics: a case study of the land use and siting history of the North River Water Pollution Control Plant." *Fordham Urban Law Journal* 21 (1993): 707-22.

Miranda, Ana Catarina, Holger Schielzeth, Tanja Sonntag, and Jesko Partecke. "Urbanization and its effects on personality traits: a result of microevolution or phenotypic plasticity?" *Global Change Biology* 19 (2013): 2634-44.

Mohl, Raymond A. "The interstates and the cities: the US Department of Transportation and the freeway revolt, 1966–1973." *Journal of Policy History* 20 (2008): 193-226.

Møller, Anders Pape, Mario Díaz, Einar Flensted-Jensen, Tomas Grim, Juan Diego Ibáñez-Álamo, Jukka Jokimäki, Raivo Mänd, Gábor Markó, and Piotr Tryjanowski. "High urban population density of birds reflects their timing of urbanization." *Oecologia* 170 (2012): 867-75.

Møller, Anders Pape, Jukka Jokimäki, Piotr Skorka, and Piotr Tryjanowski. "Loss of migration and urbanization in birds: a case study of the blackbird (*Turdus merula*)." *Oecologia* 175 (2014): 1019-27.

Moseley, Dana L., Jennifer N. Phillips, Elizabeth P. Derryberry, and David A. Luther. "Evidence for differing trajectories of songs in urban and rural populations." *Behavioral Ecology* 30 (2019): 1734-42.

Moseley, Dana Lynn, Graham Earnest Derryberry, Jennifer Nicole Phillips, Julie Elizabeth Danner, Raymond Michael Danner, David Andrew Luther, and Elizabeth Perrault Derryberry. "Acoustic adaptation to city noise through vocal learning by a songbird." *Proceedings of the Royal Society B* 285 (2018): 20181356.

Müller, Jakob C., Jesko Partecke, Ben J. Hatchwell, Kevin J. Gaston, and Karl L. Evans. "Candidate gene polymorphisms for behavioural adaptations during urbanization in blackbirds." *Molecular Ecology* 22 (2013): 3629–37.

Neitzel, Richard, Robyn R. M. Gershon, Marina Zeltser, Allison Canton, and Muhammad Akram. "Noise levels associated with New York City's mass transit systems." *American Journal of Public Health* 99 (2009): 1393-99.

Nemeth, Erwin, and Henrik Brumm. "Birds and anthropogenic noise: are urban songs adaptive?" *American Naturalist* 176 (2010): 465-75.

Nemeth, Erwin, Nadia Pieretti, Sue Anne Zollinger, Nicole Geberzahn, Jesko Partecke, Ana Catarina Miranda, and Henrik Brumm. "Bird song and anthropogenic noise: vocal constraints may explain why birds sing higher-frequency songs in cities." *Proceedings of the Royal Society B* 280 (2013): 20122798.

New York City Department of Parks & Recreation. "Riverside Park," Accessed September 24, 2020. https://www.nycgovparks.org/parks/riverside-park/.

New York City Environmental Justice Alliance. "New York City Climate Justice Agenda. Midway to 2030." https://www.nyc-eja.org/wp-content/uploads/2018/04/NYC-Climate-Justice-Agenda-Final-042018-1.pdf.

New York State Joint Commission on Public Ethics 2019 Annual Report. https://jcope.ny.gov/system/files/documents/2020/07/2019_-annual-report-final-web-as-of-7_29_2020.pdf.

New York State Office of the State Comptroller. "Responsiveness to noise complaints related to construction projects" (2016). https://www.osc.state.ny.us/sites/default/files/audits/2018-02/sga-2017-16n3.pdf.

New York Times. "Anti-noise Bill Passes Aldermen: Only 3 Vote Against Ordinance." April 22, 1936.

New York Times. "Mayor La Guardia's Plea and Proclamation in War on Noise." October 1, 1935.

Nir, Sarah Maslin, "Inside N.Y.C.'s insanely loud car culture." *New York Times*, October 16, 2020.

Oliveira, Maria Joao R., Mariana P. Monteiro, Andreia M. Ribeiro, Duarte Pignatelli, and Artur P. Aguas. "Chronic exposure of rats to occupational textile noise causes cytological changes in adrenal cortex." *Noise and Health* 11 (2009): 118.

Parekh, Trushna. "'They want to live in the Tremé, but they want it for their ways of living': gentrification and neighborhood practice in Tremé, New Orleans." *Urban Geography* 36 (2015): 201–20.

Park, Woon Ju, Kimberly B. Schauder, Ruyuan Zhang, Loisa Bennetto, and Duje Tadin. "High internal noise and poor external noise filtering characterize perception in autism spectrum disorder." *Scientific Reports* 7 (2017): 1-12.

Partecke, Jesko, Eberhard Gwinner, and Staffan Bensch. "Is urbanisation of European blackbirds (*Turdus merula*) associated with genetic differentiation?" *Journal of Ornithology* 147 (2006): 549-52.

Partecke, Jesko, Gergely Hegyi, Patrick S. Fitze, Julien Gasparini, and Hubert Schwabl. "Maternal effects and urbanization: variation of yolk androgens and immunoglobulin in city and forest blackbirds." *Ecology and Evolution* 10 (2020): 2213-24.

Partecke, Jesko, Thomas Van't Hof, and Eberhard Gwinner. "Differences in the timing of reproduction between urban and forest European blackbirds (*Turdus merula*): result of phenotypic flexibility or genetic differences?"

Proceedings of the Royal Society of London. Series B 271 (2004): 1995-2001.

Partecke, Jesko, Thomas J. Van't Hof, and Eberhard Gwinner. "Underlying physiological control of reproduction in urban and forest-dwelling European blackbirds *Turdus merula.*" *Journal of Avian Biology* 36 (2005): 295-305.

Peris, Eulalia et al. "Environmental noise in Europe—2020." (2020) European Environment Agency, Copenhagen, Denmark. https://www.eea.europa.eu/publications/environmental-noise-in-europe.

Phillips, Jennifer N., Catherine Rochefort, Sara Lipshutz, Graham E. Derryberry, David Luther, and Elizabeth P. Derryberry. "Increased attenuation and reverberation are associated with lower maximum frequencies and narrow bandwidth of bird songs in cities." *Journal of Ornithology* (2020): 1-16.

Powell, Michael. "A Tale of Two Cities." *New York Times*, May 6, 2006.

Ransom, Jan. "New Pedestrian Bridge Will Make Riverside Park More Accessible by 2016." *New York Daily News*, December 28, 2014.

Reichmuth, Johannes, and Peter Berster. "Past and Future Developments of the Global Air Traffic." In *Biokerosene*, edited by M. Kaltschmitt and U. Neuling, 13-31. Berlin: Springer, 2018.

Ripmeester, Erwin A. P., Jet S. Kok, Jacco C. van Rijssel, and Hans Slabbekoorn. "Habitat-related birdsong divergence: a multi-level study on the influence of territory density and ambient noise in European blackbirds." *Behavioral Ecology and Sociobiology* 64 (2010): 409-18.

Rosenthal, Brain M., Emma G. Fitzsimmons, and Michael LaForgia. "How Politics and Bad Decisions Starved New York's Subways." *New York Times*, November 18, 2017.

Saccavino, Elisabeth, Jan Krämer, Sebastian Klaus, and Dieter Thomas Tietze. "Does urbanization affect wing pointedness in the Blackbird *Turdus merula?*" *Journal of Ornithology* 159 (2018): 1043-51.

Saiz, Juan-Carlos, and Ana-Belén Blazquez. "Usutu virus: current knowledge and future perspectives." *Virus Adaptation and Treatment* 9 (2017): 27-40.

Schell, Christopher J., Karen Dyson, Tracy L. Fuentes, Simone Des Roches, Nyeema C. Harris, Danica Sterud Miller, Cleo A. Woelfle-Erskine, and Max R. Lambert. "The ecological and evolutionary consequences of systemic racism in urban environments." *Science* 369 (2020).

Schulze, Katrin, Faraneh Vargha-Khadem, and Mortimer Mishkin. "Test of a motor theory of long-term auditory memory." *Proceedings of the National Academy of Sciences* 109 (2012): 7121-25.

Science VS Podcast. "Gentrification: What's really happening?" https://gimletmedia.com/shows/science-vs/39hzkk.

Semuels, Alana. "The role of highways in American poverty." *Atlantic*, March 18, 2016.

Senzaki, Masayuki, Jesse R. Barber, Jennifer N. Phillips, Neil H. Carter, Caren B. Cooper, Mark A. Ditmer, Kurt M. Fristrup et al. "Sensory pollutants alter bird phenology and fitness across a continent." *Nature* 587 (2020): 605-09.

Shah, Ravi R., Jonathan J. Suen, Ilana P. Cellum, Jaclyn B. Spitzer, and Anil K. Lalwani. "The effect of brief subway station noise exposure on commuter hearing." *Laryngoscope Investigative Otolaryngology* 3 (2018): 486-91.

Shah, Ravi R., Jonathan J. Suen, Ilana P. Cellum, Jaclyn B. Spitzer, and Anil K. Lalwani. "The influence of subway station design on noise levels." *Laryngoscope* 127 (2017): 1169-74.

Shannon, Graeme, Megan F. McKenna, Lisa M. Angeloni, Kevin R. Crooks, Kurt M. Fristrup, Emma Brown, Katy A. Warner et al. "A synthesis of two decades of research documenting the effects of noise on wildlife." *Biological Reviews* 91 (2016): 982-1005.

Specter, Michael. "Harlem Groups File Suit to Fight Sewage Odors." *New York Times*, June 22, 1992.

Stremple, Paul. "Brooklyn's Oldest Bus Models Will Be Replaced by Year's End, Says MTA." *Brooklyn Daily Eagle*, March 19, 2019.

Stremple, Paul. "Lowest Income Communities Get Oldest Buses, Sparking Demand for Oversight." *Brooklyn Daily Eagle*, March 18, 2019.

Sze, Julie. *Noxious New York: The Racial Politics of Urban Health and Environmental Justice*. Cambridge, MA: MIT Press, 2007.

Union of Concerned Scientists. "Inequitable exposure to air pollution from vehicles in New York State" (2019). https://www.ucsusa.org/sites/default/files/attach/2019/06/Inequitable-Exposure-to-Vehicle-Pollution-NY.pdf.

Vienneau, Danielle, Christian Schindler, Laura Perez, Nicole Probst-Hensch, and Martin Röösli. "The relationship between transportation noise exposure and ischemic heart disease: a meta-analysis." *Environmental Research* 138 (2015): 372-80.

Vo, Lam Thuy. "They Played Dominoes Outside Their Apartment for Decades. Then the White People Moved In and Police Started Showing Up." *BuzzFeed News*, June 29, 2018. https://www.buzzfeednews.com/article/lamvo/gentrification-complaints-311-new-york.

Walton, Mary. "Elevated railway" (1881). US Patent 237,422.

WE ACT for Environmental Justice. "Mother Clara Hale Bus Depot." https://www.weact.org/campaigns/mother-clara-hale-bus-depot/.

WE ACT for Environmental Justice. "WE ACT calls for retrofitting of North River Waste Treatment Plant." December 15, 2015. https://www.weact.org/2015/12/we-act-calls-for-retrofitting-of-north-river-waste-treatment-plant/.

Zollinger, Sue Anne, and Henrik Brumm. "The Lombard effect." *Current Biology* 21 (2011): R614-R615.

PART 6_ 듣기

공동체 속에서 듣기

Barclay, Leah, Toby Gifford, and Simon Linke. "Interdisciplinary approaches to freshwater ecoacoustics." *Freshwater Science* 39 (2020): 356-61.

Bennett, Frank G, Jr. "Legal protection of solar access under Japanese law." UCLA Pac. Basin LJ 5 (1986): 107.

Cantaloupe Music. "Inuksuit by John Luther Adams [online liner notes]." Accessed December 11, 2020. https://cantaloupemusic.com/albums/inuksuit.

Grech, Alana, Laurence McCook, and Adam Smith. "Shipping in the Great Barrier Reef: the miners' highway." *Conversation* (2015). https://theconversation.com/shipping-in-the-great-barrier-reef-the-miners-highway-39251.

Krause, Bernie. *Wild Soundscapes*. Berkeley, CA: Wilderness Press, 2002.

"Ministry compiles list of nation's 100 best-smelling spots." *Japan Times*, October 31, 2001.

Neil, David T. "Cooperative fishing interactions between Aboriginal Australians and dolphins in Eastern Australia." *Anthrozoös* 15 (2002): 3-18.

New York Botanical Garden. "*Chorus of the Forest* by Angélica Negrón." Accessed December 11, 2020. https://www.nybg.org/event/fall-forest-weekends/chorus-of-the-forest/.

Robin, K. "One Hundred Sites of Good Fragrance." (2014) Now Smell This online. Accessed November 17, 2020. http://www.nstperfume.com/2014/04/01/one-hundred-sites-of-good-fragrance/.

Rothenberg, David. *Nightingales in Berlin. Searching for the Perfect Sound*. Chicago: University of Chicago Press, 2019.

Schafer, R. Murray. *The Soundscape: Our Sonic Environment and the Tuning of the World*. Rochester, VT: Destiny Books, 1977.

Soundscape Policy Study Group. "Report on the results of the "100 Soundscapes to Keep." Local Government Questionnaire (in Japanese) (2018). Accessed November 17, 2020. http://mino.eco.coocan.jp/wp/wp-content/

uploads/2016/12/20180530report100soundscapesjapan.pdf.

Torigoe, Keiko. "Insights taken from three visited soundscapes in Japan." In *Acoustic Ecology*, Australian Forum for Acoustic Ecology/World Forum for Acoustic Ecology, Melbourne, Australia, 2003.

Torigoe, Keiko. "Recollection and report on incorporation." *Journal of the Soundscape Association of Japan* 20 (2020) 3–4.

Tyler, Royall, tr. *The Tale of the Heike*. New York: Penguin, 2012.

우주적 과거와 미래에서 듣기

Bowman, Judd D., Alan E. E. Rogers, Raul A. Monsalve, Thomas J. Mozdzen, and Nivedita Mahesh. "An absorption profile centered at 78 megahertz in the sky-averaged spectrum." *Nature* 555 (2018): 67.

Eisenstein, Daniel J. 2005. "The acoustic peak primer." Harvard-Smithsonian Center for Astrophysics. Accessed July 31, 2018. https://www.cfa.harvard.edu/~deisenst/acousticpeak/spherical_acoustic.pdf.

Eisenstein, Daniel J. 2005. "Dark energy and cosmic sound." Harvard-Smithsonian Center for Astrophysics. Accessed July 31, 2018. https://www.cfa.harvard.edu/~deisenst/acousticpeak/acoustic.pdf.

Einstein, Daniel J. 2005. "What is the acoustic peak?" Harvard-Smithsonian Center for Astrophysics. Accessed July 31, 2018. https://www.cfa.harvard.edu/~deisenst/acousticpeak/acoustic_physics.html.

Eisenstein, Daniel J., and Charles L. Bennett. "Cosmic sound waves rule." *Physics Today* 61 (2008): 44-50.

Eisenstein, Daniel J., Idit Zehavi, David W. Hogg, Roman Scoccimarro, Michael R. Blanton, Robert C. Nichol, Ryan Scranton et al. "Detection of the baryon acoustic peak in the large-scale correlation function of SDSS luminous red galaxies." *Astrophysical Journal* 633 (2005): 560.

European Space Agency. "Planck science team home." Accessed July 26, 2018. https://www.cosmos.esa.int/web/planck/home.

Follin, Brent, Lloyd Knox, Marius Millea, and Zhen Pan. "First detection of the acoustic oscillation phase shift expected from the cosmic neutrino background." *Physical Review Letters* 115 (2015): 091301.

Gunn, James E., Walter A. Siegmund, Edward J. Mannery, Russell E. Owen, Charles L. Hull, R. French Leger, Larry N. Carey et al. "The 2.5 m telescope of the Sloan digital sky survey." *Astronomical Journal* 131 (2006): 2332.

Siegel, E. "Earliest evidence for stars smashes Hubble's record and points to dark matter." *Forbes*, February 28, 2018. https://www.forbes.com/sites/startswithabang/2018/02/28/earliest-evidence-for-stars-ever-seen-smashes-hubbles-record-and-points-to-dark-matter/#2c56afd01f92.

Siegel, Ethan. "Cosmic neutrinos detected, confirming the big bang's last great prediction." *Forbes*, September 9, 2016. https://www.forbes.com/sites/startswithabang/2016/09/09/cosmic-neutrinos-detected-confirming-the-big-bangs-last-great-prediction/.

찾아보기

야생의 치유하는 소리

2023년 9월 19일 1판 1쇄 발행

지은이
펴낸이   박래선
펴낸곳   에이도스출판사
출판신고   제395-251002011000004호
주소   경기도 고양시 덕양구 삼원로 83, 광양프런티어밸리 1209호
팩스   0303-3444-4479
이메일   eidospub.co@gmail.com
페이스북   facebook.com/eidospublishing
인스타그램   instagram.com/eidos_book
블로그   https://eidospub.blog.me/
표지 디자인   공중정원
표지 일러스트 이연주
본문 디자인   김경주

ISBN   979-11-85415-56-7 (03470)